有機化学演習

基本から大学院入試まで

山本 学・伊与田正彦・豊田真司 著

東京化学同人

序

　有機化学は科学技術の発展を支える重要な分野であると同時に，非常に面白く楽しい学問である．しかし大学で有機化学を教えていて感じるのは，覚えなければならない事項があまりにも多いという印象を受けてひるむ学生が多いことである．もちろん基本的な事項は覚えなければならないが，それが身につけば後は理詰めで解くことができる問題がほとんどである．その基本事項をしっかり身につけるには，学生諸君が自分で納得するまで繰返し構造式や反応式を書き，あるいは電子の移動を表す巻矢印を追って反応機構を理解するといったことが不可欠である．それを促す一助となることを希望して本書を編集した．大学での講義と並行して，あるいは一通りの講義を受けた後で，自習書として使うもよし，友人と相談し議論しながら解き進むもよし，大いに活用して欲しい．

　本書は一般的な有機化学の教科書に準じた章立てになっている．演習問題は，有機化学の初歩的な問題から大学院入試問題レベルのものまで広範囲にわたっている．各章の初めにその章の内容をまとめた解説と例題をおいた．解説を通読し例題を解いてみよう．また教科書や参考書の関連部分を，必要に応じて読み直すことが望ましい．演習問題にはすべて解答をつけて巻末にまとめ，できる限り詳しい解説をし理解を助けるように配慮した．比較的高度な問題には＊印を付けてある．最後に総合問題の章を設けたので自分の到達レベルに合わせて挑戦して欲しい．

　本書では用語は原則として文部省"学術用語集 化学編（増訂2版）"に従った．また化合物の命名法を有機化学の重要な柱の一つに位置づけた．命名法では，国際純正および応用化学連合（IUPAC）の1979年命名規則に基づく英語名と，それを日本化学会が定めた"化合物名日本語表記の原則"に従って変換した日本語名とを併記した．それが命名法を系統的に理解する最善の方法と考えたからである．

　本書の編集に当たって，東京化学同人編集部の橋本純子氏，内藤みどり氏，木村直子氏に大変お世話になった．ここで厚く御礼申し上げる．

2008年3月

著者一同

目　　次

1章　有機化学の基礎 …………………………………………………… 1
結合と構造　酸と塩基　有機化学反応
例題 1・1～1・8 ……………………………………………………… 6
演習問題 1・1～1・12 ……………………………………………… 10

2章　アルカンとシクロアルカン ……………………………………… 12
命名法　アルカンの反応　立体配座（コンホメーション）　シクロアルカンにおける
シス-トランス異性
例題 2・1～2・7 ……………………………………………………… 16
演習問題 2・1～2・13 ……………………………………………… 21

3章　アルケンとアルキン ……………………………………………… 23
命名法　アルケンのシス-トランス異性　*EZ* 表示法　Cahn-Ingold-Prelog の順位則
（CIP 則）　アルケンの反応　共役ジエンの反応　アルキンの反応
例題 3・1～3・6 ……………………………………………………… 31
演習問題 3・1～3・10 ……………………………………………… 37

4章　芳香族化合物 ……………………………………………………… 40
命名法　ベンゼンの構造　ベンゼンの反応　多環芳香族化合物　Hückel 則
芳香族複素環化合物
例題 4・1～4・9 ……………………………………………………… 44
演習問題 4・1～4・12 ……………………………………………… 52

5章　立体化学 …………………………………………………………… 56
例題 5・1～5・9 ……………………………………………………… 58
演習問題 5・1～5・16 ……………………………………………… 64

6 章 ハロゲン化アルキル··68
　命名法　ハロゲン化アルキルの性質　ハロゲン化アルキルの合成　ハロゲン化
　アルキルの反応　求核置換反応の機構：S_N1 反応と S_N2 反応　脱離反応の機構
　例題 6・1〜6・12···72
　演習問題 6・1〜6・11···83

7 章 アルコール，フェノール，エーテルおよびその硫黄類縁体···················86
　命名法　アルコール，フェノールの性質　アルコールの合成　アルコールの反応
　フェノールの合成と反応　エーテルの合成と反応　エポキシドの合成と反応
　チオールとスルフィドの合成
　例題 7・1〜7・10···91
　演習問題 7・1〜7・11···99

8 章 アルデヒドとケトン··102
　命名法　アルデヒド，ケトンの合成　アルデヒド，ケトンの反応
　例題 8・1〜8・5···105
　演習問題 8・1〜8・13··115

9 章 カルボン酸とその誘導体··118
　命名法　カルボン酸の合成　酸塩化物の合成　酸無水物の合成　エステルの合成
　アミドの合成　ニトリルの合成　カルボン酸の反応　カルボン酸誘導体の反応
　例題 9・1〜9・6···123
　演習問題 9・1〜9・10··131

10 章 カルボニル化合物の α 置換と縮合······································134
　ケト-エノール互変異性　α 水素の酸性度　カルボニル基の α 位での置換反応
　縮合反応　合成への応用
　例題 10・1〜10・5···138
　演習問題 10・1〜10・10··147

11 章 アミン···150
　命名法　合成　反応
　例題 11・1〜11・4···153
　演習問題 11・1〜11・9···160

12 章　ペリ環状反応 ……………………………………………… 163
例題 12・1〜12・4 ……………………………………… 165
演習問題 12・1〜12・6 …………………………………… 172

13 章　スペクトルによる構造解析 ……………………………… 174
赤外分光法（IR）　紫外可視分光法（UV-Vis）　核磁気共鳴分光法（NMR）
質量分析法（MS）
例題 13・1〜13・6 ……………………………………… 176
演習問題 13・1〜13・10 ………………………………… 187

14 章　総合問題（問題 14・1〜14・15）………………………… 193

演習問題解答 ………………………………………………………… 199
　1 章（199）　2 章（201）　3 章（205）　4 章（208）　5 章（215）　6 章（221）
　7 章（226）　8 章（232）　9 章（240）　10 章（246）　11 章（253）　12 章（260）
　13 章（264）　14 章（268）

索　引 ………………………………………………………………… 283

略 号 表

Ac	acetyl	アセチル
Ar	aryl	アリール
Bu	butyl	ブチル
i-Bu	isobutyl	イソブチル
n-Bu	n-butyl	n-ブチル
s-Bu	s-butyl	s-ブチル
t-Bu	t-butyl	t-ブチル
DCC	dicyclohexylcarbodiimide	ジシクロヘキシルカルボジイミド
DIBAL (DIBAH)	diisobutylaluminium hydride	水素化ジイソブチルアルミニウム
DMF	N,N-dimethylformamide	N,N-ジメチルホルムアミド
DMSO	dimethyl sulfoxide	ジメチルスルホキシド
Et	ethyl	エチル
LDA	lithium diisopropylamide	リチウムジイソプロピルアミド
mCPBA	m-chloroperbenzoic acid	m-クロロ過安息香酸
Me	methyl	メチル
NBS	N-bromosuccinimide	N-ブロモスクシンイミド
PCC	pyridinium chlorochromate	クロロクロム酸ピリジニウム
Ph	phenyl	フェニル
Pr	propyl	プロピル
i-Pr	isopropyl	イソプロピル
n-Pr	n-propyl	n-プロピル
Py	pyridine	ピリジン
THF	tetrahydrofuran	テトラヒドロフラン
Ts	p-toluenesulfonyl(tosyl)	p-トルエンスルホニル(トシル)

1

有機化学の基礎

結合と構造

原子軌道 1s, 2s, 2p, 3s, 3p, 3d, …とよび，この順に軌道のエネルギーが増大する．原子軌道はさらに殻で分類される．内側から順にK殻(1s)，L殻(2s, 2p)，M殻(3s, 3p, 3d)，…となる．s軌道は球状で各殻に1個だけ，p軌道は亜鈴状で各殻に互いに直交する3個が存在する（有機化学ではs軌道，p軌道を理解しておけばよい）．

原子の電子配置 電子がどの軌道を占めるかを示すもの．厳密には電子が存在して初めて軌道が存在するのであるが，便宜的に，まず軌道があり，そこに電子を配置していくという考え方をすると理解しやすい．すなわち，電子は **Pauli**（パウリ）の原理（1個の軌道に入りうる電子は最大2個であり，その場合スピンは互いに逆向きになる）と **Hund**（フント）の規則（縮重した軌道には平行スピンの数が最大になるように入る）に従ってエネルギーの低い軌道から順に原子軌道を占拠する．この考え方を構成原理とよぶ．

電気陰性度 原子がその近傍の電子をひきつける能力の尺度を電気陰性度という．Pauling（ポーリング）による数値が，定量的尺度としてよく用いられる．周期表の左から右へ，下から上にいくほどその数値は大きくなり，より電気陰性となる．

化学結合 イオン結合と共有結合に大別される．イオン性結晶においては，正負の電荷をもつイオン間の静電引力によってイオンが規則的に配列し結晶を形成する．これがイオン結合の例であり，電気陰性度の差が大きい原子間で起こる．共有結合は二つの原子間で電子対を共有することによって生成する結合で，電気陰性度の差が小さい（ほぼ2以下）原子間でみられ，ほとんどの有機化合物は共有結合で構成される．強い共有結合ができるためには，原子軌道が効率的に重なり合うことが必要である．

極性共有結合 電気陰性度の異なる原子間の共有結合において，共有電子はより電気陰性な原子にひき寄せられている．このような結合は"極性である"，あるいは"分極している"という．次図のように，結合の両端の原子に部分電荷（$\delta+$, $\delta-$）をおいて，極性であることを示すことがある．分極の大きさは双極子モーメント（単

位 D: デバイ）で定量的に評価することができる．なお C–H 結合は無極性とみなしてよい．

$$H-\underset{H}{\overset{H}{C}}\overset{\delta+}{-}\overset{\delta-}{Cl}$$

Lewis 構造式（点電子構造式）　分子内の各原子における価電子の配置や共有結合の様子を表す構造式．水素原子については 2 個，第 2 周期および第 3 周期元素については 8 個の価電子が配置されることによって閉殻構造を形成し，安定な分子となる（オクテット則）．共有電子対を線分で表示したものを **Kekulé 構造式**という．

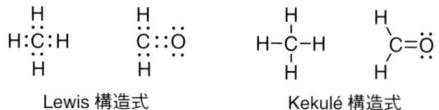

形式電荷　Lewis 構造式や Kekulé 構造式において各原子が形式的にもつ電荷．孤立状態での原子の価電子数から結合状態でその原子に帰属される電子数（共有結合電子数の半分と非共有電子数の和）を引いた数．

炭素原子の混成　炭素原子から出る結合の方向性を理解するための考え方．sp^3 混成，sp^2 混成，sp 混成とに大別される．

　　　sp^3 混成：4 配位，四面体構造，sp^3 軌道 4 個
　　　sp^2 混成：3 配位，平面三方構造，sp^2 軌道 3 個 + p 軌道 1 個
　　　sp 混成：2 配位，直線構造，sp 軌道 2 個 + p 軌道 2 個

窒素原子，酸素原子も同様に考えることができる．

σ結合とπ結合　σ結合は，二つの原子軌道（s 軌道，p 軌道，混成軌道）が，その軌道軸を一致させるように重なることによって生成する結合であり，単結合は常にσ結合である．π結合は，二つの原子軌道（おもに p 軌道）が，その軌道軸が平行に並ぶように重なることによって生成する結合であり，σ結合より弱い．

共　鳴　ある化学種の構造が，一つの Lewis 構造式では表現できず，複数の構造式の"平均"と考えることができるとき，その化学種は共鳴しているといい，それら複数の構造式（共鳴構造式あるいは極限構造式という）の混成体であるという．その化学種のもつエネルギーは各共鳴構造式から予測されるものより低い（共鳴安定化）．

異性体　分子式は同じであるが構造が違う化学種を異性体とよび，構造異性体と立体異性体に分類される．構造異性体は，分子内での原子のつながり方が違う異性体をいい，立体異性体は，原子のつながり方は同じであるが，原子の三次元的配列が違う異性体をいう．

酸 と 塩 基

酸と塩基 Brønsted（ブレンステッド）の定義と Lewis の定義がある．Brønsted の定義によれば，酸はプロトンを供与するものであり，塩基はプロトンを受取るものである．Lewis の定義によれば，酸は電子対を受取るものであり，塩基は電子対を供与するものである．

酸性度定数（K_a） Brønsted 酸の強さの定量的尺度であり，次式の平衡定数として定義され，一般に pK_a（$= -\log K_a$）で表示される．

$$\text{AH} \underset{}{\overset{K_a}{\rightleftarrows}} \text{A}^- + \text{H}^+ \qquad K_a = \frac{[\text{A}^-][\text{H}^+]}{[\text{AH}]}$$

種々の酸の pK_a 値を表 1・1 に示す．

表 1・1 種々の酸の pK_a 値[†]

酸	pK_a 値	酸	pK_a 値	酸	pK_a 値
H̲Br	-9	H₂S̲	7.0	(CH₃)₃COH̲	17
H̲Cl	-7	NH̲₄⁺	9.2	CH̲₃COR	19
H̲I	-11	ArOH̲	$8\sim11$	CH̲₃COOR	25
ArSO₃H̲	-6.5	RSH̲	$10\sim11$	CH≡CH̲	25
CH̲(CN)₃	-5	CH̲₂(COCH₃)₂	9	H̲₂	35
H̲₃O⁺	-1.74	CH̲₂(CN)₂	11	NH̲₃	38
HNO₃	-1.4	CH̲₂(COCH₃)CO₂Et	11	PhCH̲₃	40
H̲F	3.2	CH̲₂(CO₂Et)₂	13	CH̲₂=CH₂	44
RCOOH̲	$4\sim5$	CH₃OH̲	15.2	CH̲₄	48
H₂CO₃	6.4	H̲₂O	15.7	CH̲₃CH₃	50

[†] 下線をつけた水素が解離する．

塩基性度定数（K_b） Brønsted 塩基の強さの定量的尺度であり，次式の平衡定数として定義される．

$$\text{B} + \text{H}_2\text{O} \overset{K}{\rightleftarrows} \text{BH}^+ + \text{OH}^- \qquad K_b = K[\text{H}_2\text{O}] = \frac{[\text{BH}^+][\text{OH}^-]}{[\text{B}]}$$

塩基 B の塩基性度定数 K_b と，その共役酸 BH^+ の酸性度定数 K_a との間に，次式の関係がある．

$$\text{BH}^+ \overset{K_a}{\rightleftarrows} \text{B} + \text{H}^+ \qquad K_a \cdot K_b = [\text{H}^+][\text{OH}^-] = K_w$$

ここで K_w は水のイオン積で，その値は 25 ℃ で 1.0×10^{-14} である．したがって $pK_a + pK_b = 14$ となるので，塩基の強さを共役酸の pK_a で表示することもある．

有機化学反応

反応形式による分類　基質の構造変化の様式からみた場合，付加反応，脱離反応，置換反応，転位反応の4種類に分けることができる．

付加反応
$$\text{\textbackslash C=C/} + \text{A--B} \longrightarrow \text{A--C--C--B}$$

脱離反応
$$\text{X--C--C--Y} \longrightarrow \text{\textbackslash C=C/} + \text{X--Y}$$

置換反応
$$\text{--C--X} + \text{Y} \longrightarrow \text{--C--Y} + \text{X}$$

転位反応
$$\text{--C--C--}_\text{X} \longrightarrow \text{--C--C--}_\text{X}$$

共有結合の開裂と生成　共有結合が開裂して2成分に分かれるとき，結合を形成している2個の電子が各成分に1電子ずつ移り，2個のラジカルを生成する**均一結合開裂**と，一方の成分に2電子が移り，カチオン（陽イオン）とアニオン（陰イオン）を生成する**不均一結合開裂**がある．共有結合の生成には，2個のラジカルが結合する**均一結合生成**と，カチオンとアニオンが結合する**不均一結合生成**とがある．

均一結合開裂　　A—B ⟶ A· + ·B
不均一結合開裂　A—B ⟶ A^+ + :B^-
均一結合生成　　A·⌒·B ⟶ A—B
不均一結合生成　A^+ :B^- ⟶ A—B

曲がった矢印（巻矢印）による表記　結合の生成や開裂に伴う電子の動きを巻矢印を用いて表すと，反応機構を考える際にもわかりやすく便利である．電子1個が移動する様子は片羽の矢印で，電子対がまとまって移動する場合は両羽の矢印で表す（上式を参照）．矢印の末端はこれから移動する電子あるいは電子対（非共有電子対，π電子対，σ電子対）を示し，矢印の先端は移動先（結合の相手など）を示す．

有機化学反応の反応機構による分類　均一的な結合開裂および生成を伴い，ラジカルを中間体として起こる**ラジカル反応**，極性共有結合の不均一開裂および生成を伴う**極性反応**，これらのいずれにも属さない**ペリ環状反応**がある．

求核試薬と求電子試薬　極性反応は，電子対を供与する化学種（求核試薬）と電子対を受取る化学種（求電子試薬）の間の反応として捉えることができる．求核試

薬は，供与しやすい電子対（非共有電子対あるいはπ電子対が一般的であるが，σ電子対の場合もある）をもち，一般に負電荷を有するが，中性の場合もある．求電子試薬は，プロトンH^+を典型例とする電子欠乏種（第2，第3周期元素の場合は最外殻に6電子しかもたない），あるいは容易に電子欠乏種になることのできる化学種であり，一般に正電荷をもつ．いいかえれば，求核試薬はLewis塩基であり，求電子試薬はLewis酸である．

発熱反応と吸熱反応　反応系のポテンシャルエネルギーは反応の進行とともに変化する．反応によってエネルギーが低下する場合，反応は発熱的であるといい，熱力学的に反応は起こりやすい．またエネルギーが増大する場合，反応は吸熱的であるといい．反応は起こりにくい．反応におけるエネルギー変化は，開裂あるいは生成する結合の結合解離エネルギー（bond dissociation energy：BDE）から推測することができる（例題1・8を参照）．結合解離エネルギーとは，結合を均一開裂させるのに必要なエネルギーであり，代表的な結合について値を表1・2に示す．

表 1・2　結合解離エネルギー（**BDE**）の例[†]

結合	BDE	結合	BDE	結合	BDE
F–F	159(38)	H–NH_2	450(108)	CH_3O–CH_3	348(83)
Cl–Cl	247(59)	H–CH_3	439(105)	HO–OH	213(51)
Br–Br	193(46)	H–CH_2CH_3	423(101)	H_2N–CH_3	356(85)
I–I	151(36)	H–$CH(CH_3)_2$	413(99)	H_3C–CH_3	377(90)
H–H	436(104)	H–$C(CH_3)_3$	404(97)	$H_2C=CH_2$(π結合のみ)	280(67)
H–F	570(136)	H–CH_2Ph	356(85)	$H_2C=CH_2$(全体で)	728(174)
H–Cl	432(103)	F–CH_3	481(115)	HC≡CH(全体で)	965(231)
H–Br	366(88)	Cl–CH_3	351(84)	$H_2C=O$(全体で)	748(179)
H–I	298(71)	Br–CH_3	302(72)	H–CN	544(130)
H–OH	497(119)	I–CH_3	241(58)	H–SH	368(88)
H–OCH_3	438(105)	HO–CH_3	385(92)	HS–CH_3	297(71)

[†] 単位は $kJ\,mol^{-1}$ ($kcal\,mol^{-1}$)

反応への電子的効果　反応の速さや選択性は，分子内の電子（あるいは電荷）の分布に強く影響される．電子的効果には，電気陰性度の違いがσ結合を通じて伝達される**誘起効果**と，非共有電子対あるいは分極したπ電子の影響が，π結合を通じて伝達される**共鳴効果**（メソメリー効果ともいう）がある．

反応へのその他の効果　立体効果，立体電子効果，溶媒効果などが反応の速さや選択性に影響を及ぼす．

例題 1・1 次の各元素の基底状態の電子配置をエネルギーダイヤグラムで示せ。
(a) 炭素　(b) 酸素　(c) ナトリウム　(d) 塩素

解答

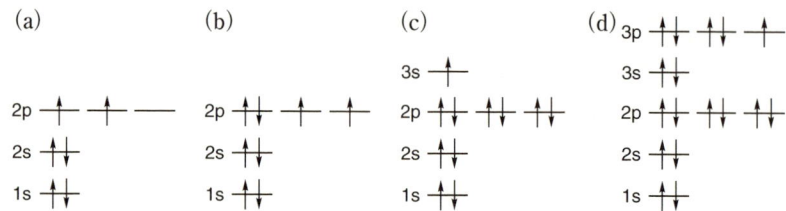

原子はその原子番号に相当する数の電子をもつから、それらを構成原理に従って、低エネルギーの軌道から順次2個ずつ入れていく。(a), (b) における2p軌道の占め方はHundの規則による。

例題 1・2 次の化学種をLewis構造式で示せ。
(a) CH_3CH_3　(b) CO_2　(c) NH_3　(d) HNO_3

解答

(a)
```
    H H
H : C : C : H
    H H
```

(b)
```
..        ..
O :: C :: O
..        ..
```

(c)
```
      H
      ..
H : N : H
```

(d)
```
         +    ..
H : O : N : O :-
         ..
        : O :
         ..
```

各原子まわりの価電子数が8個（水素の場合は2個）になるように電子を配置して分子を組立てる。構造式に現れる電子の総数が、孤立状態での各原子の価電子数の和に等しいことに注意する。形式電荷の確認を忘れないようにすること。(b) では炭素、酸素ともに共有電子数の半分と非共有電子数の和が孤立状態での価電子数と等しいので形式電荷はゼロである。(d) の窒素原子の形式電荷は、（孤立状態での価電子数: 5）−（共有電子数の半分: 8/2 + 非共有電子数: 0）= +1 であり、右端の酸素原子では（孤立状態での価電子数: 6）−（共有電子数の半分: 2/2 + 非共有電子数: 6）= −1 である。なお形式電荷は必ずLewis構造式に書込む。

例題 1・3 アレン $CH_2=C=CH_2$（プロパジエン）はどのような構造をしていると予測されるか。

解答 まず各炭素原子がどのような混成をしているかを予測する．炭素原子の混成はその炭素の配位数（その炭素と結合する原子の数）で決まる．なぜなら結合する原子の数だけの混成軌道を必要とするからである．アレンの末端炭素は3配位であるから3個の混成軌道を必要とし，したがって sp² 混成と予測される．つまり，2個の水素および中心炭素と平面三方構造になるように結合しており，三つの結合は互いにほぼ120°の角度をもっている．混成に関わらない p 軌道がこの平面に垂直な方向に広がっている．一方，中心炭素は2配位なので2個の混成軌道が必要であり，したがって sp 混成と予測される．つまり2個の末端炭素と結合し，その二つの結合は互いに180°の角度をなしている．混成に関わらない2個の p 軌道は，C–C–C 結合軸に垂直に，かつ互いに垂直に広がっている．

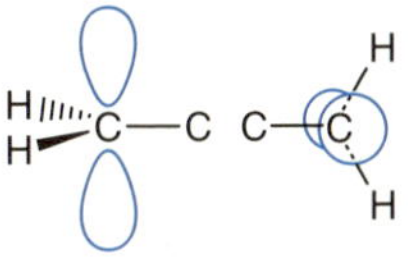

末端炭素
sp² 混成

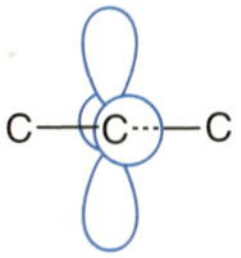

中心炭素
sp 混成

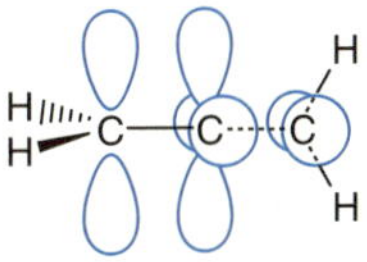

アレンの構造

末端炭素と中心炭素の p 軌道どうしが重なって π 結合を形成するが，最も効率よく重なるためには，両末端の p 軌道は中心炭素のそれぞれの p 軌道と平行になる必要があり，つまり，互いに直交していることが必要である．したがって二つの CH₂ 平面は互いに直交していると予測される．実際のアレン分子はこの予測どおりの構造であることが確認されている．

例題 1・4 次の化学種の構造は複数の共鳴構造式を考えることによって正しく表現される．それらの共鳴構造式を Kekulé 構造式で書け．非共有電子対と形式電荷を明示すること．
(a) 硝酸イオン NO_3^- (b) アジ化水素 HN_3
(c) アリルカチオン $CH_2=CHCH_2^+$

解答 (a)

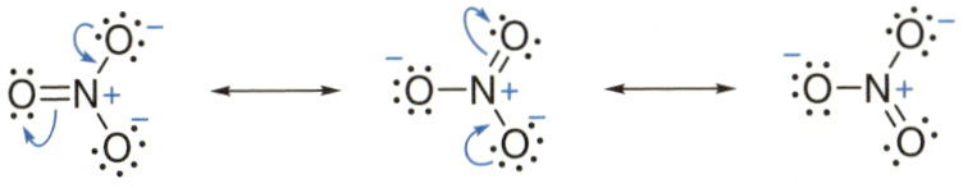

まずオクテット則をみたす構造式を一つ書き，形式電荷を確認する（たとえば左端の構造）．これから巻矢印で示すように電子対を移動させると，その右の構造式

が書け，さらに右端の構造式が書ける．3個の等価な構造式を書くことができ，このイオンの対称的な構造を反映している．

複数の共鳴構造式の混成体であることを示すためには，両端に矢尻をもつ矢印 ↔ を用いなければならない．平衡を示す矢印 ⇄ と混同しないように注意しよう．

(b)

$$H-\ddot{\underset{-}{N}}-\overset{+}{N}\equiv N: \quad \longleftrightarrow \quad H-\ddot{N}=N=\ddot{N}^{-} \quad \left(\longleftrightarrow \quad H-\overset{+}{\underset{-}{N}}-N\equiv N: \right)$$

$$(A) \qquad\qquad\qquad (B) \qquad\qquad\qquad\qquad (C)$$

オクテット則をみたした二つの共鳴構造式 (**A**), (**B**) が書けるが，これらは等価ではない．構造式 (**C**) は右端の N がオクテット則をみたしていないので，(**A**), (**B**) に比べて非常に不安定であり，その寄与は考えなくてよい．

(c)

(構造式省略：アリルカチオンの共鳴構造)

カチオン中心炭素は6電子であり，オクテット則をみたしていない．

例題 1・5 エタン CH_3CH_3，エチレン $CH_2=CH_2$，アセチレン $CH\equiv CH$ の酸性度はこの順に強くなる．その理由を説明せよ．

解答 解離して生成するアニオンが安定であるほど，解離しやすく，酸性は強い．アニオンにおける非共有電子対はエチルアニオン $CH_3\overset{..}{C}H_2^-$ では sp^3 混成軌道に，エテニル（ビニル）アニオン $CH_2=\overset{..}{C}H^-$ では sp^2 混成軌道に，エチニルアニオン $CH\equiv\overset{..}{C}^-$ では sp 混成軌道に存在する．軌道の s 性（s 軌道の割合：sp^3 では 25%，sp^2 では 33%，sp では 50%）が高いほど，その軌道に入っている電子のエネルギーは低く，すなわちそのアニオンは安定である．したがってエタン，エチレン，アセチレンの順に酸性度は強くなる．

例題 1・6 アルコール ROH とカルボン酸 RCOOH はどちらが酸として強いか．その理由を説明せよ．

解答 ここでも，解離して生成するアニオンの安定性を比較する．

$$R-OH \rightleftharpoons R-O^- + H^+$$

$$R-\underset{OH}{\overset{O}{\underset{\|}{C}}} \rightleftharpoons \left[R-\underset{O^-}{\overset{O}{\underset{\|}{C}}} \quad \longleftrightarrow \quad R-\underset{O}{\overset{O^-}{\underset{\|}{C}}} \right] + H^+$$

アルコキシドイオン RO^- では負電荷が酸素原子上に局在しているのに対して，カルボキシラートイオン $RCOO^-$ では負電荷が二つの酸素原子上に均等に非局在化する，すなわち二つの等価な共鳴構造式の混成体として表すことができるので，より安定である．したがってカルボン酸のほうが酸として強い．

例題 1・7 次の式の平衡はどちらにどの程度偏っていると予測されるか．

$$CH_3C{\equiv}CH + NaNH_2 \xrightleftharpoons{K} CH_3C{\equiv}C{:}^- Na^+ + NH_3$$

解答 三重結合炭素に結合した水素は酸性をもち，その pK_a は約 25 である（表 1・1, p.3 参照）．一方アンモニアの pK_a は約 38 である．酸性度定数の定義から，プロピンとアンモニアの K_a は次のように表すことができる．

$$K_a = \frac{[CH_3C{\equiv}C{:}^-][H^+]}{[CH_3C{\equiv}CH]} \simeq 10^{-25} \qquad K_a = \frac{[{:}NH_2^-][H^+]}{[NH_3]} \simeq 10^{-38}$$

したがって問題の式の平衡定数 K は

$$K = \frac{[CH_3C{\equiv}C{:}^-][NH_3]}{[CH_3C{\equiv}CH][{:}NH_2^-]} = \frac{[CH_3C{\equiv}C{:}^-][H^+]}{[CH_3C{\equiv}CH]} \cdot \frac{[NH_3]}{[{:}NH_2^-][H^+]} \simeq 10^{-25} \cdot 10^{38} = 10^{13}$$

となり，平衡は圧倒的に右に偏っているということになる．

例題 1・8 次の反応はどの程度の発熱あるいは吸熱反応か．表 1・2 (p.5) を参考にして考えよ．
(a) $CH_4 + Cl_2 \longrightarrow CH_3Cl + HCl$ (b) $CH_2{=}CH_2 + Br_2 \longrightarrow BrCH_2{-}CH_2Br$

解答 分子内のすべての結合の結合エネルギーの総和を，その分子のもつエネルギーと考え，それが反応の前後でどのように増減するかを考える．実際には，反応によって開裂あるいは生成する結合だけを考えればよい．

(a) C–H 結合 1 個と Cl–Cl 結合 1 個が開裂し，C–Cl 結合 1 個と H–Cl 結合 1 個が生成する．結合の開裂は結合エネルギー分の吸熱であり，結合の生成は結合エネルギー分の発熱であることに注意すると，表 1・2 から

$$439 + 247 - (351 + 432) = -97$$

となり，97 kJ mol^{-1}（23 kcal mol^{-1}）の発熱反応と予測される．

(b) C=C π 結合 1 個と Br–Br 結合 1 個が開裂し，2 個の C–Br 結合が生成する．したがって

$$280 + 193 - 2 \times 302 = -131$$

となり，131 kJ mol^{-1}（31 kcal mol^{-1}）の発熱反応である．

演習問題

1・1 次の元素の基底状態の電子配置をエネルギーダイヤグラムで示せ．
   (a) ホウ素   (b) 窒素   (c) リン   (d) アルゴン

1・2 次の化学種の Lewis（点電子）構造を書け．
   (a) C_2H_4 (b) C_2H_2 (c) HONO   (d) NH_4^+ (e) CH_3OH
   (f) BF_3 (g) CH_3^- (h) CH_3CN (i) CO

1・3 次の化学種の Kekulé 構造を書け．非共有電子対と形式電荷を明示すること．
   (a) H_3O^+ (b) CH_3NH_2 (c) $(CH_3)_4N^+$ (d) $AlCl_3$
   (e) $(CH_3)_3P$ (f) CH_3SCH_3 (g) $(CH_3)_2SO$ (h) $(CH_3)_3NO$

1・4 次の化学種における各炭素原子の混成は何か．
   (a) $(CH_3)_3CH$ (b) $CH_2=CHC\equiv CCH_3$ (c) CO_2 (d) $CH_3CH=O$
   (e) CH_3CN (f) ベンゼン C_6H_6 (g) $(CH_3)_3C^+$ (h) $^-\!\ddot{C}H_3$

1・5 水 H_2O と二酸化炭素 CO_2 はともに極性共有結合をもつが，水が 1.85 D の双極子モーメントをもつのに対して，二酸化炭素は双極子モーメントをもたない．このことから，これらの化合物の分子構造について何がわかるか．

1・6 次の化学種の構造に寄与する共鳴構造式を Kekulé 構造式で書け．非共有電子対と形式電荷を明示すること．
   (a) 酢酸イオン $CH_3CO_2^-$ (b) ニトロメタン CH_3NO_2
   (c) オゾン O_3 (d) アリルアニオン $CH_2=CHCH_2^-$
   (e) アセトンエノラートイオン $CH_3COCH_2^-$
   (f) ジアゾメタン CH_2N_2 (g) ベンゼン C_6H_6
   (h) ナフタレン $C_{10}H_8$

1・7 次の化学種はどちらが強い酸か（下線をつけた水素の解離を考える）．説明せよ．
   (a) C$\underline{H}_3$CH=CH_2 と C$\underline{H}_3$CH=O   (b) $CH_3CH_2O\underline{H}$ と $CH_3CH_2S\underline{H}$

1・8 水中で，次の化学種は酸として働くか，あるいは塩基として働くか．反応式

を示せ.

    (a) NH_3 (b) CH_3COOH (c) $CH_3CH_2O^-$ (d) NH_4^+ (e) NH_2^-

1・9 次の化学種を塩基性の強い順に並べよ.

    (a) F^-, OH^-, NH_2^-, CH_3^- (b) F^-, Cl^-, Br^-, I^-

1・10 次の化学種を求核性の強い順に並べよ.

    (a) F^-, Cl^-, Br^-, I^- (b) H_2O, OH^-

    (c) H_2O, NH_3 (d) CH_3O^-, CH_3S^-

1・11 次の試薬は Lewis 酸か，Lewis 塩基か.

    (a) $AlCl_3$ (b) $(CH_3)_2NH$ (c) BF_3 (d) CH_3SCH_3 (e) $TiCl_4$

1・12 次の反応はどの程度の発熱あるいは吸熱反応か. 表1・2 (p.5) を参考にして考えよ.

    (a) $CH_3OCH_3 + HI \longrightarrow CH_3I + CH_3OH$ (b) $CH_3Br + NH_3 \longrightarrow CH_3NH_2 + HBr$

    (c) $CH_2=CH_2 + HCl \longrightarrow CH_3-CH_2Cl$

2

アルカンとシクロアルカン

命名法

有機化合物の名称（英語名）は原則として IUPAC 命名法に従って命名する．脂肪族化合物の名称は，母体となる直鎖アルカンを基礎とし，官能基や置換基の種類や位置を示す接頭辞あるいは接尾辞を付け加えることによって組立てられる．日本語の名称は，英語名を日本化学会で定めた字訳（発音とは無関係に英語のつづりを機械的に片仮名に移し換える）の規則に従って片仮名に置き換える．

表 2・1　直鎖アルカンの名称[†]

炭素数	英語名称	日本語名称	炭素数	英語名称	日本語名称
1	methane	メタン	20	icosane	イコサン
2	ethane	エタン	21	henicosane	ヘンイコサン
3	propane	プロパン	22	docosane	ドコサン
4	butane	ブタン	23	tricosane	トリコサン
5	<u>pent</u>ane	ペンタン	24	tetracosane	テトラコサン
6	<u>hex</u>ane	ヘキサン	25	pentacosane	ペンタコサン
7	<u>hept</u>ane	ヘプタン	30	triacontane	トリアコンタン
8	<u>oct</u>ane	オクタン	31	hentriacontane	ヘントリアコンタン
9	<u>non</u>ane	ノナン	32	dotriacontane	ドトリアコンタン
10	<u>dec</u>ane	デカン	33	tritriacontane	トリトリアコンタン
11	undecane	ウンデカン	40	tetracontane	テトラコンタン
12	dodecane	ドデカン	50	pentacontane	ペンタコンタン
13	tridecane	トリデカン	90	nonacontane	ノナコンタン
14	tetradecane	テトラデカン	100	hectane	ヘクタン
15	pentadecane	ペンタデカン	123	tricosahectane	トリコサヘクタン

[†] 語尾はすべて -ane となる．炭素数 1～4 のアルカン名は慣用名に由来するが，5～10 はギリシャ語の数詞（英語名称の下線部，9 を表す nona はラテン語）に由来している．炭素数 11～99 のアルカンは，10 位の数字を表す数詞（deca, icosa, triaconta, tetraconta, …）の前に 1 位の数字を表す数詞をおくことによって規則的に命名される（炭素数 100 以上もこれに準じる）．1～4 に対する数詞はそれぞれ hen, do, tri, tetra である．11 は例外で hendeca ではなく undeca となる．また 22～29 では icosa の i を省く．なお炭素数 20, 21 のアルカンは古くはそれぞれ eicosane（エイコサン），heneicosane（ヘンエイコサン）ともよばれた．

a. アルカン 　直鎖アルカンは，その炭素数に対応した語幹に接尾辞 -ane をつけて命名する（表 2・1）．分枝アルカンは，最も長い炭素鎖を母体とし，それから枝分かれした部分を置換基（アルキル基）として命名する．置換基の位置番号がより小さくなる末端から母体炭素鎖に番号をふり，置換基の位置番号を決める．置換基名をアルファベット順に並べて母体アルカン名の前におき，各置換基名の前にその位置番号をつける．同一置換基が複数ある場合は倍数接頭辞 di-, tri-, tetra- などで一括する．

b. アルキル基 　直鎖アルキル基は，対応するアルカンの語尾 -ane を -yl に置き換えて命名する．分枝アルキル基は，最長鎖の直鎖アルキル基（付け根の炭素の位置番号を 1 とする）に枝分かれ部分の基名と位置番号をつけて命名する．簡単な分枝アルキル基には慣用名が頻用される（表 2・2）．

表 2・2 アルキル基の名称[†]

炭素数	構造式		英語名称	日本語名称	略号
1	$-CH_3$		methyl	メチル	Me
2	$-CH_2CH_3$		ethyl	エチル	Et
3	$-CH_2CH_2CH_3$		propyl	プロピル	Pr
		慣	n-propyl	n-プロピル	n-Pr
	$-CH(CH_3)_2$		1-methylethyl	1-メチルエチル	
		慣	isopropyl	イソプロピル	i-Pr
4	$-CH_2CH_2CH_2CH_3$		butyl	ブチル	Bu
		慣	n-butyl	n-ブチル	n-Bu
	$-CH_2CH(CH_3)_2$		2-methylpropyl	2-メチルプロピル	
		慣	isobutyl	イソブチル	i-Bu
	$-CH(CH_3)CH_2CH_3$		1-methylpropyl	1-メチルプロピル	
		慣	s-butyl (sec-butyl)	s-ブチル	s-Bu
	$-C(CH_3)_3$		1,1-dimethylethyl	1,1-ジメチルエチル	
		慣	t-butyl ($tert$-butyl)	t-ブチル	t-Bu
5	$-CH_2CH_2CH_2CH_2CH_3$		pentyl	ペンチル	
		慣	n-pentyl	n-ペンチル	
	$-CH_2CH_2CH(CH_3)_2$		3-methylbutyl	3-メチルブチル	
		慣	isopentyl	イソペンチル	
	$-C(CH_3)_2CH_2CH_3$		1,1-dimethylpropyl	1,1-ジメチルプロピル	
		慣	t-pentyl ($tert$-pentyl)	t-ペンチル	
	$-CH_2C(CH_3)_3$		2,2-dimethylpropyl	2,2-ジメチルプロピル	
		慣	neopentyl	ネオペンチル	

[†] 炭素数 4 以下のすべての基，および炭素数 5 で慣用名の使用が認められているものを載せた．慣 は慣用名を示す．炭素数 5 以下の分枝基には慣用名を用いることが多い．直鎖基の慣用名の n- は normal の略である．複雑な構造式のなかでは略号が用いられることがある．

c. シクロアルカン　無置換シクロアルカンは同じ炭素数の直鎖アルカンの名称に接頭辞 cyclo-（シクロ）をつけて命名する．一置換シクロアルカンは母体シクロアルカン名の前に置換基名をおく．多置換シクロアルカンでは，置換基が結合する環炭素のいずれかから出発し，置換基の位置番号の組合わせが最も小さくなるように，環炭素に番号づけをし，置換基名をアルファベット順に並べて母体シクロアルカン名の前におき，各置換基名の前にその位置番号をつける．

アルカンの反応

C–H 結合の極性が低いため，アルカン（シクロアルカンを含めて）は極性反応を起こさない．アルカンの反応は光（$h\nu$）や熱（Δ）によってひき起こされるハロゲン化や燃焼（酸素との反応）に限られ，いずれもラジカル連鎖反応である．

シクロプロパンは例外的にその大きなひずみのために，さまざまな試薬と反応して開環反応を起こす．

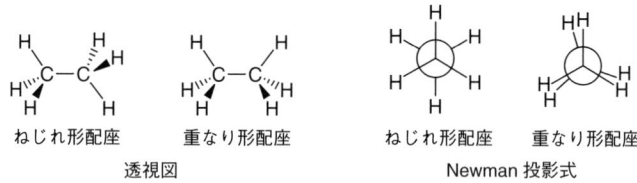

立体配座（コンホメーション）

単結合の内部回転によって変化する原子の三次元的配列．単に配座ともいう．たとえばエタンでは C–C 結合の回転によって無数の配座が考えられるが，最もエネルギーの低い配座はねじれ形配座であり，エタンはこの配座で存在する．最もエネルギーの高い配座は重なり形配座とよばれ，ねじれ形より約 12 kJ mol^{-1} 不安定である．以下にそれらを透視図および Newman（ニューマン）投影式で示す．

ねじれ形配座	重なり形配座	ねじれ形配座	重なり形配座
透視図		Newman 投影式	

ブタンでは中央の C–C 結合に関して3種類のねじれ形配座が存在する．これらは互いに異性体であり，配座異性体（コンホマー）とよばれるが，非常に速く相互変換しており，単離することは不可能である．ゴーシュ配座では二つのメチル基が接近しており，立体反発（**ブタン・ゴーシュ相互作用**）が働くため，アンチ配座よ

り約 3.8 kJ mol^{-1} 不安定である．

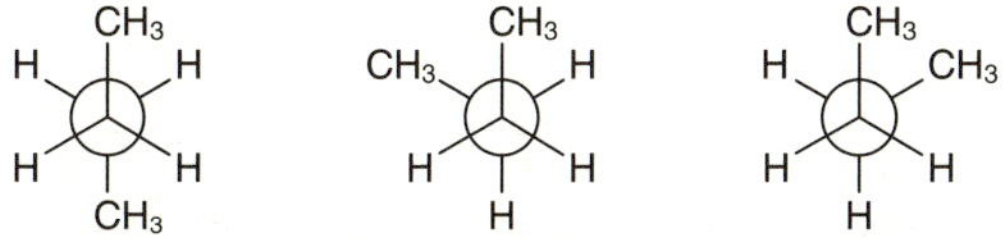

アンチ配座　　　ゴーシュ配座　　　ゴーシュ配座
ブタンの3種類の配座異性体

　シクロヘキサンは特徴的ないす形配座をとり，各炭素に結合する2個の水素の一方は環の平均平面に垂直なアキシアル位を，他方はほぼ環平面内にあるエクアトリアル位を占めている．環は非常に速く反転しており（活性化自由エネルギー $\Delta G^{\ddagger}$ はほぼ 42 kJ mol^{-1}），反転に伴ってアキシアル水素とエクアトリアル水素は入れ替わる．

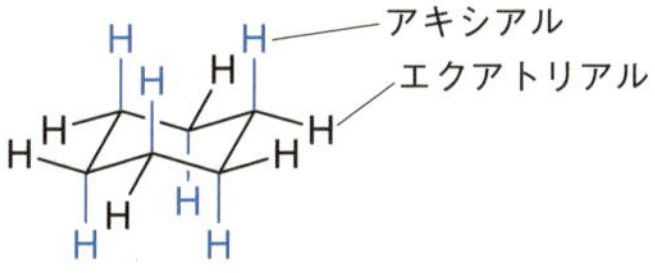

いす形配座 　　　　　　　　　　　環の反転

　一置換シクロヘキサンは，置換基がエクアトリアル位あるいはアキシアル位にある2種類のいす形配座をとることができ，エクアトリアル配座がより安定である．アキシアル配座が不安定であるのは，アキシアル置換基と3,5位のアキシアル水素との立体反発（**1,3-ジアキシアル相互作用**，メチル基の場合約 7.5 kJ mol^{-1}）が原因である．この2種の配座も環反転により速やかに相互変換している．

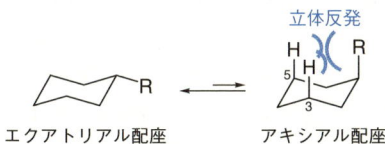

エクアトリアル配座　　　アキシアル配座

　なお，メチル基の1,3-ジアキシアル相互作用と前述のブタン・ゴーシュ相互作用とは本質的に同じものであり，その大きさはちょうど2倍になっている（アキシアル水素が2個あるから）ことに注意しよう（下図参照）．

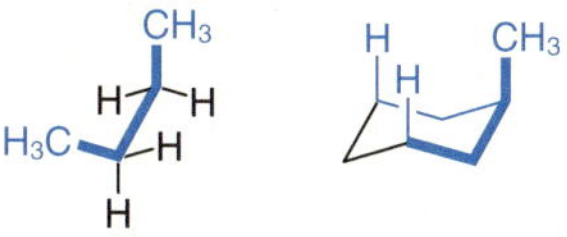

シクロアルカンにおけるシス-トランス異性

シクロアルカンの異なる環炭素に二つの置換基が結合している場合，それらの置換基が環の平均平面に関して同じ側（シス）にあるか，反対側（トランス）にあるかで2種類の立体異性体が存在する．これらは立体配置の異なる**配置異性体**である．命名する場合は化合物名の前に *cis*-，*trans*-をつける．

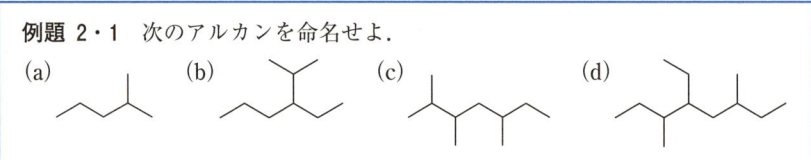

cis-1-エチル-3-メチルシクロブタン　　　　trans-1-エチル-3-メチルシクロブタン

例題 2・1 次のアルカンを命名せよ．

(a)　(b)　(c)　(d)

解答　主鎖の番号づけは次のようになる．

(a)　(b)　(c)　(d)

(a)では最も長い炭素鎖は炭素5個（pentane）であり，これに炭素数1個のアルキル基（methyl）が置換基として結合している．炭素鎖に右端から番号をふると置換基は2位，左端からふると4位にあるので，数字がより小さい前者の番号づけを選ぶ．したがって英語名は 2-methylpentane，日本語名は 2-メチルペンタンとなる．位置番号と置換基名の間にはハイフンを入れる．

(b)では最も長い炭素鎖（hexane）の選び方が二通りある．その場合は枝分かれが多いほうを選ぶ．二つの置換基の位置番号の組合わせは，末端の選び方によって 2,3 と 4,5 の二通りがあるので，より小さい前者を選ぶ．すなわち2位に methyl 基，3位に ethyl 基があるということになる．置換基をアルファベット順に並べ位置番号をそれぞれの前につけて母体アルカン名の前におくと，3-ethyl-2-methylhexane（3-エチル-2-メチルヘキサン）となる．

(c)では最も長い炭素鎖は heptane で，置換基が左端から数えると 2, 3, 5 位に，右端から数えると 3, 5, 6 位についているので前者の番号づけを選ぶ．同じ methyl 基が3個あるので，倍数接頭辞 tri を用いて 2,3,5-trimethylheptane（2,3,5-トリメチルヘプタン）となる．位置番号はコンマで区切って小さい数字から順に並べる．

(d)の母体アルカンは octane である．置換基は左端から数えると 3, 4, 6 位に，右端から数えると 3, 5, 6 位に結合しているので，前者を選ぶ．4-ethyl-3,6-dimethyloctane（4-エチル-3,6-ジメチルオクタン）となる．置換基をアルファベット順に並べるとき，倍数接頭辞は含めない約束なので，3,6-dimethyl-4-ethyloctane ではない．

例題 2・2 次のシクロアルカンを命名せよ．立体化学は考えない．
(a)　(b)　(c)　(d)

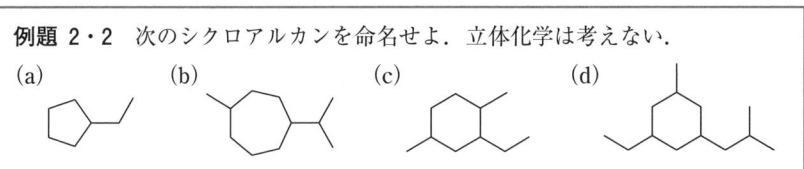

解答 (a) 炭素5個の母体シクロアルカン（cyclopentane）に炭素2個の置換基（ethyl）が結合しているので，ethylcyclopentane（エチルシクロペンタン）となる．置換基の位置番号をつける必要はなく，1-ethylcyclopentane は誤りである．

(b) 7員環（cycloheptane）に二つの置換基（methyl, isopropyl）がついている．置換基の位置番号の組合わせとして 1, 4 と 1, 5 の二通りが考えられるので，より小さい前者を選ぶ．アルファベット順に並べたとき前に来る置換基の位置番号を1とする．したがって 1-isopropyl-4-methylcycloheptane（1-イソプロピル-4-メチルシクロヘプタン）となる．

(c) 母体は cyclohexane であり，これに3個の置換基が結合している．どの炭素から出発して，どちら回りに番号をふるかによって数通りの位置番号の組合わせが考えられるが，最も小さいのは 1, 2, 4 である．つまり番号づけは一義的に下図のように決まる．したがって名称は 2-ethyl-1,4-dimethylcyclohexane（2-エチル-1,4-ジメチルシクロヘキサン）となる．

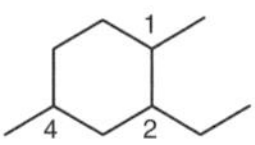

(d) 位置番号の組合わせはどこから数えても 1, 3, 5 である．このような場合は，置換基（ethyl, isobutyl, methyl）をアルファベット順に並べて，前から順に 1, 3, 5 の位置番号をふる．したがって 1-ethyl-3-isobutyl-5-methylcyclohexane（1-エチル-3-イソブチル-5-メチルシクロヘキサン）となる．

[注1] "位置番号の組合わせがより小さい" とは "位置番号を小さいほうから並べて，左から一つずつ比較して，最初の異なる数字がより小さい" という意味である．"位置番号の和がより小さい" ということではない．

[注2] (b)の isopropyl, (d)の isobutyl は慣用名であるが, IUPAC 命名法でも使用を認められている. 正式な命名法では前者は 1-methylethyl, 後者は 2-methylpropyl となる (表 2・2, p. 13 参照). 置換基をアルファベット順に並べるときに, 正式名と慣用名で順序が変わる場合があり, たとえば (b) は 1-methyl-4-(1-methylethyl)cycloheptane となる.

例題 2・3 炭素数 5 のアルカンの構造異性体をすべて書き, それらを沸点の高いものから順に並べよ.

解答 慣用名で n-ペンタン, イソペンタン, ネオペンタン (IUPAC 名はそれぞれペンタン, 2-メチルブタン, 2,2-ジメチルプロパン) とよばれる 3 種の構造異性体がある (下図). 沸点は液体状態で分子間に働く力の大きさを反映しており, それが大きいほど分子を引き離して気化させるのに大きなエネルギーを必要とするので, 沸点は高くなる. アルカンのような無極性化合物において液体状態で分子間に働く力はもっぱら van der Waals (ファンデルワールス) 力であり, その力は分子の表面積が大きいほど強くなる. 枝分かれが多いほど分子は球状に近くなり, 同じ炭素数のアルカンであれば, 表面積は減少すると考えることができるので, n-ペンタン, イソペンタン, ネオペンタンの順に沸点は低下すると予測される. 事実そのとおりである.

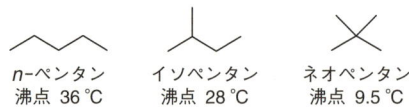

n-ペンタン　　イソペンタン　　ネオペンタン
沸点 36 ℃　　沸点 28 ℃　　沸点 9.5 ℃

例題 2・4 メタンと塩素を混合し, これに光を照射すると塩素化反応が起こり, クロロメタン, ジクロロメタン, トリクロロメタンなどを生成する. この反応の機構を説明せよ.

解答 典型的なラジカル連鎖反応である. ラジカルは遊離基ともよばれ, 不対電子をもつ化学種で, これが中間体となって連鎖反応が起こる.

まず塩素分子が光 ($h\nu$) を吸収して 2 個の塩素原子を生じる〔(1)式：連鎖開始段階〕. 塩素原子はメタンから水素を引抜いて塩化水素となり, 同時にメチルラジカルを生成する〔(2)式〕. メチルラジカルは塩素分子と反応してクロロメタンとなると同時に, 塩素原子を生成する〔(3)式〕. 生じた塩素原子は (2)式の反応を起こす. したがって (2)式と (3)式の反応が繰返されることになる. これが連鎖成長段

2. アルカンとシクロアルカン

階であり，塩素原子は連鎖伝搬ラジカルとして働いている．これだけであると，いったん (1) 式の反応が起こると，メタンあるいは塩素が完全に消費されるまで無限に連鎖が続くはずであるが，実際には (4) 式〜(6) 式の反応でラジカルが消滅する（連鎖停止段階）ので，連鎖は途中で途切れる．

(3) 式で生成したクロロメタンに対して，(2) 式，(3) 式と同様の連鎖機構でさらに塩素化が起こり，ジクロロメタン，トリクロロメタンなどを生成する．

$$:\!\ddot{\underset{..}{Cl}}\!-\!\ddot{\underset{..}{Cl}}\!: \xrightarrow{h\nu} 2\ \cdot\ddot{\underset{..}{Cl}}: \tag{1}$$

$$CH_3-H + \cdot\ddot{\underset{..}{Cl}}: \longrightarrow H_3C\cdot + H-\ddot{\underset{..}{Cl}}: \tag{2}$$

$$H_3C\cdot + :\!\ddot{\underset{..}{Cl}}\!-\!\ddot{\underset{..}{Cl}}\!: \longrightarrow CH_3-\ddot{\underset{..}{Cl}}: + \cdot\ddot{\underset{..}{Cl}}: \tag{3}$$

$$2\ \cdot\ddot{\underset{..}{Cl}}: \longrightarrow :\!\ddot{\underset{..}{Cl}}\!-\!\ddot{\underset{..}{Cl}}\!: \tag{4}$$

$$H_3C\cdot + \cdot\ddot{\underset{..}{Cl}}: \longrightarrow CH_3-\ddot{\underset{..}{Cl}}: \tag{5}$$

$$2\ H_3C\cdot \longrightarrow CH_3-CH_3 \tag{6}$$

例題 2・5 あるアルカンを完全燃焼させたところ，二酸化炭素と水が質量比 2.10 で生成した．またこのアルカンを光塩素化したところ，2 種類のモノクロロ体が生成した．このアルカンの構造と名称を書け．

解答 アルカンは C_nH_{2n+2} の分子式をもち，完全燃焼の反応式は係数を含めると，次式のようになる．

$$C_nH_{2n+2} + \frac{3n+1}{2}O_2 \longrightarrow n\,CO_2 + (n+1)H_2O$$

したがって，CO_2 および H_2O の分子量をそれぞれ 44 および 18 とすると，

$$\frac{n \times 44}{(n+1) \times 18} = 2.10$$

が成立し，これを解くと $n=6$ となる．

炭素数 6 のアルカンは (A)〜(E) の 5 種類があり，モノクロロ体の構造異性体の数はそれぞれ 3, 5, 4, 2, 3 である（必ず自分で確認しよう）．モノクロロ体が 2 種類存在するのは，(D) の 2,3-ジメチルブタンである．

(A) (B) (C) (D) (E)

例題 2・6 2-メチルブタンの配座異性体のすべてを Newman 投影式で示せ. どれが最も安定であろうか.

解答 3種の配座異性体 (**A**), (**B**), (**C**) が存在する〔(**B**) と (**C**) は鏡像異性体であって同じものではないことに注意しよう. ただし安定性は同じである〕. (**B**), (**C**) ではブタン・ゴーシュ相互作用が1組存在するのに対して, (**A**) では2組あり, したがって (**B**), (**C**) のほうがより安定であると予測される.

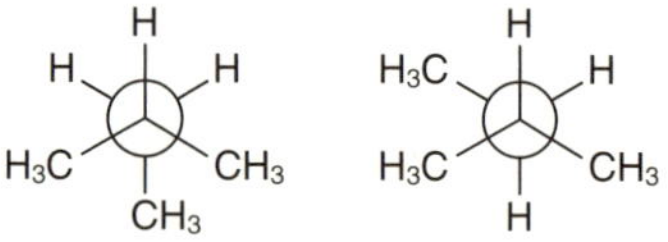

(**A**)　　　　(**B**)　　　　(**C**)

例題 2・7 1,4-ジメチルシクロヘキサンの立体異性体（配置異性体, 配座異性体）について説明せよ.

解答 下図に示すトランス体とシス体の2種類の配置異性体がある.

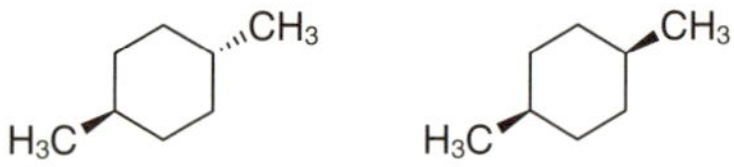

トランス体　　　シス体

トランス体には, 二つのメチル基がともにエクアトリアル位にある eq, eq 配座 (**A**) と, これが環反転してできるメチル基がともにアキシアル位にある ax, ax 配座 (**B**) の2種類の配座異性体が存在する. (**B**) はメチル基とアキシアル水素との立体反発（1,3-ジアキシアル相互作用）のために非常に不安定であり, 配座平衡は圧倒的に (**A**) に偏っていると考えられる. シス体では, メチル基の一方がエクアトリアル位に, 他方がアキシアル位にある eq, ax 配座 (**C**) と, これが環反転してできる ax, eq 配座 (**D**) が書けるが, これらは同一物であり, つまりシス体では配座異性体は存在しない.

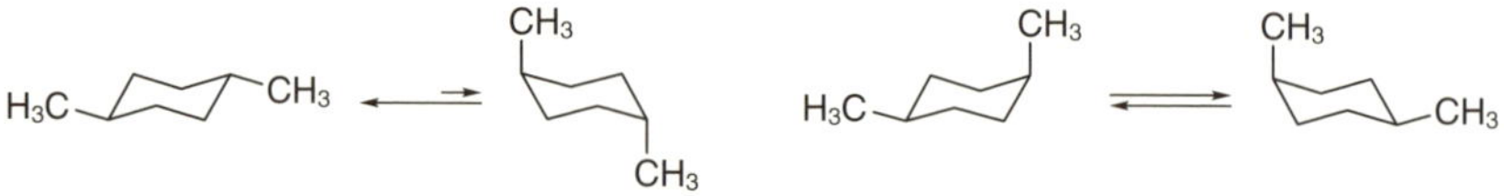

(**A**)　　　　(**B**)　　　　(**C**)　　　　(**D**)

演習問題

2・1 次の化合物を命名せよ．なおハロゲン原子の置換基としての名称は，Fはfluoro（フルオロ），Clはchloro（クロロ），Brはbromo（ブロモ），Iはiodo（ヨード）である．

(a)  (b) 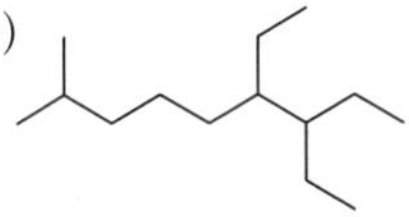 (c) 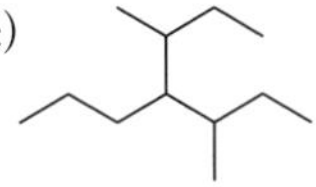 (d)

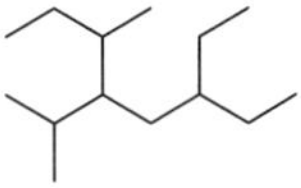

(e) 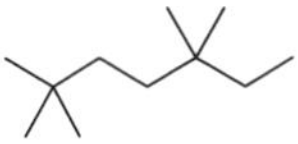 (f) 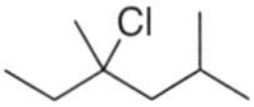 (g) 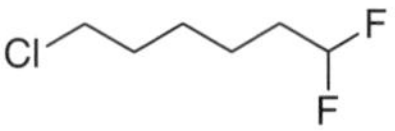 (h)

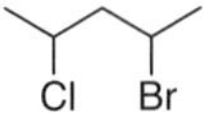

2・2 次の化合物を命名せよ．立体化学が明示されているものについては立体配置の表示を含めよ．

(a) 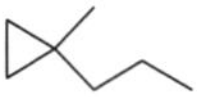 (b) 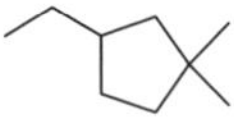 (c) 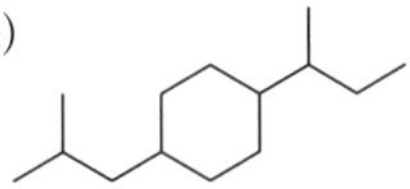 (d)

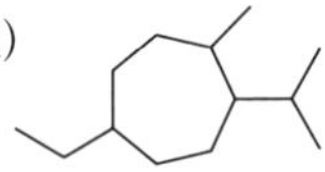

(e)  (f) 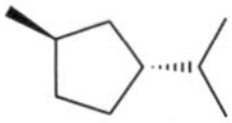 (g) 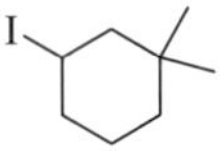 (h)

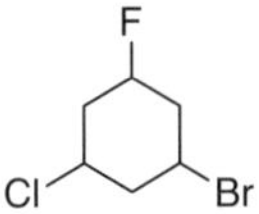

2・3 次の化合物の構造を書け．
 (a) 3-ブロモ-4-エチル-7-メチルデカン
 (b) 5-イソブチルノナン
 (c) 2-クロロ-1,3-ジエチルシクロヘキサン
 (d) 1,5-ジメチルシクロウンデカン

2・4 次の化合物の構造を書くことができるはずであるが，実はその名称は間違っている．正しい名称は何か．
 (a) 2-プロピルブタン   (b) 3-ブロモ-5-クロロヘキサン
 (c) 4-イソブチルヘプタン   (d) 1-エチル-2,5-ジメチルシクロヘキサン
 (e) 1-ブロモ-3-クロロ-4-メチルシクロペンタン

2・5 分子式 C_7H_{16} をもつ構造異性体をすべて書き，命名せよ．

2・6 分子式 C_6H_{12} で環状構造をもつ化合物をすべて書き，命名せよ．そのうち，シス-トランス異性体が存在するのはどれか．

2・7 次の化合物を沸点の高いものから順に並べよ．
　　　ヘキサン，オクタン，3,3-ジメチルペンタン，2-メチルペンタン，
　　　ヘプタン，2,2,3,3-テトラメチルブタン，2-メチルヘキサン

2・8 次の化合物を塩素化して得られる，モノクロロ体およびジクロロ体にはそれぞれ何種類の構造異性体が存在するか（立体異性体は考えない）．
　　（a）ブタン　　（b）ペンタン　　（c）2,2-ジメチルブタン　　（d）シクロヘキサン

2・9 ブタンおよび2-メチルプロパンを光塩素化したところ，モノクロロ体の生成比は次のようであった．このデータから水素原子の反応性についてどのようなことが推測できるか．

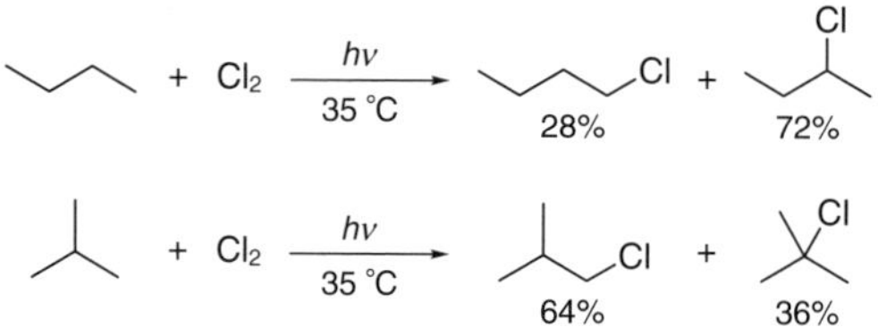

$$\diagup\!\!\diagdown\!\!\diagup + Cl_2 \xrightarrow[35\,°C]{h\nu} \diagup\!\!\diagdown\!\!\diagup\!\!Cl + \diagup\!\!\diagdown(Cl)\!\!\diagup$$
　　　　　　　　　　　　　　　　　28%　　　　72%

$$\diagdown\!\!\diagup\!\!\diagdown + Cl_2 \xrightarrow[35\,°C]{h\nu} \diagdown\!\!\diagup\!\!\diagdown\!\!Cl + \diagdown\!\!\diagup(Cl)\!\!\diagdown$$
　　　　　　　　　　　　　　　　　64%　　　　36%

2・10 1,2-ジメチルシクロヘキサンのシス-トランス異性体を書け．それぞれについて最も安定な配座は何か．

2・11 cis-1,3-ジメチルシクロヘキサン（**1**）と trans-1,3-ジメチルシクロヘキサン（**2**）では，どちらがより安定であろうか．両者の安定ないす形配座を書いて説明せよ．

2・12 1-イソプロピル-4-メチルシクロヘキサンの配置異性体を書け．それぞれの配置異性体の取りうる二つの配座異性体を図示せよ．どちらがより安定か．

*2・13 trans-1,2-ジクロロシクロヘキサンは，四塩化炭素のような無極性溶媒中では eq, eq 配座と ax, ax 配座との存在比がほぼ 3:7 で，後者のほうがより安定である．なぜであろうか．

3

アルケンとアルキン

炭素－炭素二重結合をもつ化合物を alkene（アルケン），炭素－炭素三重結合をもつ化合物を alkyne（アルキン）と総称する．

命 名 法

二重結合1個をもつ直鎖アルケンは，対応するアルカン名の接尾辞 -ane を -ene にかえて命名する．炭素数4個以上の直鎖アルケンでは，二重結合に近い末端から炭素鎖に番号をふり，最初の二重結合炭素の番号を，その二重結合の位置番号として，名称の前におく*．枝分かれがある場合は，二重結合を含む最も長い炭素鎖を母体アルケン，枝分かれ部分を置換基として命名する．二重結合が2個，3個，…ある場合は接尾辞を -adiene, -atriene, …とし，二重結合の位置番号の組合わせが小さくなる末端から番号をふる．

単環状シクロアルケンは cycloalkene と命名する．置換基がある場合，二重結合炭素の番号を1および2として置換基の位置番号が小さくなるように番号をふる．名称には置換基の位置番号は必要であるが，二重結合の位置番号（すなわち1）は不要である．環内に二重結合が複数あれば cycloalkadiene, cycloalkatriene などとなり，二重結合の位置番号（一つは必ず1となる）が必要である．

アルキンは，アルケンの命名法に準じて命名する．三重結合を1個ないし複数もつ直鎖アルキンは，対応するアルカン名の接尾辞 -ane を -yne, -adiyne, -atriyne などにかえて命名する．

二重結合と三重結合が共存する場合は alkenyne（アルケンイン）となる．二重結合，三重結合に関係なく多重結合の位置番号の組合わせが小さくなるように主鎖に番号をふる．どちらの末端から数えても同じ位置番号の組合わせになる場合は，二重結合に小さい番号をふる．二重結合の位置番号は名称の前におき，三重結合の位置番号は en と yne の間に挿入する*．

---

* 例題3・1の注（p.32）を参照のこと．

アルケンのシス-トランス異性

たとえば2-ブテンには二つのメチル基が二重結合に関して同じ側にあるものと反対側にあるものの2種類の立体異性体が存在する．前者をシス異性体，後者をトランス異性体とよび，化合物名に *cis*-あるいは *trans*-の接頭辞をつけて区別する．一般に，二重結合炭素のそれぞれに結合する二つの置換基が互いに異なる場合，シス-トランス異性体が存在する．この現象は，C=C結合の回転のエネルギー障壁が高い（約 250 kJ mol^{-1}）ことに基づく．

$$\underset{cis\text{-}2\text{-}ブテン}{\overset{H_3C\quad CH_3}{\underset{H\quad\quad H}{C=C}}} \qquad \underset{trans\text{-}2\text{-}ブテン}{\overset{H_3C\quad H}{\underset{H\quad\quad CH_3}{C=C}}} \qquad \underset{R^1 \neq R^2,\ R^3 \neq R^4}{\overset{R^1\quad R^3}{\underset{R^2\quad R^4}{C=C}}\quad \overset{R^1\quad R^4}{\underset{R^2\quad R^3}{C=C}}}$$

1-ブロモ-1-クロロプロペンのように，シス-トランス異性体をシス，トランスの名称では区別できない場合があり，より一般的な異性体表示法として *EZ* 表示法が用いられる．

$$\underset{(E)\text{-}1\text{-}ブロモ\text{-}1\text{-}クロロプロペン}{\overset{H_3C\quad Cl}{\underset{H\quad\quad Br}{C=C}}} \qquad \underset{(Z)\text{-}1\text{-}ブロモ\text{-}1\text{-}クロロプロペン}{\overset{H_3C\quad Br}{\underset{H\quad\quad Cl}{C=C}}}$$

EZ 表示法

次項に示す順位則（CIP則）に基づいて，二重結合炭素のそれぞれに結合する二つの置換基に順位をつけ，高順位の置換基どうしが二重結合に関して同じ側にあれば *Z*（ドイツ語の zusammen に由来する），反対側にあれば *E*（ドイツ語の entgegen に由来する）で表示する．化合物の名称に含める場合は，括弧をつけて化合物名の先頭におく（上例参照）．

Cahn-Ingold-Prelog の順位則（CIP則）
（カーン　インゴールド　プレローグ）

置換基に順位をつけるための規則．二つの基を比較してその順位を決める．おもな規則は

1) 基の付け根の原子どうしを比較し，原子番号が大きいほうが優先する．原子番号が同じならば質量数の大きいほうが優先する．

2) 付け根の原子で順位が決まらない場合は，その原子に結合している原子で比較する．その場合，まず最も優先順位の高い原子どうしで比較し，決まらなければ順次優先順位2位，3位の原子どうしで比較する．それでも決まらなければ最も優

先順位の高い原子に結合している原子で上述のように比較し、決まらなければ順次優先順位2位、3位の原子に結合している原子で比較する。このようにして決まるまで順次外側の原子で比較する。

3）二重結合、三重結合は、それぞれ単結合2個、3個と同等であるとみなす。したがって下に示すような書き換えができる。書き換えによって付け加えられた原子（レプリカ原子、青字で示す）は、原子番号の比較の際は正規の原子と対等であるが、その先に何も結合していないと考える。

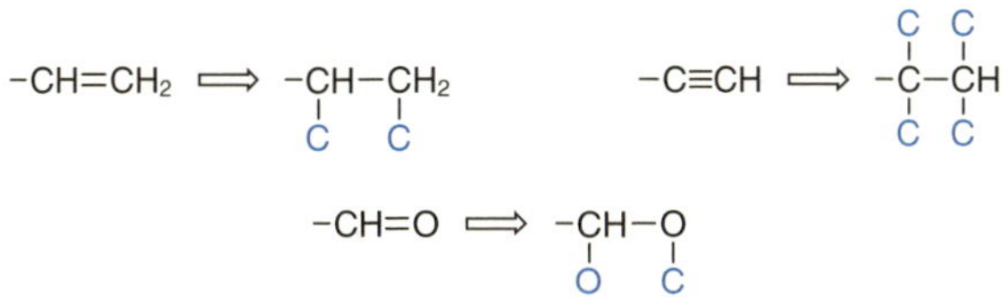

$$-CH=CH_2 \implies -CH-CH_2 \qquad -C \equiv CH \implies -C-CH$$

$$-CH=O \implies -CH-O$$

アルケンの反応

二重結合に対する付加反応が主たる反応である。

a. 求電子付加反応　　まず求電子試薬が二重結合に付加してカチオン中間体を生成し、ついでこれに求核試薬が付加する。

1）ハロゲン化水素の付加　　まずプロトン H^+ が付加してカルボカチオン中間体を生成し、これにハロゲン化物イオン X^- が付加して生成物を与える。

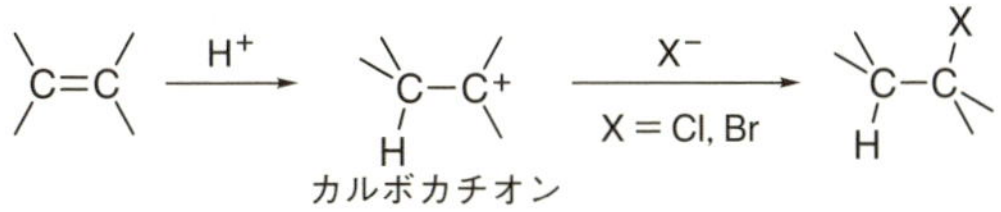

カルボカチオン中間体が二通り可能な場合は、より安定な中間体（第三級＞第二級＞第一級）を経由する生成物が得られる。たとえば

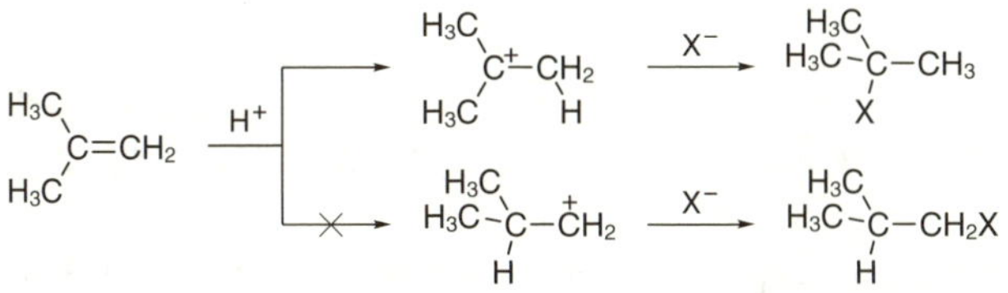

この現象は古くから知られており、"二重結合へのHXの付加において、水素の多い炭素にHが、水素の少ない炭素にXが結合する"という経験則は**Markovnikov則**（マルコフニコフ）とよばれている。また、このように生成物に複数の構造異性体の可能性があり、そのうちの一つが優先して生成する場合、この反応は**位置選択的**で

あるという．

2) **水の付加（水和）**　硫酸のような鉱酸の存在下で二重結合に水が付加する．まずプロトンが付加してカルボカチオン中間体を生成し，これに水分子が付加してオキソニウムイオン中間体となり，これからプロトンが脱離して生成物のアルコールを与える．ここでも Markovnikov 則が成り立つ．

$$\ce{>C=C<} \xrightarrow{H^+} \underset{\text{カルボカチオン}}{\ce{>C-C<^+}} \xrightarrow{H_2O} \underset{\text{オキソニウムイオン}}{\ce{>C-C<^{+}OH_2}} \xrightarrow{-H^+} \ce{>C-C<-OH}$$

3) **ハロゲンの付加**　アルケンへのハロゲンの求電子的反応によりハロゲン原子を含む3員環のカチオン性中間体（ハロニウムイオン；クロロニウムイオンあるいはブロモニウムイオン）が生成し，これにハロゲン化物イオンが付加して生成物を与える．結果的に二つのハロゲンは二重結合平面の反対側から付加する．これをアンチ付加（トランス付加ともいう）という．またこのように可能な立体異性体のうちの一つが優先的に生成する場合，この反応は**立体選択的**であるという．

$$\ce{>C=C<} \xrightarrow[X=Cl, Br]{X_2} \ce{>C=C<} \cdots X-X \longrightarrow \underset{\text{ハロニウムイオン}}{\ce{>C-C<^{X^+}}} + X^- \longrightarrow \ce{>C(X)-C(X)<}$$

シクロペンテン $\xrightarrow{Br_2}$ trans-1,2-ジブロモシクロペンタン　［ブロモニウムイオン中間体］

b. 水素化　Pt，Pd，Ni などの金属触媒の存在下に水素が二重結合に付加しアルカンを与える．二つの H は二重結合平面の同じ側から付加する．これをシン付加（シス付加ともいう）という．

$$\ce{>C=C<} \xrightarrow{H_2, Pt, Pd, Ni} \ce{>C(H)-C(H)<}$$

1,2-ジメチルシクロヘキセン $\xrightarrow{H_2, Pt}$ cis-1,2-ジメチルシクロヘキサン

c. ヒドロホウ素化-酸化によるアルコールの生成　アルケンとボラン BH_3（実際にはジボラン B_2H_6 として存在する）との反応でアルキルボランが生成し，過剰

$$\ce{>C=C<} \xrightarrow{BH_3} \underset{\text{アルキルボラン}}{\ce{>C(H)-C(BH_2)<}} \longrightarrow \underset{\text{トリアルキルボラン}}{\ce{(>C(H)-C<)_3 B}}$$

のアルケンがあればさらにトリアルキルボランまで進行する．この反応を**ヒドロホウ素化**とよぶ．これをアルカリ性条件下で過酸化水素で処理するとアルコールが生成する．

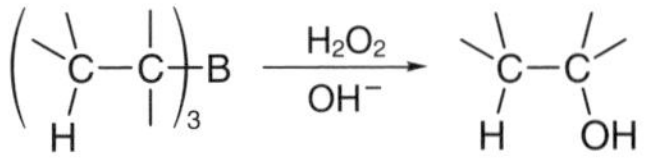

アルケンとボランの反応は，1段階のシン付加で起こり，立体的に込み合いの少ない炭素にホウ素が結合する．過酸化水素による酸化反応では，ホウ素原子と酸素原子が立体配置を保持したまま置換する．したがって結果的に，二重結合に水が逆Markovnikov型にシン付加したアルコールが生成する．

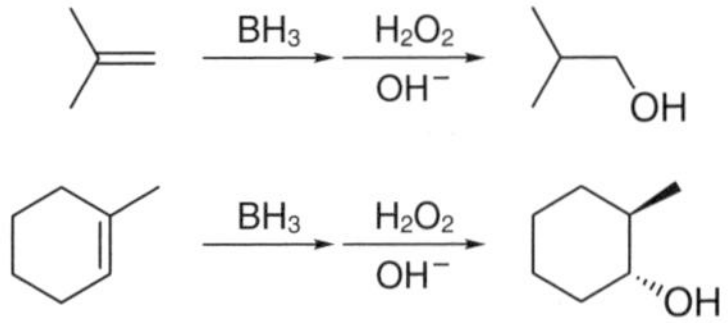

d. オキシ水銀化-脱水銀化によるアルコールの生成　水の存在下でアルケンに酢酸水銀(II) Hg(OAc)$_2$ (Ac: アセチル基) を反応させると，2-アセトキシメルクリアルコールが生成する．この反応を**オキシ水銀化**とよぶ．これを水素化ホウ素ナトリウム（IUPAC 名はテトラヒドロホウ酸ナトリウム）で還元すると HgOAc 基が水素によって置換され，アルコールを生成する．

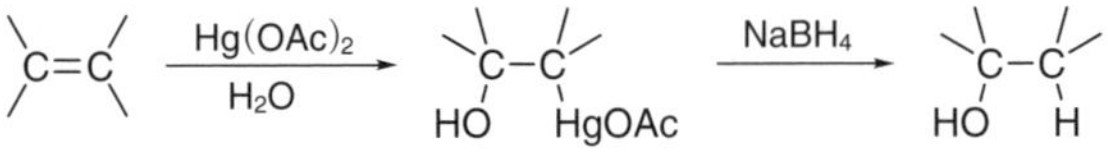

オキシ水銀化の反応機構は，酢酸水銀(II) が解離して生成する $^+$HgOAc がアルケンに付加して，3員環構造をもつメルクリニウムイオンが生成し，これに水が置換基の多い炭素に（すなわち Markovnikov 則に従った位置選択性で）アンチ付加する．結果的に二重結合に水が Markovnikov 型に付加した生成物が得られる．

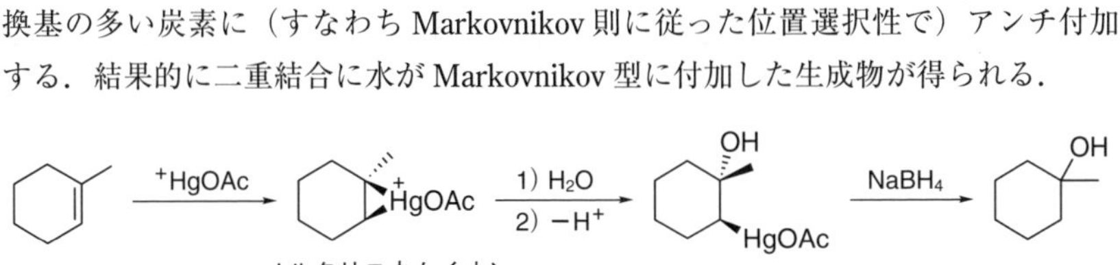

メルクリニウムイオン

e. 酸　化

1) **1,2-ジオールの生成**　アルカリ性条件下で過マンガン酸カリウムにより，立体選択的にシス形1,2-ジオール (*vic*-ジオールともいう．*vic*- は隣接していることを

意味する vicinal に由来する）が生成する．四酸化オスミウム OsO_4 でも同様の反応が起こる．

$$\text{>C=C<} \xrightarrow{KMnO_4} \text{>C(OH)-C(OH)<} \qquad \text{cyclohexene} \xrightarrow{KMnO_4} \text{trans-1,2-cyclohexanediol}$$

2）**カルボニル化合物への開裂**　酸性条件で過マンガン酸カリウムを反応させると2分子のカルボニル化合物に開裂する．生成物は，二重結合炭素に結合している基がともにアルキル基であればケトン，一つが水素であればカルボン酸，ともに水素であれば二酸化炭素となる．

$$\text{>C=C<} \xrightarrow[H^+]{KMnO_4} \text{>C=O} + \text{O=C<}$$

$$(CH_3)_2C=CHCH_3 \xrightarrow[H^+]{KMnO_4} (CH_3)_2C=O + CH_3COOH$$

3）**オゾン酸化（オゾン分解ともいう）**　アルケンにオゾンを反応させると，爆発性の強い中間体であるオゾニドが生成する．これを酢酸中亜鉛で還元的に処理すると2分子のカルボニル化合物に開裂する．生成物は，二重結合炭素に結合している基がともにアルキル基であればケトン，一つが水素であればアルデヒド，ともに水素であればホルムアルデヒドとなる．

$$\text{>C=C<} \xrightarrow{O_3} \text{オゾニド} \xrightarrow[CH_3COOH]{Zn} \text{>C=O} + \text{O=C<}$$

$$(CH_3)_2C=CHCH_3 \xrightarrow{O_3} \xrightarrow[CH_3COOH]{Zn} (CH_3)_2C=O + CH_3CH=O$$

4）**エポキシ化**　アルケンを過酸で酸化すると，エポキシド（オキシラン）を生成する．過酸として，比較的爆発性が低く，取扱いの容易な m-クロロ過安息香酸（mCPBA）がよく用いられる．

$$\text{>C=C<} \xrightarrow{\text{過酸}} \text{エポキシド} \qquad m\text{CPBA}$$

f. アリル位のラジカルハロゲン化　アリル位に水素をもつアルケンを塩素あるいは臭素と気相中高温で光照射すると，アリル位がハロゲン化される．

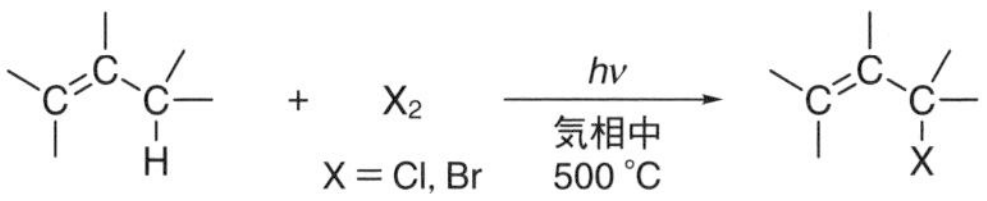

溶液中では N-ブロモスクシンイミド（NBS）によってアリル位が臭素化される．

共役ジエンの反応

二つの二重結合が単結合一つを隔てて存在する場合，共役しているという．

a. ハロゲン化水素や水の付加　反応機構は本質的に孤立アルケンへの付加と同じであり，最初の求電子試薬（プロトン）の付加は，共鳴安定化したアリル型カチオンを生成するようにジエンの末端炭素で起こる．生成したアリル型カチオンへの求核試薬（ハロゲン化物イオンや水分子）の付加により，一般に2種類の生成物（1,2付加物と1,4付加物）ができる．

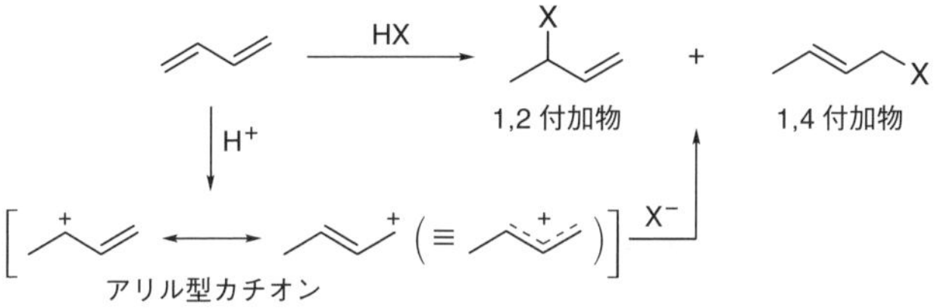

b. ハロゲンの付加　第一段階のハロゲンの求電子的な反応は，ジエンの末端炭素で起こりアリル型カチオンを生成する．孤立アルケンの場合とは異なり，普通はハロニウムイオンは生成しない．生成したアリル型カチオンへのハロゲン化物イオンの求核的付加により，2種類のジハロアルケンが生成する．

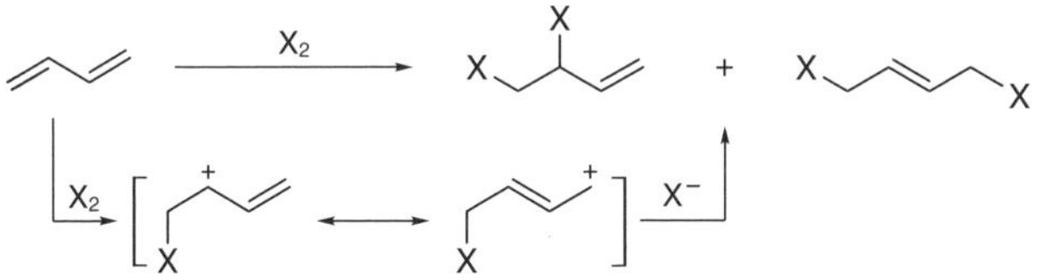

c. Diels-Alder 反応　共役ジエンとアルケンの混合物を加熱するとシクロヘキセン誘導体が生成する．アルケン（ジエンと反応する相手という意味でジエノ

フィルとよぶ）に電子求引性置換基があると反応が進行しやすい．極性反応ではなく，ペリ環状反応の一種である（12章を参照）．

アルキンの反応

三重結合への付加反応および≡C–H結合の解離を伴う反応が主要な反応である．

a. 求電子付加反応

1) **ハロゲン化水素の付加**　アルケンへの付加と同様の反応機構で起こり，第一段階のプロトンが付加する位置に二通りの可能性がある場合は，より安定なカルボカチオン中間体を生成するように付加が起こる．1分子のHXがアンチ付加したアルケンが生成し，さらにHXが存在すれば*gem*-ジハロアルカンを生成する（*gem*-は二つの基が同一炭素に結合していることを示すgeminal（ジェミナル）に由来する）．

$$R^1-C\equiv C-R^2 \xrightarrow{HX} \underset{H}{\overset{R^1}{C}}=\underset{R^2}{\overset{X}{C}} \xrightarrow{HX} \underset{H}{\overset{R^1}{H-C}}-\underset{R^2}{\overset{X}{C-X}}$$

2) **水の付加（水和）**　アルキンへの水和は，触媒として鉱酸に加えて硫酸水銀(II)が必要である．アルケンの水和と同様の機構でアルコールが生成するが，ヒドロキシ基が二重結合に結合したアルコール（エノールという）は不安定であり，速やかにケトンに異性化する（**ケト-エノール互変異性**）．

$$R^1-C\equiv C-R^2 \xrightarrow[\substack{H_2SO_4 \\ HgSO_4}]{H_2O} \underset{\underset{\text{エノール}}{H}}{\overset{R^1}{C}}=\underset{R^2}{\overset{OH}{C}} \rightleftharpoons \underset{H}{\overset{R^1}{H-C}}-\underset{R^2}{\overset{O}{C}}$$

$R^1 \neq R^2$ の場合，2種類の位置異性体が生成する可能性があるが，一方が水素であればMarkovnikov則に従い，メチルケトンが位置選択的に生成する．

$$R-C\equiv C-H \xrightarrow[\substack{H_2SO_4 \\ HgSO_4}]{H_2O} \underset{R}{\overset{O}{C}}-CH_3$$

3) **ハロゲンの付加**　アンチ付加によりトランス形ジハロアルケンが生成し，さらにテトラハロアルカンとなる．

$$R^1-C\equiv C-R^2 \xrightarrow[X=Cl, Br]{X_2} \underset{X}{\overset{R^1}{C}}=\underset{R^2}{\overset{X}{C}} \xrightarrow{X_2} \underset{X}{\overset{R^1}{X-C}}-\underset{R^2}{\overset{X}{C-X}}$$

b. 水素化
金属触媒存在下水素との反応により，アルケンを経てアルカンま

で還元される．

$R^1-C\equiv C-R^2 \xrightarrow{\underset{\text{Pt, Pd, Ni など}}{H_2}} \left[\begin{array}{c}R^1\\C=C\\H\end{array}\begin{array}{c}R^2\\\\H\end{array}\right] \longrightarrow \begin{array}{c}R^1\ H\\H-C-C-H\\H\ R^2\end{array}$

特別に被毒したパラジウム触媒（Lindlar 触媒）を用いるとアルケンの段階で反応を止めることができる．水素のシン付加によってシス形アルケンが立体選択的に得られる．

$R^1-C\equiv C-R^2 \xrightarrow{\underset{\text{Lindlar 触媒}}{H_2}} \begin{array}{c}R^1\ \ \ R^2\\C=C\\H\ \ \ \ H\end{array}$

アルキンから立体選択的にトランス形アルケンを得るには，液体アンモニア中でナトリウムあるいはリチウムを反応させる．

$R^1-C\equiv C-R^2 \xrightarrow{Na/NH_3} \begin{array}{c}R^1\ \ \ \ H\\C=C\\H\ \ \ \ R^2\end{array}$

c. アセチリドの反応　末端アルキンの ≡C-H 結合は酸性をもち，比較的容易に解離してアセチリドイオンを生成する（例題 1・7, p. 9 参照）．アセチリドはハロゲン化アルキルと反応してさらに長鎖のアルキンを与える．

$R-C\equiv C-H \xrightarrow{NaNH_2} R-C\equiv C:^- \xrightarrow{R'X} R-C\equiv C-R'$

例題 3・1　次の化合物を命名せよ．立体化学は考えなくてよい．

(a)　(b)　(c)　(d)

(e)　(f)　(g)　(h)

(i)　(j)

解答　(a) 2-methyl-2-butene（2-メチル-2-ブテン）．主鎖はどちらの末端から数えても 2-ブテンなので，置換基の位置番号が小さくなるように番号をふる．
　(b) 2-ethyl-5-methyl-1,4-hexadiene（2-エチル-5-メチル-1,4-ヘキサジエン）．

"二重結合を含む最も長い炭素鎖"（単に"最も長い炭素鎖"ではない）を選び，二重結合の位置番号の組合わせが小さくなる末端から番号をふる（すなわち1,4と2,5の二通りのうちの前者）．

(c) 5-ethyl-1-methylcyclopentene（5-エチル-1-メチルシクロペンテン）．置換基の位置番号の組合わせは，1,5と2,3の二通りが考えられるが，最初の数字が小さい前者を選ぶ．置換基名はアルファベット順に並べる．二重結合の位置番号はつけない．

(d) 2,5-dimethyl-1,3-cyclohexadiene（2,5-ジメチル-1,3-シクロヘキサジエン）．二重結合の位置番号は1,3と確定するので，置換基の位置番号は2,5か3,6のいずれかとなり，前者を選ぶ．

(e) 4-methyl-2-pentyne（4-メチル-2-ペンチン）

(f) 3-ethyl-1,5-hexadiyne（3-エチル-1,5-ヘキサジイン）．三重結合の位置番号はどちらの末端から数えても1,5なので，置換基の位置番号が小さくなるように番号をふる．

(g) 3-penten-1-yne（3-ペンテン-1-イン）．多重結合の位置番号の組合わせは1,3か2,4なので前者を選ぶ．

(h) 1-penten-4-yne（1-ペンテン-4-イン）．多重結合の位置番号はどちらの末端から数えても1,4なので，二重結合に小さい番号をふる．

(i) 3-methylene-1,5-hexadiene（3-メチレン-1,5-ヘキサジエン）．"多重結合を含む最も長い炭素鎖"を選ぶ際に，含めることができない多重結合がある場合，これらを置換基として命名せざるをえない．ここでは＝CH_2を2価の置換基として扱う．簡単な2価置換基として＝CH_2 methylene（メチレン），＝$CHCH_3$ ethylidene（エチリデン），＝CHC_6H_5 benzylidene（ベンジリデン），＝$C(CH_3)_2$ isopropylidene（イソプロピリデン），などがある．

(j) ethenylcyclopentane（エテニルシクロペンタン）．ここでも多重結合を含む部分を置換基として命名する．多重結合を含む簡単な基で，慣用名の使用が認められているものがある〔－CH＝CH_2 vinyl（ビニル），－CH_2CH＝CH_2 allyl（アリル），－CH_2C≡CH propargyl（プロパルギル）など〕．したがって vinylcyclopentane（ビニルシクロペンタン）でもよい．

〔注〕ここに示した命名法は IUPAC 1979年規則に基づいている．IUPAC 1993年修正規則では，官能基の位置番号は官能基を表す接尾辞の直前におくとしており，たとえば (a) は 2-methylbut-2-ene（2-メチルブタ-2-エン），(h) は pent-1-en-4-yne（ペンタ-1-エン-4-イン）となる．本書では，より普及しており，またより日本語になじみやすいと考えられる1979年規則を採用する．

3. アルケンとアルキン

例題 3・2 次の化合物を立体配置の表示を含めて命名せよ.

(a) (b) (c) (d)

解答 (a) (Z)-2-chloro-3-methyl-2-pentene 〔(Z)-2-クロロ-3-メチル-2-ペンテン〕. 二重結合炭素に結合する置換基の優先順位は, $-\mathbf{Cl}>-\mathrm{CH_3}$, $-\mathrm{CH_2CH_3}>-\mathbf{CH_3}$(優先順位の判断の決め手となる原子を青太字で示す).

(b) (E)-4-isopropyl-2-methyl-1,3,5-hexatriene 〔(E)-4-イソプロピル-2-メチル-1,3,5-ヘキサトリエン〕. $-\mathbf{C}(\mathrm{CH_3})=\mathrm{CH_2}>\mathbf{H}$, イソプロピル基 (**A**) とビニル基 (**B**) の順位は次のように判断する. (**A**) と (**B**) はそれぞれ (**C**) と (**D**) に書き直すことができる〔判断に必要な原子だけを示す. (**D**) では付け加えたレプリカ原子を青字で示す〕. 付け根の原子 $\mathrm{C^1}$ で比べると, ともに C,C,H が結合しており順位がつけられない(真の原子とレプリカ原子は対等であることに注意). 次に $\mathrm{C^1}$ に結合する最も優先順位の高い原子を選ぶ〔$\mathrm{C^2}$ とする. (**A**) ではどちらのメチル炭素を選んでも同じ〕. $\mathrm{C^2}$ で比べると, (**C**) では H,H,H が, (**D**) では C,H,H が結合しており, 後者が優先する. したがってビニル基 (**B**) のほうが高順位である.

```
   CH₃                H H                              H H
-CH        ⟹   -C¹-C²-H    <   -CH=CH₂    ⟹   -C¹-C²-H
   CH₃                C H                              C C
  (A)                (C)             (B)              (D)
```

(c) (2Z,4E)-3,5-dibromo-2,4-heptadiene 〔(2Z,4E)-3,5-ジブロモ-2,4-ヘプタジエン〕. 各二重結合炭素における置換基の優先順位は左から順に. $-\mathrm{CH_3}>-\mathbf{H}$, $-\mathbf{Br}>-\mathrm{CH}=$, $-\mathrm{CBr}=>-\mathbf{H}$, $-\mathbf{Br}>-\mathrm{CH_2CH_3}$. 立体配置の表示が必要な箇所が複数ある場合は, 記号の前に位置番号をおき, コンマで隔てる.

(d) *trans*-3,6-dimethylcyclohexene (*trans*-3,6-ジメチルシクロヘキセン). EZ 表示法は, 二重結合に関するシス-トランス異性の場合にのみ用いられるもので, 環におけるシス-トランス異性には常に *cis*, *trans* を用いる.

例題 3・3 1-メチルシクロヘキセンに塩化水素を反応させると何が生成するか. 反応機構を説明せよ.

解答 二重結合への求電子付加反応が起こる．第一段階はプロトンの二重結合炭素への求電子的付加である．これは図に示した巻矢印からもわかるように，二重結合を構成しているπ電子対のプロトンへの求核的反応と捉えることもできる．プロトンの結合する位置によって (**A**)，(**B**) 二通りのカルボカチオンが可能であるが，より安定な第三級カチオン (**A**) の生成が優先する．

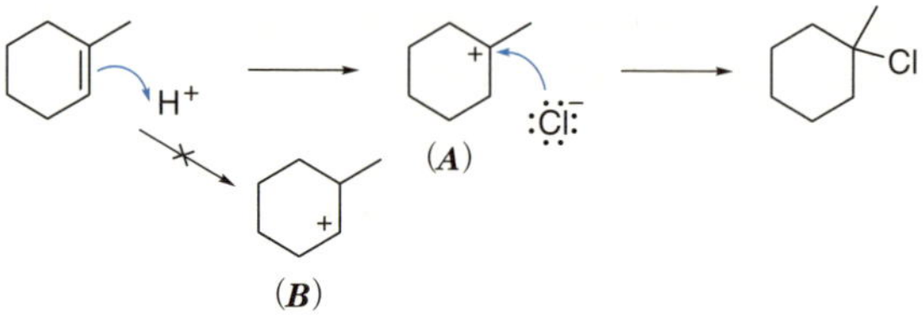

第二段階で，(**A**) のカチオン炭素に塩化物イオン Cl⁻ が求核的に付加して生成物である 1-クロロ-1-メチルシクロヘキサンを与える．

例題 3・4 次の反応について，反応式と生成物の構造を書け．
(a) 1-ペンテンに臭化水素を反応させる．
(b) 3-メチル-1-ブテンに硫酸存在下で水を反応させる．
(c) 2-メチル-1-ヘキセンにボラン，ついでアルカリ性で過酸化水素を反応させる．
(d) 1-メチルシクロペンテンにオゾン，ついで酢酸中で亜鉛を反応させる．
(e) (Z)-2-ブテンに m-クロロ過安息香酸を反応させる．
(f) 2,4-ジメチル-1,3-ペンタジエンに塩化水素を反応させる．
(g) 2,3-ジメチル-1,3-ブタジエンと無水マレイン酸とを加熱する．

解答 できる限り反応機構を考えること．
(a)，(b) はともに求電子付加反応であり，Markovnikov 型の生成物を与える．

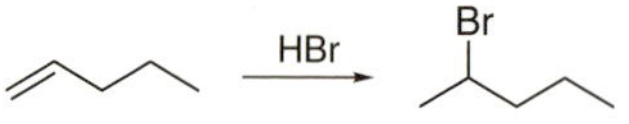

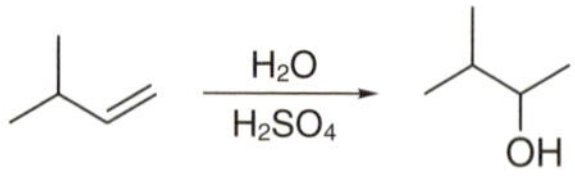

(c) ヒドロホウ素化-酸化反応であり，逆 Markovnikov 型に水が付加したアルコールを与える．

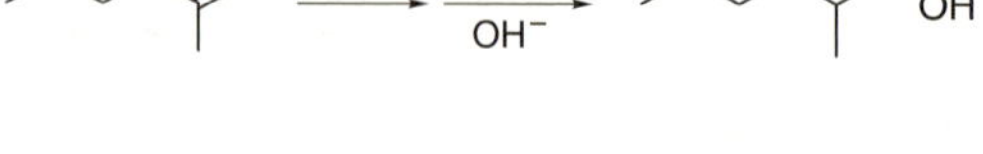

(d) オゾン分解であり，二重結合が開裂して鎖状のジカルボニル化合物となる．

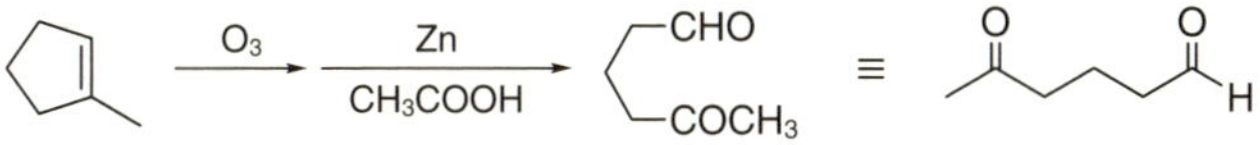

(e) エポキシ化はシン付加で起こり，アルケンの立体配置を保持したシス形エポキシドが立体選択的に生成する．

(f) ここでは (**A**), (**B**) 二通りのアリル型カチオン生成の可能性がある．(**A**) は共鳴構造がともに第三級カルボカチオンであるのに対し，(**B**) は第二級および第一級カチオンである．したがってより安定な (**A**) が (**B**) に優先して生成し，(**A**) に求核試薬が付加した生成物が得られる．

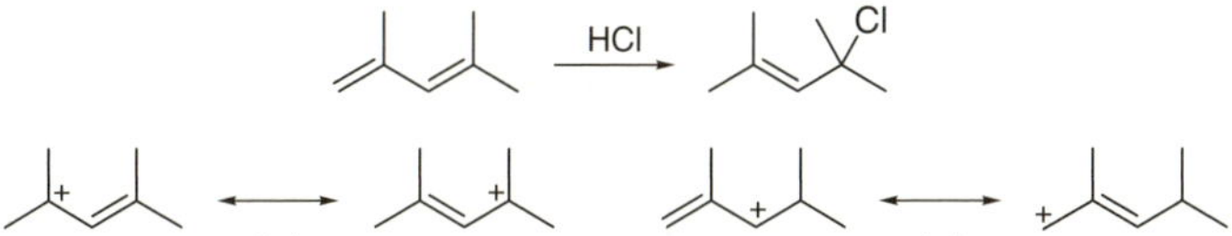

(g) Diels-Alder 反応でシクロヘキセン環が生成する．

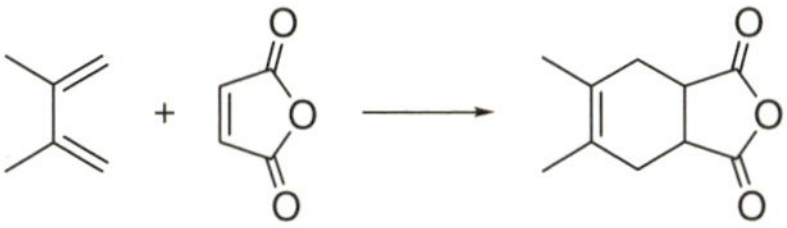

例題 3・5 四塩化炭素を溶媒としてシクロペンテンに臭素を反応させると何が生成するか．溶媒をメタノールにするとどうなるか．

解答 四塩化炭素は不活性な溶媒で反応に関与しない．シクロペンテンのπ電子対が求核的に臭素分子と反応して，ブロモニウムイオン中間体 (**A**) と臭化物イオンを生成する．ついで臭化物イオンがブロモニウムイオンに求核的に付加する．このとき臭化物イオンは立体選択的にブロモニウムイオンの反対側から付加するので，生成物は trans-1,2-ジブロモシクロペンタン (**B**) となる．

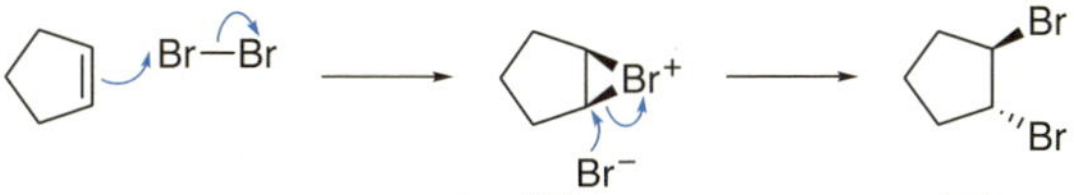

メタノール中では，求核性をもち溶媒として大量に存在するメタノール分子が，臭化物イオンに優先してブロモニウムイオンと反応する．立体選択的にトランス形のオキソニウムイオン (**C**) が生成し，これからプロトンが脱離して *trans*-1-ブロモ-2-メトキシシクロペンタン (**D**) を与える．

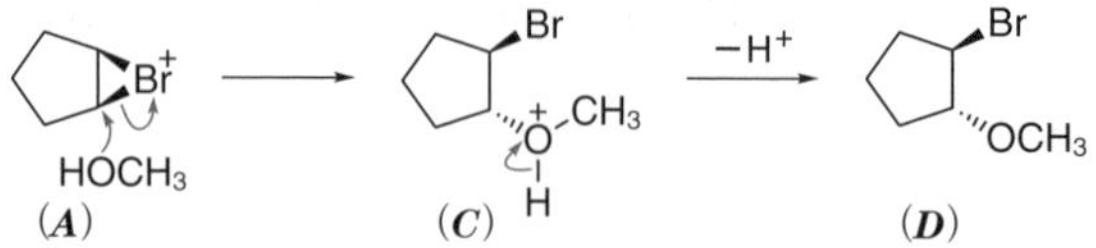

例題 3・6 次の反応について，反応式と生成物の構造を書け．
(a) 2-ブチンに2倍の物質量の塩素を反応させる．
(b) 1-ブチンに硫酸および硫酸水銀(II)存在下で水を反応させる．
(c) 1-ペンチンにナトリウムアミド，ついでブロモエタンを反応させる．
(d) 2-ヘキシンに Lindlar 触媒存在下に水素を反応させる．

解答 (a) 同じ物質量の塩素の付加により，(*E*)-2,3-ジクロロ-2-ブテンとなり，さらに等モルの塩素の付加により 2,2,3,3-テトラクロロブタンを与える．

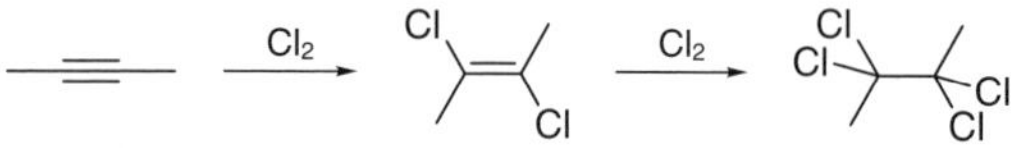

(b) Markovnikov 型に水和が起こってエノールが生成し，ただちに互変異性化してブタノンとなる．

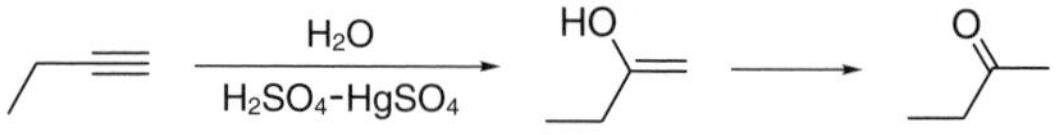

(c) 三重結合炭素に結合した酸性な水素がプロトンとして引抜かれてアセチリドイオンを与え，これがブロモエタンと置換反応を起こして 3-ヘプチンを与える．

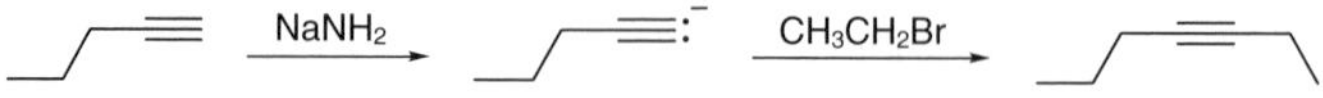

(d) 水素化反応がアルケンの段階で止まり，シス形アルケンの (*Z*)-2-ヘキセンを与える．

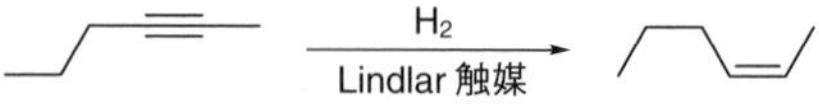

3. アルケンとアルキン

演習問題

3・1 次の化合物を命名せよ．立体化学は考えなくてよい．

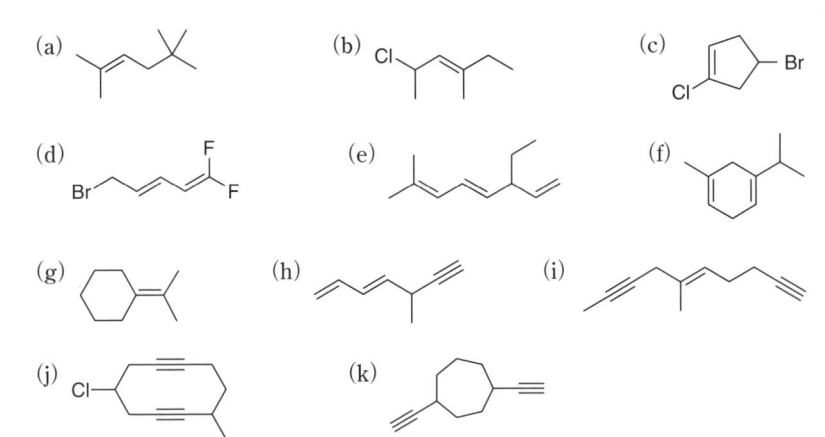

(a) (b) (c)

(d) (e) (f)

(g) (h) (i)

(j) (k)

3・2 次の化合物の構造を書け．
 (a) (*E*)-4-メチル-2-ペンテン
 (b) 5-メチル-1,3,4-ヘキサトリエン
 (c) 1,3-ジメチルシクロヘキセン
 (d) *trans*-1-アリル-3-メチルシクロブタン
 (e) (*Z*)-1-エチリデン-3-メチレンシクロヘキサン
 (f) (*E*)-シクロデセン

3・3 次の二つの置換基はどちらが CIP 則による優先順位が高いか．

 (a) —CH₂OH   —CH₂N(CH₃)₂   (b) —C≡CH   —C(CH₃)₂CH₂CH₃

 (c) —CH=O   (1,3-ジオキソラン環)   (d) —C(=O)CH₃   —C(=O)OCH₃

3・4 次の反応について，反応式と生成物の構造を書け．
 (a) 1-ブテンに塩化水素を反応させる．
 (b) 2-メチル-2-ブテンに硫酸存在下で水を反応させる．
 (c) 2-メチル-1-ブテンに臭素を反応させる．
 (d) メチレンシクロペンタンにボラン，ついでアルカリ性で過酸化水素を反応さ

せる.
　(e) (E)-3-ヘキセンにオゾン,ついで酢酸中で亜鉛を反応させる.
　(f) 3,3-ジメチル-1-ブテンに酢酸水銀(II)-水,ついで水素化ホウ素ナトリウムを反応させる.

3・5　次の反応の生成物の構造を立体化学に注意して書け.
　(a) 1-メチルシクロペンテンにアルカリ性で過マンガン酸カリウムを反応させる.
　(b) 1,2-ジエチルシクロヘプテンに白金触媒存在下で水素を反応させる.
　(c) 1-エチルシクロペンテンにボラン,ついでアルカリ性で過酸化水素を反応させる.
　(d) (E)-3-ヘキセンに m-クロロ過安息香酸を反応させる.
　(e) 1,2-ジメチルシクロヘキセンにメタノール中で臭素を反応させる.

3・6　次の反応の生成物の構造を書け.立体化学は考えなくてよい.
　(a) (2E,4E)-2,4-ヘキサジエンに等モルの臭化水素を反応させる.
　(b) 1,3-シクロヘキサジエンに等モルの臭素を反応させる.
　(c) 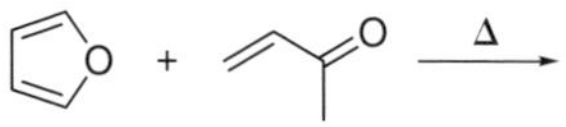 [フラン] + [メチルビニルケトン] $\xrightarrow{\Delta}$
　(d) 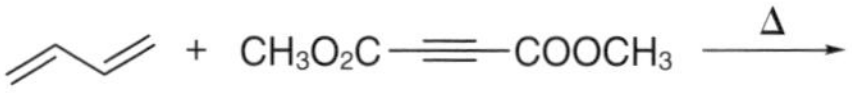 [プロペン] + CH$_3$O$_2$C—≡—COOCH$_3$ $\xrightarrow{\Delta}$

3・7　2-ブチンに次の試薬を反応させて得られる生成物の構造を書け.
　(a) 硫酸-硫酸水銀(II)存在下で水と反応させる.
　(b) パラジウム触媒存在下で水素と反応させる.
　(c) 液体アンモニア中でナトリウムと反応させる.
　(d) Lindlar 触媒存在下で水素と反応させる.
　(e) 等モルの臭素と反応させる.
　(f) 2倍モルの塩化水素と反応させる.

3・8　1-ブチンに次の試薬を反応させて得られる生成物の構造を書け.
　(a) 硫酸-硫酸水銀(II)存在下で水と反応させる.
　(b) パラジウム触媒存在下で水素と反応させる.
　(c) 液体アンモニア中でナトリウムと反応させる.
　(d) 等モルの臭素と反応させる.
　(e) 2倍モルの塩化水素と反応させる.
　(f) ナトリウムアミド,ついで1-クロロプロパンと反応させる.

3・9　次の出発物質から生成物を得るには,どのような試薬を用いればよいか.

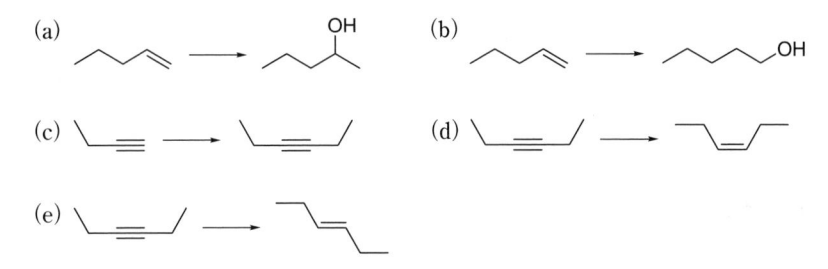

*3・10 2-ブチンに液体アンモニア中ナトリウムを反応させると，立体選択的に trans-2-ブテンが得られる．反応機構を説明せよ．

4

芳香族化合物

命　名　法

芳香族化合物には慣用名が多く用いられている．

a. 一置換ベンゼン　　置換基がハロゲン，ニトロ基，およびメチル基以外のアルキル基の場合は，置換基名の後に benzene を付加して命名する．それ以外の置換基の場合は慣用名が用いられる．おもなものを次に示す．

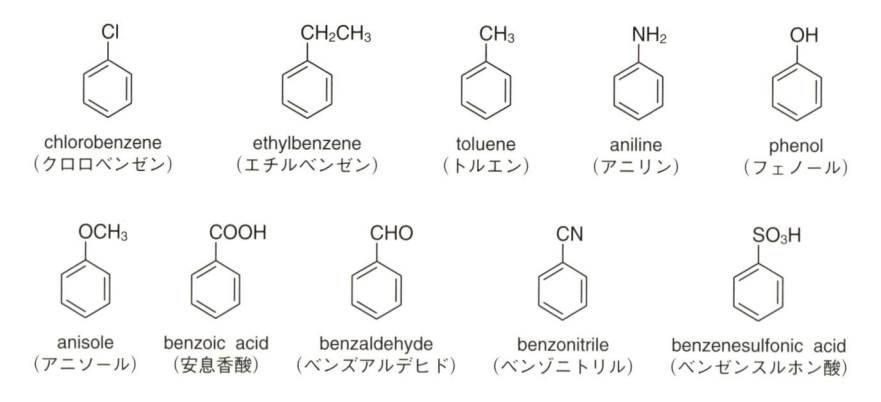

chlorobenzene
（クロロベンゼン）

ethylbenzene
（エチルベンゼン）

toluene
（トルエン）

aniline
（アニリン）

phenol
（フェノール）

anisole
（アニソール）

benzoic acid
（安息香酸）

benzaldehyde
（ベンズアルデヒド）

benzonitrile
（ベンゾニトリル）

benzenesulfonic acid
（ベンゼンスルホン酸）

b. 二置換ベンゼン　　オルト（1,2置換），メタ（1,3置換），パラ（1,4置換）の3種類の置換様式がある．
1) 置換基がハロゲン，ニトロ基，およびメチル基以外のアルキル基である場合は，置換基名をアルファベット順に並べ，その後に benzene をつける．置換様式を示す記号（o-, m-, p-）を先頭につけるか，あるいは位置番号（アルファベットの若い置換基が結合する炭素が1となる）を各置換基の前におくことにより，置換様式を示す．

4. 芳香族化合物

o-chloronitrobenzene
(o-クロロニトロベンゼン)
1-chloro-2-nitrobenzene
(1-クロロ-2-ニトロベンゼン)

m-fluoropropylbenzene
(m-フルオロプロピルベンゼン)
1-fluoro-3-propylbenzene
(1-フルオロ-3-プロピルベンゼン)

p-dibromobenzene
(p-ジブロモベンゼン)
1,4-dibromobenzene
(1,4-ジブロモベンゼン)

2) 慣用名をもつ一置換ベンゼンに第二の置換基がついたとみなせる化合物の場合は，その慣用名の前に置換基名をつけて命名する．置換様式を示す記号（o-, m-, p-），あるいは第二の置換基の位置番号（慣用名が由来する置換基が結合する炭素の位置番号を1とする）を先頭におくことにより，置換様式を示す．

o-bromoaniline
(o-ブロモアニリン)
2-bromoaniline
(2-ブロモアニリン)

m-nitrotoluene
(m-ニトロトルエン)
3-nitrotoluene
(3-ニトロトルエン)

p-chlorobenzoic acid
(p-クロロ安息香酸)
4-chlorobenzoic acid
(4-クロロ安息香酸)

p-hydroxybenzaldehyde
(p-ヒドロキシベンズアルデヒド)
4-hydroxybenzaldehyde
(4-ヒドロキシベンズアルデヒド)

3) 二置換ベンゼン自体が慣用名をもつ場合もある．

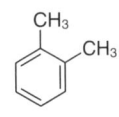

o-xylene
(o-キシレン)

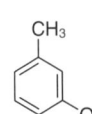

m-cresol
(m-クレゾール)

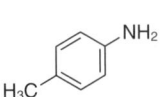

p-toluidine
(p-トルイジン)

resorcinol
(レソルシノール)

o-toluic acid
(o-トルイル酸)

c. 三置換以上のベンゼン誘導体 基本的に上述の二置換ベンゼンの命名法に準じて命名する．いくつかの例を示す．

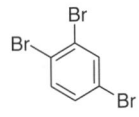

1,2,4-tribromobenzene
(1,2,4-トリブロモベンゼン)

2-chloro-6-nitrotoluene
(2-クロロ-6-ニトロトルエン)

3-methoxy-5-nitroaniline
(3-メトキシ-5-ニトロアニリン)

d. ベンゼン環をもつ基の名称　ベンゼンから水素原子1個を取除いた基を phenyl（フェニル，略号 Ph）とよぶ．フェニル基をもついくつかの基は慣用名でよばれることが多い．

phenyl（フェニル）　benzyl（ベンジル）　benzylidene（ベンジリデン）　benzoyl（ベンゾイル）　o-tolyl（o-トリル）

ベンゼンの構造

ベンゼン C_6H_6 の各炭素は sp^2 混成をしており，3個の sp^2 混成軌道は2個の sp^2 混成炭素原子および1個の水素原子と結合している．各炭素原子上のp軌道は互いに重なり合って環状 6π 電子系を構成する．したがって炭素骨格は平面正六角形をなし，水素を含むすべての原子が同一平面上にある．環状 6π 電子系は**芳香族性**とよばれる大きな安定化を受けており，これがベンゼンをはじめとする芳香族化合物の反応性と反応様式を支配している．

ベンゼンの反応

a. 求電子置換反応　ベンゼンの起こす最も典型的な反応は求電子置換反応である．強力な求電子試薬 E^+ の付加によってシクロヘキサジエニル型の共鳴安定化したカルボカチオン中間体（ベンゼニウムイオンあるいはベンゾニウムイオンとよばれる）を生成し，これからプロトンが脱離して，置換生成物を与える．

カルボカチオン中間体

おもな求電子置換反応（括弧内に反応試薬を示す）として，ハロゲン化（X_2/FeX_3, X = Cl, Br），ニトロ化（HNO_3/H_2SO_4），スルホン化（SO_3/H_2SO_4），Friedel-Crafts アルキル化（RX/$AlCl_3$, X = Cl, Br），Friedel-Crafts アシル化（RCOCl/$AlCl_3$）がある．

b. 一置換ベンゼンにおける求電子置換反応　置換基は反応速度と置換位置を支配する．電子供与性置換基は反応速度をベンゼンに比べて増大させ（活性化基），オルトおよびパラ置換体を優先的に生成する（**オルト-パラ配向性**）．電子供与性置

換基には，ベンゼン環に結合する原子が非共有電子対（ローンペア）をもち，共鳴効果で電子を供与するもの（OH, NH$_2$ 基など）と，主として誘起効果によって電子を供与するアルキル基がある．電子求引性置換基は反応速度を低下させ（不活性化基），メタ置換体を優先的に生成する（**メタ配向性**）．電子求引性置換基には，共鳴効果で電子を求引する COR, COOR, NO$_2$ 基や，誘起効果で電子を求引する SO$_3$H, NR$_3^+$ 基などがある．ハロゲン（F, Cl, Br, I）は例外で，不活性化基であるにもかかわらず，オルト-パラ配向性を示す．これはハロゲンが誘起効果で電子を求引するが，共鳴効果で電子を供与する性質をもつことに起因する．

c. 側鎖の酸化 ベンゼン環は酸化されにくく，ベンゼン環にメチル基，第一級あるいは第二級のアルキル基が結合していると，過マンガン酸カリウムによってこれらのアルキル基はカルボキシ基 COOH に酸化される．

d. ベンゼン環の還元 ベンゼン環は還元されにくいが，高温，高圧の条件で白金などの金属触媒存在下に水素化するとシクロヘキサン環に還元される．また液体アンモニア中アルカリ金属で容易に還元され，1,4-シクロヘキサジエン誘導体を与える（Birch 還元）．

e. 芳香族求核置換反応 ニトロ基のような電子求引性置換基をもつハロベンゼンはアルコキシドイオンなどの強い求核試薬により置換反応を起こす．付加-脱離機構で起こり，中間の付加物は単離できるほど安定な場合もある（Meisenheimer 錯体とよばれる）．

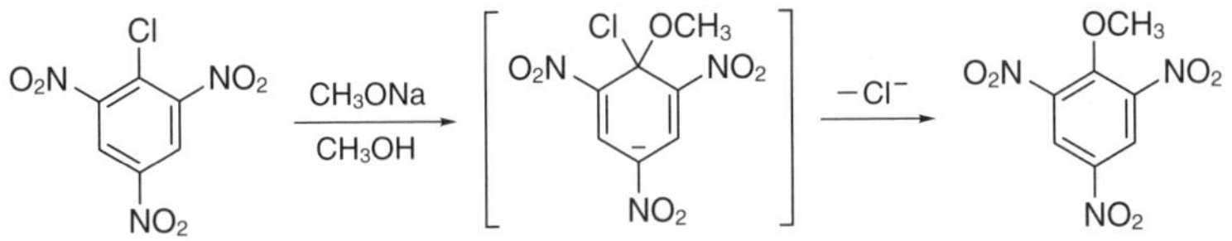

多環芳香族化合物

ベンゼン環が複数縮環した化合物も芳香族性を示す．代表的な例をその炭素の番号づけとともに示す．

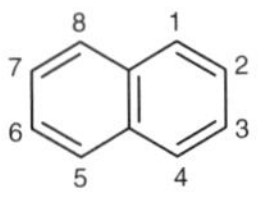

naphthalene
（ナフタレン）

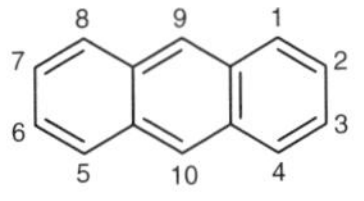

anthracene
（アントラセン）

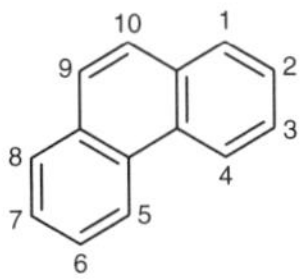

phenanthrene
（フェナントレン）

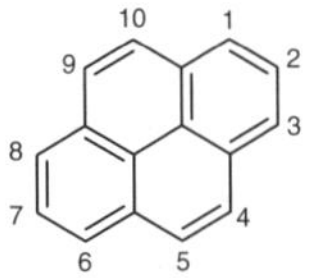

pyrene
（ピレン）

Hückel 則

一般に $4n+2$ 個の π 電子からなる周辺環状共役系化学種は芳香族性をもち，それに基づく大きな安定化を受ける．これを Hückel 則という．いくつかの例を次に示す．

cyclopentadienyl anion
（シクロペンタジエニル
アニオン）

cycloheptatrienyl cation
（シクロヘプタトリエニル
カチオン）

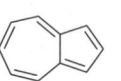

azulene
（アズレン）

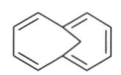

1,6-methano[10]annulene
（1,6-メタノ[10]アヌレン）

芳香族複素環化合物

炭素以外の原子（水素を除く）を**ヘテロ原子**といい，ヘテロ原子を環内に含む環状化合物を複素環化合物という．次のような複素環化合物は芳香族性を示す．

furan
（フラン）

thiophene
（チオフェン）

pyrrole
（ピロール）

pyridine
（ピリジン）

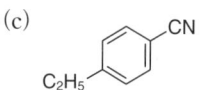

例題 4・1 次の化合物を命名せよ．

(a) Br, Cl ベンゼン

(b) NO₂, OH ベンゼン

(c) CN, C₂H₅ ベンゼン

(d) F, Cl, Br ベンゼン

(e) NH₂, Cl, Br ベンゼン

(f) COOH, NH₂ ベンゼン

(g) OH, HO₃S, OH ベンゼン

(h) CHO, Cl, Cl, Cl ベンゼン

(i) Cl, CH₃, O₂N, F ベンゼン

(j) OCH₃, COOH, COOH ベンゼン

解答 (a) o-bromochlorobenzene（o-ブロモクロロベンゼン），1-bromo-2-chlorobenzene（1-ブロモ-2-クロロベンゼン）．置換基はアルファベット順に並べ，前にくる置換基の位置番号を1とする．

(b) *m*-nitrophenol（*m*-ニトロフェノール），3-nitrophenol（3-ニトロフェノール）

(c) *p*-ethylbenzonitrile（*p*-エチルベンゾニトリル），4-ethylbenzonitrile（4-エチルベンゾニトリル）

(d) 4-bromo-1-chloro-2-fluorobenzene（4-ブロモ-1-クロロ-2-フルオロベンゼン）．置換基の位置番号の組合わせがなるべく小さくなるようにすると1,2,4となる．置換基をアルファベット順に並べ，各置換基名の前にその位置番号をおく．

(e) 5-bromo-2-chloroaniline（5-ブロモ-2-クロロアニリン）．置換アニリンとして命名するので，アミノ基が結合している炭素の位置番号を1として，他の置換基の位置番号が小さくなるように番号づけをする．置換基をアルファベット順に並べ，各置換基名の前にその位置番号をおく．

(f) *m*-aminobenzoic acid（*m*-アミノ安息香酸），3-aminobenzoic acid（3-アミノ安息香酸）．カルボキシ基のほうがアミノ基より命名法における優先順位が高いので，カルボン酸として命名する．*m*-カルボキシアニリンとはならない．

(g) 2,4-dihydroxybenzenesulfonic acid（2,4-ジヒドロキシベンゼンスルホン酸）

(h) 2,4,5-trichlorobenzaldehyde（2,4,5-トリクロロベンズアルデヒド）

(i) 5-chloro-2-fluoro-4-nitrotoluene（5-クロロ-2-フルオロ-4-ニトロトルエン）

(j) 3-methoxyphthalic acid（3-メトキシフタル酸）．二置換ベンゼンであるフタル酸の置換体として命名するので，二つのカルボキシ基の位置番号が1および2となり，かつメトキシ基の位置番号が小さくなるように番号づけをする．

例題 4・2 ベンゼンのニトロ化の反応機構を説明せよ．

解答 ベンゼンのニトロ化は，ベンゼンに濃硝酸と濃硫酸の混合物（混酸という）を作用させることにより行う．まず硝酸から硫酸によるプロトン供与を受けて**ニトロニウムイオン**（日本化学会の正式名称はニトロイルイオン）NO_2^+ が生成する．

$$\underset{O^-}{\underset{|}{O^-}}\!\!-\!\!\overset{+}{N}\!\!-\!\!O\!\!-\!\!H \;\rightleftarrows\; \underset{O^-}{\underset{|}{H^+}}\!\!-\!\!\overset{+}{N}\!\!-\!\!\overset{H}{\underset{H}{O}} \;\rightleftarrows\; O\!=\!\overset{+}{N}\!=\!O \;+\; H_2O$$

ニトロニウムイオン

これが強力な求電子試薬として働いて，ベンゼンに付加し，カルボカチオン中間体を生成する．このカルボカチオンは3個の共鳴構造の混成体（ニトロ基について2個の等価な共鳴構造式が書けるが，ここでは6員環部分だけを考える）として表現される．共鳴安定化した反応中間体である（次ページ図）．この中間体からプロ

トンが脱離してニトロベンゼンを生成する．大きな安定性をもつ環状 6π 電子系の再生がプロトン脱離の駆動力となっている．

反応の推移に伴うエネルギーの変化を図示すると下図のようになる．ニトロニウムイオンがベンゼンに付加してカルボカチオンを生成する段階の山が，カルボカチオンからプロトンが脱離する段階の山よりも高い．すなわち前者が反応全体の速さを決める律速段階であり，その山頂を律速遷移状態といい，その山の高さが，反応全体の**活性化エネルギー** E_a となる．

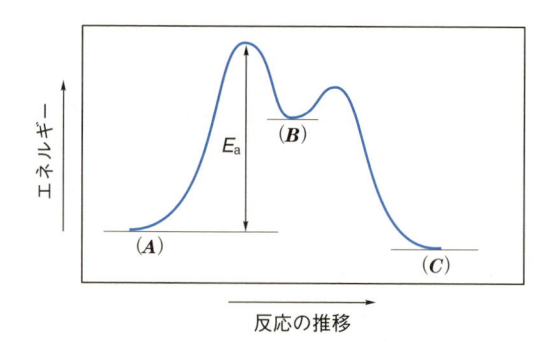

例題 4・3 ベンゼンに対する次の反応において，求電子試薬として働く活性化学種は何か．それはどのように生成するか．
(a) 臭素化 　　　　　　　　(b) Friedel-Crafts エチル化
(c) Friedel-Crafts アセチル化

解答 ベンゼン環は大きな安定化を受けているので，これに対して求電子置換反応を起こすには，強力な求電子試薬が必要である．これらはいずれもカチオン種であり，もととなる試薬に対して適当な Lewis 酸を作用させることにより発生させる．

Lewis酸として，ハロゲン化では三ハロゲン化鉄（塩素化では $FeCl_3$，臭素化では $FeBr_3$）が，Friedel-Crafts反応では塩化アルミニウム $AlCl_3$ が用いられる．(a)～(c) のいずれにおいても，Lewis酸によって試薬からハロゲン化物イオンが引抜かれて，活性化学種であるカチオンが生成する．

(a) $Br_2 + FeBr_3 \longrightarrow Br^+ + \bar{F}eBr_4$

(b) $CH_3CH_2Cl + AlCl_3 \longrightarrow CH_3\overset{+}{C}H_2\ \bar{A}lCl_4$

(c) $CH_3-\underset{\underset{O}{\|}}{C}-Cl + AlCl_3 \longrightarrow CH_3-\overset{+}{C}=O + \bar{A}lCl_4$

(b) では，第一級カルボカチオンであるエチルカチオンはきわめて不安定であり，遊離のカチオンではなく，$AlCl_4^-$ との錯体として存在するとされている．

> **例題 4・4** フェノールをニトロ化すると，o-ニトロフェノールと p-ニトロフェノールがもっぱら生成し，m-ニトロフェノールはほとんど生成しない．その理由を説明せよ．

解答 反応速度の観点から言い換えると，m-ニトロフェノールの生成速度が，o-ニトロフェノールや p-ニトロフェノールの生成速度に比べて非常に遅いということである．これは，メタ置換体を与える経路の律速遷移状態のエネルギーが，オルト置換体，パラ置換体を与える経路の律速遷移状態のエネルギーよりもかなり高いということである．しかし遷移状態の安定性の起因を直接考察することは難しいので，その遷移状態を経て生成する中間体の安定性を考察する．つまり，より安定な中間体に至る遷移状態は，より不安定な中間体に至る遷移状態よりもエネルギーが低く，したがって，より安定な中間体はより速く生成すると考えるのである．

オルト体およびパラ体を与えるカルボカチオン中間体については，次図のように6員環内に正電荷をもつ3個の共鳴構造式のほかに，ヒドロキシ基の酸素原子上に

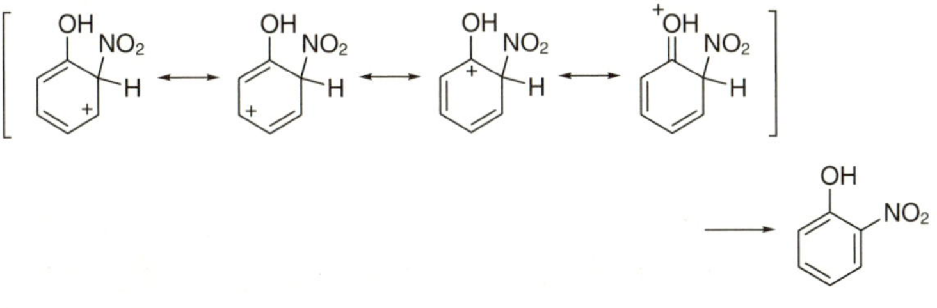

正電荷をもつ共鳴構造式を書くことができる．

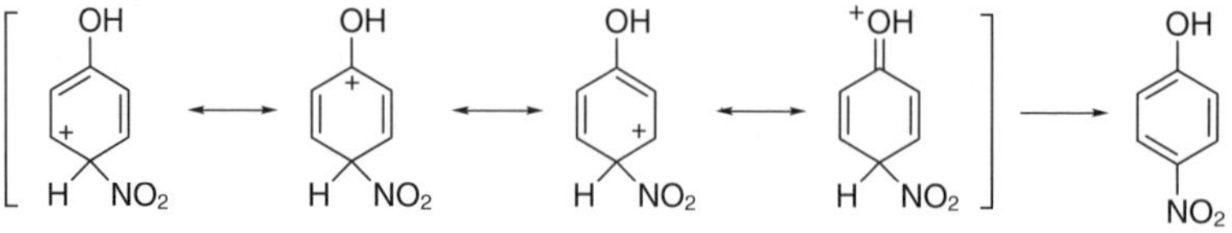

これに対してメタ体を与える中間体には，ヒドロキシ基の酸素原子上に正電荷をもつ共鳴構造式を書くことができない．すなわち後者は前二者に比べて不安定であり，その生成は遅い．したがってメタ置換体はほとんど生成しないのである．

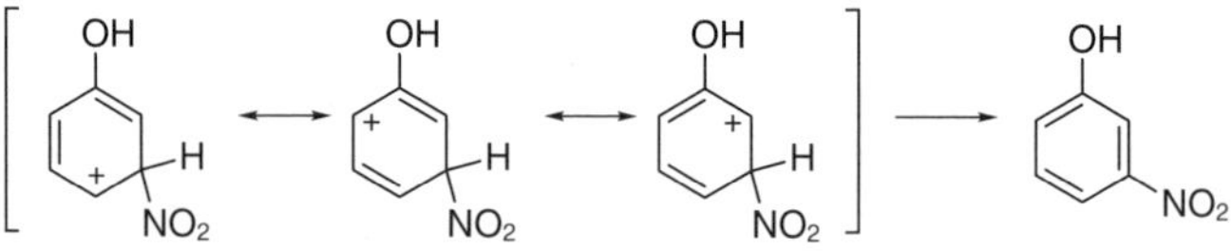

> **例題 4・5** ニトロベンゼンを臭素化すると，m-ブロモニトロベンゼンが主生成物となる．その理由を説明せよ．

解答 この場合も，各置換体を与えるカルボカチオン中間体の相対的安定性を考察する．いずれも6員環部分について3個の共鳴構造式が書けるが，オルト体およびパラ体を与える中間体では，共鳴構造式の一つはニトロ基の結合する炭素原子上に正電荷が存在する〔(**A**) および (**B**)〕．ニトロ基の窒素原子上にも正電荷があり，

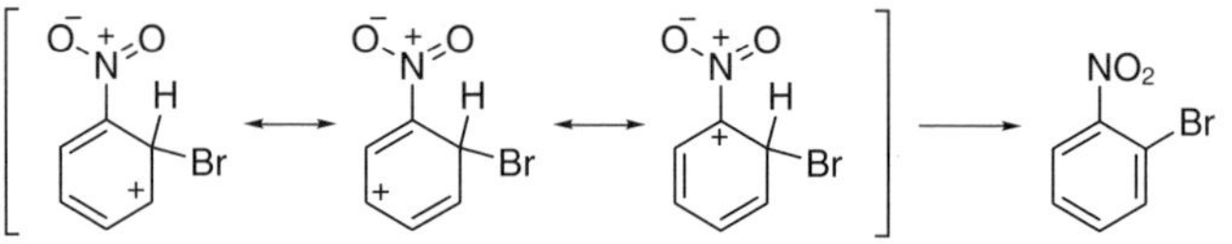

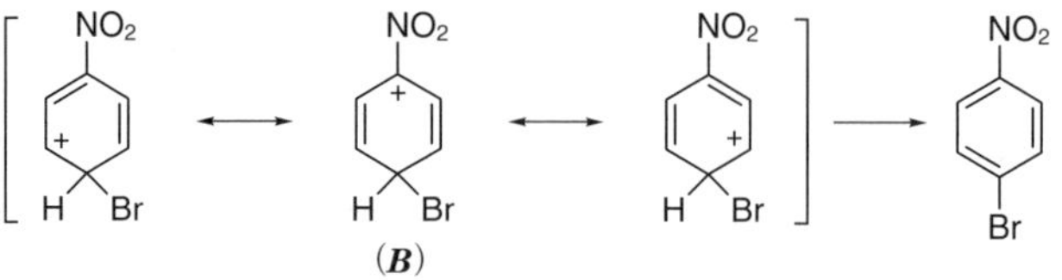

2個の正電荷が隣接するこのような構造はきわめて不安定である．これに対してメタ体を与える中間体には，ニトロ基の結合する炭素原子上に正電荷がある共鳴構造式は寄与しない．したがってメタ体を与える中間体はオルト体およびパラ体を与え

る中間体よりも相対的に安定である．このためにメタ置換体が主生成物となる．

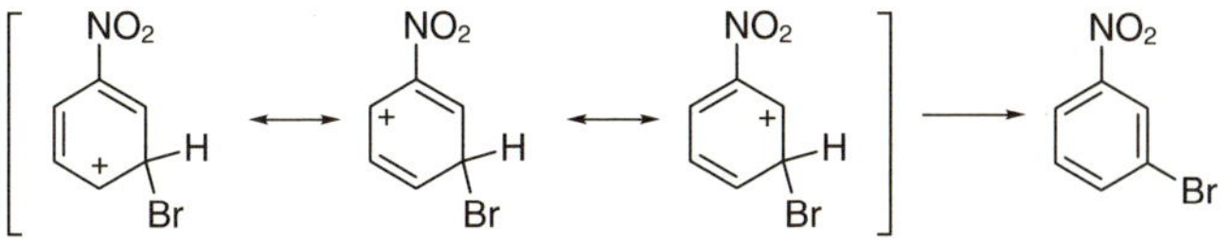

例題 4・6 次の反応の主生成物を推定せよ．

(a) 1,3-ジメチルベンゼン + CH₃COCl / AlCl₃ →

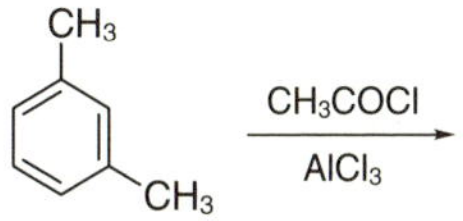

(b) 1-クロロ-2-ニトロベンゼン + SO₃ / H₂SO₄ →

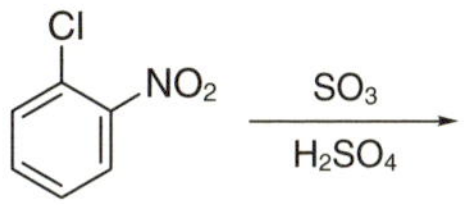

(c) 3-ニトロ安息香酸 + HNO₃ / H₂SO₄ →

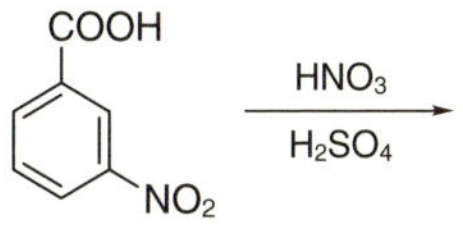

(d) 4-メチルフェノール + 2 Br₂ / FeBr₃ →

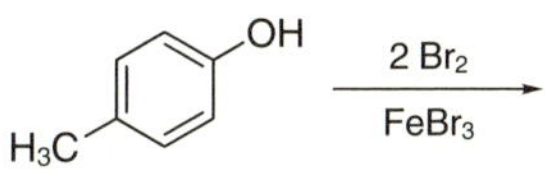

(e) 4-メチルアセトアニリド + Cl₂ / FeCl₃ →

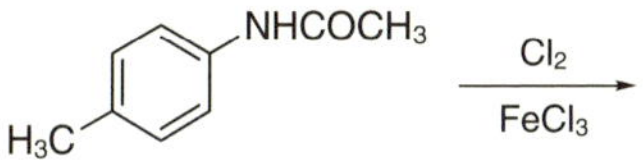

(f) 2-クロロトルエン + HNO₃ / H₂SO₄ →

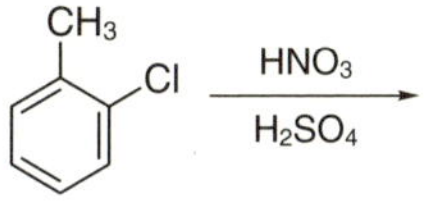

解答 置換基の配向性から可能な置換位置を予測し，さらに置換基の立体障害などの因子を考慮して主たる生成物を推定する．

(a) 2,4-ジメチル-1-アセチルベンゼン

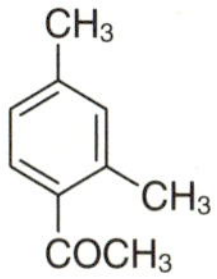

(b) 1-クロロ-2-ニトロ-4-スルホン酸ベンゼン

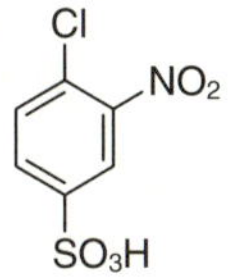

(c) 3,5-ジニトロ安息香酸

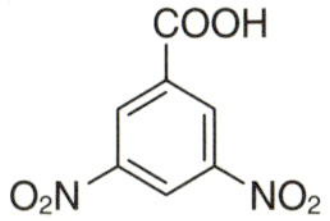

(d) 2,6-ジブロモ-4-メチルフェノール

(e) 2-クロロ-4-メチルアセトアニリド

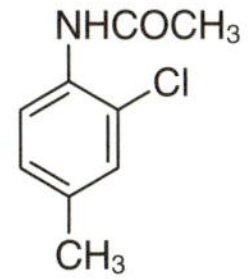

(f) 1-クロロ-2-メチル-4-ニトロベンゼン

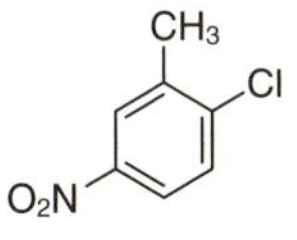

(a)の2位，(b)の6位は立体障害により置換されにくい．(d)ではベンゼン環がヒドロキシ基により強く活性化されているので，容易にヒドロキシ基の両オルト位が置換される．(e)ではアセトアミド基がメチル基よりも活性化基として優れているので，アセトアミド基のオルト位が置換される．(f)ではクロロ基はメチル基よりも活性化基としては劣るが，共鳴効果によるオルト-パラ支配が誘起効果より強く

効く．

> **例題 4・7** 芳香族求電子置換反応および側鎖の酸化反応だけを用いて，次の化合物を合成する経路を示せ．オルトおよびパラ異性体は容易に分離できるものとする．
> (a) ベンゼンから m-クロロニトロベンゼンを合成する．
> (b) ベンゼンから p-ニトロ安息香酸を合成する．
> (c) ベンゼンから m-ニトロアセトフェノンを合成する．
> (d) トルエンから 4-ブロモ-3-ニトロ安息香酸を合成する．

解答 多段階の合成経路を考える場合は，目的物質から出発物質へとさかのぼって考えていく（**逆合成解析**という）とわかりやすい．
(a) クロロ基はオルト-パラ配向性，ニトロ基はメタ配向性であることを考えると，まずニトロ基を導入し，ついでクロロ基を導入すると目的の化合物が得られると判断できる．

$$\text{C}_6\text{H}_6 \xrightarrow[\text{H}_2\text{SO}_4]{\text{HNO}_3} \text{C}_6\text{H}_5\text{NO}_2 \xrightarrow[\text{FeCl}_3]{\text{Cl}_2} m\text{-ClC}_6\text{H}_4\text{NO}_2$$

(b) ニトロ基，カルボキシ基ともにメタ配向性であることを考えると，カルボキシ基への酸化の前に，すなわちオルト-パラ配向性であるメチル基（あるいは他のアルキル基）がある段階でニトロ化をしなければならない．したがって以下のようになる．最初の段階で導入するのはメチル基に限らずエチル基，イソプロピル基など α 炭素に水素原子をもつアルキル基であれば何でもよい．

$$\text{C}_6\text{H}_6 \xrightarrow[\text{AlCl}_3]{\text{CH}_3\text{I}} \text{C}_6\text{H}_5\text{CH}_3 \xrightarrow[\text{H}_2\text{SO}_4]{\text{HNO}_3} p\text{-O}_2\text{NC}_6\text{H}_4\text{CH}_3 \xrightarrow{\text{KMnO}_4} p\text{-O}_2\text{NC}_6\text{H}_4\text{COOH}$$

(c) ニトロ基，アセチル基ともにメタ配向性であるから，どちらを先に導入してもよいように思われるが，Friedel-Crafts 反応はアルキル化，アシル化ともに，ニトロ基，スルホ基などの強い電子求引性基が置換したベンゼン環では起こらないので，この場合もアセチル基を先に導入しておかなければならない．

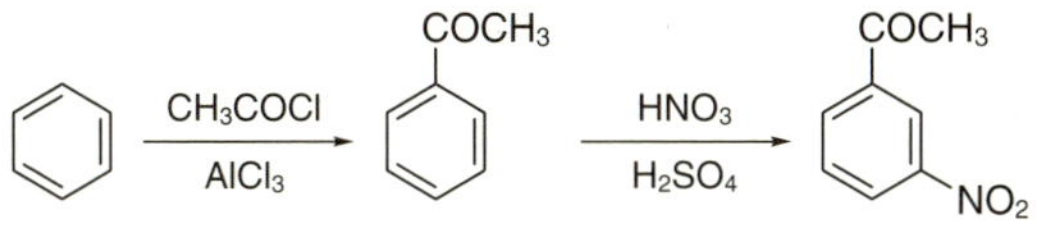

(d) 出発物質のメチル基が目的物質のカルボキシ基になると考えられるから，ブロモ基とニトロ基の導入，およびメチル基の酸化をどの順序で行えばよいかを考える．炭素基のパラ位にブロモ基，メタ位にニトロ基があるから，トルエンにまずブロモ基を導入し，ついでメチル基を酸化してカルボキシ基に変えた後ニトロ基を導入すればよい．

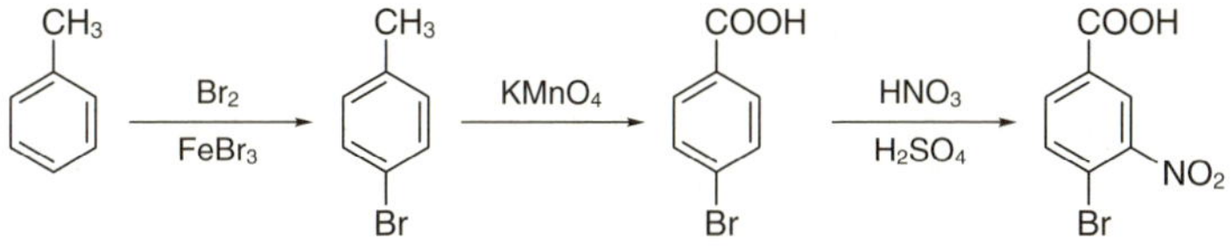

> **例題 4・8** 塩化アルミニウム存在下 1-クロロプロパンとベンゼンとの反応の主生成物はプロピルベンゼンではない．では主生成物は何か．なぜそうなるのか．

解答 主生成物はイソプロピルベンゼン（クメン）である．

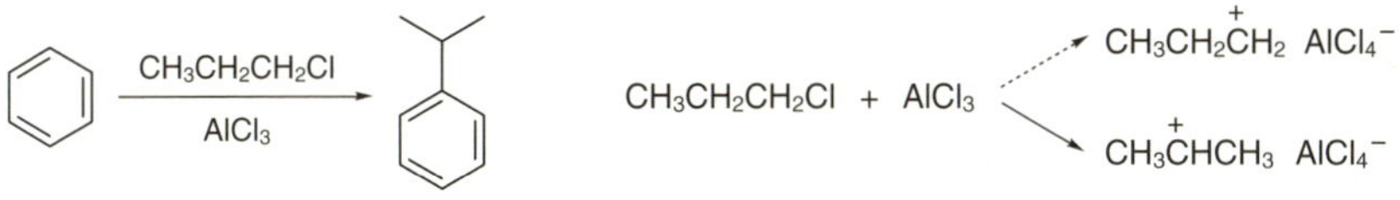

1-クロロプロパンと $AlCl_3$ との反応で，きわめて不安定な第一級カルボカチオンであるプロピルカチオンが生成するよりも，水素の転位によってより安定な第二級カルボカチオンであるイソプロピルカチオンの生成が優先し，これが活性求核種となってベンゼンと反応して，クメンを与える．

Friedel-Crafts 反応に限らず一般的にカルボカチオン生成が考えられるときに，隣接炭素から水素あるいはアルキル基が転位することによって，より安定なカルボカチオンが生成する場合は，そのような転位が容易に起こる．たとえば以下のような反応がある．

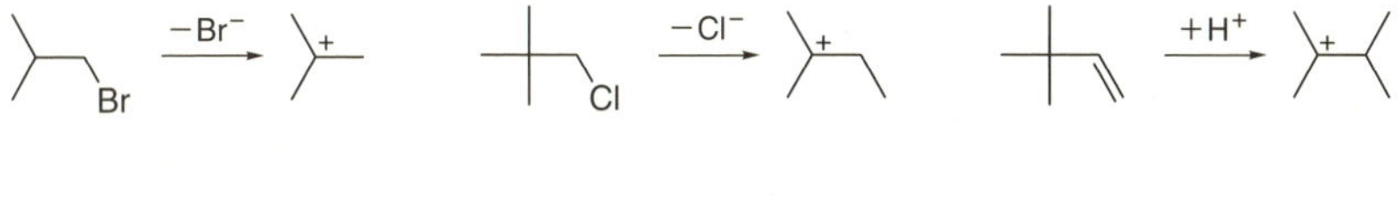

このような転位反応は一般に **Wagner-Meerwein** 転位(ワグナー メーヤワイン)とよばれている．水素あるいはアルキル基はアニオンとして転位しており，水素が転位する場合1,2-ヒドリドシフトとよばれる．

例題 4・9 少量のエタノールを含む液体アンモニア中でベンゼンに金属ナトリウムを反応させると，1,4-シクロヘキサジエンが生成する（**Birch 還元**）．その反応機構を説明せよ．

解答 ナトリウムからベンゼンに1電子が移動し，アニオンラジカル(**A**)が生成し，これがエタノールによってプロトン化されてラジカル(**B**)となる．(**B**)はさらにナトリウムによって還元されカルボアニオン(**C**)を与える．(**C**)は再度エタノールによってプロトン化され1,4-シクロヘキサジエンが生成する．

$$\text{C}_6\text{H}_6 \xrightarrow{\text{Na·}} (A) \xrightarrow{\text{C}_2\text{H}_5\text{OH}} (B) \xrightarrow{\text{Na·}} (C) \xrightarrow{\text{C}_2\text{H}_5\text{OH}} \text{1,4-cyclohexadiene}$$

演習問題

4・1 次の化合物を命名せよ．

(a) 1-ヨード-2-ニトロベンゼン (I, NO$_2$)

(b) 3-エチルフェノール (CH$_2$CH$_3$, OH)

(c) 4-イソプロピルアニリン (H$_2$N—C$_6$H$_4$—CH(CH$_3$)$_2$)

(d) 2,4,6-トリメチルベンズアルデヒド (CH=O)

(e) 1-クロロ-3,5-ジブロモベンゼン (Cl, Br, Br)

(f) 2-ブロモアニソール (OCH$_3$, Br)

(g) 2',5'-ジクロロアセトフェノン (COCH$_3$, Cl, Cl)

(h) 2-フルオロ-6-スルホ安息香酸 (F, COOH, SO$_3$H)

(i) 2-ヒドロキシベンゾニトリル (CN, OH)

(j) 3-メトキシ-2-ニトロ安息香酸 (OCH$_3$, NO$_2$, COOH)

4・2 次の化合物の構造式を書け．

(a) *o*-クレゾール (b) 2,5-ジクロロスチレン

(c) p-フルオロアセトフェノン　(d) m-ニトロベンゼンスルホン酸
(e) p-ニトロアセトアニリド　(f) 4-ブロモ-m-キシレン
(g) 2-ブロモ-4'-ニトロビフェニル　(h) ベンゾフェノン

4・3 トルエンをニトロ化すると o-ニトロトルエンと p-ニトロトルエンが主生成物であり，m-ニトロトルエンは少量しか生成しない．その理由を説明せよ．

4・4 ナフタレンの $Br_2/FeBr_3$ による臭素化の主生成物は何か．その理由を説明せよ．

4・5 次の反応の主生成物は何か．

(a) ベンゼン + (CH₃CO)₂O →(AlCl₃)

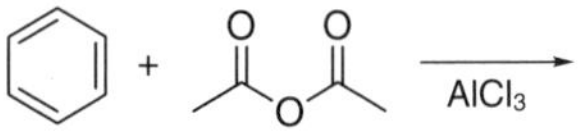

(b) ベンゼン + CH₂=C(CH₃)₂ →(H₂SO₄)

(c) ベンゼン + (CH₃)₃CCH₂Cl →(AlCl₃)

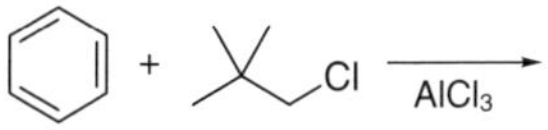

(d) o-キシレン + Cl_2 →(FeCl₃)

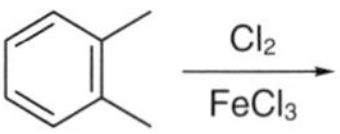

(e) ビフェニル + Br_2 →(FeBr₃)

(f) 4-ブロモビフェニル + HNO_3 →(H_2SO_4)

(g) 4-メチルクメン + CH_3COCl →(AlCl₃)

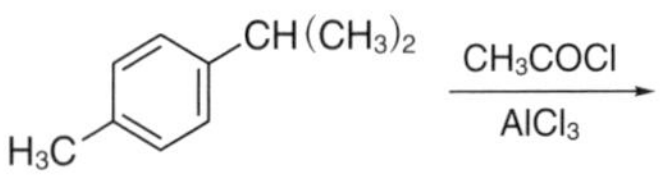

(h) フェノール + 過剰の Br_2 →(CCl_4, 0 ℃)

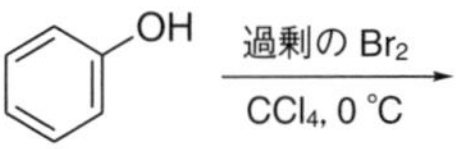

(i) 4-ニトロ安息香酸 + HNO_3 →(H_2SO_4)

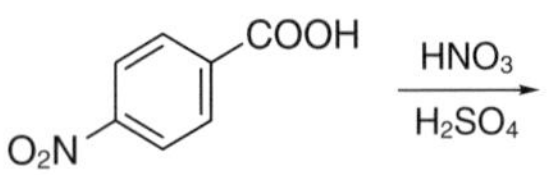

(j) 安息香酸フェニル + Cl_2 →(FeCl₃)

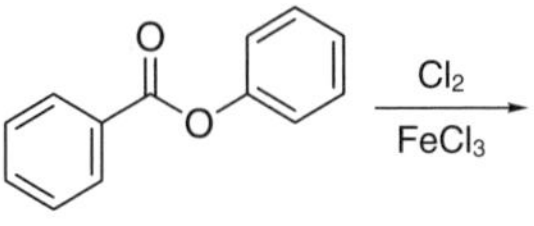

(k) 3-ニトロフェノール + Cl_2 →(FeCl₃)

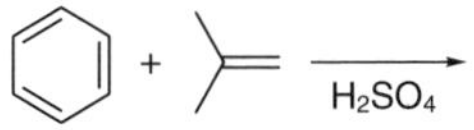

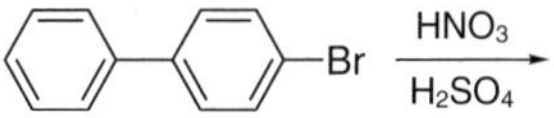

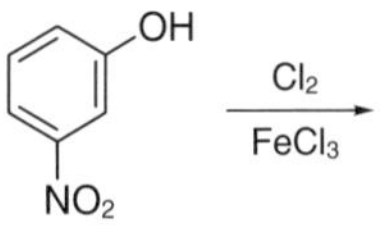

(l) 4-フェニルブタノイルクロリド →(AlCl₃)

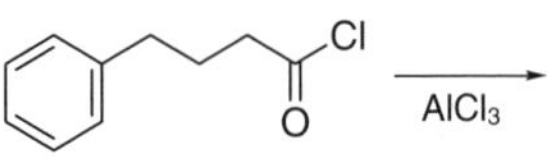

4・6 ベンゼンスルホン酸は希薄な酸水溶液中で加熱するとベンゼンを与える．この反応の機構を示せ．

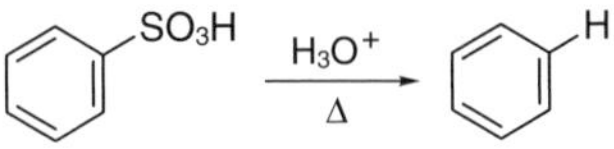

$C_6H_5SO_3H \xrightarrow[\Delta]{H_3O^+} C_6H_6$

4・7 次の反応の主生成物は何か．

(a) インダン →(KMnO₄)

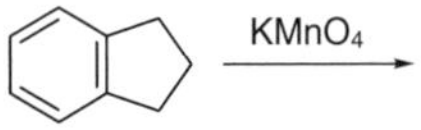

(b) 4-$tert$-ブチルトルエン →(KMnO₄)

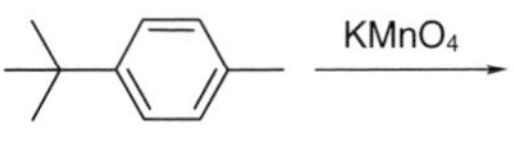

(c) [トルエン] + H₂/Pt, C₂H₅OH →

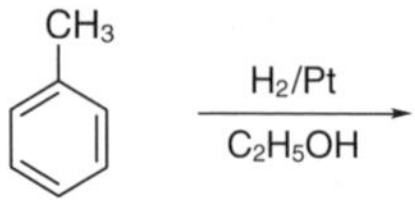

(d) [アニソール] + Na, NH₃/C₂H₅OH →

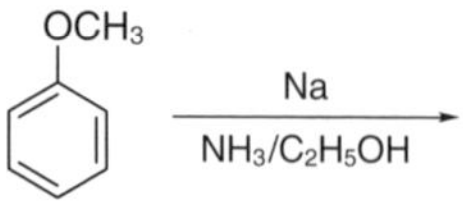

(e) [安息香酸メチル] + Na, NH₃/C₂H₅OH →

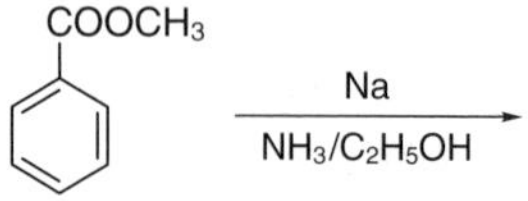

(f) [trans-β-メチルスチレン] + HCl →

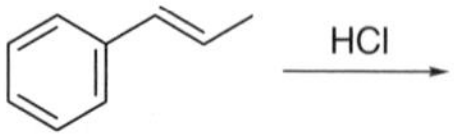

(g) [エチルベンゼン] + N-ブロモスクシンイミド (NBS) →(hν)

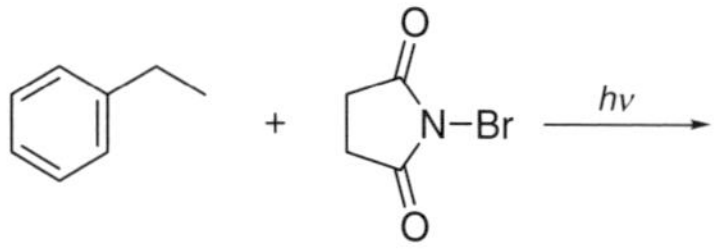

4・8 芳香族求電子置換反応および側鎖の酸化反応だけを用いて，ベンゼンから次の化合物を合成する経路を示せ．オルトおよびパラ異性体は容易に分離できるものとする．

(a) o-エチルアセトフェノン　　(b) 4-t-ブチル-2-ニトロ安息香酸
(c) m-ブロモベンゼンスルホン酸　(d) 2-クロロ-5-スルホ安息香酸

4・9 イソプロピルベンゼン（クメン）から1-ブロモ-2-イソプロピルベンゼン（2-ブロモクメン）を収率よく合成する方法を示せ．

4・10 m-キシレンと2-メチルプロペンを硫酸存在下で長時間反応させると，5-t-ブチル-m-キシレンが主生成物として得られる．その理由を説明せよ．

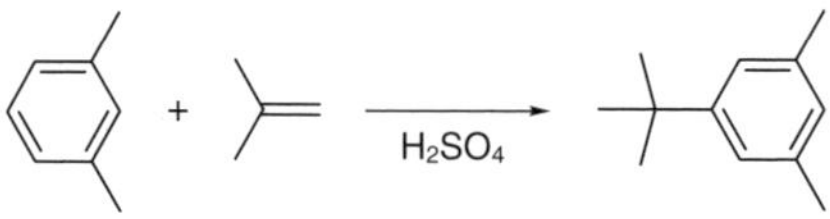

[m-キシレン] + [2-メチルプロペン] —H₂SO₄→ [5-t-ブチル-m-キシレン]

*__4・11__ 次の反応の機構を説明せよ．

(a) [4-クロロニトロベンゼン] —NaOH, 150 °C→ [4-ニトロフェノール]

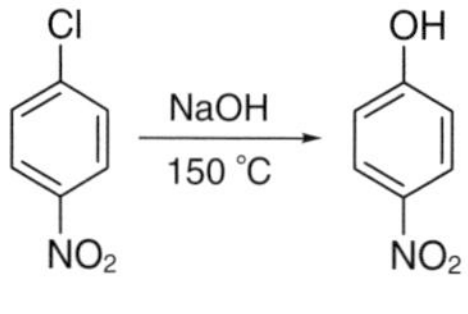

(b) [4-クロロトルエン] —NaOH, 350 °C→ [4-メチルフェノール] + [3-メチルフェノール]　～1:1

(c) [2-クロロアニソール] —NaNH₂, 液体NH₃, −33 °C→ [3-メトキシアニリン]

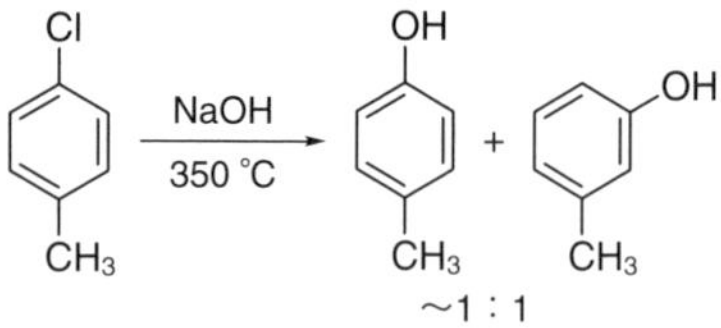

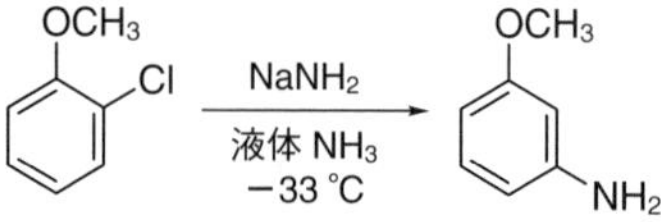

*4・12 (a) フラン，チオフェン，ピロールが芳香族性を示す理由を説明せよ．

(b) ピリジンが芳香族性を示す理由を説明せよ．

(c) フランのニトロ化における主生成物は何か．それが主生成物となる理由を説明せよ．

(d) ピリジンのニトロ化における主生成物は何か．

(e) ピリジンとピロールの pK_b はそれぞれ 8.8 と約 18 である．この違いを説明せよ．なお脂肪族アミンの pK_b は 3～5 である．

5

立体化学

キラリティー　ある物体とそれを鏡に映した像とが重ね合わせることができないという性質をキラリティーといい，その物体は**キラル**であるという．物体の実像と鏡像とが重ね合わせることができるとき，その物体は**アキラル**であるという．

　中心原子（一般に炭素であるが，炭素でなくてもよい）に 4 個の異なる基（原子あるいは原子団）が結合している場合，その化合物はキラルである．

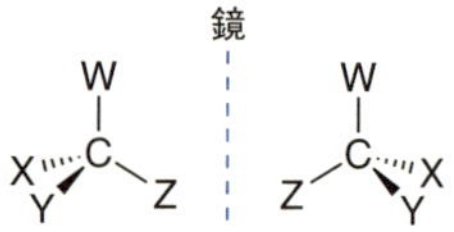

鏡

W | W
X–C–Z | Z–C–X
Y | Y

このとき，中心原子を**キラル中心**あるいは不斉中心という．このようにキラル中心が存在することによって生じるキラリティーを中心性キラリティーという．

光学活性　キラルな化合物は，平面偏光の偏光面を回転させる性質（**旋光性**）をもつ．旋光性を示すとき，その化合物は光学活性であるという．偏光面を右回り（時計回り）に回転させる場合は右旋性，左回りならば左旋性という．

比旋光度　基準条件における偏光面回転の方向と角度を示す符号つきの数値（右旋性であれば+）であり，次式で定義される $[\alpha]$ で表される（単位は $° \, g^{-1} \, mL \, dm^{-1}$ であるが慣例として表示しない）．

$$[\alpha]_\lambda^t = \frac{\alpha}{c \times l}$$

ここで，α は旋光度の実測値（°），c は試料の濃度（$g \, mL^{-1}$），l は光路長（dm）である．比旋光度は光の波長 λ 〔ナトリウムランプの D 線（589.3 nm）がよく用いられる〕や温度 t（℃）に依存するが，化合物に固有の値である．

鏡像異性体　キラルな分子とその鏡像に相当する分子は，互いに立体異性体であり，鏡像異性体あるいはエナンチオマーという．光学異性体あるいは対掌体とよばれることもある．1 対の鏡像異性体は，比旋光度の符号が逆であるということ以外は，完全に同一の物理的，化学的性質を示す．

5. 立 体 化 学

ジアステレオマー　互いに鏡像異性体ではない立体異性体を，ジアステレオ異性体あるいはジアステレオマーという．ジアステレオマーは異なる物理的ないし化学的性質をもつ．

メソ化合物　2個以上のキラル中心をもつが，分子としてはアキラルである化合物をメソ化合物（メソ体）という．メソ化合物は分子内に対称面あるいは対称心をもつ．

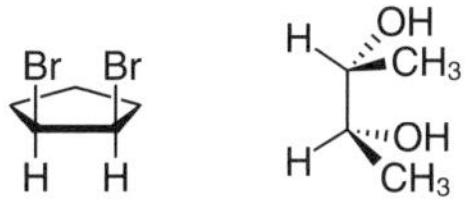

メソ化合物

ラセミ体　キラルな化合物において，二つの鏡像異性体の等量混合物をラセミ体という．ラセミ体は旋光度を示さず，光学不活性である．アキラルな化合物からキラルな化合物を合成すると，ふつうはラセミ体が得られる（この原則に逆らってアキラルな化合物から鏡像異性体の一方を選択的に合成する方法を**不斉合成**という）．一般にラセミ体の結晶は鏡像異性体の結晶とは異なる物理的性質（融点，溶解度，密度など）を示す．

分割　ラセミ体を鏡像異性体に分離することを分割という．分割が完全に進行すると純粋な鏡像異性体の一方（あるいは両方）が得られる．純粋な鏡像異性体はエナンチオピュアであるという．分割が不十分であると，二つの鏡像異性体の非等量混合物となる．この混合物は光学活性であるがエナンチオピュアではなく，ノンラセミック（非ラセミ体）であるという．

エナンチオマー過剰率（ee あるいは e.e.）　キラルな化合物の試料中における二つの鏡像異性体の割合を示す数値．二つの鏡像異性体の存在率の差で表され，エナンチオピュアであれば100%，ラセミ体であれば0%となる．同様の概念に，試料の比旋光度の純粋な鏡像異性体の比旋光度に対する百分率である**光学純度**がある．

立体配置　キラル中心に結合する基の空間的配列を立体配置という*．たとえば"二つの鏡像異性体の立体配置は逆である"という表現をする．

＊　厳密には，キラル中心に限らず，結合している基の入れ替えによって立体異性体を生じるような中心原子（これをステレオジェン中心，ステレオ中心，あるいは立体中心とよぶ；青色で示す）に結合する基の空間的な配列を指す．

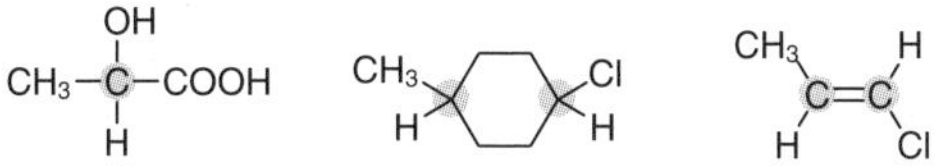

ステレオジェン中心の例

Fischer 投影式　キラル中心の立体配置を表示する方法の一つ．下図の左のように分子をおいて紙面に投影したと考えて，右のように表示する．つまり投影式で左右に出ている基は紙面の手前に，上下に出ている基は紙面の後方にある．

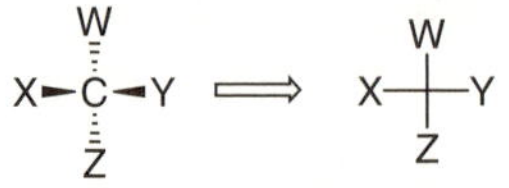

$$X-\overset{W}{\underset{Z}{C}}-Y \implies X-\overset{W}{\underset{Z}{|}}-Y$$

Fischer 投影式

RS 表示法　キラル中心の立体配置を R または S の記号で表示する方法．その手順は，まず3章 p.24 で述べた順位則（Cahn-Ingold-Prelog 則）に従って，キラル中心に結合する4個の基に優先順位をつける．キラル分子 CWXYZ において，基の順位が X＞Y＞Z＞W になったとすると，最低順位の基 W が眼から遠くなる方向から C-W 結合軸に沿って分子を見たとき，X, Y, Z が時計回りに並んでいれば，その配置を R とし，反時計回りに並んでいればその配置を S とする．

軸性キラリティー　キラル中心が存在しなくても，分子がキラルになる場合があり，その一つに軸性キラリティーがある．置換アレン誘導体がその一例である．下図の (**A**) と (**B**) は実像と鏡像の関係にあり，A ≠ B, X ≠ Y であればこの二つは重ね合わせることができない（A, B は X, Y と同じものでもよい）．

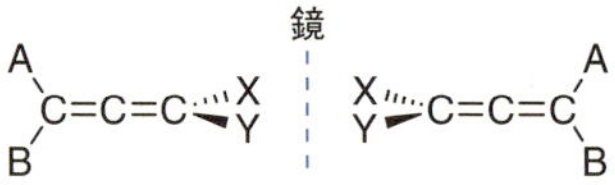

(**A**)　　鏡　　(**B**)

例題 5・1　次の分子のキラル炭素に＊印をつけよ．

(a) シクロヘキシル-CH(OH)COOH
(b) シクロヘキセニル-CH(OH)COOH
(c) 2-Br-ジメチルシクロヘキシル-CH(OH)COOH

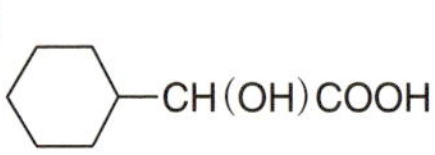

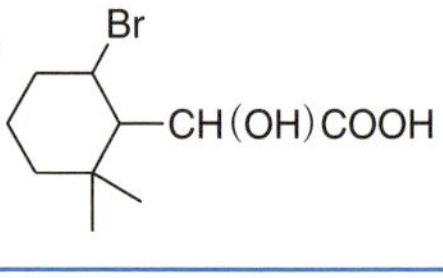

解答　キラル炭素とは四つの異なる基が結合した炭素である．シクロヘキサン環の場合には，ある炭素から順番に結合を調べて，結合様式の違いの有無からキラル炭素を見つける．

(a) －*CH(OH)COOH
(b) －*CH*(OH)COOH （環に*）
(c) *CH(Br)－*CH(OH)COOH

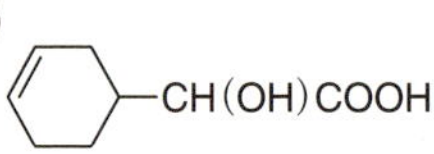

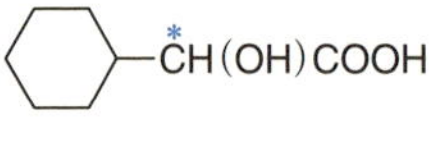

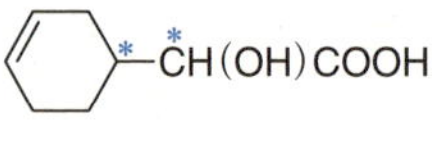

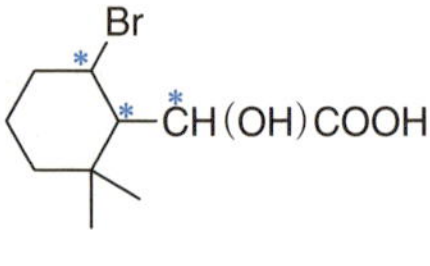

5. 立体化学

例題 5・2 次の各組の置換基に優先順位をつけよ．
(a) $-F$, $-CH_2Cl$, $-Cl$, $-Br$
(b) $-CH_2CH_3$, $-CH=CH_2$, $-C\equiv CH$, ⌬ 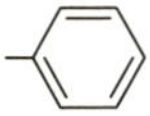
(c) $-CH_2OH$, $-CH_2NH_2$, $-CH=O$, $-CO_2H$

解答 以下，順位を ①，②，③，④ で表す．
(a) 順位則に従って直接結合する原子を比べて，それらの原子番号が大きい順に順位をつける．

① $-Br$, ② $-Cl$, ③ $-F$, ④ $-CH_2Cl$

(b) 二重結合や三重結合はそれぞれの原子に2個あるいは3個の原子が結合の数だけついているとして構造式を書き換えて考える（下図でレプリカ原子を青で示す）．①と②の順位決定の手順：C^1, C^2, C^3 の順に比較していく．C^1 はこれに結合している原子がともに C, C, C で順位がつけられず，C^2 もともに C, C, H で順位がつけられない．C^3 になると，フェニル基①では C, C, H であるのに対してエチニル基②では C^3 はレプリカ原子でその先に何も結合していない．したがってフェニル基①のほうが優先する．

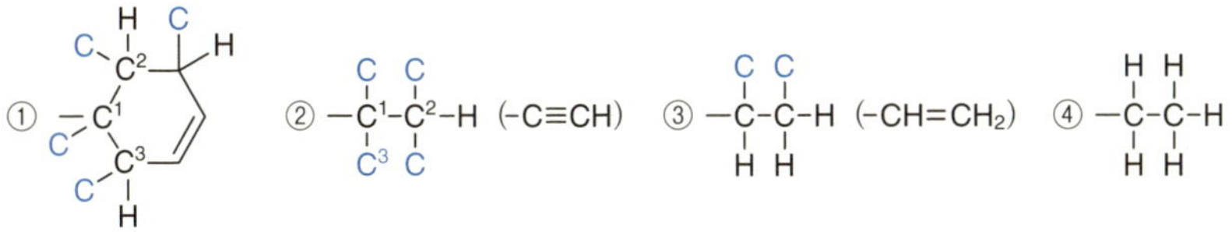

① （フェニル基構造式） ② $-C^1-C^2-H$ ($-C\equiv CH$) ③ $-C-C-H$ ($-CH=CH_2$) ④ $-C-C-H$

(c) (a)，(b) の規則を応用して順位をつける．

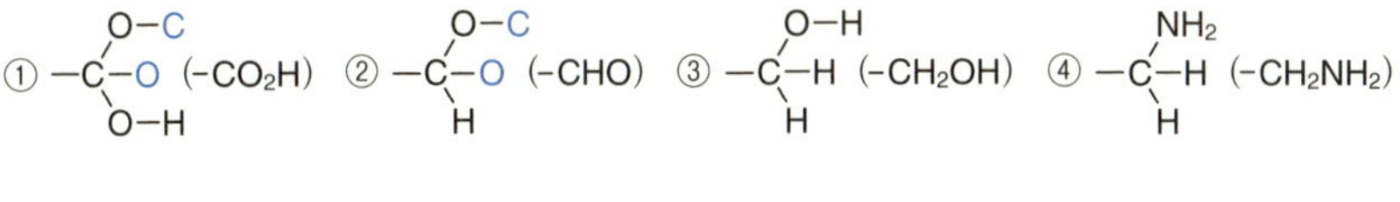

① $-C(O-C)(O-H)-O$ ($-CO_2H$) ② $-C(O-C)(H)-O$ ($-CHO$) ③ $-C(O-H)(H)-H$ ($-CH_2OH$) ④ $-C(NH_2)(H)-H$ ($-CH_2NH_2$)

例題 5・3 1.20 g のコカインを 7.50 mL のクロロホルム溶液として，5.00 cm の光路の試料管に入れて 20 °C（ナトリウム D 線を使用）で測定した実測旋光度は $-1.3°$ であった．コカインの比旋光度を計算せよ．

解答 比旋光度 $[\alpha]$ を求める式（56ページ）に，$\alpha = -1.3°$, $l = 5.00$ cm $= 0.500$ dm, $c = 1.20$ g / 7.50 mL を代入すると，$[\alpha]_D^{20} = -16.3$ が得られる．

例題 5・4　(a) 次の Fischer 投影式で示された化合物（グリセルアルデヒド）の立体配置を RS 表示で示せ.

```
       CHO
   H ——|—— OH
      CH₂OH
```

(b) 次の Fischer 投影式はいずれもグリセルアルデヒドを表している. (a) と同じ立体配置をもつものを選べ.

```
 (ア) CH₂OH    (イ)  H       (ウ)  OH        (エ) CH₂OH    (オ)  OH
 HO—|—H    HOH₂C—|—CHO    OHC—|—CH₂OH     H—|—OH    OHC—|—H
    CHO          OH              H            CHO        CH₂OH
```

解答　(a) まず Fischer 投影式を透視図に戻すと考えやすい. 次の手順で立体配置を決める. 不斉炭素原子に直接結合した原子の原子番号から $-$OH が①, $-$H が④という順位はすぐ決まる. $-$CH₂OH と $-$CHO については, 1 番目の C では決まらない. 2 番目の原子は $-$CH₂OH の O, H, H に対し, $-$CHO は O, O, H であるから, $-$CHO のほうが高順位で②となる. ④を一番遠くに見たときの①②③の並び方が右回りとなる. したがって立体配置は R となる.

```
     CHO              ②
                     CHO
 H ►C◄ OH   ≡   ④H—C     ③          右回り R
    CH₂OH           ⁝CH₂OH
                    OH
                    ①
```

(b) それぞれについて R, S を決めればよい. (ア) と (オ) が (a) と同じ R 配置である.

　なお, 次のことを知っておくと便利である. 一つのキラル中心について $4! = 24$ 通りの異なる Fischer 投影式を書くことができ, その半分の 12 個が一方の立体配置に対応している. そして,

1) 投影式を紙面上で 180°回転して得られる投影式は, もとと同じ立体配置である (ア).
2) 投影式を紙面上で 90°回転して得られる投影式は, もととは逆の立体配置である (イ, ウ).
3) どれか二つの基を入れ替えて得られる投影式は, もととは逆の立体配置である (エ). 入れ替えを 2 回行えば, もとと同じ立体配置になる (オ).

　糖質化学の分野では Fischer 投影式を書く場合に次のような規則がある. 1) 炭

素鎖を縦に書く．2) 酸化度の高い炭素を上方に書く．この規則に従うと，(a)に示した投影式が (R)-グリセルアルデヒドの唯一の表示法となる．

> **例題 5・5** 3-クロロ-2-ブタノールの立体異性体は何種類あるか．それらの構造を立体配置がわかるように実線，くさび形実線，破線を用いて書き，キラル中心の立体配置を RS 表示せよ．また各異性体を Fischer 投影式を用いて表せ．

解答 3-クロロ-2-ブタノールには 2 個のキラル中心があり，それぞれに 2 種類の立体配置があるので，次に図示する 4 種類の立体異性体が存在する．左二つどうし，右二つどうしは互いに実像と鏡像の関係にあり，しかも重ね合わせることができないので，互いに鏡像異性体である．右側の二つの異性体はいずれも左側の二つの異性体とジアステレオマーの関係にある．

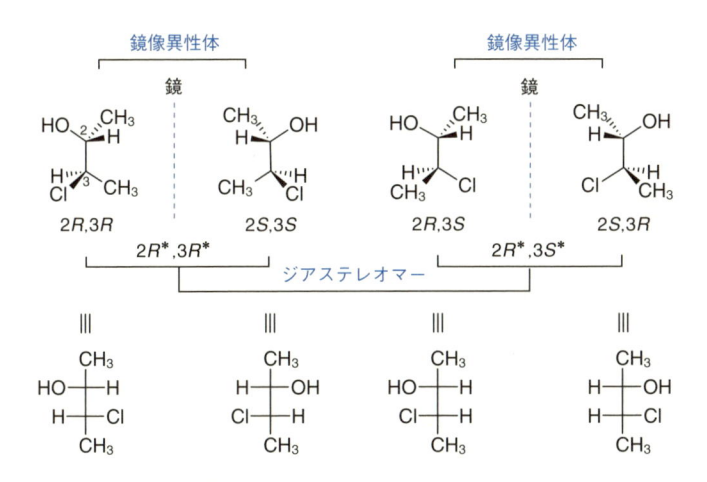

鏡像異性体を区別しない場合は，RS の記号にアステリスク＊をつけて示す．たとえば $2R^*,3R^*$ は $2R,3R$ か $2S,3S$ のいずれかであることを表す．一般に n 個のキラル中心をもつ化合物には 2^n 種類の立体異性体が存在する．

> **例題 5・6** 2,3-ジクロロブタンの立体異性体は何種類あるか．それらの構造を立体配置がわかるように実線，くさび形実線，破線を用いて書き，キラル中心の立体配置を RS 表示せよ．また各異性体を Fischer 投影式を用いて表せ．

解答 キラル中心が2個あるので，ひとまず以下の4個の立体構造が書ける．左2個は鏡像異性体であるが，右2個は同一物である．すなわち $2R^*,3S^*$ 体はアキラルであり，メソ化合物である．したがって2,3-ジクロロブタンの立体異性体は3種類だけである．

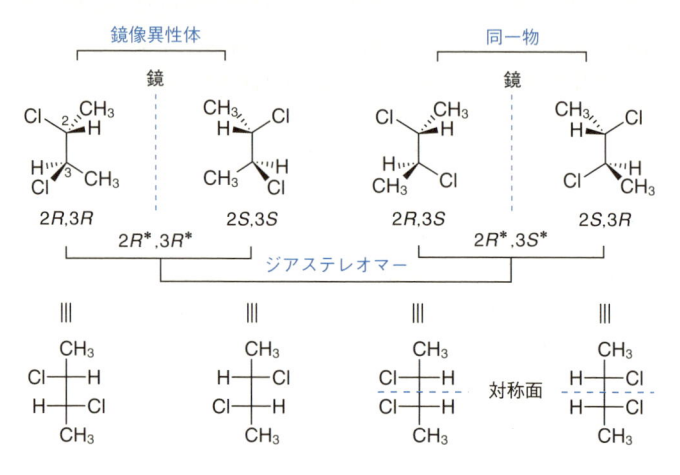

（立体構造図：2R,3R と 2S,3S は鏡像異性体 $2R^*,3R^*$；2R,3S と 2S,3R は同一物 $2R^*,3S^*$；中央はジアステレオマー；下段にFischer投影式，右側2つに対称面）

メソ化合物の二つのキラル中心は逆の立体配置をもっていることに注意しよう．したがってそのFischer投影式は，図に示すような対称面をもつ．構造式に対称面があれば，実際の化合物もアキラルである．

例題 5・7 次の化合物はキラルかアキラルか．

(a) ～ (i) の構造式

解答 キラルであるのは (b), (d), (f), (h), アキラルであるのは (a), (c), (e), (g), (i) である．キラルであるかどうかは，鏡像を書いて実像と重なり合うかどうか調べるのが確実である．一つの構造式だけから判断する場合は，キラル中心の有無と対称面の有無を調べる．キラル中心が1個であれば必ずキラルであるが，複数ある場合はメソ化合物の可能性があり注意が必要である．対称面があれば必ずアキラルであ

る. (a), (c), (e) は対称面があることがすぐわかるであろう. (c) はメソ化合物である. (g) はアレン誘導体であり, 累積二重結合の両末端の sp^2 炭素平面が互いに直交した構造をしている. 鏡像は実像と重なり合うからアキラルである. (h) は鏡像が実像と重なり合わないので, キラルである (軸性キラリティー). (i) は累積二重結合の両末端の sp^2 炭素平面が同一平面上にあり, その面が分子の対称面になっていて, アキラルである (この化合物にはシス-トランス異性体が存在する).

例題 5・8 ペニシリンは, 次に示す特徴的な複素環をもつ抗生物質である. *印の不斉中心が R, S のどちらの立体配置をもっているかを答えよ.

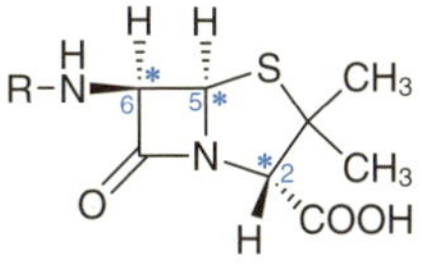

ペニシリン
ペニシリン G: R = -CH₂Ph
ペニシリン V: R = -COCH₂OPh

解答 *印の炭素に結合している置換基の優先順位はそれぞれ下図のようになり, 2位, 5位, 6位の立体配置はそれぞれ S, R, R である. 優先順位を青で示した. 2位では $-C(CH_3)_2S- > -CO_2H$ に, 6位では $-CH(S-)N< > -CO-$ に注意する.

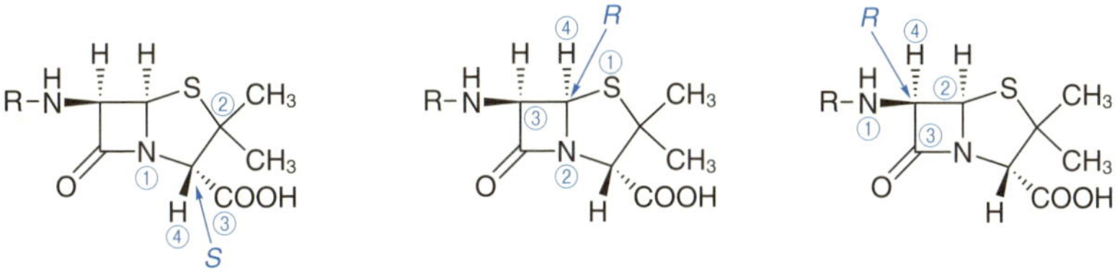

例題 5・9 次の化合物は軸性キラリティーをもつキラルな化合物である. その立体配置を RS 表示せよ.

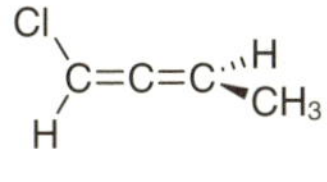

解答 軸性キラリティーをもつ化合物の立体配置も R, S で表示することができる. ここで必要な新たな規則は "目に近い基は目から遠い基より優先する" というものである. まず, アルケンの EZ 表示の場合と同様に, アレンの両末端炭素に結合する二つずつの基にそれぞれ順位をつける (**A**). 次にキラル軸に沿って分子を見る

方向を決める．右から見ることにすると，上述の規則によって Newman 投影式(**B**) に示すように順位が決まる（①＞②＞③＞④）．後はキラル中心の立体配置決定と同様に，④の基が目から遠くなる方向から見たとき，①, ②, ③ が右回りか左回りかを判断する．この場合は左回りであるから S 配置となる．分子を左から見ても当然同じ結論になる〔Newman 投影式（**C**）〕．

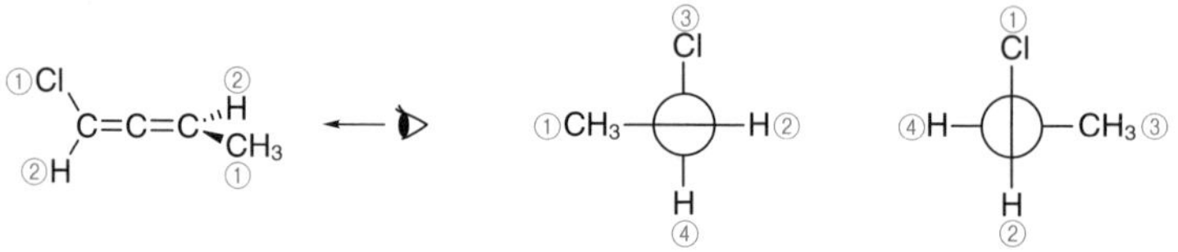

(**A**) (**B**) (**C**)

演習問題

5・1 次の物体はキラルかアキラルか．
 (a) サッカーボール (b) 扇風機 (c) フォーク
 (d) スケート靴 (e) 木ねじ (f) ねじまわし

5・2 次の化合物はキラルかアキラルか．

(a) 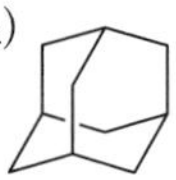 (b) 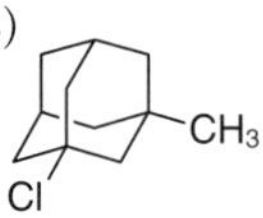 (c) 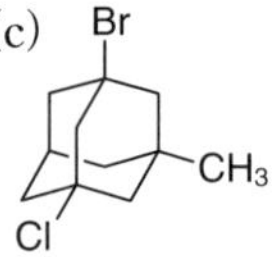 (d) 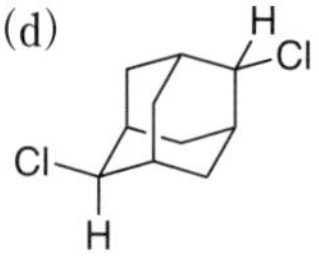 (e)

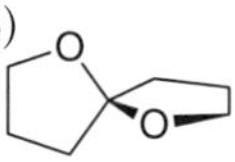

(f) 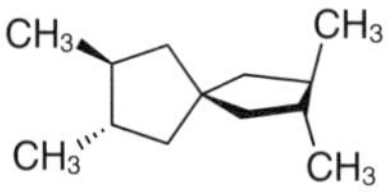 (g) 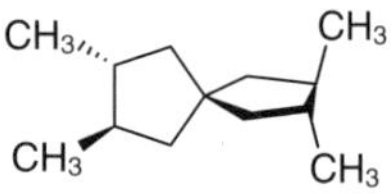 (h)

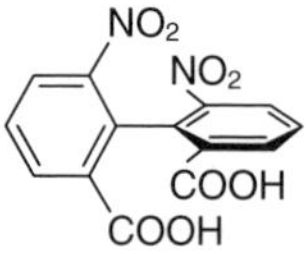

5・3 次の各組の置換基に CIP 順位則に従って優先順位をつけよ．
 (a) $-OH,\ -F,\ -CH_3,\ -CH_2OH$
 (b) $-Br,\ -Cl,\ -CF_3,\ -CH_2Cl$
 (c) $-OCH_3,\ -COCH_3,\ -CH_2OCH_3,\ -OC_6H_5$

5・4 次の化合物のキラル中心の立体配置を RS 表示法により示せ．

(a) 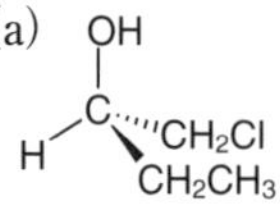 (b) 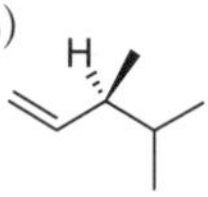 (c) 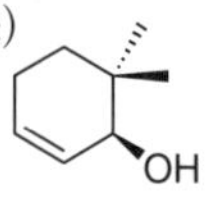 (d) 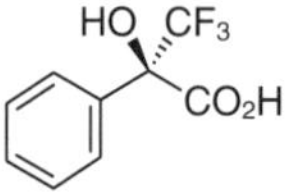 (e)

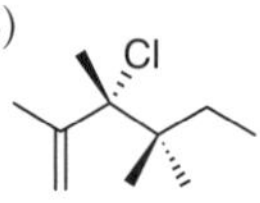

5・5 次の化合物の立体構造を実線，くさび形実線，破線を用いて記せ．
 (a) (R)-2-ブロモブタン　　　　(b) (R)-3-メチル-1-ペンテン
 (c) (S)-1-フェニルエタノール　(d) (S)-2-メチルシクロペンタノン
 (e) (R)-3,4,4,5-テトラメチル-1-ヘキシン
 (f) (3R,4S)-3,4-ジメチル-1-ヘキセン

［注］命名法を習っていない場合は，命名法の学習がすんでから再度この問題に取組むのがよい．

5・6 次の化合物を Fischer 投影式を用いて書直し，キラル中心の立体配置を RS 表示せよ．

(a) (b) (c) (d)

5・7 次の各組の化合物はどのような関係にあるか．鏡像異性体，ジアステレオマー，同一物，そのいずれでもない，の四つのなかから選べ．

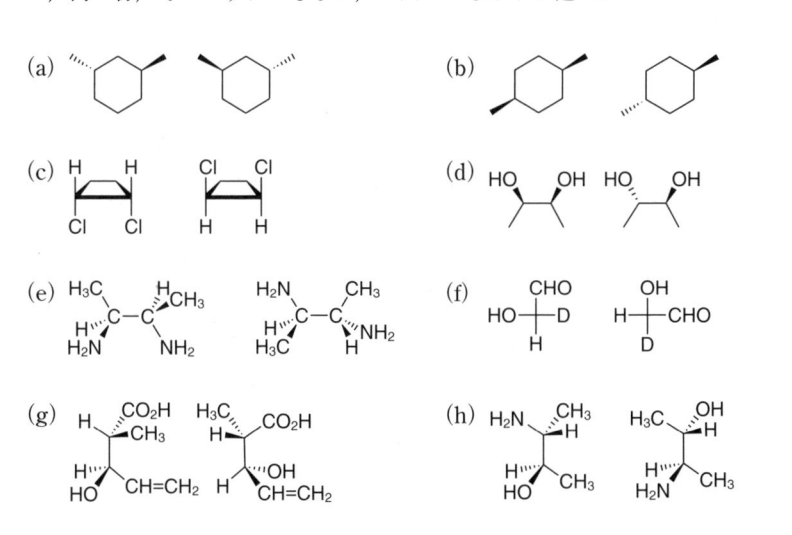

(a) (b)

(c) (d)

(e) (f)

(g) (h)

5・8 1,2-ジメチルシクロプロパンの立体異性体をすべて書け．各異性体はキラルか，アキラルか．キラル中心を指摘して，その立体配置を RS 表示せよ．

5・9 2-メトキシプロパン酸と 2-ブタノールから得られるエステルには何種類の立体異性体が存在するであろうか，それらの構造を立体配置がわかるように実線，くさび形実線，破線を用いて示せ．

$$\text{CH}_3-\underset{\underset{\text{OCH}_3}{|}}{\text{CH}}-\text{CO}_2\text{H} + \text{HO}-\underset{\underset{\text{CH}_3}{|}}{\text{CH}}-\text{CH}_2\text{CH}_3 \xrightarrow{\text{エステル化}} \text{CH}_3-\underset{\underset{\text{OCH}_3}{|}}{\text{CH}}-\text{CO}_2-\underset{\underset{\text{CH}_3}{|}}{\text{CH}}-\text{CH}_2\text{CH}_3$$

5・10 次の化合物の水素原子2個を塩素原子に置換して得られる化合物のうち，キラルなものについて鏡像異性体の一方を図示し，キラル中心の立体配置を RS 表示せよ．

　(a) ブタン　　　(b) シクロペンタン

*5・11 1,2,3,4,5,6-ヘキサクロロシクロヘキサンの立体異性体について次の問いに答えよ．

　(a) シス-トランス異性体をすべて書け（ここでは鏡像異性体は考えなくてよい）．
　(b) (a)で書いた異性体のうちキラルなものはどれか．
　(c) (a)で書いたすべての異性体について，環反転によって相互変換する二つのいす形配座を書け．その二つの配座は互いにどのような関係にあるか．

5・12 次の化合物の立体異性体のうちメソ化合物の立体構造を書け．

(a) $\text{CH}_3\text{CH}_2\underset{\underset{\text{OH}}{|}}{\text{CH}}\underset{\underset{\text{OH}}{|}}{\text{CH}}\text{CH}_2\text{CH}_3$　　(b) 1,3-ジメチルシクロペンタン　　(c) 1,3-ジヒドロキシ-5-メチルシクロヘキサン

5・13 以下に示す試料の濃度 $0.1\,\text{g mL}^{-1}$ の溶液を $1\,\text{dm}$（10 cm）のセルを用いて測定したときに観測される旋光度（ナトリウム D 線を使用）の値を計算せよ．

　(a) 鏡像異性体の 75：25 の混合物．多いほうの鏡像異性体の比旋光度は $+100$ である．
　(b) 鏡像異性体の 50：50 の混合物．それぞれの鏡像異性体の比旋光度は $+75$ および -75 である．

5・14 リボ核酸の主要な成分である D-リボースは Fischer 投影式を用いて次のように表すことができる．D-リボースの立体構造を実線，くさび形実線，破線を用いて示し，キラル炭素の立体配置を RS 表示せよ．また，リボースには立体異性体がいくつあるかを示せ．

$$\begin{array}{c}\text{CHO}\\\text{H}-|-\text{OH}\\\text{H}-|-\text{OH}\\\text{H}-|-\text{OH}\\\text{CH}_2\text{OH}\end{array} \quad \text{D-リボース}$$

*5・15 2,3,4-トリクロロペンタンには何種類の立体異性体が存在するか．Fischer 投影式を書き，キラル中心の立体配置を記号で表示せよ．

5・16 次の化合物を構造式を書け．キラルな化合物については，二つのエナンチオマーをその立体構造がわかるように書け．
 (a) 2-メチルオクタン　　　　　(b) *erythro*-2,3-ブタンジオール
 (c) *threo*-2,3-ブタンジオール　(d) グリシン
 (e) 2,3-ペンタジエン

6

ハロゲン化アルキル

命　名　法

ハロゲン化アルキルの最も一般的な命名法は，ハロゲン原子を置換基として命名する方法（置換命名法）で，F を fluoro（フルオロ），Cl を chloro（クロロ），Br を bromo（ブロモ），I を iodo（ヨード）とする．ハロゲンを総称する場合は halo〔ハロ，あるいは halogeno（ハロゲノ）〕を用いて haloalkane〔ハロアルカン，あるいは halogenoalkane（ハロゲノアルカン）〕となる．簡単なアルキル基 R をもつハロゲン化物 RX では置換命名法のほかに，alkyl halide（fluoride, chloride, bromide, iodide）〔ハロゲン化（フッ化, 塩化, 臭化, ヨウ化）アルキル〕と命名する基官能命名法も用いられる．また，$CHCl_3$ を chloroform（クロロホルム），CCl_4 を carbon tetrachloride（四塩化炭素）とする慣用名も用いられる．

ハロゲン化アルキルの性質

ハロゲン化アルキルの炭素−ハロゲン結合は大きく分極しているので，結合のイオン開裂が起こりやすく，求核置換反応と脱離反応を受けやすい．しかし，ハロゲン原子が二重結合や芳香環に結合しているハロゲン化アルケニルやハロゲン化アリールでは，ハロゲンの非共有電子対が隣接する不飽和結合に非局在化して，炭素−ハロゲン結合が二重結合性をもつことになり，結合の開裂が起こりにくい．

ハロゲン化アルキル（X = F, Cl, Br, I）

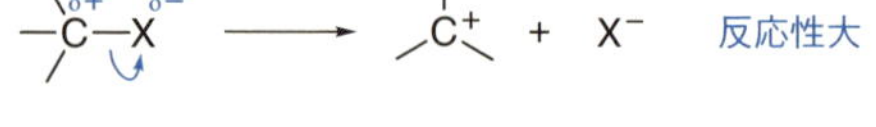

ハロゲン化アリール，ハロゲン化アルケニル

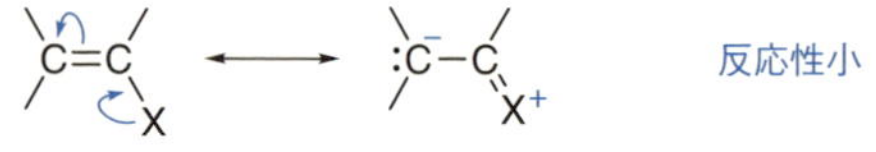

ハロゲン化アルキルの合成

a. ラジカルハロゲン化 アルカンと塩素あるいは臭素を光あるいは熱によって反応させると，ラジカル連鎖反応機構でハロゲン化が起こる（2章参照）．位置選択性が低いこと，置換するハロゲンの数の制御が難しいことから，合成目的ではあまり用いられない．アルケンあるいはアルキルアレーンの場合は，アリル位あるいはベンジル位に選択的にハロゲン化が起こる．合成目的でのアリル位あるいはベンジル位の臭素化にはN-ブロモスクシンイミド（NBS）が用いられる．

b. アルケンからの合成 アルケンとハロゲン化水素 HX（X = Cl, Br）との反応で，ハロアルカンが生成する．この反応は Markovnikov 則に従って位置選択的に起こる（3章, p. 25参照）．塩素あるいは臭素は，容易にアルケンに付加して vic-ジハロアルカンを生成する．この反応は，立体選択的にアンチ付加で起こる（3章, p. 26参照）．

c. アルコールからの合成 第三級ハロゲン化物は，第三級アルコールとハロゲン化水素 HX（X = Cl, Br）との反応で合成される．第一級あるいは第二級ハロゲン化物は，対応するアルコールを塩化チオニル $SOCl_2$（正式名称は塩化スルフィニル）あるいは三臭化リン PBr_3 と反応させることで得られる．

d. ハロアレーンの合成 アレーンをハロゲン化鉄(III)存在下にハロゲン分子と反応させる方法（求電子置換反応），アリールアミンをジアゾ化した後ハロゲン化銅(I)で処理する方法（Sandmeyer 反応）などで合成される．

ハロゲン化アルキルの反応

a. 求核置換反応 炭素-ハロゲン結合は $C^{\delta+}-X^{\delta-}$ のように分極しているので，ハロゲン原子をもつ炭素が求核試薬による攻撃を受けて置換反応が起こる．このような置換反応を，求核置換反応という．求核試薬は，正に荷電あるいは正に分極した炭素原子を攻撃して，アルコール，エーテル，ニトリル，アミンといった生成物を生じる．

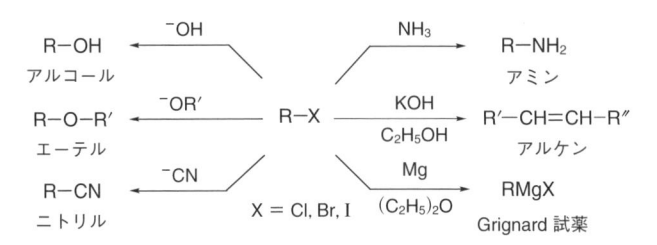

```
R-OH      ←⁻OH        NH₃→      R-NH₂
アルコール                        アミン

R-O-R'    ←⁻OR'  R-X   KOH       R'-CH=CH-R''
エーテル              C₂H₅OH→    アルケン

R-CN      ←⁻CN         Mg→       RMgX
ニトリル       X = Cl, Br, I  (C₂H₅)₂O   Grignard 試薬
```

b. 脱ハロゲン化水素 ハロゲン化アルキルに強い塩基（通常，エタノール溶

液中の KOH) を反応させると，ハロゲン化水素が脱離してアルケンが得られる．脱離反応は求核置換反応と競争的に起こることが多い．

c. Grignard試薬の生成（グリニャール）　ハロゲン化アルキル RX を乾燥したエーテル系溶媒〔ジエチルエーテル，テトラヒドロフラン（THF）など〕中でマグネシウムと反応させるとハロゲン化アルキルマグネシウム RMgX が得られる．求核試薬としてさまざまな求電子試薬と反応する，非常に有用な試薬である．

求核置換反応の機構: S_N1 反応と S_N2 反応

求核置換反応は正に分極した炭素原子への求核試薬 Nu^- による置換反応であり，ハロゲン化アルキルだけではなく $C^{\delta+}-X^{\delta-}$ のように分極している化合物（たとえば $C-OR$, $C-O^+H_2$, $C-N^+R_3$, $C-OSO_2CH_3$, $C-OCOCH_3$）において起こる反応である．

$$Nu^- + R-X \longrightarrow Nu-R + X^-$$

反応の起こりやすさや反応機構は，求核試薬 Nu^- や脱離基 X^-（脱離基は脱離した後の形で表現する約束になっている）の種類，およびアルキル基 R の構造によって変化する．おもな求核試薬の求核性の序列は，$CH_3S^- > CN^- > I^- > CH_3O^- > Br^- > N_3^- \sim NH_3 > Cl^- > CH_3COO^- > F^- > H_2O$ であり，塩基性の序列とは一致していない．おもな脱離基の脱離しやすさの序列は $I^- > Br^- > Cl^- > TsO^-$（トシラートイオン，$p\text{-}CH_3C_6H_4SO_3^-$）$> H_2O \gg F^- > HS^- > CN^- > HO^-$, $RO^- > NH_2^-$ であり，アニオンが安定であるほど（すなわちその共役酸の酸性度が高いほど），脱離しやすい．置換反応が起こるためには，まず優れた脱離基の存在が必要である．反応機構の違いによって S_N2 反応と S_N1 反応の二つに大別される．

a. S_N2 反応　第一級ハロゲン化アルキルは，水－エタノール混合溶媒中で KOH と反応してアルコールとなる．この反応では，求核試薬である OH^- がハロ

$$HO^- \underset{H}{\overset{R\;H}{\diagdown C\diagup}}-Br \longrightarrow \left[HO^{\delta-}\cdots \underset{H}{\overset{H\;R}{\diagdown C\diagup}}\cdots Br^{\delta-}\right] \longrightarrow HO-\underset{H}{\overset{H\;R}{\diagdown C\diagup}} + Br^-$$

遷移状態

ゲン化アルキルの正に分極した炭素原子を $C-X$ 結合の方向とは逆の方向から攻撃し（背面攻撃），5配位の遷移状態を経て進行し立体配置が反転したアルコールを生成する．この反応は，その速度がハロゲン化アルキルと OH^- の両方の濃度に比

例する二次反応であり，律速遷移状態においてこの二つの分子が関与している．このような反応を二分子求核置換反応（S_N2 反応）という．

第三級ハロゲン化アルキルでは，かさ高いアルキル基による立体障害のために背面からの求核試薬の攻撃は困難になり，また5配位の遷移状態においても立体的に込み合うので，S_N2 機構による反応は進行しにくい．したがって，S_N2 反応の起こりやすさは，第一級＞第二級＞第三級の順である．

b. S_N1 反応　第三級ハロゲン化アルキルは，水中で徐々に第三級アルコールに変化する．この反応では最初にC−X結合の開裂が起こってカルボカチオンを生じ（この段階が律速である），これに求核試薬である水が付加してオキソニウムイオンを生成し，ついでプロトンが脱離してアルコールが生成する．この反応の速度はハロゲン化アルキルの濃度に対して一次であり，律速遷移状態ではハロゲン化アルキルだけが関与し，求核試薬は関与していない．このような反応を，一分子求核置換反応（S_N1 反応）という．

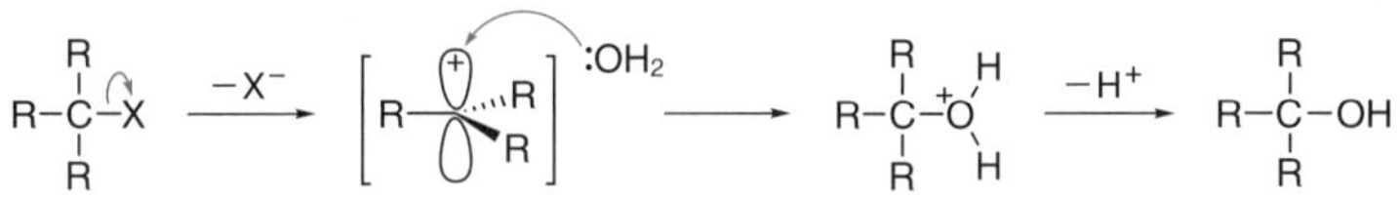

S_N1 反応では，カルボカチオンが生じる段階が律速段階となるので，カルボカチオンが安定であれば起こりやすい．カルボカチオンの安定性は，第三級＞第二級＞第一級の順に低下するから，S_N1 反応はこの順に起こりにくくなる．つまり S_N2 反応の場合とは逆の順になる．ただし，ベンジルカチオンやアリルカチオンは，第一級カルボカチオンであるが正電荷の非局在化により安定化を受ける（共鳴安定化）ので，塩化ベンジルや塩化アリルの置換反応は S_N1 機構で進行する．

ベンジルカチオン（共鳴安定化）

アリルカチオン（共鳴安定化）

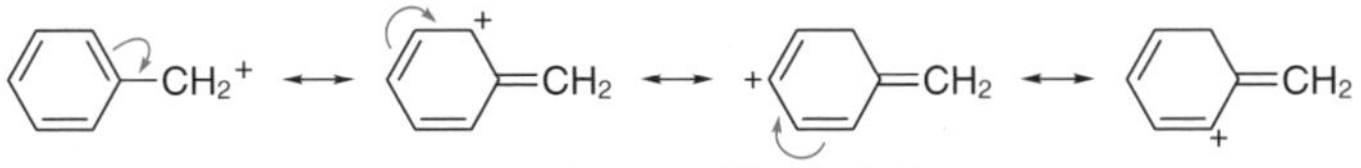

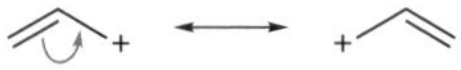

脱離反応の機構

臭化 *t*-ブチルをメタノールに溶解すると，置換生成物である2-メトキシ-2-メチ

ルプロパンとともに臭化水素が脱離した 2-メチルプロペンが得られる．

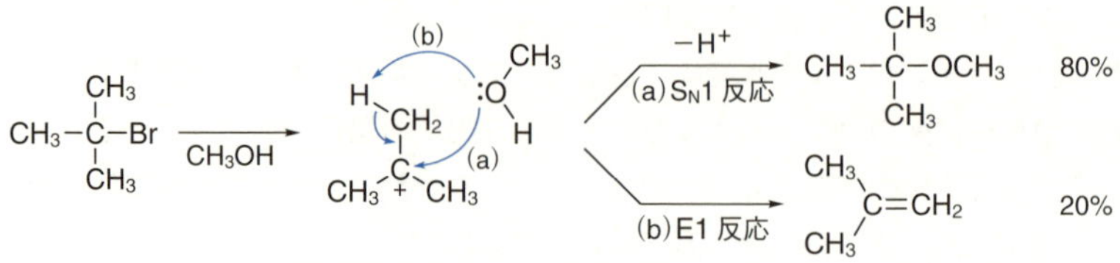

ここでは，置換反応と脱離反応が共通の中間体であるカルボカチオンを経由して進行している．このように，カルボカチオンを経由して一分子的に進行する脱離反応を E1 反応という．ハロゲン化アルキルにおける脱離反応の起こりやすさは，中間体カルボカチオンの安定度に依存するので，第三級＞第二級＞第一級の順になる．

　第一級，第二級あるいは第三級のハロゲン化アルキルに強塩基（HO^-，RO^- など）を反応させるとハロゲン化水素の脱離が起こり，アルケンが生成する．この反応は，反応速度がハロゲン化アルキルと塩基の濃度の積に比例する二分子反応であり，E2 反応とよばれる．脱離する水素原子とハロゲン原子がアンチペリプラナー（すなわち H–C–C–X が同一平面上でアンチ形）になった配座から脱離が起こる．第一級および第二級のハロゲン化アルキルの場合は S_N2 反応と E2 反応が競争的に起こる場合が多い．

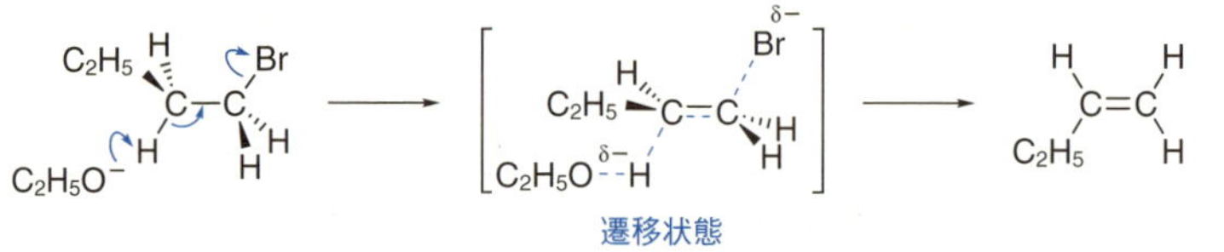

脱離反応によって複数のアルケンが生成する可能性がある場合，E1, E2 いずれの機構でも，二重結合に結合する置換基がより多い（すなわち熱力学的により安定な）アルケンが優先的に生成する．この位置選択性を Zaitsev 則という．

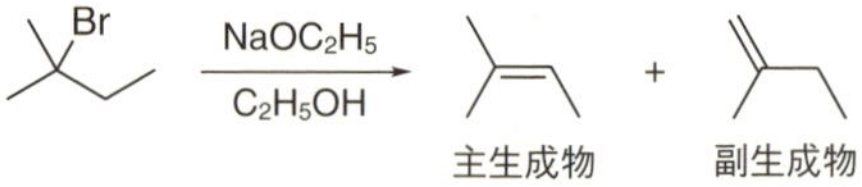

例題 6・1　次の化合物を命名せよ．

(a)　(b)　(c)　(d)　(e)

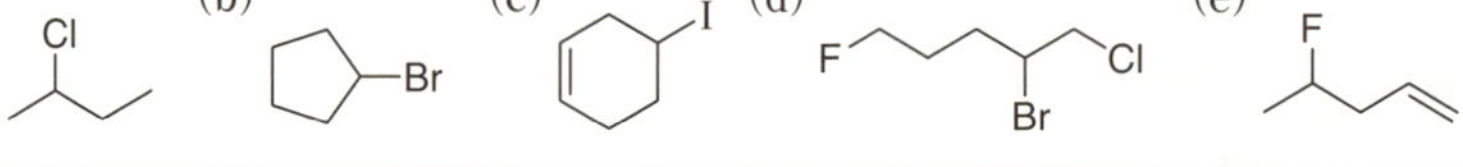

解答　(a) 置換命名法では 2-chlorobutane（2-クロロブタン），基官能命名法では s-butyl chloride（塩化 s-ブチル*）.
　(b) 置換命名法では bromocyclopentane（ブロモシクロペンタン），基官能命名法では cyclopentyl bromide（臭化シクロペンチル）.
　(c) 4-iodocyclohexene（4-ヨードシクロヘキセン）．二重結合の位置番号は表示しない．
　(d) 2-bromo-1-chloro-5-fluoropentane（2-ブロモ-1-クロロ-5-フルオロペンタン）
　(e) 4-fluoro-1-pentene（4-フルオロ-1-ペンテン）

例題 6・2　次の化合物の構造を書き，置換命名法で命名せよ．
(a) 塩化ベンジル　　(b) ヨウ化イソブチル　　(c) 臭化ビニル
(d) フッ化ネオペンチル　(e) 塩化イソペンチル　(f) 臭化 t-ブチル
(g) フッ化アリル　　(h) ヨウ化ヘキシル

解答　比較的簡単な化合物では，基官能命名法もよく使われるので，理解できるようにしておこう．

(a) 〈benzene ring〉—CH$_2$Cl
chloromethylbenzene
（クロロメチルベンゼン）

(b) (CH$_3$)$_2$CHCH$_2$I
1-iodo-2-methylpropane
（1-ヨード-2-メチルプロパン）

(c) CH$_2$=CHBr
bromoethene
（ブロモエテン）

(d) (CH$_3$)$_3$CCH$_2$F
1-fluoro-2,2-dimethylpropane
（1-フルオロ-2,2-ジメチルプロパン）

(e) (CH$_3$)$_2$CHCH$_2$CH$_2$Cl
1-chloro-3-methylbutane
（1-クロロ-3-メチルブタン）

(f) (CH$_3$)$_3$CBr
2-bromo-2-methylpropane
（2-ブロモ-2-メチルプロパン）

(g) CH$_2$=CHCH$_2$F
3-fluoropropene
（3-フルオロプロペン）

(h) CH$_3$CH$_2$CH$_2$CH$_2$CH$_2$CH$_2$I
1-iodohexane
（1-ヨードヘキサン）

---

* IUPAC の正式名は sec-butyl であるが，わが国では s-butyl が一般的である．

例題 6・3 次の化合物を S_N2 反応に対する反応性が高い順に，それぞれ並べよ．
(a) 1-ブロモペンタン，1-ヨードペンタン，2-ブロモペンタン
(b) クロロシクロヘキサン，クロロベンゼン，1-クロロヘキサン
(c) 1-ブロモ-2,2-ジメチルプロパン，1-ブロモ-2-メチルプロパン，1-ブロモプロパン

解答 (a) S_N2 反応におけるアルキル基の反応性の序列は第一級＞第二級＞第三級であり，ハロゲンの脱離能は I＞Br である．

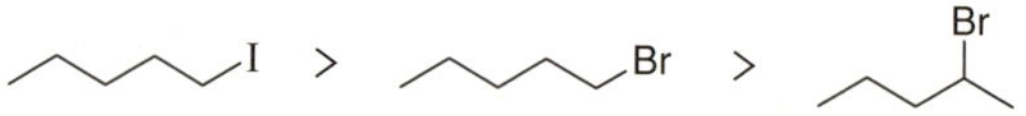

1-ヨードペンタン ＞ 1-ブロモペンタン ＞ 2-ブロモペンタン

(b) クロロベンゼンは求核置換反応を全く起こさない．

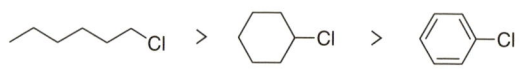

1-クロロヘキサン ＞ クロロシクロヘキサン ＞ クロロベンゼン

(c) いずれも第一級臭化アルキルであるが，2位のアルキル基の立体障害によって求核試薬の背面からの接近が妨げられるので，1-ブロモ-2-メチルプロパンでは反応は非常に遅くなり，1-ブロモ-2,2-ジメチルプロパンではほとんど起こらない．

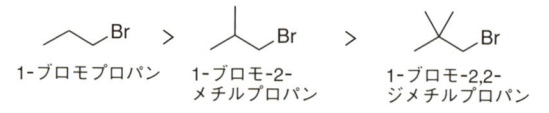

1-ブロモプロパン ＞ 1-ブロモ-2-メチルプロパン ＞ 1-ブロモ-2,2-ジメチルプロパン

例題 6・4 次の化合物を S_N1 反応に対する反応性が高い順に，それぞれ並べよ．
(a) $CH_3CH_2CH_2Cl$, $CH_2=CHCH_2Cl$, $(CH_3)_3CCl$
(b) C_6H_5Cl, $C_6H_5CH_2Cl$, $(C_6H_5)_3CCl$
(c) エタノール中の $(CH_3)_2CHBr$, エタノール中の $(CH_3)_3CBr$, 水中の $(CH_3)_3CBr$

解答 (a) 中間に生成するカルボカチオンの安定性を比較する．2-クロロ-2-メチルプロパンは安定な第三級カルボカチオンを生成するので，最も容易に S_N1 反応を起こす．アリルカチオンは第一級ではあるが共鳴安定化するので，塩化アリルは塩化プロピルよりも約 500 倍速く反応する．

$(CH_3)_3CCl > CH_2=CHCH_2Cl > CH_3CH_2CH_2Cl$

(b) トリフェニルメチルカチオンは 3 個のフェニル基に正電荷が非局在化することができるためベンジルカチオンよりはるかに安定であり，$(C_6H_5)_3CCl$ は $C_6H_5CH_2Cl$ より 100 万倍速く反応する．クロロベンゼンは C–Cl 結合が解離しないので，全く反応しない．

$(C_6H_5)_3CCl > C_6H_5CH_2Cl > C_6H_5Cl$

(c) S_N1 反応の律速遷移状態において C–X 結合がさらに分極するので，極性の大きな溶媒中で促進される．溶媒の極性の目安として用いられる比誘電率 ε は水が 78，エタノールが 25 であり，水のほうが極性が大きい．したがって反応は水中のほうがエタノール中より速く起こる．また，反応性は第三級 > 第二級である．

水中の $(CH_3)_3CBr$ > エタノール中の $(CH_3)_3CBr$ >
　　　　　　　　　　　　　　　　エタノール中の $(CH_3)_2CHBr$

例題 6・5 次の反応の生成物を反応機構とともに記せ．

(a) シクロペンタノール $\xrightarrow{SOCl_2}$

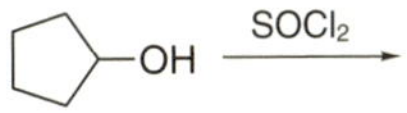

(b) 2-ペンタノール $\xrightarrow[エーテル]{PBr_3}$

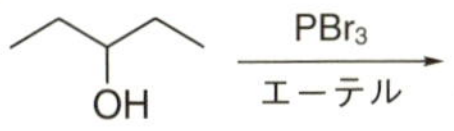

(c) 1-メチルシクロヘキサノール $\xrightarrow[エーテル]{HCl}$

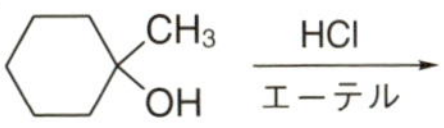

解答 いずれの場合にも，劣った脱離基である OH^- が優れた脱離基（$ClSO_2^-$，PBr_2OH，H_2O）に変換された後で置換反応が起こっていることに注意しよう．

(a) 塩化チオニル $SOCl_2$ は第一級あるいは第二級アルコールを塩化物に変える優れた試薬である．アルコールと $SOCl_2$ との反応によってクロロスルフィン酸エステルが生成し，これが塩化物イオンと置換反応を起こして塩化物が生成する．

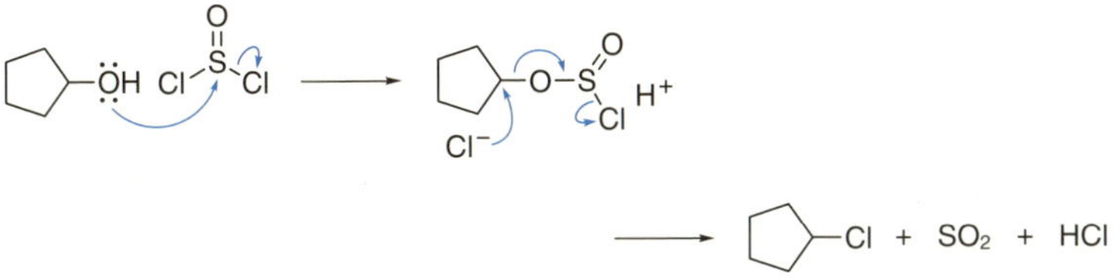

$\longrightarrow$ シクロペンチル-Cl + SO_2 + HCl

(b) 三臭化リン PBr_3 は第一級あるいは第二級アルコールを臭化物に変える試薬として用いられる．ジブロモ亜リン酸エステルを経て臭化物が生成する．

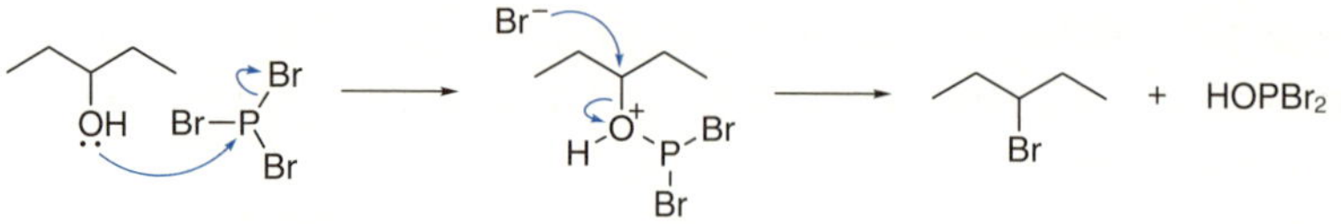

(c) 第三級アルコールは HCl によってプロトン化されてオキソニウムイオンを生成し，これから H_2O が脱離して第三級カルボカチオンを生成する．これに Cl^- が付加して塩化物が生成する．

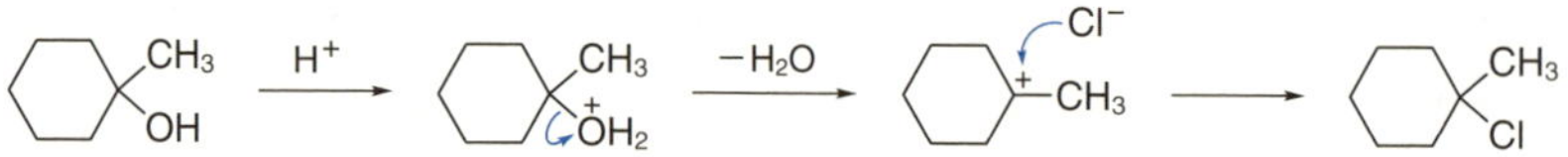

> **例題 6・6** 次の反応に対して (a)～(d) のような変化をさせた．反応速度はどのような変化を示すかを答えよ．
>
> $$CH_3CH_2CH_2Br + CN^- \longrightarrow CH_3CH_2CH_2CN$$
>
> (a) 1-ブロモプロパンの濃度を 2 倍にして，CN^- の濃度を半分にする．
> (b) 1-ブロモプロパンの濃度を半分にして，CN^- の濃度を 3 倍にする．
> (c) 1-ブロモプロパンの濃度を 2 倍にして，CN^- の濃度を 3 倍にする．
> (d) 反応温度を上げる．

解答 1-ブロモプロパンとシアン化物イオンとの反応は S_N2 反応であるから，反応速度 v は

$$v = k[CH_3CH_2CH_2Br][CN^-]$$

と書き表すことができる．そこで，1-ブロモプロパンとシアン化物イオンの濃度変化を代入すると以下の結果が得られる．

(a) 変化しない．反応速度の変化 $= 2 \times 0.5 = 1$
(b) 速度は 1.5 倍になる．反応速度の変化 $= 0.5 \times 3 = 1.5$
(c) 速度は 6 倍になる．反応速度の変化 $= 2 \times 3 = 6$
(d) 反応は速くなる．反応温度を上げると，分子の運動エネルギーが増大し反応を起こしやすくなる．

6. ハロゲン化アルキル

例題 6・7 次の反応の機構は S_N1, S_N2, E1, E2 のいずれか. 判断の根拠を述べよ.
(a) 塩化 t-ブチルをメタノール中で加熱したところ t-ブチルメチルエーテルが得られた.
(b) 1-ブロモプロパンを t-ブチルアルコール中でカリウム t-ブトキシドと反応させたところプロペンが得られた.
(c) 1-ブロモプロパンをエタノール中でナトリウムエトキシドと反応させたところエチルプロピルエーテルが得られた.
(d) 臭化 t-ブチルをエタノール中でナトリウムエトキシドと反応させたところ 2-メチルプロペンが得られた.
(e) 2-メチル-2-プロパノールを硫酸と加熱したところ 2-メチルプロペンが得られた.

解答 生成物の構造から置換反応が起こったのか, 脱離反応が起こったのかを判断する. 第三級ハロゲン化アルキルは普通 S_N1/E1 機構で反応するが, 強塩基による脱離反応は E2 機構で起こる. 第一級ハロゲン化アルキルは S_N2 または E2 機構で反応する. また, 第二級ハロゲン化アルキルの反応では, 反応条件によって S_N1/E1 あるいは S_N2/E2 反応が起こる.
 (a) S_N1 機構. 塩化 t-ブチルはメタノール中で自発的に解離して安定な t-ブチルカチオンを生成し, これとメタノールとの反応によって t-ブチルメチルエーテルを与える.

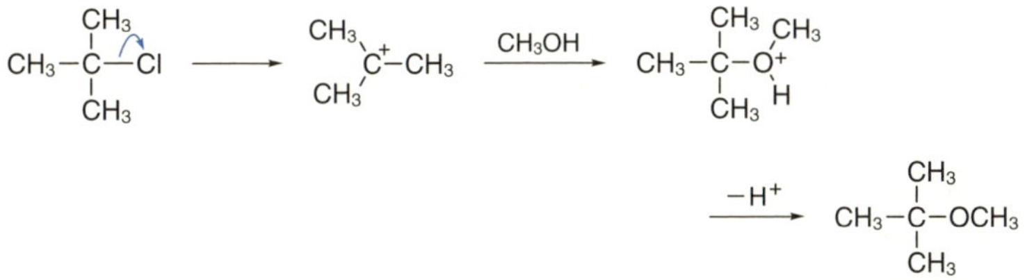

(b) E2 機構. 1-ブロモプロパンは t-ブチルアルコール中で全く解離しない. また, t-ブトキシドイオンはかさ高いので, S_N2 反応は起こさない. しかし, 1-ブロモプロパンの 2 位の水素は立体障害を受けていないので, 容易に t-ブトキシドイオンによって引抜かれてプロペンを生じる.

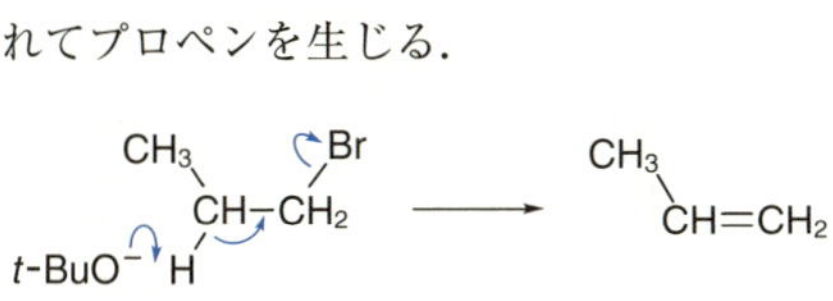

(c) S_N2 機構. 1-ブロモプロパンはエタノール中で全く解離しないが,容易にエトキシドイオンの攻撃を受けて S_N2 反応によってエチルプロピルエーテルを生成する.

$$C_2H_5O^- \cdots CH(CH_2CH_3)(H)-Br \longrightarrow CH_3CH_2CH_2OCH_2CH_3 + Br^-$$

(d) E2 機構. 強塩基存在下では $S_N1/E1$ 反応に優先して E2 反応が起こる.

$$C_2H_5O^- \cdots H-CH_2-C(CH_3)_2-Br \longrightarrow CH_2=C(CH_3)_2$$

(e) E1 機構. 2-メチル-2-プロパノールは硫酸中でプロトン化されてオキソニウムイオンとなる.これから容易に H_2O が脱離して t-ブチルカチオンを生成するが,硫酸水素イオン(HSO_4^-)は求核性が低いので S_N1 に優先して E1 反応が進行し 2-メチルプロペンを生成する.

$$CH_3-C(CH_3)_2-OH \xrightarrow{H^+} CH_3-C(CH_3)_2-O^+H_2 \xrightarrow{-H_2O} CH_3-{}^+C(CH_3)_2 \xrightarrow{-H^+} CH_2=C(CH_3)_2$$

例題 6・8 次の反応の生成物の立体化学を予測せよ.
(a) (S)-1-ブロモ-1-ジュウテリオプロパンを水酸化ナトリウム水溶液で処理する.
(b) (R)-3-メチル-3-ヘキサノールをエーテル中で臭化水素と反応させる.

解答 (a) 出発物質は第一級アルキル基をもつ臭化物であり,優れた求核試薬 OH^- との反応であるから,S_N2 機構による置換反応が起こる.したがって立体配置の反転が起こり,(R)-1-ジュウテリオ-1-プロパノールが生成する.

$$HO^- + \underset{S}{\overset{CH_3CH_2}{\underset{D}{\mathrm{C}}}{-}Br} \longrightarrow \left[HO^{\delta-} \cdots \underset{D}{\overset{CH_2CH_3}{\mathrm{C}}} \cdots Br^{\delta-} \right]_{遷移状態} \longrightarrow \underset{R}{\overset{CH_2CH_3}{\underset{D}{\mathrm{HO-C}}}{-}H} + Br^-$$

(b) 出発物質は第三級アルキル基をもつアルコールであるから，HBr によってプロトン化されてオキソニウムイオンを生成し，これから H_2O が脱離して第三級カルボカチオンを生成する．臭化物イオン Br^- は求核性に優れるが塩基性が低いので，置換反応（S_N1）が脱離反応（E1）に優先して起こる．カルボカチオンは平面構造をもち，Br^- はその上下から同じ確率で付加するので，R 体と S 体の等量混合物すなわちラセミ体を生じる．

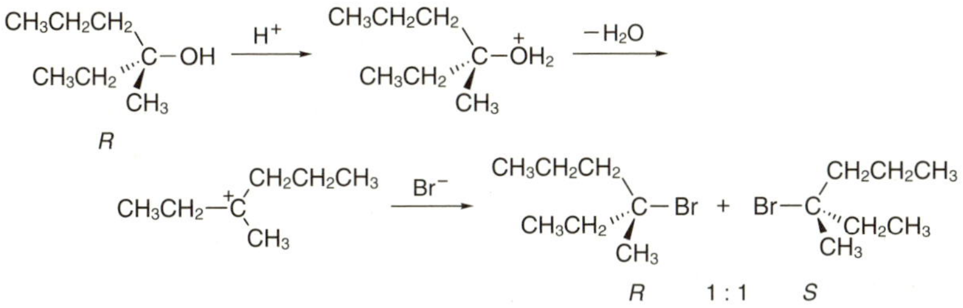

例題 6・9 次の二つの実験結果の違いを求核置換反応の機構に基づいて説明せよ．

(a) S体 + CN⁻ —アセトン→ R体
(b) S体 + CH₃OH → R体 + S体（1:1）

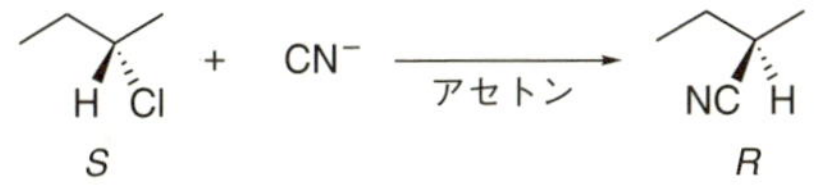

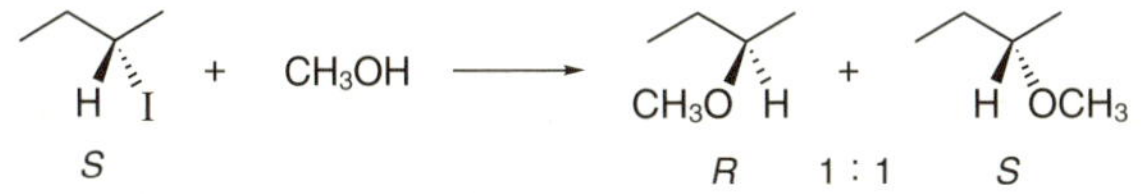

解答 第二級ハロゲン化アルキルでは，反応条件によって S_N1 機構と S_N2 機構のいずれもが起こりうる．(a)のシアン化物イオンは優れた求核試薬であり，アセトンは極性をもった非プロトン性溶媒であるから，この場合には S_N2 反応が優先して起こり（溶媒和を受けていないアニオンの求核性は高い），立体配置が反転した R 体のシアン化物が生成する．これに対して (b)では，メタノールは非常に極性の高いプロトン性の溶媒であるが，求核性は乏しいので S_N2 反応は遅い．そこで，この場合には分極した C–I 結合の開裂によってまずカルボカチオンが生成し，カチオン平面の上下からメタノールが付加し，さらにプロトンが脱離して，s-ブチルメチルエーテルの R 体と S 体の混合物を生じる．

(a) 反応図: (S)-2-クロロブタン + CN⁻ → [NC---C---Cl]⁻ 遷移状態 (CH₃CH₂, CH₃, H) → −Cl⁻ → (R)-2-シアノブタン

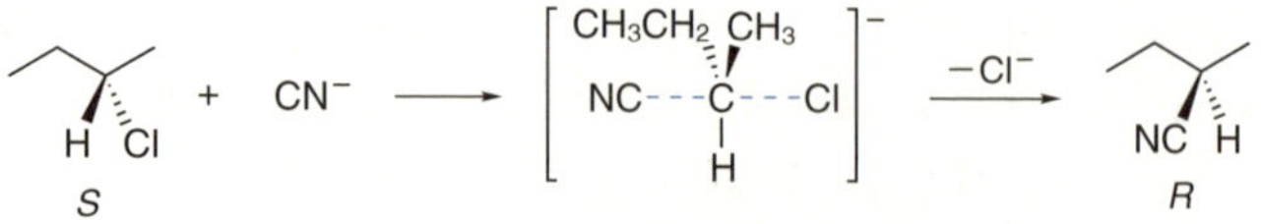

(b) (S)-2-ヨードブタン, CH₃OH, −I⁻ → カルボカチオン中間体 CH₃-C⁺-CH₂CH₃ に CH₃OH が両面から攻撃 → −H⁺ → (R)体 + (S)体 のラセミ体生成物

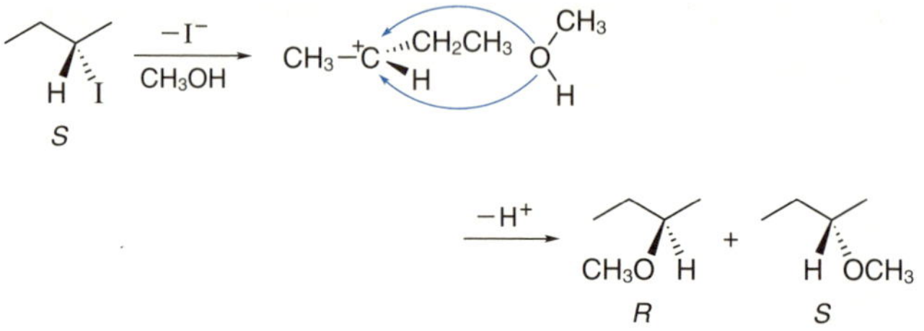

例題 6・10 (a) *trans*-1-ブロモ-2-メチルシクロヘキサン (**A**) は強い塩基との反応で位置選択的に 3-メチルシクロヘキセンを生じる．この結果をシクロヘキサン環の立体化学を用いて説明せよ．

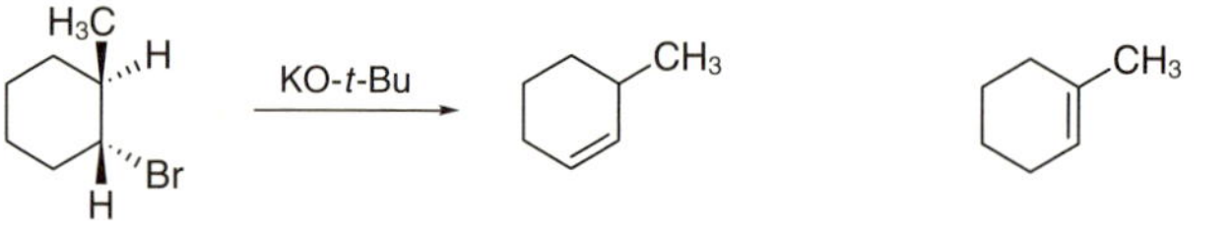

(**A**) [H₃C, H, Br, H 置換のシクロヘキサン] → KO-*t*-Bu → 3-メチルシクロヘキセン 100% ＋ 1-メチルシクロヘキセン 0%

(b) *cis*-1-ブロモ-2-メチルシクロヘキサン (**B**) と塩基との反応の生成物を予測せよ．

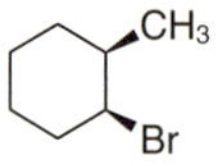

(**B**) [CH₃, Br を持つシクロヘキサン]

解答 (a) 通常の E2 反応では，置換基の多い，より安定なアルケンが生成する (Zaitsev 則) が，(**A**) では 1-メチルシクロヘキセンは全く生成しない．E2 機構では，脱離する Br と H がアンチペリプラナー形になった配座から脱離が起こる．次ページの図に示すように，(**A**) は環反転によって相互変換する 2 種類のいす形配座 (**C**) と (**D**) を取りうるが，Br に対してアンチペリプラナーになっているのは (**D**) の 6 位のアキシアル水素だけである (Newman 投影式参照)．したがって 3-メチルシクロヘキセン (**E**) が位置選択的に生成する．

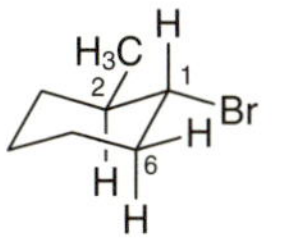

(C) C¹からC²方向を見た図　反応は起こらない　　C⁶からC¹方向を見た図　反応は起こらない

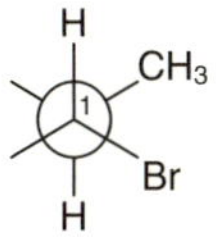

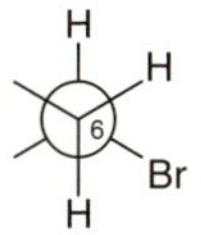

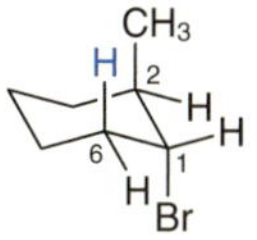

(D) C¹からC²方向を見た図　反応は起こらない　　C⁶からC¹方向を見た図　E2反応を起こす　　(E)

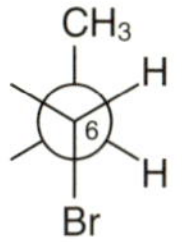

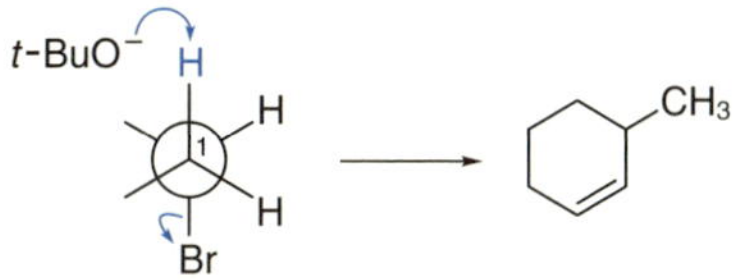

(b) (**B**) は2種類のいす形配座 (**F**) と (**G**) をとり，(**G**) にはアキシアルの Br に対してアンチペリプラナーになるアキシアル水素が2個ある（青色）．したがって2種類の脱離生成物 (**H**) と (**E**) が生成し，Zaitsev 型の (**H**) が主生成物になると予測される．事実はその通りである．

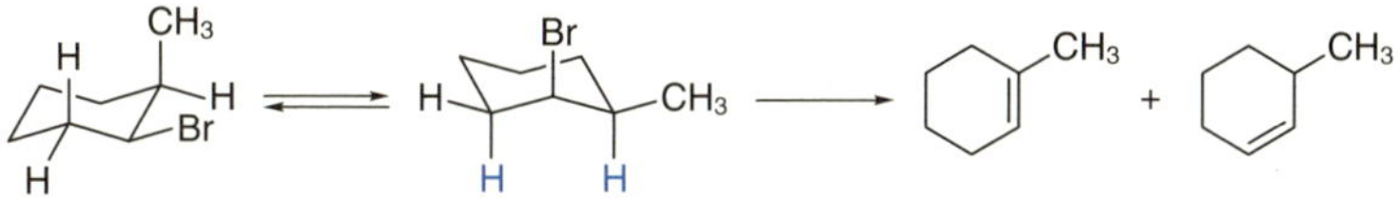

(F) ⇌ (G) → (H) 主生成物 ＋ (E) 副生成物

例題 6・11　次の反応はいずれも実際には起こらない．その理由を説明し，実際の生成物を示せ．

(a) $CH_3CH_2-\underset{\underset{CH_3}{|}}{\overset{\overset{Br}{|}}{C}}-CH_3 \xrightarrow{NaCN} CH_3CH_2-\underset{\underset{CH_3}{|}}{\overset{\overset{CN}{|}}{C}}-CH_3$

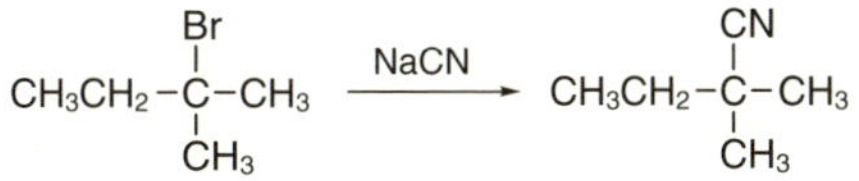

(b) $CH_3CH_2CH_2-OH \xrightarrow{NaBr} CH_3CH_2CH_2-Br$

(c) $CH_3CH_2-\underset{\underset{CH_3}{|}}{\overset{\overset{OH}{|}}{C}}-CH_2CH_3 \xrightarrow{HBr} CH_3CH=\underset{\underset{}{}}{\overset{\overset{CH_2CH_3}{|}}{C}}-CH_3$

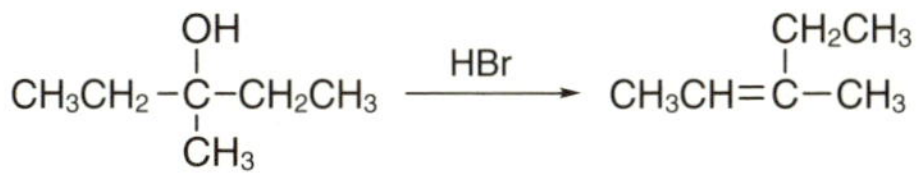

解答　(a) 2-ブロモ-2-メチルブタンが S_N1 反応を起こすには，中間に生じるカル

ボカチオンが安定に存在できる中性ないし酸性条件が必要であり，NaCN が共存する弱塩基性条件で起こるのは E2 機構による 2-メチル-2-ブテンの生成である．

$$CH_3CH_2-\overset{CH_3}{\underset{CH_3}{\overset{+}{C}}}\; \xleftarrow{S_N1 \text{反応}}\!\!\!\!\times\!\!\!\!\!\xleftarrow{} CH_3CH_2-\overset{Br}{\underset{CH_3}{\overset{|}{C}}}-CH_3 \xrightarrow{E2 \text{反応}} \overset{CH_3}{\underset{H}{>}}C=C\overset{CH_3}{\underset{CH_3}{<}}$$

(b) OH は脱離基としてきわめて劣っており，また Br^- は塩基として弱いので，S_N2 反応も E2 反応も起こらない．すなわち，この条件下では何の反応も起こらない．

$$CH_3CH_2CH_2OH \;+\; Br^- \;\xrightarrow{}\!\!\!\!\!\times\!\!\!\!\!\xrightarrow{}$$

(c) 3-メチル-3-ペンタノールは臭化水素酸によってプロトン化され，容易に H_2O が脱離して第三級カルボカチオンを生成する．Br^- は求核性に優れているが塩基としては弱いので，S_N1 反応が E1 反応に優先して起こり，3-ブロモ-3-メチルペンタンを生成する．

$$C_2H_5-\overset{OH}{\underset{CH_3}{\overset{|}{C}}}-C_2H_5 \xrightarrow{H^+} C_2H_5-\overset{+OH_2}{\underset{CH_3}{\overset{|}{C}}}-C_2H_5 \xrightarrow{} C_2H_5-\overset{+}{\underset{CH_3}{\overset{C_2H_5}{C}}} \begin{array}{c} \xrightarrow[S_N1 \text{反応}]{Br^-} C_2H_5-\overset{Br}{\underset{CH_3}{\overset{|}{C}}}-C_2H_5 \\ \xrightarrow[E1 \text{反応}]{\times} CH_3CH=\overset{C_2H_5}{\underset{CH_3}{\overset{|}{C}}} \end{array}$$

例題 6・12 次の変換の経路を示せ．
(a) 3-ブロモペンタンからペンタン
(b) ベンジルアルコールからトルエン
(c) ベンゼンから重水素を 1 個もつベンゼン

解答 いずれも，有機マグネシウム試薬（Grignard 試薬）を用いて行うことができる．

(a) ハロゲン化アルキルを Grignard 試薬に変換し，これを H_2O で処理するとアルカンが得られる．H_2O の代わりに，プロトンとして解離しやすい（すなわち求電子性の高い）水素をもつ化合物（ROH，RCOOH など）を使うこともできる．

$$\underset{Br}{\wedge\!\!\!\vee} \xrightarrow[\text{エーテル}]{Mg} \underset{MgBr}{\wedge\!\!\!\vee} \xrightarrow{H_2O} \underset{H}{\wedge\!\!\!\vee}$$

(b) まずアルコールをハロゲン化物に変えた後，Grignard 試薬とし H_2O で処理する．

$$\text{PhCH}_2\text{OH} \xrightarrow[\text{あるいは PBr}_3]{\text{SOCl}_2} \text{PhCH}_2\text{X} \xrightarrow[\text{エーテル}]{\text{Mg}} \text{PhCH}_2\text{MgX} \xrightarrow{\text{H}_2\text{O}} \text{PhCH}_3$$

X = Cl, Br

(c) まずベンゼンを求電子置換反応によってハロベンゼンとした後，Grignard 試薬とし D_2O で処理する．D_2O の代わりに ROD，RCOOD などを使うこともできる．

$$\text{C}_6\text{H}_6 \xrightarrow[\text{FeX}_3]{\text{X}_2} \text{C}_6\text{H}_5\text{X} \xrightarrow[\text{エーテル}]{\text{Mg}} \text{C}_6\text{H}_5\text{MgX} \xrightarrow{\text{D}_2\text{O}} \text{C}_6\text{H}_5\text{D}$$

X = Cl, Br

演習問題

6・1 次の化合物を命名せよ．

(a) (CH₃)₂CHCH₂F (b) (CH₃)₃CCH₂I (c) 1,1-ジクロロ-3-ヨードシクロヘキサン(Br置換) (d) CH₂=CCl₂ 型 (e) 塩素とブロモ置換ヘプタン

6・2 次の反応の生成物を書け．

(a) $CH_3CH_2CH_2Br \xrightarrow[C_2H_5OH]{NaSH}$

(b) $CH_3CH_2CH_2I \xrightarrow{2HN(CH_2CH_3)_2}$

(c) $(CH_3)_2CHBr \xrightarrow[C_2H_5OH]{NaN_3}$

(d) $(CH_3)_3CBr \xrightarrow{NH_3}$

(e) $(CH_3)_3CCl \xrightarrow{H_2O}$

(f) $(CH_3)_3CCl \xrightarrow[H_2O]{NaOH}$

(g) ピリジン + $CH_3CH_2I \longrightarrow$

(h) (1-メチル-2-ヨードシクロペンタン) $\xrightarrow{KCN}$

(i) $HOCH_2CH_2CH_2CH_2Br \xrightarrow[\text{キシレン}]{NaOH, \Delta}$

(j) $CH_3CH_2CH_2Br \xrightarrow{NaNH_2}$

(k) $CH_3OSO_2\text{-}C_6H_4\text{-}CH_3 \xrightarrow{KI}$

6・3 次の反応の生成物を書け．反応が起こらない場合はその旨記せ．

(a) CH$_3$CH$_2$CH$_2$CH$_2$OH $\xrightarrow{\text{HBr}}$

(b) CH$_3$CH$_2$CH$_2$CH$_2$OH $\xrightarrow{\text{HCl}}$

(c) (CH$_3$)$_2$CHOH $\xrightarrow{\text{HBr}}$

(d) (CH$_3$)$_3$COH $\xrightarrow{\text{HCl}}$

(e) (CH$_3$)$_3$COH $\xrightarrow{\text{HI}}$

(f) (CH$_3$)$_3$COH $\xrightarrow{\text{H}_2\text{SO}_4}$

(g) (CH$_3$)$_2$CHCHOHCH$_3$ $\xrightarrow{\text{HBr}}$

(h) (CH$_3$)$_3$CCH$_2$OH $\xrightarrow{\text{HBr}}$

6・4 次に示した出発物質から目的物を合成するために必要な試薬，あるいは反応条件を書け．

(a) 1-プロパノールから1-ブロモプロパンを合成する．
(b) 2-メチル-2-ペンタノールから2-クロロ-2-メチルペンタンを合成する．
(c) 2-ブロモ-3-メチルブタンから2-メチル-2-ブテンを合成する．
(d) 1-ブロモプロパンからブタンニトリル CH$_3$CH$_2$CH$_2$CN を合成する．
(e) 2-クロロ-2-メチルブタンから2-メチルブタンを合成する．
(f) 2-メチル-2-ブテンから2-クロロ-3-メチルブタンを合成する．

6・5 トルエンを次の条件で塩素と反応させたときの主生成物 C$_7$H$_7$Cl の構造と，その生成機構を書け．

(a) 光を照射しながら反応させる．
(b) 塩化鉄(Ⅲ)を触媒として用いて暗所で反応させる．

6・6 塩化 t-ブチルまたは臭化 t-ブチルをエタノール中で加熱すると，いずれからも同じ生成比で t-ブチルエチルエーテルと 2-メチルプロペンが得られる．なぜ脱離基が違うのに同一組成の混合物が得られるのか，理由を説明せよ．

6・7 (S)-2-ヨードヘキサンのアセトン溶液に NaI を加えて反応させると，ラセミ体の 2-ヨードヘキサンが生成する．その理由を説明せよ．

6・8 次の反応の生成物 (**1**)～(**5**) の構造を示せ．(**3**) と (**5**) についてはその立体化学がわかるように記せ．

(a) CH$_3$CH$_2$CH$_2$CHBrCH$_3$ $\xrightarrow[\text{エーテル}]{\text{Mg}}$ (**1**) $\xrightarrow{\text{D}_2\text{O}}$ (**2**)

(b) [構造式: H$_3$C, H, C$_6$H$_5$CH$_2$ が結合したC原子-O-SO$_2$-C$_6$H$_4$-CH$_3$] $\xrightarrow[\text{アセトン}]{\text{CH}_3\text{CO}_2\text{K}}$ (**3**) 光学活性 + (**4**) アキラル

(**5**) 光学活性 $\xleftarrow{\text{KOH/H}_2\text{O}}$

6・9 次の反応について以下の（ア）～（オ）に示す結果が得られた．その結果に基

づいて (a)～(c) の問いに答えよ.

$$RBr + R'O^- \xrightarrow[R'OH]{50\,°C}$$

(ア) R = CH$_2$CH$_2$CH$_3$, R' = CH$_2$CH$_3$ のとき，主生成物として化合物 (**6**) が得られた．

(イ) R = CH$_2$CH$_2$CH$_3$, R' = C(CH$_3$)$_3$ のとき，主反応として脱離反応が起こり，生成物 (**7**) が得られたが，ほかに副生成物 (**8**) もかなり生成した．

(ウ) R = CH$_2$C(CH$_3$)$_3$, R' = CH$_2$CH$_3$ のとき，反応は起こらなかった．

(エ) R = C(CH$_3$)$_3$ を用いた場合に，R'O$^-$ を加えずにメタノール中で反応を行ったところ，速やかに反応し化合物 (**9**) が収率よく得られた．

(オ) RBr として以下に示す化合物 (**10**) を用い，メタノール中で CH$_3$O$^-$ で処理したが，反応は起こらなかった．

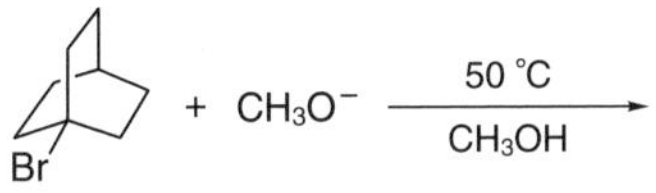

(a) 化合物 (**6**)～(**9**) の構造を示せ．
(b) なぜ (ウ) の反応が進行しないかを構造式を用いて簡潔に説明せよ．
(c) なぜ (オ) の反応が進行しないかを簡潔に説明せよ．

*6・10　4-*t*-ブチルシクロヘキシルトシラートのシス体 (**11**) とトランス体 (**12**) の次の反応の生成物は何か．(**11**) と (**12**) のどちらが速く反応するであろうか．

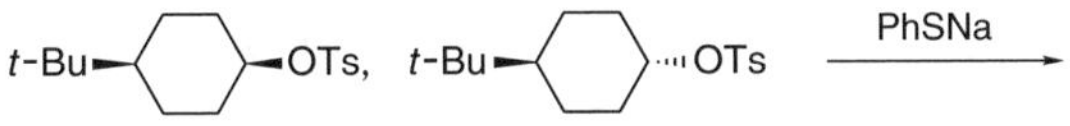

OTs: *p*-CH$_3$C$_6$H$_4$SO$_3$

6・11　次の光学活性化合物の脱離反応の生成物を予測せよ．

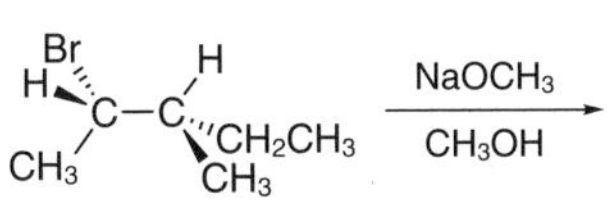

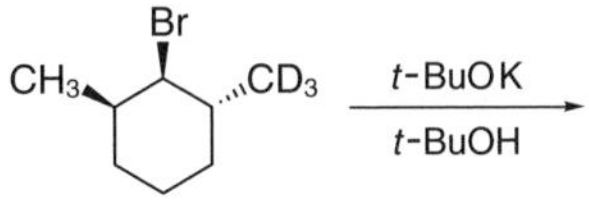

7

アルコール，フェノール，エーテルおよびその硫黄類縁体

命 名 法

アルコールは，ヒドロキシ基 −OH の結合した炭素を含む最も長い炭素鎖に対応するアルカンの名称に基づいて alkanol（アルカノール）と命名する．ヒドロキシ基の位置番号が小さくなる末端から番号づけをし，その位置番号を母体アルカン名の前におく*（置換命名法）．ヒドロキシ基が複数ある場合は alkanediol（アルカンジオール），alkanetriol（アルカントリオール）などとする．簡単なアルキル基をもつアルコールでは，慣用名として，アルキル基の名称の後に alcohol をつけて alkyl alcohol（アルキルアルコール）と命名することもある（基官能命名法）．フェノール類は母体フェノールの置換誘導体として命名するが，慣用名でよばれるものが多い．命名法における優先順位がヒドロキシ基より高い官能基（たとえばカルボニル基）が共存する場合は，ヒドロキシ基を接頭辞 hydroxy（ヒドロキシ）で表す．

チオール RSH はアルコール ROH の命名法に準じて，置換命名法では alkanethiol（アルカンチオール），基官能命名法（あまり使われない）では alkyl mercaptan（アルキルメルカプタン）と命名される．置換基 −SH は mercapto（メルカプト）という．

エーテル R−O−R′ は二つのアルキル基（あるいはアリール基）の名称の後に ether をつけて，alkyl alkyl ether（アルキルアルキルエーテル）と命名する．アルキル基はアルファベット順に並べる．二つのアルキル基が同じであれば dialkyl ether（ジアルキルエーテル）となる．この方法では命名できない場合，あるいは複雑な名称になる場合には RO− を置換基として命名する方法がある．その場合 RO− は alkyloxy（アルキルオキシ）であるが，R が簡単な場合は alkoxy（アルコキシ）となる〔CH_3O- methoxy（メトキシ），$CH_3CH_2CH_2CH_2O-$ butoxy（ブトキシ），C_6H_5O- phenoxy（フェノキシ）など〕．

---

* IUPAC 1993 年規則に従えば，ヒドロキシ基の位置番号は接尾辞 -ol の直前におくことになる．例題 7・1 の注（p. 92）を参照のこと．

スルフィド R–S–R′ は，エーテルの命名法に準じて alkyl alkyl sulfide（アルキルアルキルスルフィド）と命名する．置換基 RS– は alkylthio（アルキルチオ）となる．

酸素原子を含む3員環であるエポキシド（オキシラン）の命名法は，1) アルケンに酸素が付加したものとみて，alkene oxide（アルケンオキシド）と命名する方法，2) アルカンの隣接する炭素に結合する水素を酸素と置換したものとみて，epoxyalkane（エポキシアルカン）と命名する方法，3) 3員環の骨格を oxirane（オキシラン）とよび，これに置換基が結合したとみて命名する方法，がある．

アルコール，フェノールの性質

a. 水素結合　アルコール，フェノールは水と同じように強く分極したヒドロキシ基をもっているので，分子間で水素結合をつくる．そのため同程度の分子量をもった炭化水素に比べて沸点が高い．これに対して，エーテルはヒドロキシ基をもたずエーテル分子どうしでは水素結合をつくらないので，沸点が低い．

b. 酸性度　アルコールは水と同じように弱い酸であり，また弱い塩基でもある．酸としてプロトンを放出しアルコキシドイオンを生成する．酸としての強さは pK_a で表すと 15～18 である（H_2O の pK_a は 15.74）．またアルコールは塩基としてプロトンを付加しオキソニウムイオンを生成する．塩基としての強さは，オキソニウムイオンの pK_a で表すと -2 ～ -4 程度である（H_3O^+ の pK_a は -1.74）．

$$酸\quad ROH \xrightleftharpoons{K_a} RO^- + H^+$$

$$塩基\quad ROH + H^+ \rightleftharpoons R\overset{+}{O}H_2 \quad \left(R\overset{+}{O}H_2 \xrightleftharpoons{K_a} ROH + H^+\right)$$

フェノールの塩基性はアルコールより弱い（オキソニウムイオンの pK_a は約 -6）が，酸性はアルコールの約 100 万倍も強い（pK_a 約 10）．これはプロトンが解離して生成するフェノキシドイオンが共鳴安定化するためである．

アルコールの合成

a. アルケンの水和　酸触媒によるアルケンへの水の付加．アルケンに濃硫酸を反応させて硫酸エステルとした後，加水分解する方法もある．**Markovnikov** 則に
マルコフニコフ

従ったアルコールが生成する (3章).

$$\diagdown C=C\diagup \xrightarrow[H^+]{H_2O} -\underset{H}{\overset{}{C}}-\underset{}{\overset{OH}{C}}- \xleftarrow{H_2O} -\underset{H}{\overset{}{C}}-\underset{}{\overset{OSO_3H}{C}}- \xleftarrow{H_2SO_4} \diagdown C=C\diagup$$

b. アルケンのヒドロホウ素化-酸化 逆 Markovnikov 型の反応でアルコールが生成する (3章).

$$\diagdown C=C\diagup \xrightarrow{BH_3} \xrightarrow[OH^-]{H_2O_2} -\underset{H}{\overset{}{C}}-\underset{}{\overset{OH}{C}}-$$

c. アルケンの KMnO₄ あるいは OsO₄ による酸化 1,2-ジオールが生成する (3章).

$$\diagdown C=C\diagup \xrightarrow[\text{または } OsO_4]{KMnO_4} -\underset{}{\overset{HO}{C}}-\underset{}{\overset{OH}{C}}-$$

d. ハロゲン化アルキルの加水分解 H_2O あるいは OH^- による求核置換反応によってアルコールが得られる (5章).

$$RX \xrightarrow[\text{または } OH^-]{H_2O} ROH$$

e. カルボニル化合物の還元 アルデヒドやケトンは水素化ホウ素ナトリウム (IUPAC 名:テトラヒドロホウ酸ナトリウム) $NaBH_4$ あるいは水素化アルミニウムリチウム (IUPAC 名:テトラヒドリドアルミン酸リチウム) $LiAlH_4$ によって,また,カルボン酸やエステルは $LiAlH_4$ によって還元されてアルコールを生じる.

$$RCHO \xrightarrow[\text{(または } LiAlH_4)]{NaBH_4} RCH_2O\bar{B}H_3 \ Na^+ \xrightarrow{H_3O^+} RCH_2OH$$

$$RR'C=O \xrightarrow[\text{(または } NaBH_4)]{LiAlH_4} RR'CHO\bar{A}lH_3 \ Li^+ \xrightarrow{H_3O^+} RR'CHOH$$

$$RCOOH \xrightarrow[\text{2) } H_3O^+]{\text{1) } LiAlH_4} RCH_2OH$$

$$RCOOR' \xrightarrow[\text{2) } H_3O^+]{\text{1) } LiAlH_4} RCH_2OH \ + \ R'OH$$

f. Grignard 反応 Grignard 試薬 RMgX は,アルデヒド,ケトン,エステルと反応してアルコールを与える.

7. アルコール, フェノール, エーテルおよびその硫黄類縁体

$$\underset{R^2}{\overset{R^1}{>}}C=O \xrightarrow{R^3MgX} \underset{R^2}{\overset{R^1}{>}}\underset{|}{\overset{|}{C}}-O^-{}^+MgX \xrightarrow{H_3O^+} \underset{R^2}{\overset{R^1}{>}}\underset{|}{\overset{|}{C}}-OH$$

$R^1, R^2 = H, アルキル, または アリール$　　　$R^3 = アルキル, または アリール$

$$\underset{R^2O}{\overset{R^1}{>}}C=O \xrightarrow[2)\ H_3O^+]{1)\ R^3MgX} R^1-\underset{\underset{R^3}{|}}{\overset{\overset{R^3}{|}}{C}}-OH\ +\ R^2OH$$

アルコールの反応

a. アルコキシドの生成　NaやKのようなアルカリ金属あるいは水素化ナトリウム NaH やナトリウムアミド $NaNH_2$ のような強塩基との反応でアルコキシド RO^- を生成する.

$$ROH\ +\ Na\ \longrightarrow\ RO^-\ Na^+\ +\ \frac{1}{2}H_2$$

$$ROH\ +\ NaH\ \longrightarrow\ RO^-\ Na^+\ +\ H_2$$

b. ハロゲン化アルキルの生成　HI, HBr, HCl と反応してハロゲン化アルキルを生じる (S_N1, S_N2 反応). また $SOCl_2$, PCl_3, PCl_5, PBr_3 などとの反応によってハロゲン化アルキルを与える.

$$ROH\ +\ HX\ \longrightarrow\ RX\ +\ H_2O\ \ \ X = Cl, Br, I$$

c. 脱水反応　硫酸やリン酸と加熱するとアルケンを与える. アルケンの優れた合成法である.

$$\underset{H}{\overset{OH}{>}}\underset{|}{\overset{|}{C}}-\underset{|}{\overset{|}{C}}<\ \xrightarrow[または\ H_3PO_4]{H_2SO_4}\ >C=C<$$

d. エステルの生成　酸触媒下にカルボン酸と反応させるとエステルが得られる (8章).

e. 酸化　希硫酸中の三酸化クロム (Jones 試薬) あるいは二クロム酸のアルカリ金属塩 (Na, K) による酸化で, 第一級アルコールからはアルデヒドを経てカルボン酸が得られ, 第二級アルコールからはケトンが得られる. 第一級アルコー

$$RCH_2OH\ \xrightarrow[H_2SO_4]{CrO_3}\ RCOOH\ \ \ \ RR'CHOH\ \xrightarrow[H_2SO_4]{CrO_3}\ RR'C=O$$

ルの酸化をアルデヒドで止めるためには, 酸化剤としてクロロクロム酸ピリジニウム (PCC) が用いられる.

$$RCH_2OH \xrightarrow{PCC} RCH=O \qquad PCC = \underset{NH}{\bigcirc}^+ ClCrO_3^-$$

フェノールの合成と反応

フェノールは，ベンゼンスルホン酸を NaOH と強く加熱する反応（アルカリ融解），あるいはアニリンをジアゾ化して得たベンゼンジアゾニウムイオンの加水分解によって得られる．

$$C_6H_5SO_3H \xrightarrow[\Delta]{NaOH} C_6H_5O^-Na^+ \xrightarrow{H_3O^+} C_6H_5OH$$

$$C_6H_5NH_2 \xrightarrow[H_2SO_4]{NaNO_2} C_6H_5N_2^+ HSO_4^- \xrightarrow{H_3O^+} C_6H_5OH$$

フェノールは芳香族求電子置換反応に対して非常に高い活性を示す．また，容易にアルカリ金属塩に変えることができ，強い求核試薬として種々の反応を起こす．

エーテルの合成と反応

エーテルは，ハロゲン化アルキルとアルコキシドとの反応で合成される（Williamson エーテル合成）．

$$RX + R'OM \longrightarrow ROR' + MX$$
$$X = Cl, Br, I \quad M = Na, K$$

エーテルは反応性に乏しく，求核試薬，塩基，酸化剤，還元剤に対して安定であるが，強酸によって C–O 結合の開裂が起こる（基質によって S_N1，S_N2 いずれかの機構）．

$$ROR' \xrightarrow[X=Br, I]{HX} ROH + R'X$$

エポキシドの合成と反応

エポキシドは，アルケンの過酸による酸化（3章，p. 28）あるいはハロヒドリンの塩基による脱ハロゲン化水素によって合成される．

$$\underset{}{C=C} \xrightarrow{mCPBA} \underset{}{-\overset{O}{\underset{}{C-C}}-} \xleftarrow[-HX]{HO^-} \underset{X=Cl, Br}{-\overset{X}{\underset{}{C}}-\overset{OH}{\underset{}{C}}-}$$

ハロヒドリン

エポキシドは大きなひずみをもつので，酸だけではなく塩基や求核試薬によっても簡単に C–O 結合の開裂を伴って反応する．酸性条件ではプロトン化したオキソニウムイオンが中間体となる．塩基性条件での求核試薬との反応は S_N2 機構で起こる．すなわち求核試薬は立体障害のより少ない炭素に対して，開裂する C–O 結合の背面から接近する．

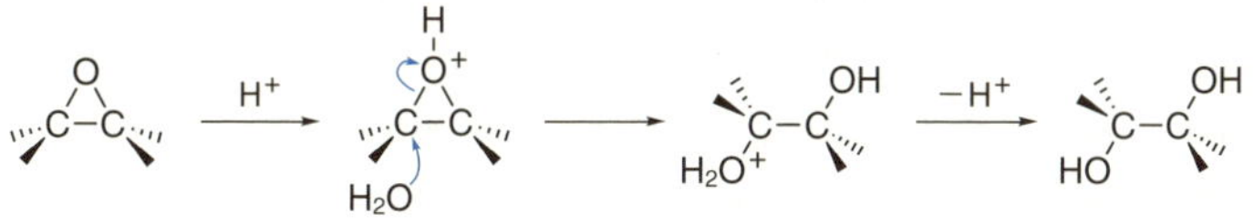
H⁺
H₂O
OH
−H⁺
H₂O⁺
HO

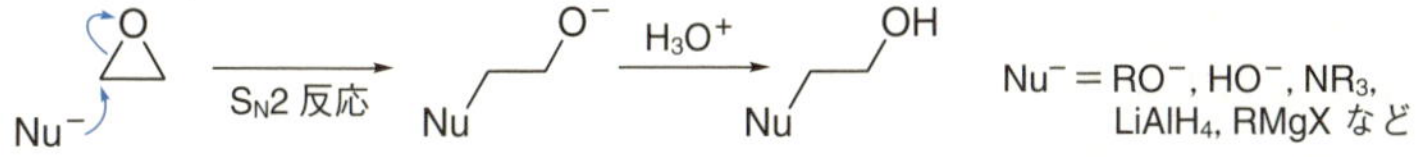
Nu⁻
S_N2 反応
O⁻
H₃O⁺
OH
Nu
Nu⁻ = RO⁻, HO⁻, NR₃,
LiAlH₄, RMgX など

チオールとスルフィドの合成

ハロゲン化アルキルに対して $^-$SH を反応させればチオールが，$^-$SR を反応させればスルフィドが得られる．

$$\underset{X\,=\,Cl,\,Br,\,I}{RX} \quad + \quad \underset{\substack{M\,=\,Na,\,K \\ R'\,=\,H\ \text{またはアルキル}}}{R'SM} \longrightarrow RSR' \quad + \quad MX$$

例題 7・1　次の化合物を命名せよ．

(a)
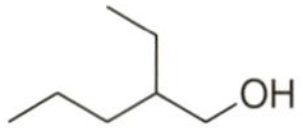

(b)
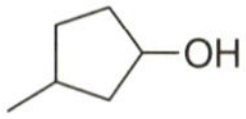

(c)
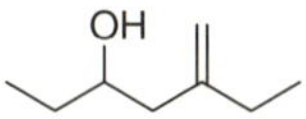

(d)
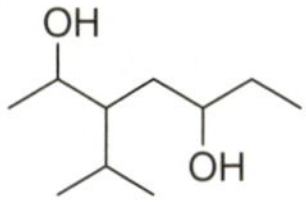

(e)
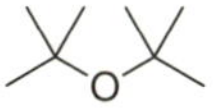

(f)
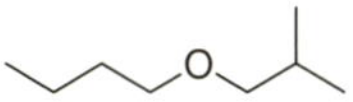

(g)
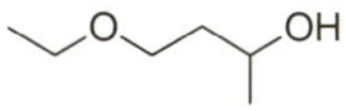

(h)
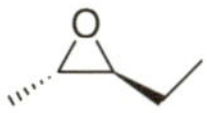

(i)
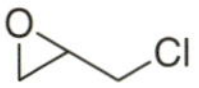

(j)
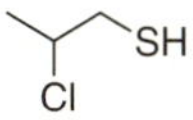

(k)
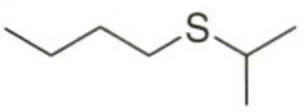

解答　(a) 2-ethyl-1-pentanol（2-エチル-1-ペンタノール）

(b) 3-methylcyclopentanol（3-メチルシクロペンタノール）．ヒドロキシ基の位置番号は 1 であるが表示する必要はない．

(c) 5-ethyl-5-hexen-3-ol（5-エチル-5-ヘキセン-3-オール）．官能基（この場合はアルケンとアルコール）を含む最も長い炭素鎖を母体とする．この母体炭素鎖に，ヒドロキシ基の位置番号が小さくなる末端から番号づけをする．二重結合の位置番号は母体名の前に，ヒドロキシ基の位置番号は -ol の直前におく．英語では hexeneol ではなく hexenol となることに注意．

(d) 3-isopropyl-2,5-heptanediol（3-イソプロピル-2,5-ヘプタンジオール）

(e) di-*t*-butyl ether（ジ-*t*-ブチルエーテル）．アルキル基名に正式な名称を用いれば bis(1,1-dimethylethyl) ether〔ビス(1,1-ジメチルエチル)エーテル〕となり，このようにアルキル基が置換基をもつ基である場合，倍数接頭辞は di ではなく bis を用い，基名は括弧に入れる．

(f) butyl isobutyl ether（ブチルイソブチルエーテル）

(g) 4-ethoxy-2-butanol（4-エトキシ-2-ブタノール）．エーテル官能基よりもアルコール官能基のほうが命名法における優先順位が高いので，この化合物はアルコールとして命名する．

(h) *trans*-2-pentene oxide（*trans*-2-ペンテンオキシド），*trans*-2,3-epoxy-pentane（*trans*-2,3-エポキシペンタン），*trans*-2-ethyl-3-methyloxirane（*trans*-2-エチル-3-メチルオキシラン）．3番目の命名法では酸素原子の位置番号が1となる．

(i) 1-chloro-2,3-epoxypropane（1-クロロ-2,3-エポキシプロパン）または chloromethyloxirane（クロロメチルオキシラン）

(j) 2-chloro-1-propanethiol（2-クロロ-1-プロパンチオール）

(k) butyl isopropyl sulfide（ブチルイソプロピルスルフィド）

［注］IUPAC 1993年規則に従えば，たとえば (a) は 2-ethylpentan-1-ol（2-エチルペンタン-1-オール），(c) は 5-ethylhex-5-en-3-ol（5-エチルヘキサ-5-エン-3-オール）となる．

例題 7・2 次の化合物を水に対する溶解度の大きい順に並べ，その理由を示せ．

エタノール　　臭化エチル　　1-ヘキサノール

解答　エタノール＞1-ヘキサノール＞臭化エチル

エタノールと1-ヘキサノールはヒドロキシ基をもつので水素結合をつくって水に溶けるが，臭化エチルは水素結合をつくらないので水には全く溶けない．また，エタノールと1-ヘキサノールを比べると，アルキル鎖の短いエタノールは水と任

意の割合で混ざり合うが，1-ヘキサノールはその性質が炭化水素に近づいてくるので，水への溶解度が減少する．

CH₃CH₂OH
エタノール
水に完全に溶解

CH₃CH₂Br
臭化エチル
水に溶けない

CH₃CH₂CH₂CH₂CH₂CH₂OH
1-ヘキサノール
一部水に溶解
(0.59 g/100 g H₂O)

水素結合

> **例題 7・3** 次の (a)〜(c) の化合物を酸性の強い順にそれぞれ並べよ．
> (a) メタノール，エタノール，2-プロパノール，2-メチル-2-プロパノール
> (b) エタノール，2,2,2-トリフルオロエタノール
> (c) フェノール，p-クロロフェノール，p-メチルフェノール，p-ニトロフェノール

解答 酸性度に対する置換基効果は，解離して生成する共役塩基(アルコールの場合はアルコキシドイオン，フェノールの場合はフェノキシドイオン)が置換基によってどの程度安定化されるかを考えればよい．

$$R-OH \xrightleftharpoons{K_a} R-O^- + H^+$$

(a) メチル基は電子供与性であるから，アルコキシドイオンの負電荷をいっそう酸素原子上に局在化させて，アニオンを不安定化させ，したがってアルコールの酸性を弱める．メタノールの炭素に結合するメチル基が増えれば酸性は低下する．pK_a ($= -\log K_a$) の値を併記しておく．

	CH₃OH	>	CH₃CH₂OH	>	(CH₃)₂CHOH	>	(CH₃)₃COH
	メタノール		エタノール		2-プロパノール		2-メチル-2-プロパノール
pK_a	15.2		15.9		16.5		17

(b) フッ素は電気陰性度が大きく電子求引性が強い．OH の β 位にあっても誘起効果によって強く電子を求引して，アルコキシドイオンを安定化させるので，酸性度を強める ($pK_a = 12.5$)．つまり 2,2,2-トリフルオロエタノールはエタノールより約 2500 倍強い酸である ($10^{-12.5}/10^{-15.9} \fallingdotseq 2500$)．

CF₃CH₂OH > CH₃CH₂OH
2,2,2-トリフルオロエタノール　　エタノール

(c) ニトロ基は共鳴効果によって強く電子を求引するので，解離して生成するアニオンの共鳴安定化が大きく（下図のように負電荷がニトロ基に及んだ付加的な共鳴構造式が書ける），フェノールの酸性は高くなる．クロロ基は誘起効果で電子を求引するが，共鳴効果では電子を供与する（4 章 p. 43 参照）．しかし前者のほうがより強く働くので，酸性を強める．メチル基は電子供与性であるが，パラ位にあるのでその効果は小さく，わずかに酸性を弱めるにすぎない．

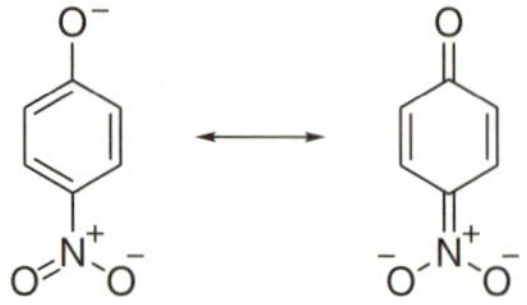
O⁻
O
N⁺
O⁻

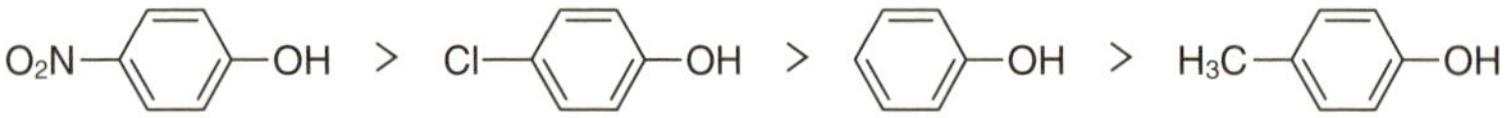
O₂N
OH
>
Cl
OH
>
OH
>
H₃C
OH

	p-ニトロフェノール	*p*-クロロフェノール	フェノール	*p*-メチルフェノール
pK_a	7.0	9.1	9.9	10.1

> **例題 7・4**　エタノールまたはフェノールを次の条件で反応させたときの生成物を示し，エタノールとフェノールの反応性を比較せよ．
> (a) 濃硫酸の存在下に酢酸　　(b) 希酸中で二クロム酸ナトリウム

解答　(a) 濃硫酸の存在下にエタノールは酢酸と反応して酢酸エチルを生成する(Fischer（フィッシャー）のエステル化反応)．これに対して，フェノールのヒドロキシ基の求核性は非常に弱いので，同じ条件では酢酸と反応しない．

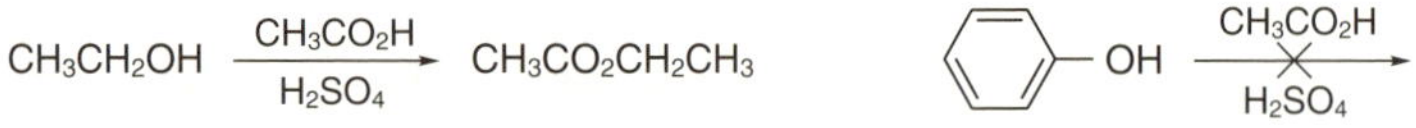
CH₃CH₂OH
CH₃CO₂H
H₂SO₄
CH₃CO₂CH₂CH₃
OH
CH₃CO₂H
H₂SO₄

(b) エタノールは二クロム酸ナトリウムによって酸化されて酢酸を生成する．一方，フェノールはベンゼン環が酸化されて *p*-ベンゾキノンを生成する．

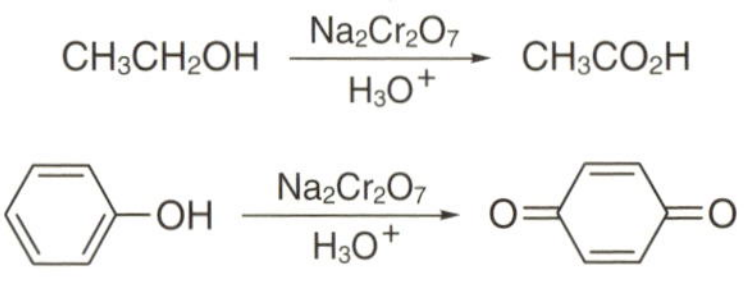
CH₃CH₂OH
Na₂Cr₂O₇
H₃O⁺
CH₃CO₂H
OH
Na₂Cr₂O₇
H₃O⁺
O
O

例題 7・5 次に示す出発物質から目的物を合成する経路を示せ（1 段階で合成できるとは限らない）．

(a) (CH₃)₂CHOH ⟶ (CH₃)₂CHCH₂OH

(b) (CH₃)₃COH ⟶ (CH₃)₂CHCH₂OH

(c) CH₃CH₂CH₂OH ⟶ CH₃CH₂CH₂SH

解答 (a) 炭素が 1 個増えていることに注意する．2-プロパノールをハロゲン化物に変換した後 Grignard 試薬とし，ホルムアルデヒドと反応させて 2-メチル-1-プロパノールとする．

(CH₃)₂CHOH $\xrightarrow[\text{または PBr}_3]{\text{SOCl}_2}$ (CH₃)₂CHX (X = Cl, Br) $\xrightarrow{\text{Mg}}$ (CH₃)₂CHMgX $\xrightarrow[\text{2) H}_3\text{O}^+]{\text{1) H}_2\text{CO}}$ (CH₃)₂CHCH₂OH

(b) 炭素数は変化していないが OH の位置が変わっている．まず 2-メチル-2-プロパノールを脱水してアルケンとし，テトラヒドロフラン（THF）を溶媒として用いるヒドロホウ素化反応とそれに続く酸化によって逆 Markovnikov 型反応で水を付加させて 2-メチル-1-プロパノールとする．

(CH₃)₃COH $\xrightarrow[\text{H}_2\text{SO}_4]{\text{H}_2\text{O}}$ (CH₃)₂C=CH₂ $\xrightarrow[\text{THF}]{\text{BH}_3}$ [(CH₃)₂CH–CH₂–BH₂] $\xrightarrow[\text{HO}^-]{\text{H}_2\text{O}_2}$ (CH₃)₂CHCH₂OH

(c) OH が SH に変わっている．しかし直接 1 段階の求核置換反応で合成することはできない．まず 1-プロパノールをハロゲン化物に変えた後，硫化水素イオン HS⁻ による置換反応で 1-プロパンチオールとする．

CH₃CH₂CH₂OH $\xrightarrow{\text{PBr}_3}$ CH₃CH₂CH₂Br $\xrightarrow{\text{NaSH}}$ CH₃CH₂CH₂SH

例題 7・6 次の化合物を 2-フェニルエタノールから合成するにはどのようにしたらよいか．合成経路を示せ．
(a) フェニルアセトアルデヒド　　(b) エチルベンゼン

解答 (a) 第一級アルコールを通常の酸化剤（Jones 試薬，二クロム酸塩など）で酸化するとアルデヒドを経てカルボン酸まで酸化される．アルデヒドで酸化を止め

るにはクロロクロム酸ピリジニウム（PCC）が用いられる．

$$\text{PhCH}_2\text{CH}_2\text{OH} \xrightarrow{\text{PCC}} \text{PhCH}_2\text{CHO} \qquad \text{PCC} = \underset{\text{NH ClCrO}_3^-}{\bigcirc^+}$$

(b) OH の H への変換であり，対応する Grignard 試薬を H_2O と反応させればよい．2-フェニルエタノールをまずハロゲン化物に変換し Grignard 試薬とした後，加水分解してエチルベンゼンを得る．

$$\text{PhCH}_2\text{CH}_2\text{OH} \xrightarrow[\text{または PBr}_3]{\text{SOCl}_2} \text{PhCH}_2\text{CH}_2\text{X} \xrightarrow[\text{エーテル}]{\text{Mg}} \text{PhCH}_2\text{CH}_2\text{MgX} \xrightarrow{\text{H}_2\text{O}} \text{PhCH}_2\text{CH}_3$$
(X = Cl, Br)

例題 7・7 次の反応の生成物を反応機構とともに示せ．

(a) $\text{CH}_3\text{CH}_2\text{OCH}(\text{CH}_3)_2 \xrightarrow{\text{HI}}$

(b) $\text{CH}_3\text{CH}_2\text{OC}(\text{CH}_3)_3 \xrightarrow[\text{H}_2\text{O}]{\text{H}_2\text{SO}_4}$

解答　(a) まずエーテル酸素へのプロトンの付加が起こり，C–O 結合が活性化される（開裂しやすくなる）．次にヨウ化物イオンによる S_N2 反応が起こるが，S_N2 反応は立体障害のより少ない炭素で起こるから，第二級炭素より第一級炭素への攻撃が優先する．したがってヨードエタンと 2-プロパノールが生成する．

$$\text{EtO-iPr} \xrightarrow{\text{HI}} \text{Et}\overset{+}{\text{O}}(\text{H})\text{-iPr} \xrightarrow{\text{I}^-} \text{EtI} + \text{iPrOH}$$

(b) 最初の反応は(a)と同様にエーテル酸素へのプロトン付加である．第三級アルキル基がある場合，容易に C–O 結合が開裂して安定なカルボカチオン中間体を生成するので，次に起こる反応は第三級カルボカチオンの生成であり，これに水が付加したあと脱プロトンが起こり，2-メチル-2-プロパノールが生成する（S_N1 反応）．

$$\text{EtO-}t\text{Bu} \xrightarrow{\text{H}^+} \text{Et}\overset{+}{\text{O}}(\text{H})\text{-}t\text{Bu} \xrightarrow{\text{H}_2\text{O}} \text{EtOH} + t\text{Bu}^+ \cdots :\text{OH}_2$$
$$\longrightarrow t\text{Bu-}\overset{+}{\text{OH}}_2 \xrightarrow{-\text{H}^+} t\text{BuOH}$$

例題 7・8　3-ブテン-2-オールを濃塩酸と反応させると，3-クロロ-1-ブテンと 1-クロロ-2-ブテンの混合物が生成する．二つの生成物が得られる理由を説明できる反応機構を書け．

OH
HCl
Cl
+
Cl

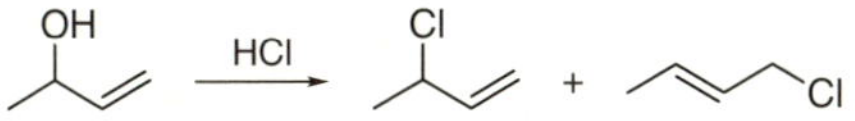

解答　3-ブテン-2-オールへのプロトン化と H_2O の脱離によって，安定なアリル型カチオンが生成する．Cl^- はカチオンの 1 位と 3 位への付加が可能であるから，3-クロロ-1-ブテンと 1-クロロ-2-ブテンの 2 種類が生成する．

OH
H+
OH2+
−H2O
Cl−
+
Cl−
+
Cl
+
Cl

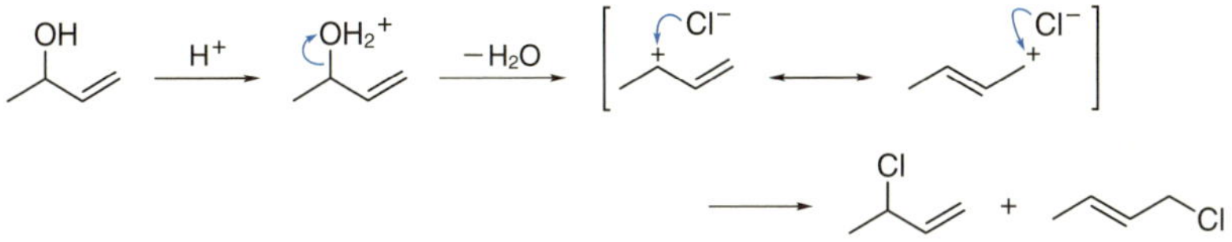

例題 7・9　次の反応の生成物を反応機構とともに示せ．

(a)
O
H2SO4
H2O
(b)
O
H
CH3
H3C
H
NaOCH3
CH3OH
(c)
O
1) CH3CH2MgBr
2) H3O+
(d)
O
1) LiAlH4
2) H3O+

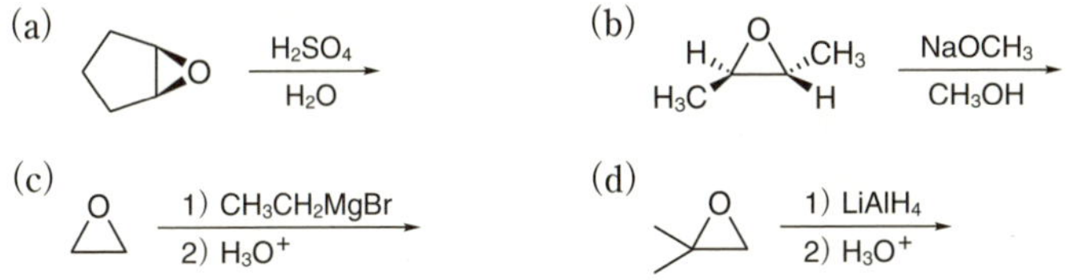

解答　(a) エポキシドの酸性加水分解である．エポキシド酸素へのプロトン化によって生じたオキソニウムイオン（***A***）に対して，3 員環の反対側から H_2O が求核的に付加して開環し，さらにプロトンが脱離して *trans*-1,2-シクロペンタンジオール（***B***)を生成する．(***A***)の 3 員環のもう一方の炭素に H_2O が反応すれば（***B′***)が生成する．(***B***) と (***B′***) は鏡像異性体であり，等量ずつ生成するので，得られる *trans*-1,2-シクロペンタンジオールはラセミ体である．

O
H+
+
OH
SN2 反応
OH2
(A)
OH
+
OH2
−H+
OH
OH
(B)
OH
OH
(B′)

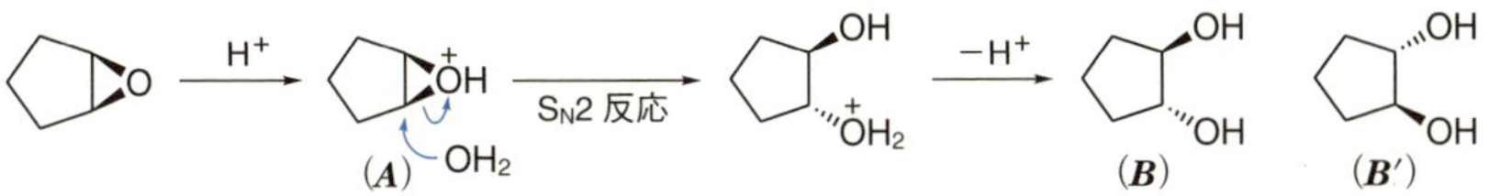

(b) メトキシドイオンの S_N2 反応であり，C^2 へ求核的に反応して開環すれば C^2 の立体配置が反転したアルコキシドイオン（***C***）を生成し，酸による後処理により

アルコール (**D**) となる．またメトキシドイオンが C^3 で反応すれば (**D′**) を生成するが，これは (**D**) と同一物である．すなわち出発物質がエナンチオピュアであれば，生成物もエナンチオピュアとなる．

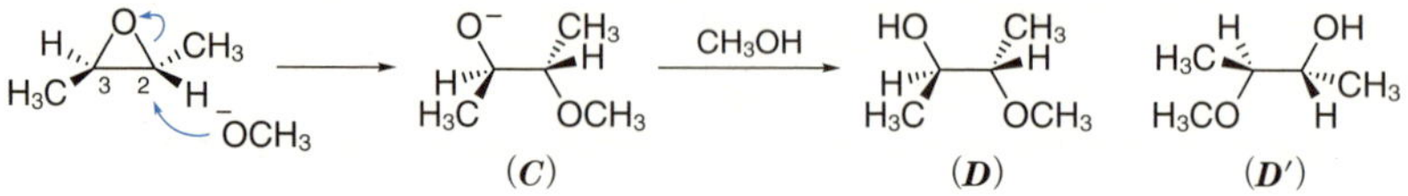

(c) Grignard 試薬は求核試薬としてエチレンオキシドと S_N2 反応を起こし，3員環が開裂したアルコキシドを生成し，酸処理によってアルコールを与える．

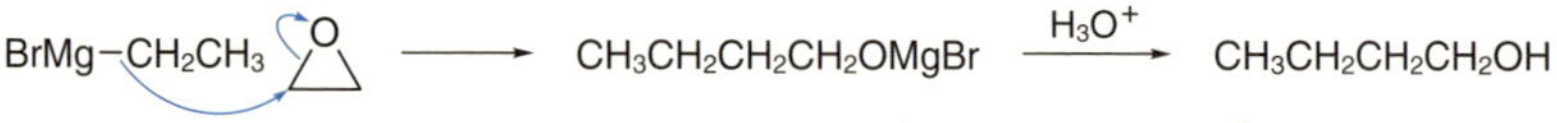

(d) 水素化アルミニウムリチウムはヒドリドイオン $H:^-$ と等価な求核試薬として S_N2 反応を起こす．したがって，より立体障害の少ない3員環炭素に $H:^-$ が付加して開環したアルコールが得られる．

例題 7・10 4-メチル-1,4-ペンタンジオールを硫酸で処理すると 2,2-ジメチルテトラヒドロフランが生成する．反応機構を推定せよ．

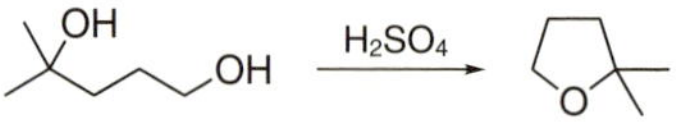

解答 ヒドロキシ基は強酸性条件でプロトン化され，オキソニウムイオンを生成する．第一級オキソニウムイオンはこの条件では反応を起こさないが，第三級オキソニウムイオンは容易に H_2O を脱離してカルボカチオンを生成する．環化して5員環が形成できる位置にヒドロキシ基が存在するので，環化がスムーズに進行して生成物に至る．

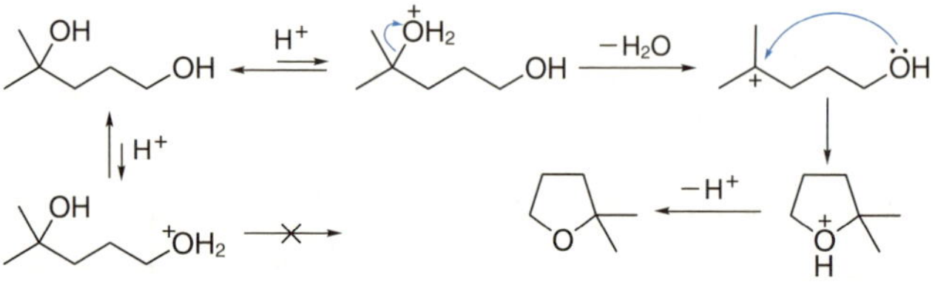

演習問題

7・1 次の化合物を命名せよ．

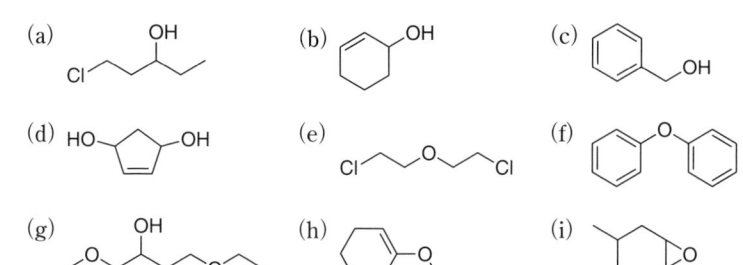

(a) ClCH₂CH₂CH(OH)CH₂CH₃ 構造 (OH付き)
(b) シクロヘキセノール構造
(c) ベンジルアルコール構造
(d) HO―シクロペンテン―OH
(e) Cl-CH₂CH₂-O-CH₂CH₂-Cl
(f) ジフェニルエーテル
(g) CH₃O-CH₂-CH(OH)-CH₂-OC₂H₅
(h) 1-メトキシシクロヘキセン
(i) メチル置換エポキシシクロヘキサン

7・2 次の化合物の構造を書け．
(a) *trans*-3-エチルシクロヘキサノール
(b) 3-(1-メチルエチル)-2-ヘキサノール
(c) *p*-ブロモフェニルエチルエーテル
(d) 4-アリル-2-メトキシフェノール
(e) 3-ブロモ-2-クロロ-1-ブタノール

7・3 次の反応の主生成物を書け．

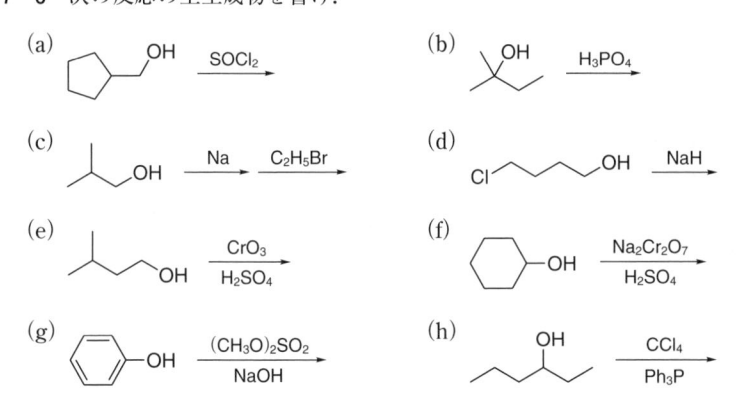

(a) シクロペンチルメタノール + SOCl₂ →
(b) 2-メチル-2-ブタノール + H₃PO₄ →
(c) イソブチルアルコール + Na, C₂H₅Br →
(d) 4-クロロ-1-ブタノール + NaH →
(e) 3-メチル-1-ブタノール + CrO₃/H₂SO₄ →
(f) シクロヘキサノール + Na₂Cr₂O₇/H₂SO₄ →
(g) フェノール + (CH₃O)₂SO₂/NaOH →
(h) 3-ペンタノール + CCl₄/Ph₃P →

7・4 次の化合物から1-ペンタノールおよび2-ペンタノールをそれぞれ合成する経路を示せ．
(a) 1-ペンテン (b) 1-プロパノール (c) 1-ブタノール

7・5 シクロヘキセンから次の化合物を合成する経路を書き，必要な試薬を示せ．

(a) *cis*-シクロヘキサン-1,2-ジオール
(b) *trans*-シクロヘキサン-1,2-ジオール
(c) 1-メチルシクロヘキセン
(d) シクロヘキサン

7. アルコール，フェノール，エーテルおよびその硫黄類縁体

7・6 フェノールと次の試薬との反応で得られる主生成物の構造を示せ．
(a) Br_2（1当量）　　　(b) Br_2（3当量）
(c) 1) NaOH, 2) CH_3I　(d) 希硝酸

7・7 次の各反応の主生成物を示し，その生成機構を説明せよ．

(a) $CH_3I\ +\ (CH_3)_3CO^-\ Na^+\ \longrightarrow$
(b) $(CH_3)_3CBr\ +\ CH_3O^-\ Na^+\ \longrightarrow$

*(c) シクロペンタノール（CH₃, OH）$\xrightarrow{H_2SO_4,\ CH_3CH_2OH}$

*(d) ヘキサヒドロベンゾフラン $\xrightarrow{HBr}$

*(e) オキセタン（CH₃, CH₃）$\xrightarrow{HCl}$

*(f) メチルシクロヘキセンオキシド $\xrightarrow{1)\ LiAlD_4,\ 2)\ H_3O^+}$

7・8 次の変換を行うのに必要な試薬を示せ（1段階の変換とは限らない）．

(a) ヒドロキノン $\longrightarrow$ ベンゾキノン
(b) $C_6H_5SH \longrightarrow C_6H_5SCH_3$
(c) HC≡CH $\longrightarrow$ HC≡C-CH$_2$OH
(d) $PrSH \longrightarrow PrS-SPr$

***7・9** 次の問いに答えよ．

(a) 以下の反応は同一の光学活性アルコールを出発物質として，ヨウ化アルキルの鏡像異性体を立体選択的に合成する方法を示している．(**1**)～(**3**) に対応する試薬または試薬の組合わせを，化学式または構造式で示せ．また，合成中間体 (**4**) と (**5**) の構造式を示せ．

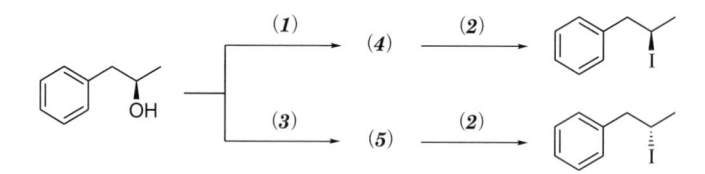

(b) 以下の反応はイソブテンを出発物質として，ブロモヒドリンの二つの異性体を位置選択的に合成する方法を示している．(**6**)～(**8**) に対応する試薬または試薬の組合わせを，化学式または構造式で示せ．また，合成中間体 (**9**) の構造式を示せ．

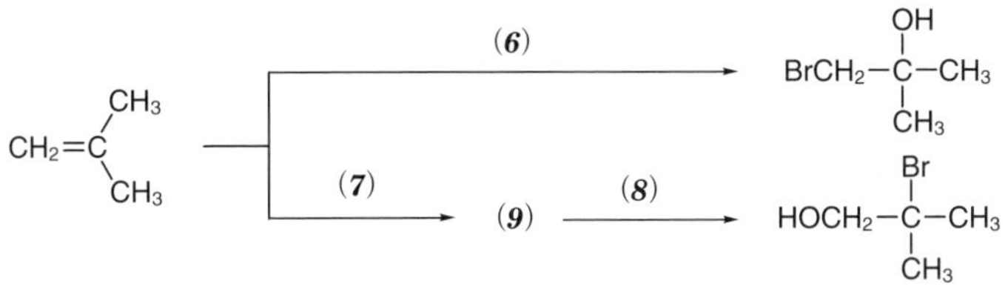

7. アルコール，フェノール，エーテルおよびその硫黄類縁体

$CH_2=C(CH_3)_2$ の反応:

(6) → $BrCH_2-C(OH)(CH_3)-CH_3$

(7) → (9) →(8)→ $HOCH_2-C(Br)(CH_3)-CH_3$

7・10 次の二つの反応により得られる生成物 (**10**), (**11**) の構造を立体化学がわかるように示せ．どちらの反応がより速く起こると予想されるか，理由とともに答えよ．

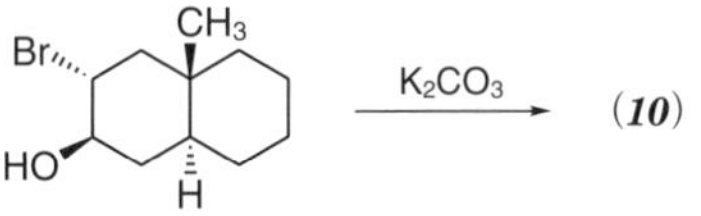

(1) trans-2-ブロモ-8a-メチル-1-デカロール (Br axial, OH equatorial に近い配置) $\xrightarrow{K_2CO_3}$ (**10**)

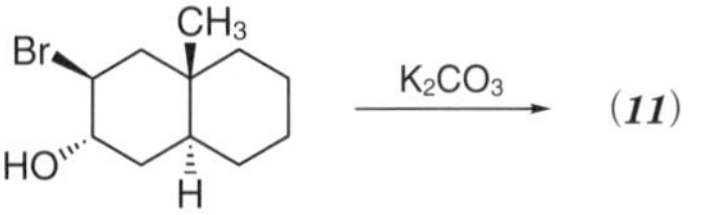

(2) cis異性体 $\xrightarrow{K_2CO_3}$ (**11**)

*__7・11__ 化合物 (**12**) をメタノール中ナトリウムメトキシドで処理すると (**13**) と (**14**) が 1:4 の比で生成する．一方，(**12**) をメタノール中硫酸で処理すると (**13**) と (**14**) が 9:1 の比で生成する．この違いを説明せよ．

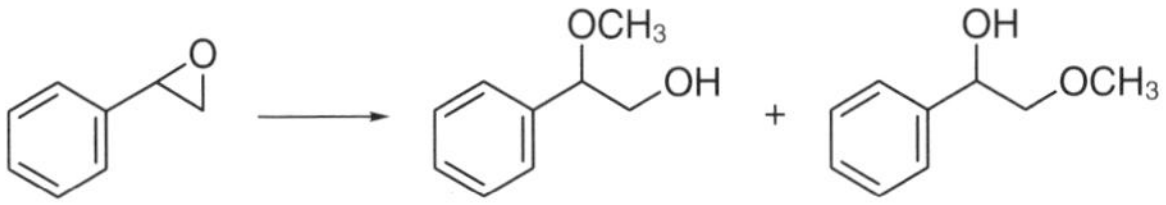

(**12**) スチレンオキシド → (**13**) $PhCH(OCH_3)CH_2OH$ + (**14**) $PhCH(OH)CH_2OCH_3$

8

アルデヒドとケトン

命 名 法

　IUPAC 命名法では，アルデヒドはホルミル基 −CH=O を含む最も長い炭素鎖に相当するアルカンの名称に基づいて alkanal（アルカナール）と命名する．ホルミル基は必ず炭素鎖の末端にあるので，ホルミル炭素が位置番号1となるが，名称には明示しない．分子内にホルミル基が2個ある場合は，alkanedial（アルカンジアール）となる．ホルミル基が環に結合している場合は，環の名称に接尾辞 -carbaldehyde（カルバルデヒド）をつけて命名する．慣用名であるが，カルボン酸の名称 -ic acid あるいは -oic acid から誘導して -aldehyde とする命名法もある〔たとえば CH$_3$COOH acetic acid（酢酸）→ CH$_3$CHO acetaldehyde（アセトアルデヒド）〕．さらに CCl$_3$CHO を chloral（クロラール）とよぶ慣用名もある．

　ケトンは，そのカルボニル基を含む最も長い炭素鎖に相当するアルカンの名称に基づいて alkanone（アルカノン）と命名する．カルボニル炭素の番号がより小さくなる末端から炭素鎖に番号づけをし，その位置番号を母体名の前におく*．分子内にケトンのカルボニル基が複数ある場合は，alkanedione（アルカンジオン），alkanetrione（アルカントリオン），…などとなる．慣用名として，アルキル基名をアルファベット順に並べ ketone（ケトン）をつける方法もある（alkyl alkyl ketone あるいは dialkyl ketone）．また CH$_3$COCH$_3$ を acetone（アセトン），C$_6$H$_5$COCH$_3$ を acetophenone（アセトフェノン）とよぶ慣用名もある．

　分子内にアルデヒドとケトンが共存する場合は，アルデヒドとして命名し，ケトンのカルボニルは =O を二価置換基とみなして接頭辞 oxo-（オキソ）で示す．一般にケトンより優先順位の高い官能基（カルボン酸およびその誘導体）が分子内に共存する場合はこの命名法を用いる．

---

　* IUPAC 1993 年規則に従えば，ケトンのカルボニル炭素の位置番号は接尾辞 -one の直前におくことになる．例題 8・1 の注（p.106）を参照のこと．

アルデヒド, ケトンの合成

a. アルコールの酸化 アルデヒドは, クロロクロム酸ピリジニウム (PCC) を用いた第一級アルコールの酸化によって合成される. ケトンは, 第二級アルコールを酸化することによって得られる. 酸化剤としては, 希硫酸中の三酸化クロム (Jones 試薬) が一般的であるが, 二クロム酸ナトリウム, 過マンガン酸カリウム, PCC なども用いられる.

$$RCH_2OH \xrightarrow{PCC} RCHO \qquad RR'CHOH \xrightarrow[H_2SO_4]{CrO_3} RCOR'$$

KMnO$_4$ または PCC も使用可

b. カルボン酸誘導体の還元 アルデヒドはエステルを水素化ジイソブチルアルミニウム i-Bu$_2$AlH (DIBAL あるいは DIBAH) を用いて部分還元することにより合成できる. また酸塩化物を, 硫酸バリウムに担持したパラジウム触媒存在下で水素化するか (Rosenmund 還元), あるいは水素化トリ-t-ブトキシアルミニウムリチウム LiAlH(O-t-Bu)$_3$ で還元することによってもアルデヒドが得られる.

$$RCOOR' \xrightarrow{DIBAL} RCHO \qquad RCOCl \xrightarrow[Pd/BaSO_4]{H_2} RCHO$$

または LiAlH(O-t-Bu)$_3$

c. アルケンの酸化 アルケンをオゾン分解すると, アルデヒドまたはケトンが得られる.

$$\underset{R^2R^4}{\overset{R^1R^3}{\diagup\!\!=\!\!\diagdown}} \xrightarrow[R^1\sim R^4 = H, アルキル]{O_3 \quad Zn または (CH_3)_2S} \underset{R^2}{\overset{R^1}{\diagdown}}\!=\!O + O\!=\!\underset{R^4}{\overset{R^3}{\diagup}}$$

アルデヒド, ケトンの反応

a. 求核付加反応 カルボニル基は分極しており, 正電荷を帯びた炭素原子は求核試薬の攻撃を受けやすい. 求核付加につづいて水の脱離が起こり, イミンなどの二重結合をもつ化合物を与える場合もある. α,β-不飽和アルデヒドあるいはケトンでは, 求核試薬が β 位に付加する共役付加が進行する.

1) アルコールとの反応によるアセタールの生成

$$\underset{}{\overset{O}{\underset{\|}{C}}} + ROH \xrightleftharpoons{H^+} \left[\underset{}{\overset{HO\quad OR}{\underset{|}{C}}}\right] \xrightleftharpoons{H^+} \underset{}{\overset{RO\quad OR}{\underset{|}{C}}}$$

ヘミアセタール　　アセタール

2) Grignard 試薬との反応によるアルコールの生成

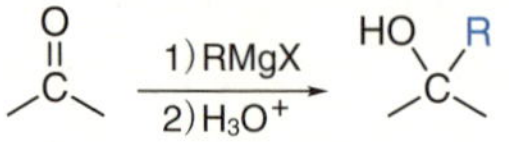

ホルムアルデヒド → 第一級アルコール
アルデヒド → 第二級アルコール
ケトン → 第三級アルコール

3) 第一級アミンとの反応によるイミン類の生成

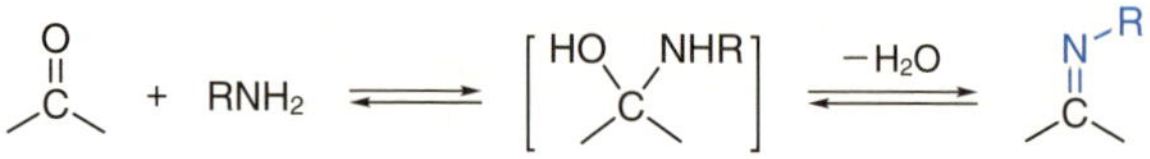

R=アルキル　イミン (Schiff 塩基)
R=OH　オキシム
R=NHR′　ヒドラゾン

4) 第二級アミンとの反応によるエナミンの生成（カルボニル基の α 位に水素が必要）

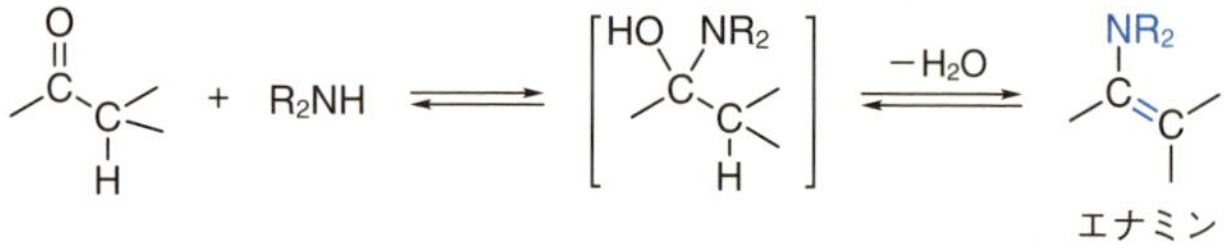

エナミン

5) α,β-不飽和アルデヒドおよびケトンに対する共役付加（Michael 反応）

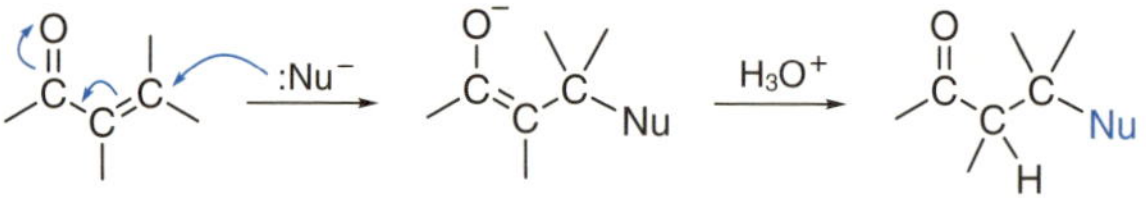

6) リンイリドとの反応によるアルケンの生成（Wittig 反応）

リンイリド

b. 還 元　$NaBH_4$ あるいは $LiAlH_4$ により，アルデヒドとケトンはそれぞれ第一級および第二級アルコールに変換される．Wolff-Kishner 還元あるいは Clemmensen 還元により，アルデヒドやケトンのカルボニル基をメチレン基に還元することができる．

1) アルコールへの還元

還元剤: $NaBH_4$, $LiAlH_4$

8. アルデヒドとケトン

2) カルボニル基のメチレン基への還元

Wolff-Kishner 還元: C=O + H₂NNH₂ / NaOH, Δ → CH₂

Clemmensen 還元: C=O + Zn(Hg) / HCl → CH₂

c. 酸　化　アルデヒドは酸化されやすく，種々の酸化剤によりカルボン酸に変換される．ケトンは酸化されにくいが，過酸と反応させると転位を伴いエステルに酸化される（Baeyer-Villiger 反応）．

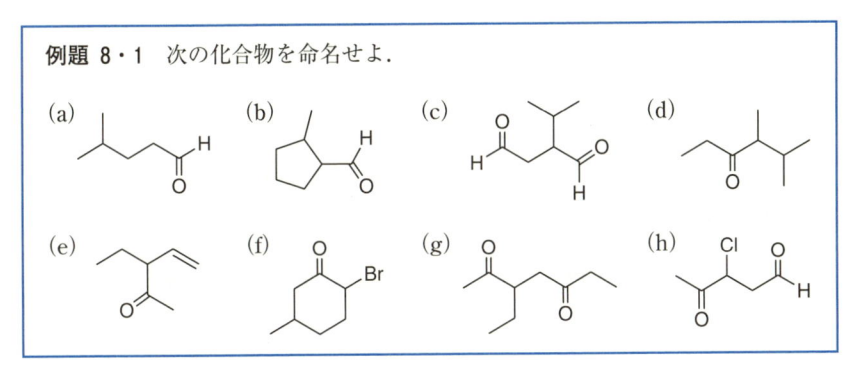

RCHO ─酸化剤→ RCOOH
酸化剤: $[Ag(NH_3)_2]^+$, $KMnO_4$, CrO_3

RCOR' ─過酸→ RCOOR'
Baeyer-Villiger 反応

例題 8・1　次の化合物を命名せよ．

(a) (b) (c) (d) (e) (f) (g) (h)

解答　(a) 4-methylpentanal（4-メチルペンタナール）

(b) 2-methylcyclopentanecarbaldehyde（2-メチルシクロペンタンカルバルデヒド）

(c) 2-isopropylbutanedial（2-イソプロピルブタンジアール）

(d) 4,5-dimethyl-3-hexanone（4,5-ジメチル-3-ヘキサノン）

(e) 3-ethyl-4-penten-2-one（3-エチル-4-ペンテン-2-オン）．官能基（この場合はアルケンとケトン）を含む最も長い炭素を母体とする．二重結合の位置番号は母体名の前に，カルボニル基の位置番号は -one の直前におく．英語では penteneone ではなく pentenone となることに注意．

(f) 2-bromo-5-methylcyclohexanone（2-ブロモ-5-メチルシクロヘキサノン）

(g) 3-ethyl-2,5-heptanedione（3-エチル-2,5-ヘプタンジオン）

(h) 3-chloro-4-oxopentanal（3-クロロ-4-オキソペンタナール）．oxo も置換基

名であるから，ほかの置換基とともにアルファベット順に並べる．
[注] IUPAC 1993年規則に従えば，(d)は4,5-dimethylhexan-3-one（4,5-ジメチルヘキサン-3-オン），(e)は3-ethylpent-4-en-2-one（3-エチルペンタ-4-エン-2-オン），(g)は3-ethylheptane-2,5-dione（3-エチルヘプタン-2,5-ジオン）となる．

例題 8・2 アセトフェノンに対して次の条件で反応を行ったときの生成物を書け．
(a) 1) PhMgBr   2) H_3O^+
(b) 1) CH_3NH_2 2) $LiAlH_4$ 3) H_3O^+
(c) 1) ピロリジン   2) $PhCH_2Br$ 3) H_3O^+
(d) CH_3OH, H^+
(e) 1) $NaBH_4$ 2) H_3O^+
(f) Zn(Hg), HCl
(g) Br_2, $FeBr_3$
(h) PhCOOOH

解答 代表的な芳香族ケトンであるアセトフェノンに対する種々の反応である．

(a) Grignard 反応による第三級アルコールの生成

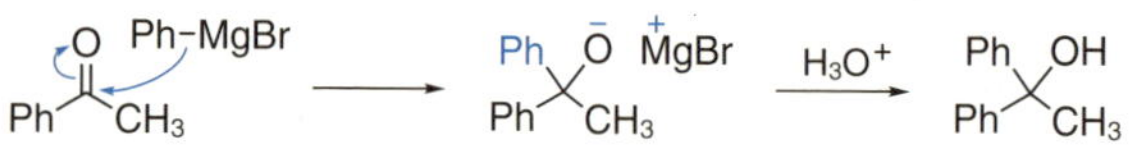

(b) 第一級アミンと反応してイミンを生成し，これが還元されてアミンを与える．

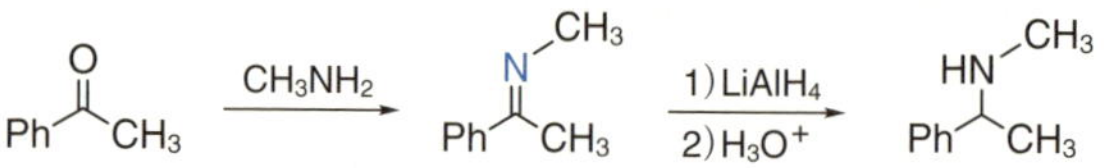

(c) 第二級アミンとの縮合により生じたエナミンが，求核試薬としてハロゲン化物と S_N2 反応を起こし，結果としてメチル基がアルキル化される．生成したイミニウム塩を加水分解すると，ケトンが得られる．

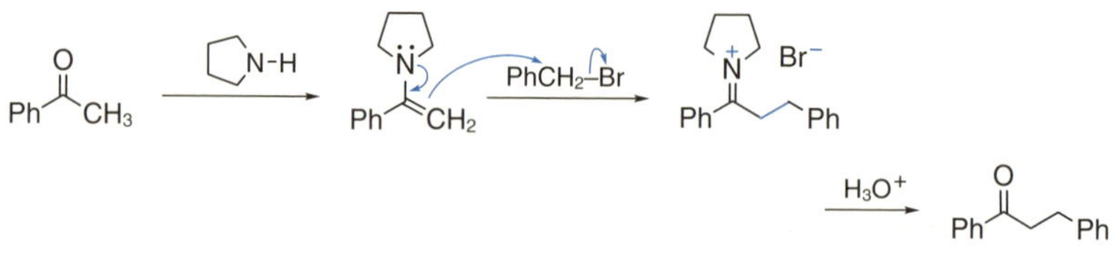

(d) 酸触媒によるアセタールの生成（反応機構は例題 8・5(a) 参照）．

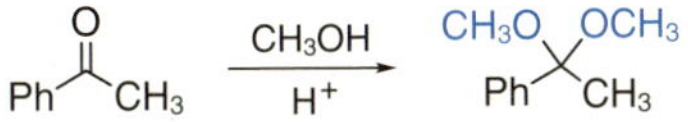

$$Ph-CO-CH_3 \xrightarrow[H^+]{CH_3OH} Ph-C(OCH_3)_2-CH_3$$

(e) 第二級アルコールへの還元

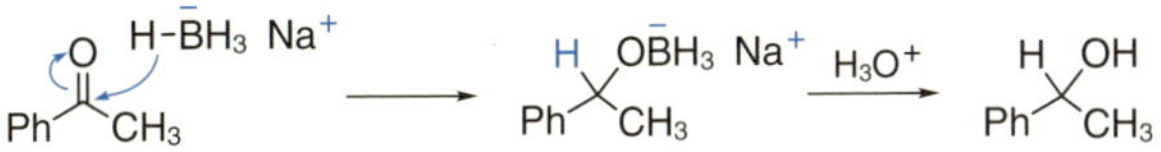

$$Ph-CO-CH_3 \xrightarrow{H-\bar{B}H_3 \ Na^+} Ph-CH(O\bar{B}H_3\,Na^+)-CH_3 \xrightarrow{H_3O^+} Ph-CH(OH)-CH_3$$

(f) 酸性条件での亜鉛アマルガムを用いたカルボニル基のメチレン基への還元（Clemmensen 還元）．

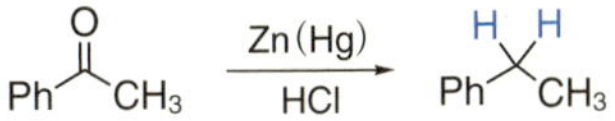

$$Ph-CO-CH_3 \xrightarrow[HCl]{Zn(Hg)} Ph-CH_2-CH_3$$

塩基性条件でヒドラジンを作用させる Wolff-Kishner 還元，あるいは次に示すジチオアセタールを経由する反応でも，同じ変換が可能である．

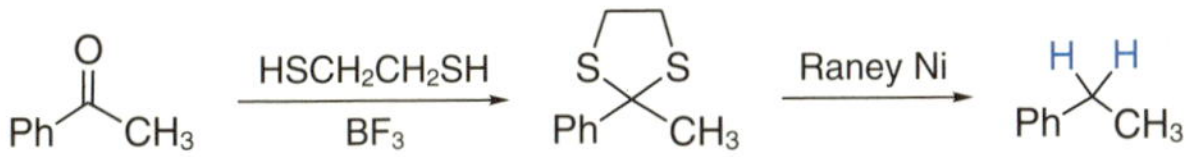

$$Ph-CO-CH_3 \xrightarrow[BF_3]{HSCH_2CH_2SH} Ph-C(SCH_2CH_2S)-CH_3 \xrightarrow{Raney\ Ni} Ph-CH_2-CH_3$$

(g) 求電子置換反応によるベンゼン環の臭素化（4章参照）．アセチル基はメタ配向基である．

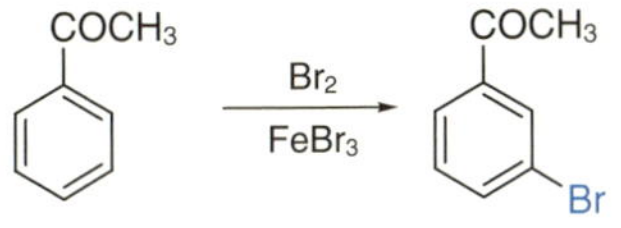

$$PhCOCH_3 \xrightarrow[FeBr_3]{Br_2} 3\text{-}Br\text{-}C_6H_4\text{-}COCH_3$$

(h) 過酸によるエステルへの転位を伴う酸化（Baeyer-Villiger 反応）．メチル基よりもフェニル基が転位しやすい．

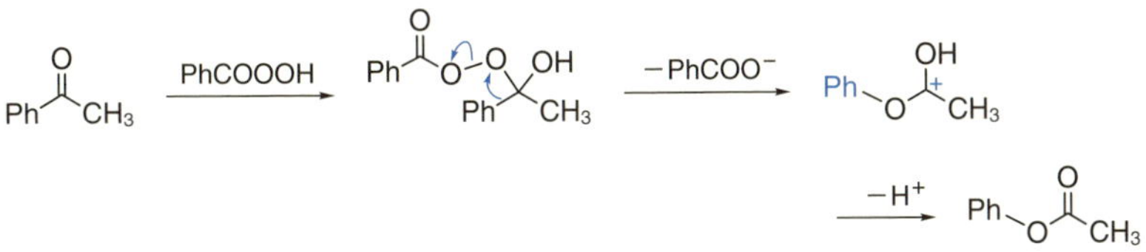

$$Ph-CO-CH_3 \xrightarrow{PhCOOOH} Ph-CO-O-O-C(OH)(Ph)(CH_3) \xrightarrow{-PhCOO^-} Ph-O-C^+(OH)-CH_3 \xrightarrow{-H^+} Ph-O-CO-CH_3$$

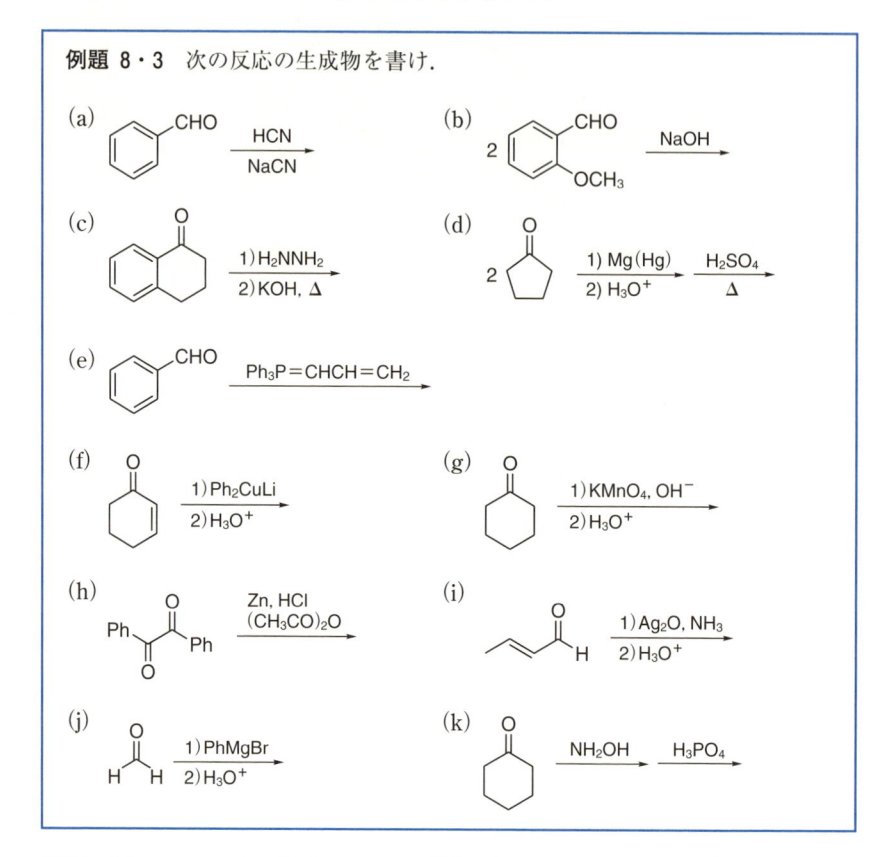

例題 8・3 次の反応の生成物を書け.

(a) PhCHO + HCN / NaCN →

(b) 2 (2-メトキシベンズアルデヒド) + NaOH →

(c) α-テトラロン 1) H$_2$NNH$_2$ 2) KOH, Δ

(d) 2 シクロペンタノン 1) Mg(Hg) 2) H$_3$O$^+$ / H$_2$SO$_4$, Δ

(e) PhCHO + Ph$_3$P=CHCH=CH$_2$ →

(f) 2-シクロヘキセノン 1) Ph$_2$CuLi 2) H$_3$O$^+$

(g) シクロヘキサノン 1) KMnO$_4$, OH$^-$ 2) H$_3$O$^+$

(h) PhCOCOPh + Zn, HCl / (CH$_3$CO)$_2$O →

(i) CH$_3$CH=CHCHO 1) Ag$_2$O, NH$_3$ 2) H$_3$O$^+$

(j) HCHO 1) PhMgBr 2) H$_3$O$^+$

(k) シクロヘキサノン + NH$_2$OH → H$_3$PO$_4$ →

解答 (a) アルデヒドに対する HCN の付加(シアノヒドリンの生成). NaCN は触媒として働いている.

PhCHO + CN$^-$ → PhCH(CN)O$^-$ →(HCN)→ PhCH(CN)OH + CN$^-$

(b) 塩基性条件でアルデヒドがカルボン酸と第一級アルコールに不均化する反応(Cannizzaro 反応).

(つづく)

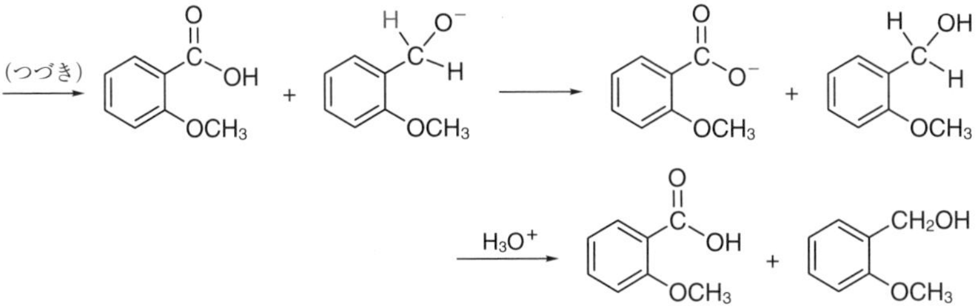

8. アルデヒドとケトン

(c) ヒドラジンとの反応で対応するヒドラゾンを生成する．これを塩基性条件で加熱すると，窒素の発生を伴い還元反応が進行する（Wolff-Kishner 還元）．

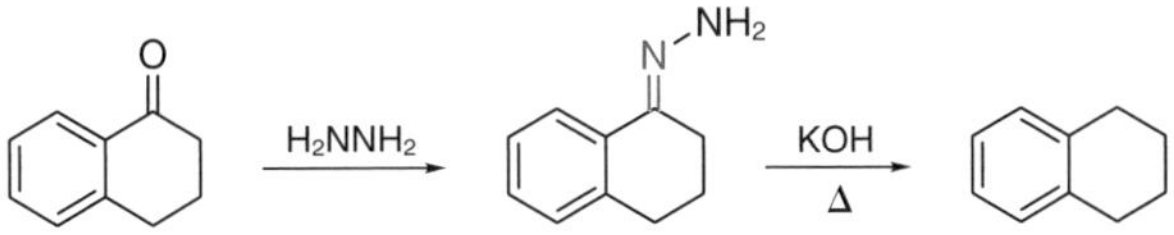

(d) ケトンをマグネシウムアマルガムと反応させると，一電子還元されたラジカルアニオンを経由して，カップリング生成物を与える（ピナコールカップリング）．この生成物を強酸と作用させると，脱水を伴い転位が進行し，ケトンを与える（ピナコール転位）．

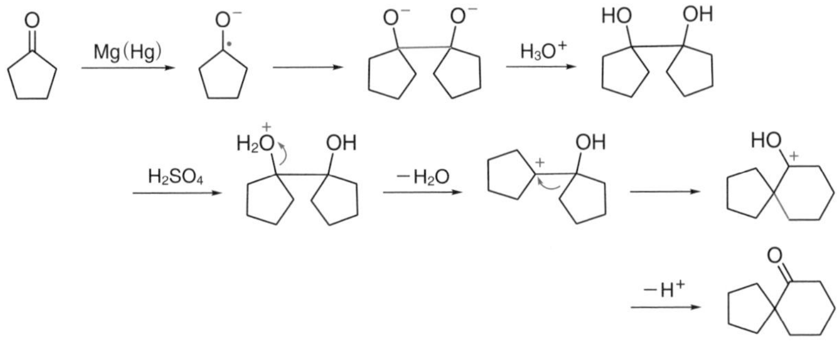

(e) アルデヒドとリンイリドの反応により，アルケンが合成される（Wittig 反応）．

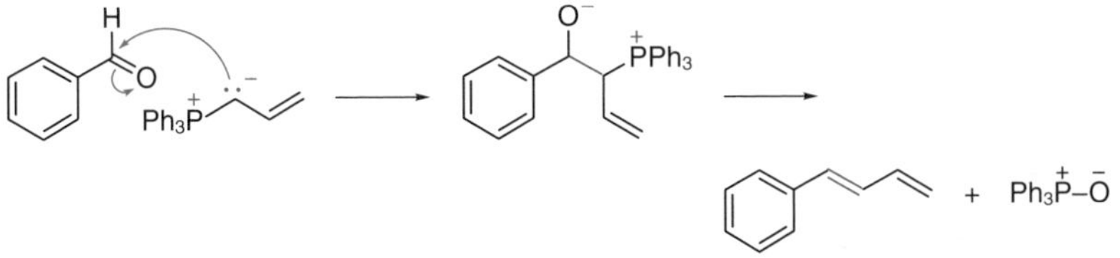

(f) 有機銅試薬（リチウムジフェニルクプラート）の α,β-不飽和ケトンに対する共役付加．有機リチウム化合物は 1,2-付加しやすいのとは対照的に，有機銅試薬は共役付加を起こしやすい．

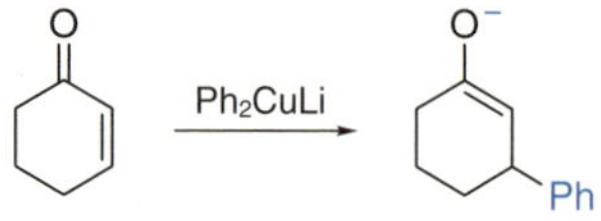

(g) シクロヘキサノンと塩基の反応によりエノラートが生成し，これが $KMnO_4$ により酸化されて最終的にアジピン酸（ヘキサン二酸）になる．

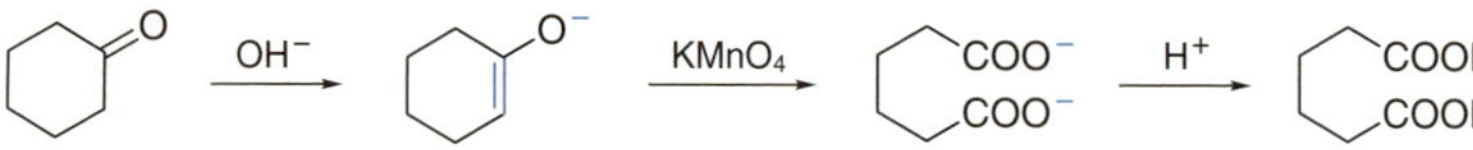

(h) 1,2-ジケトンが亜鉛により還元され，還元生成物が無水酢酸によりアセチル化される．生成物は E,Z 異性体の混合物である．

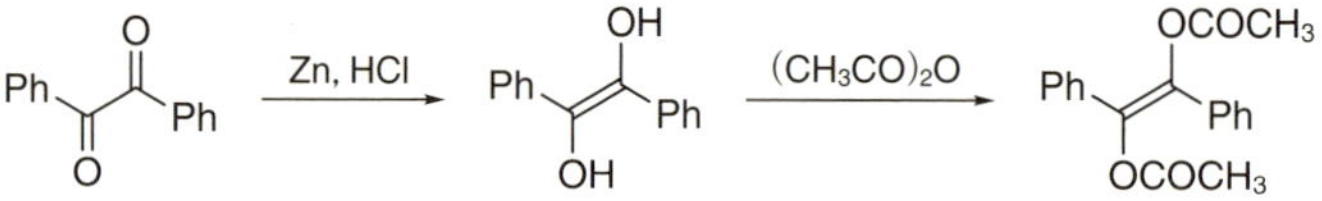

(i) 銀(I)試薬（Tollens 試薬）によるアルデヒドのカルボン酸への酸化反応．金属銀の生成を伴うため，定性試験として用いられる（Tollens 試験または銀鏡反応）．

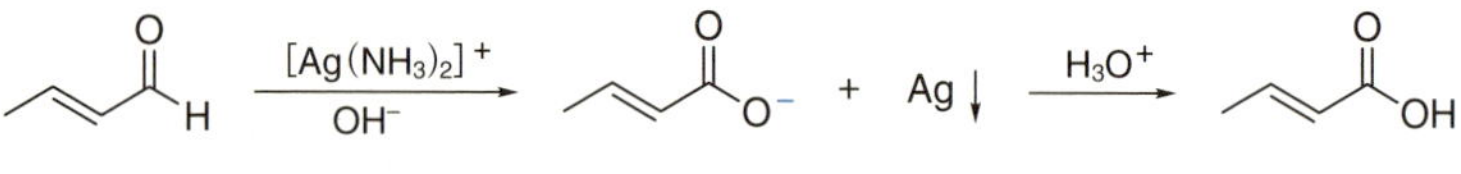

(j) ホルムアルデヒドの Grignard 反応によって，第一級アルコールが生成される．

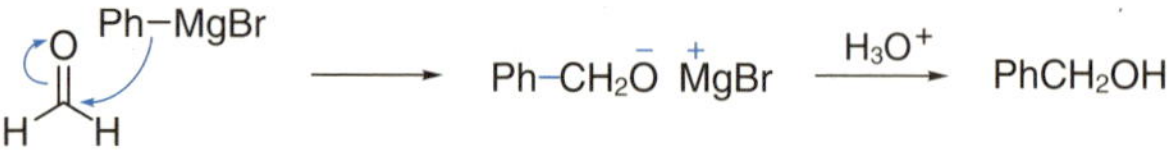

(k) ケトンとヒドロキシルアミンの反応によるオキシムの生成と，強酸によるラクタムへの転位反応（Beckmann 転位）．

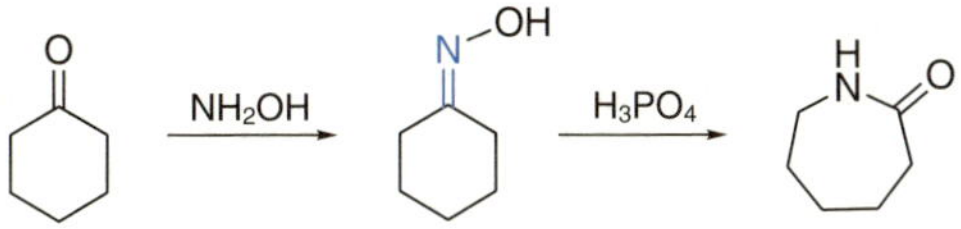

8. アルデヒドとケトン

Beckmann転位の機構は次のように，プロトン化されたオキシムから水の脱離と同時にアルキル基が転位して7員環カルボカチオンを生成し，水の付加，脱プロトン，互変異性化と進んでラクタムを与える．

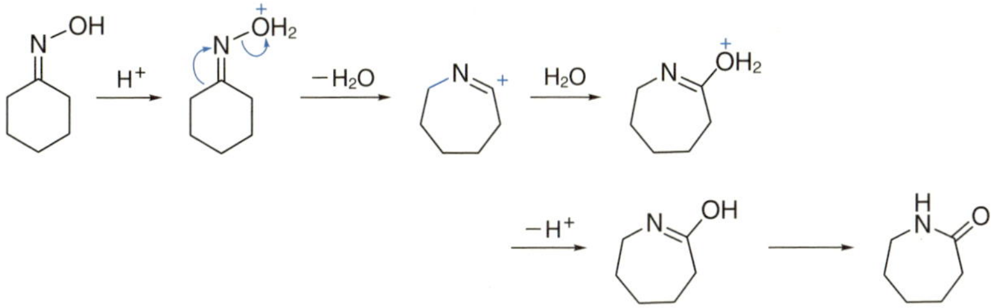

例題 8・4 次に示す出発物質から目的物を合成する経路を示せ（反応は1段階であるとは限らない）．各段階について必要な試薬と生成物を示せ．

(a) アセトン → メタクリル酸

(b) メチル レブリネート → 5-ヒドロキシ-2-ペンタノン

(c) ブタナール → 4-オクタノン
炭素源はブタナールのみ

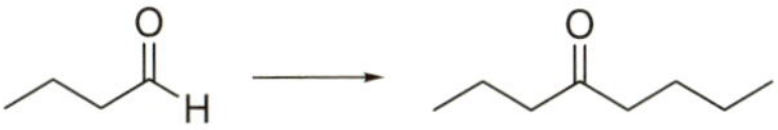

(d) シクロヘキサノン → 1-ブロモ-1-メチルシクロヘキサン

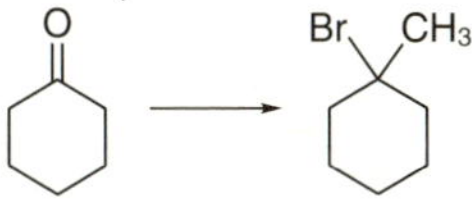

(e) シクロヘキサノン → シクロヘキシルメタノール

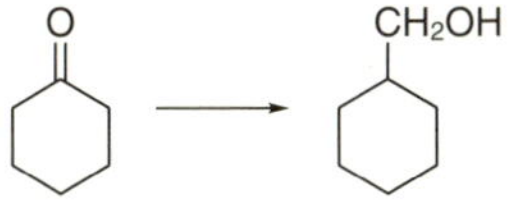

(f) シクロヘキセノン → 1,1-ジメトキシ-3-メチルシクロヘキサン

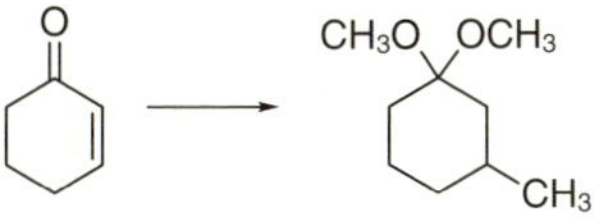

(g) メチレンシクロペンタン → δ-バレロラクトン

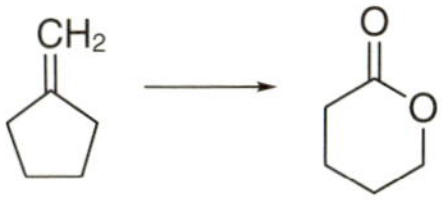

8. アルデヒドとケトン

解答 (a) カルボニル基へのHCN付加により炭素数を一つ増加させる．付加生成物（シアノヒドリン）を硫酸と作用させると，ニトリルの加水分解につづいて脱水反応が起こり，C=C 二重結合ができる．

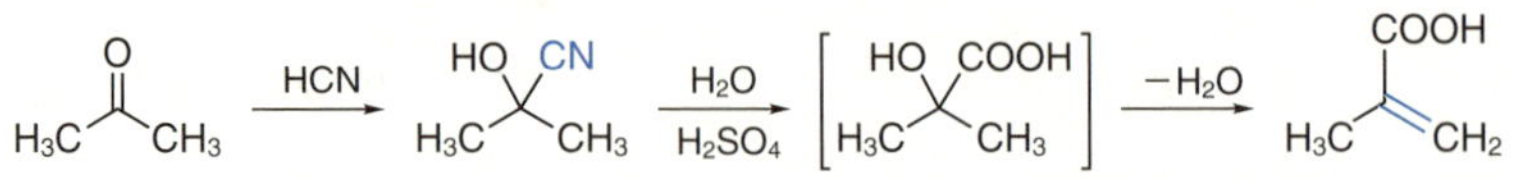

$$H_3C-CO-CH_3 \xrightarrow{HCN} \underset{H_3C}{\overset{HO}{\underset{|}{C}}}\underset{CH_3}{\overset{CN}{|}} \xrightarrow[H_2SO_4]{H_2O} \left[\underset{H_3C}{\overset{HO}{\underset{|}{C}}}\underset{CH_3}{\overset{COOH}{|}} \right] \xrightarrow{-H_2O} \underset{H_3C}{\overset{COOH}{\underset{}{C}}}=CH_2$$

(b) エステルよりケトンのほうが還元されやすいので，1段階でこの合成を行うことはできない．ケトンをアセタールとして保護した後，エステルを還元し，酸により保護基を除去することによって目的物が得られる．

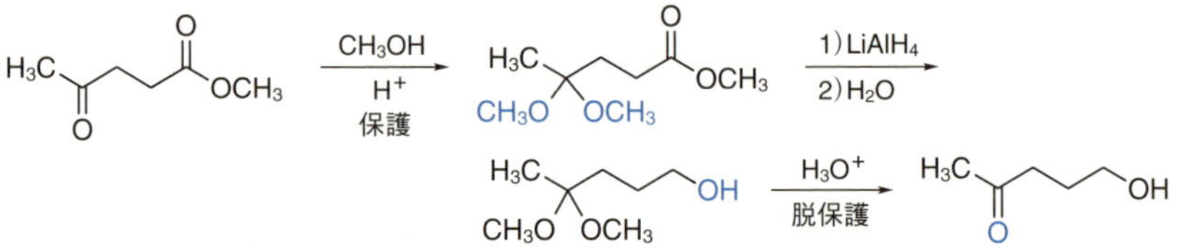

(c) 目的物は炭素数が8であり，出発物質の倍であることに着目する．アルデヒドを還元，臭素化して得られた1-ブロモブタンを Grignard 試薬に変換し，これをもとのアルデヒドと反応させると4-オクタノールが得られる．これを酸化すると，目的のケトンが得られる．

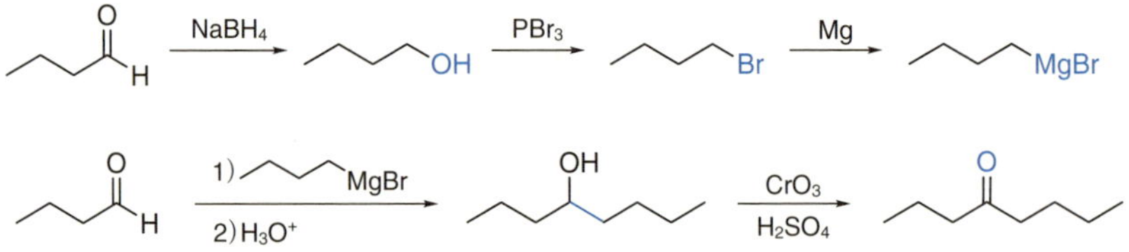

(d) Grignard 反応によりメチル化された第三級アルコールに変換し，つづいて置換反応により臭素化する．

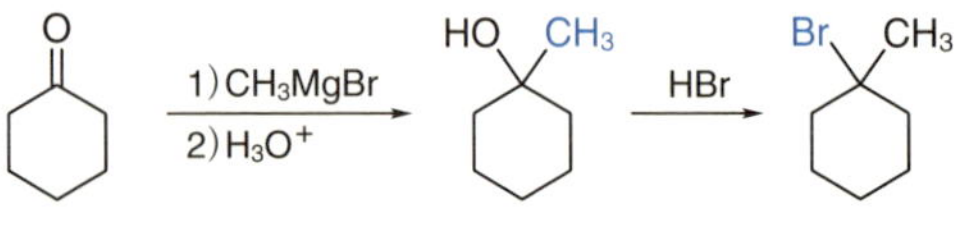

(e) Wittig 反応を用いて炭素が1個多いアルケンに変換し，ヒドロホウ素化により逆 Markovnikov 型にヒドロキシ基を導入する（解1）．あるいは Wittig 反応を利用して2段階で炭素が1個多いアルデヒドとした後，ホルミル基を還元してヒドロ

キシメチル基とする経路もある（解 2）．

解 1: シクロヘキサノン → (Ph₃P=CH₂) → メチレンシクロヘキサン → 1) BH₃ 2) H₂O₂, OH⁻ → シクロヘキシルメタノール (CH₂OH)

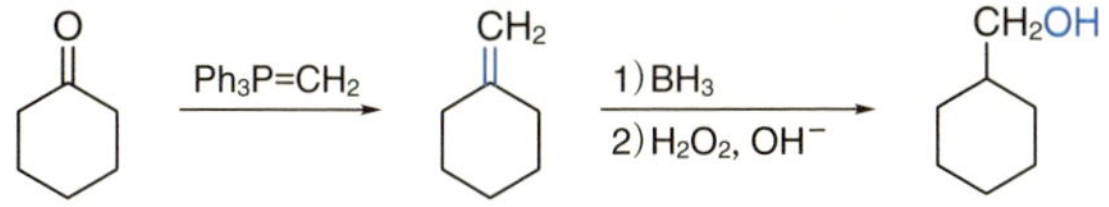

解 2: シクロヘキサノン → (Ph₃P=CHOCH₃) → HC-OCH₃体 → H₃O⁺ → シクロヘキサンカルボアルデヒド (CHO) → NaBH₄ → CH₂OH体

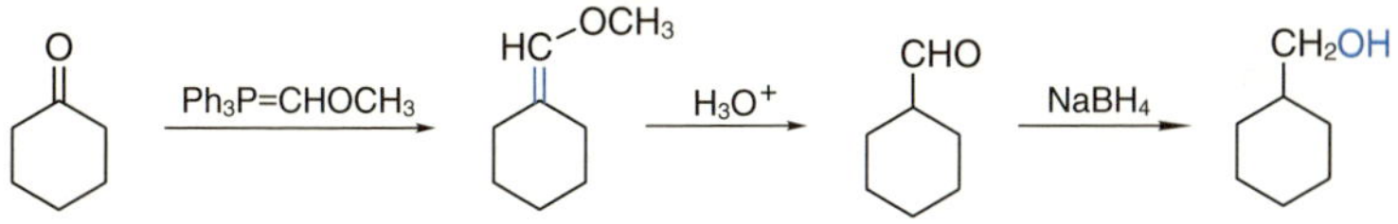

(f) 有機銅試薬（リチウムジアルキルクプラート）は α,β-不飽和ケトンに共役付加する．その後，ケトンをアセタールに変換する．

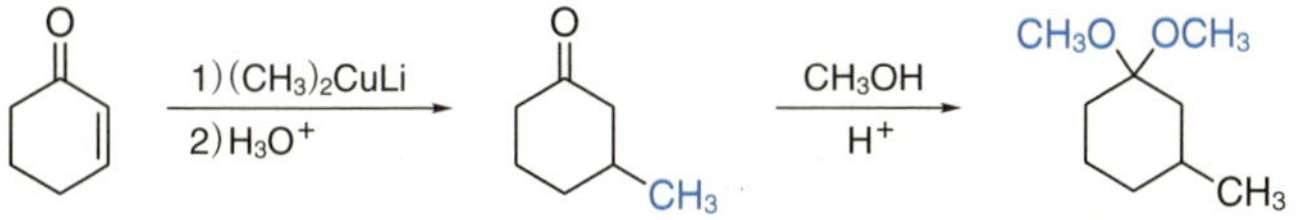

2-シクロヘキセノン → 1)(CH₃)₂CuLi 2)H₃O⁺ → 3-メチルシクロヘキサノン → CH₃OH, H⁺ → ジメチルアセタール体

(g) オゾン分解で C=C を切断し，炭素の一つ少ないケトンに誘導する．これを過酸，たとえば m-クロロ過安息香酸（mCPBA）で酸化すると，ラクトンが得られる（Baeyer-Villiger 反応）．

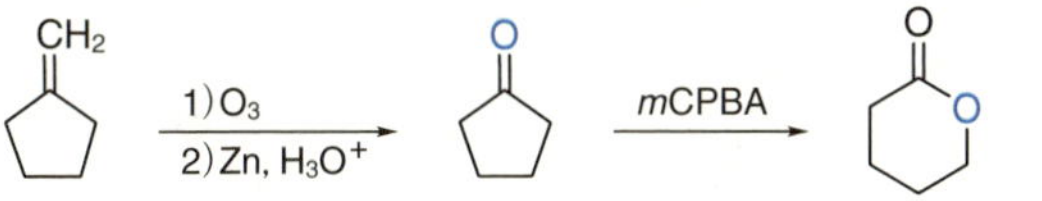

メチレンシクロペンタン → 1)O₃ 2)Zn, H₃O⁺ → シクロペンタノン → mCPBA → δ-バレロラクトン

例題 8・5 次の反応の機構を示せ．電子対の移動を巻矢印で示すこと．

(a) シクロヘキサノン + HOCH₂CH₂OH / H⁺ → 環状アセタール

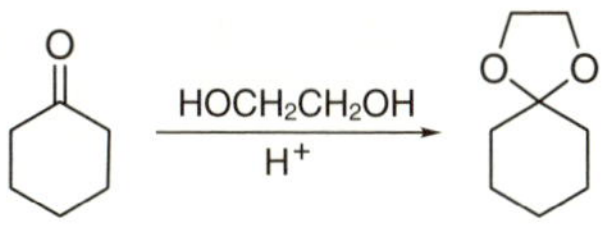

(b) ベンジル (Ph-CO-CO-Ph) → 1)KOH, Δ 2)H⁺ → ベンジル酸 (HO, COOH, Ph, Ph)

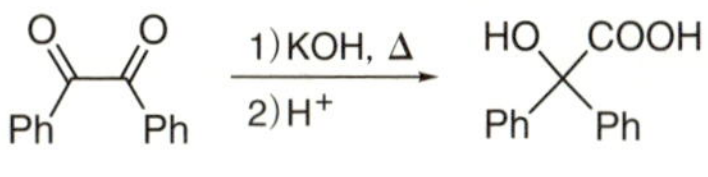

(c) アセトン + CH₃NH₂ → N-メチルイミン (H₃C-C(=NCH₃)-CH₃)

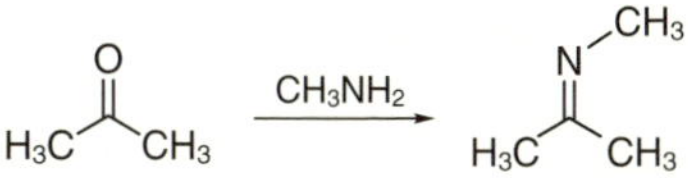

解答 （a）環状アセタールの生成．カルボニル酸素がプロトン化され，求核攻撃を受けやすくなったカルボニル炭素に対してアルコールの酸素が付加する．脱プロトンが起こることにより中間体である**ヘミアセタール**が生成する．つづいて，プロトン化と水の脱離によりカルボカチオンが生じ，分子内の OH が付加して環化する．

最後に脱プロトンを起こして最終生成物になる．この反応は平衡であるため，生成した水を取除きながら反応を行うと効率よく生成物が得られる．この反応は，カルボニル基の保護に利用される．

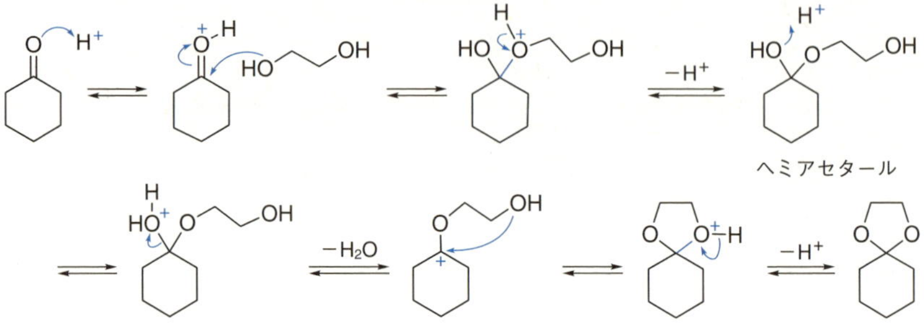

ヘミアセタール

(b) 芳香族 1,2-ジケトンと強塩基の反応による転位（ベンジル酸転位）．一方のカルボニル炭素に水酸化物イオンが付加し，分子内でフェニル基の 1,2 転位が起こる．転位生成物を酸で処理すると，α-ヒドロキシカルボン酸になる．この反応は脂肪族 1,2-ジケトンでも起こり，環状ジケトンにこの反応を行うと，環が縮小する．

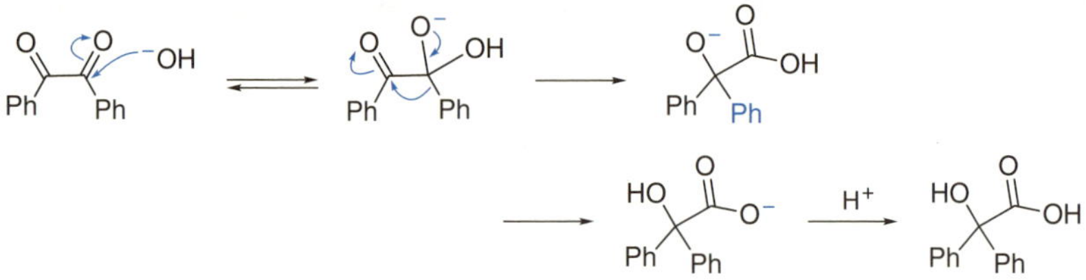

(c) ケトンと第一級アミンからのイミン（Schiff 塩基）の生成．アミンがカルボニル基に付加し，アミノアルコールが生じる．ヒドロキシ基がプロトン化を受けて，水の脱離を伴いイミニウムイオンが生成する．脱プロトンを起こすことにより最終生成物であるイミンが生成する．

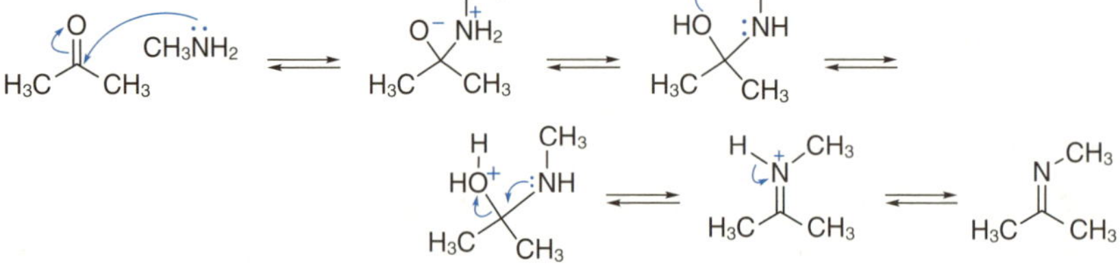

8. アルデヒドとケトン

演 習 問 題

8・1 次の化合物を命名せよ.

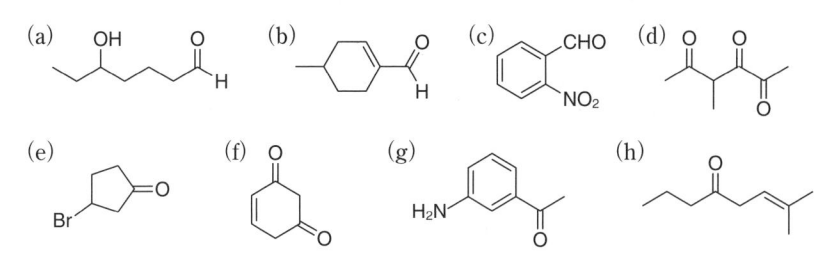

(a), (b), (c), (d), (e), (f), (g), (h) [構造式]

8・2 次の化合物の構造を書け.
(a) 3-ニトロベンズアルデヒド
(b) 3,3-ジメチル-2-ブタノン
(c) 3-ヒドロキシプロパナール
(d) 5-オキソヘキサナール
(e) 2,6-ヘプタンジオン
(f) 2-メチル-2-シクロヘキセノン
(g) 1,4-ベンゼンジカルバルデヒド
(h) 4-クロロベンゾフェノン

8・3 アルデヒドやケトンを合成するために使われる以下の各反応について, 生成物の構造を書け.

(a) H—≡—(CH$_2$)$_3$CH$_3$ → (H$_2$O / H$_2$SO$_4$, HgSO$_4$)

(b) [シクロヘキセン類] → 1) OsO$_4$ 2) NaHSO$_3$ → HIO$_4$

(c) [PhN(CH$_3$)$_2$] → 1) (CH$_3$)$_2$NCHO, POCl$_3$ 2) H$_2$O

(d) [アリールリチウム] → 1) (CH$_3$)$_2$NCHO 2) H$_3$O$^+$

(e) [RCOCl] → 1) LiAlH(O-t-Bu)$_3$ 2) H$_3$O$^+$

(f) [PhOH] → CHCl$_3$ / NaOH

8・4 アルデヒドまたはケトンの Grignard 反応を用いて, 次のアルコールを合成する方法を示せ. Grignard 試薬は臭化物とし, 可能な反応の組合わせをすべて答えよ.

(a), (b), (c), (d), (e) [構造式]

8・5 次の実験事実を, 反応機構を示す式を用いて説明せよ.

(a) 3-メチル-2-ブタノンに m-クロロ過安息香酸を作用させると,酢酸イソプロピルが生成する.
(b) 4-ヒドロキシブタナールは,溶液中で大部分が環状の構造で存在する.
(c) 4-メトキシベンズアルデヒドとホルムアルデヒドを NaOH 溶液中で加熱すると,4-メトキシベンジルアルコールが生成する.

8・6 次の変換を示す反応式を書き,反応について簡単に説明せよ.
(a) 3-ペンタノンと 2,4-ジニトロフェニルヒドラジンを反応させると,結晶性の生成物が得られる.
(b) アセトフェノンをトリイソプロポキシアルミニウムと 2-プロパノール中で加熱すると,還元生成物が得られる.
*(c) 2,7-オクタンジオンを $TiCl_3$ と $LiAlH_4$ から調製した金属試薬と反応させると,分子式 C_8H_{14} の環状炭化水素生成物が得られる.

8・7 次の反応の生成物とその生成機構を示せ.いずれの場合も,生成する水を取除きながら,十分に反応させるものとする.

(a) HO〜〜〜〜OH (ケトン) → H^+
(b) HO〜〜〜 (ケトン) → CH_3OH / H^+
(c) H_2N〜〜〜 (ケトン) → H^+
(d) (N-H)〜〜〜CHO → H^+

8・8 Wittig 反応について以下の問いに答えよ.
(a) ブロモエタン,トリフェニルホスフィンとブチルリチウムからリンイリドを調製するための反応と方法を述べよ.
(b) (a)で調製したリンイリドとシクロヘキサノンとの反応の機構を示せ.
(c) (a)で調製したリンイリドとペンタナールとの反応の生成物を示せ.

*8・9 (R)-2-フェニルプロパナールに対して臭化メチルマグネシウムを反応させ,ついで H_3O^+ と処理すると,生成物のアルコールが立体異性体の混合物として得られる.生成物の立体化学を構造式で示し,どの立体異性体が主生成物であるかを予測せよ.

*8・10 次に示すシクロヘキサノンと硫黄イリドおよびジアゾメタンとの反応について,反応機構を説明せよ.

(a) シクロヘキサノン + $H_2\overset{-}{C}-\overset{+}{S}(CH_3)_2$ → エポキシド
(b) シクロヘキサノン + CH_2N_2 → シクロヘプタノン

8・11　アセトンとヒドロキシルアミンからオキシムを合成するとき，反応溶液のpHが4〜5のとき反応が最も速く進行し，pHの値がそれよりも大きくても小さくても反応が遅くなる．反応の機構を示し，その理由を説明せよ．

***8・12**　ベンズアルデヒドとプロペン酸メチル（アクリル酸メチル）を塩基触媒として働く1,4-ジアザビシクロ[2.2.2]オクタン（DABCO）の存在下で反応させると，以下の反応が起こる．解答中では，塩基触媒の第三級アミン部分はR_3Nと表現せよ．

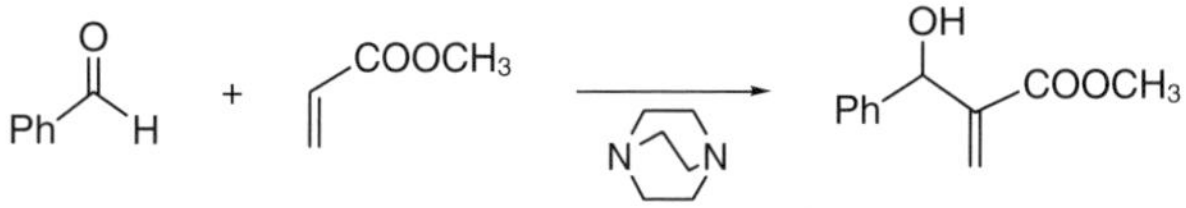

(a) この反応は，プロペン酸メチルと塩基触媒から生じる双性イオン（分子内に正電荷と負電荷をもつ化学種）を経由して進行する．この中間体の構造を書け．

(b) 双性イオン中間体から最終生成物を与える反応機構を示せ．

***8・13**　次の反応の生成物を書け．

(a)

DMSO：ジメチルスルホキシド

(b)

(c)

Ac：アセチル

(d)

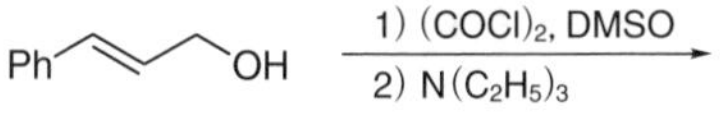

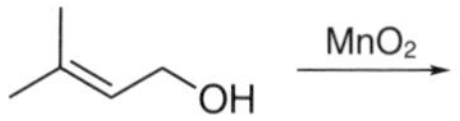

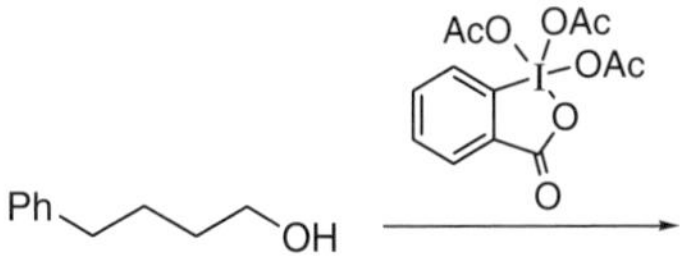

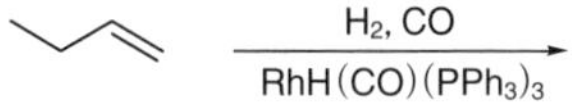

9

カルボン酸とその誘導体

命名法

IUPAC 命名法では，カルボン酸はカルボキシ基 $-COOH$ を含む最も長い炭素鎖に相当するアルカンの名称に基づいて alkanoic acid（アルカン酸）と命名される．カルボキシ基は必ず炭素鎖の末端にあるので，カルボキシ炭素が位置番号1となるが，名称には明示しない．カルボキシ基が2個ある場合は alkanedioic acid（アルカン二酸）となる．カルボキシ基が環に結合している場合は，環の名称に接尾辞 -carboxylic acid（カルボン酸）をつけて命名される．多くのカルボン酸には古くか

表 9・1　カルボン酸とその誘導体の命名法

化合物	IUPAC 命名法		慣用名
	鎖状化合物	環状化合物[†1]	
カルボン酸 RCOOH	alkanoic acid （アルカン酸）	-carboxylic acid （―カルボン酸）	-ic acid （―酸）[†2]
酸塩化物 RCOCl	alkanoyl chloride （塩化アルカノイル）	-carbonyl chloride （塩化―カルボニル）	-yl chloride 〔塩化―(イ)ル〕[†3]
酸無水物 $(RCO)_2O$	alkanoic anhydride （アルカン酸無水物）	-carboxylic anhydride （―カルボン酸無水物）	-ic anhydride （無水―酸）[†2]
エステル RCOOR′	alkyl alkanoate （アルカン酸アルキル）	alkyl -carboxylate （―カルボン酸アルキル）	alkyl -ate （―酸アルキル）[†2]
アミド $RCONH_2$	alkanamide （アルカンアミド）	-carboxamide （―カルボキサミド）	-amide[†4] （―アミド）[†3]
ニトリル RCN	alkanenitrile （アルカンニトリル）	-carbonitrile （―カルボニトリル）	-onitrile[†4] 〔―(オ)ニトリル〕[†3]

[†1]　環に直接カルボキシ基が結合しているもの．―の部分に環の名称（シクロアルカン，ベンゼンなど）が入る．
[†2]　―の部分はしばしば日本語に翻訳される．例：acetic acid（酢酸），ethyl acetate（酢酸エチル）．
[†3]　カルボン酸名が漢字に翻訳される場合も，―の部分をそのまま片仮名に字訳する．例：acetyl chloride（塩化アセチル）．
[†4]　カルボン酸名の―の部分が o で終わる場合は，その o を除く．例：benzoic acid（安息香酸）→ benzamide（ベンズアミド），benzonitrile（ベンゾニトリル）．

9. カルボン酸とその誘導体

らの慣用名があり，そのいくつかは日本語では漢字で表記される．カルボン酸誘導体の名称は，対応するカルボン酸の名称から誘導される（表9・1）．

カルボン酸 RCOOH から OH を除いた残基 RCO− をアシル基と総称し，個別にはアルカン RCH_3 の名称に基づいて alkanoyl（アルカノイル）とよぶ．またいくつかの慣用名が頻用されている〔HCO は formyl（ホルミル），CH_3CO は acetyl（アセチル），C_6H_5CO は benzoyl（ベンゾイル）など〕．

カルボン酸の合成

a. 第一級アルコールまたはアルデヒドの酸化

$$R-CH_2OH \xrightarrow{CrO_3, H_2SO_4} R-\overset{O}{\underset{\|}{C}}-OH \qquad R-\overset{O}{\underset{\|}{C}}-H \xrightarrow{CrO_3, H_2SO_4} R-\overset{O}{\underset{\|}{C}}-OH$$

b. アルキルベンゼンの酸化

過マンガン酸カリウムで酸化すると，α 水素をもつ側鎖アルキル基はカルボキシ基に変換される．

$$C_6H_5-R \xrightarrow{KMnO_4} C_6H_5-\overset{O}{\underset{\|}{C}}-OH$$

$$R=CH_3, CH_2R', CHR'R''$$

c. Grignard（グリニャール）試薬と CO_2 の反応（カルボキシ化）

$$R-X \xrightarrow{Mg} R-MgX \xrightarrow{\text{1) } CO_2 \quad \text{2) } H_3O^+} R-\overset{O}{\underset{\|}{C}}-OH$$

d. カルボン酸誘導体の加水分解

エステル，アミド，ニトリルなどのカルボン酸誘導体を，酸または塩基存在下で加水分解すると，カルボン酸が得られる．塩基を用いた場合は，生成物はカルボキシラートイオンであり，反応後酸性にする必要がある．

$$R-\overset{O}{\underset{\|}{C}}-OR', \quad R-\overset{O}{\underset{\|}{C}}-NH_2, \quad R-C\equiv N \xrightarrow[H^+ \text{または } OH^-]{H_2O} R-\overset{O}{\underset{\|}{C}}-OH$$

酸塩化物の合成

カルボン酸とハロゲン化試薬との反応で合成される．塩素化試薬としては，塩化チオニル（塩化スルフィニル）$SOCl_2$ のほかに三塩化リン PCl_3，二塩化オキサリル $(COCl)_2$ を用いることができる．

$$R-\overset{O}{\underset{\|}{C}}-OH \xrightarrow{SOCl_2} R-\overset{O}{\underset{\|}{C}}-Cl$$

酸無水物の合成

a. 酸塩化物とカルボン酸塩との反応　求核アシル置換反応により酸無水物が生じる．混合酸無水物の合成に有効である．

$$R-\underset{\underset{O}{\|}}{C}-O^-Na^+ \; + \; R'-\underset{\underset{O}{\|}}{C}-Cl \longrightarrow R-\underset{\underset{O}{\|}}{C}-O-\underset{\underset{O}{\|}}{C}-R'$$

b. ジカルボン酸の加熱による脱水　フタル酸など分子内に2個のカルボキシ基をもつ化合物を加熱すると，容易に水を失い環状酸無水物になる．

$$\text{フタル酸} \xrightarrow[-H_2O]{\Delta} \text{無水フタル酸}$$

エステルの合成

a. カルボン酸とアルコールの酸触媒縮合反応（Fischer エステル合成）　酸として硫酸，リン酸，塩酸などの無機酸（鉱酸）が用いられる．

$$R-\underset{\underset{O}{\|}}{C}-OH \; + \; R'-OH \xrightarrow{H^+} R-\underset{\underset{O}{\|}}{C}-OR'$$

b. 酸塩化物あるいは酸無水物とアルコールの反応　生成する酸をピリジンなどの塩基で捕捉する．

$$R-\underset{\underset{O}{\|}}{C}-Cl \; + \; R'-OH \xrightarrow{\text{ピリジン}} R-\underset{\underset{O}{\|}}{C}-OR'$$

$$R-\underset{\underset{O}{\|}}{C}-O-\underset{\underset{O}{\|}}{C}-R \; + \; R'-OH \xrightarrow{\text{ピリジン}} R-\underset{\underset{O}{\|}}{C}-OR'$$

c. カルボン酸塩とハロゲン化アルキルの S_N2 反応

$$R-\underset{\underset{O}{\|}}{C}-O^-Na^+ \; + \; R'-X \longrightarrow R-\underset{\underset{O}{\|}}{C}-OR' \; + \; NaX$$
$$X = Cl, Br, I$$

d. カルボン酸とジアゾメタンの反応（メチルエステルの合成）

$$R-\underset{\underset{O}{\|}}{C}-OH \xrightarrow{CH_2N_2} R-\underset{\underset{O}{\|}}{C}-OCH_3$$

9. カルボン酸とその誘導体

アミドの合成
酸塩化物，酸無水物，エステルとアンモニアの反応でアミドが得られる（**アンモノリシス**）．第一級アミン，第二級アミンを用いるとそれぞれ N-アルキルアミド，N,N-ジアルキルアミドが得られる（**アミノリシス**）．

$$\text{R-CO-Cl, R-CO-O-CO-R, R-CO-OR'} \xrightarrow{NH_3} \text{R-CO-NH}_2$$

ニトリルの合成

a. ハロゲン化アルキルのシアン化物イオンによる S_N2 反応

$$\text{R-X} \xrightarrow{CN^-} \text{R-C}\equiv\text{N}$$

b. 第一級アミドの脱水　　脱水剤として塩化チオニルや五酸化二リンを用いる．

$$\text{R-CO-NH}_2 \xrightarrow[\text{または } P_2O_5]{SOCl_2} \text{R-C}\equiv\text{N}$$

カルボン酸の反応（既出のカルボン酸誘導体への変換を除く）

a. 第一級アルコールへの還元　　還元剤として水素化アルミニウムリチウム $LiAlH_4$ やボラン BH_3 が用いられる．

$$\text{R-CO-OH} \xrightarrow[\text{2) } H_3O^+]{\text{1) } LiAlH_4} \text{R-CH}_2\text{OH}$$

b. Hunsdiecker 反応（ハンスディッカー）　　カルボン酸の銀塩を臭素と反応させると，脱炭酸を起こし炭素数の一つ少ない臭化物が得られる．

$$\text{R-CO-O}^-\text{Ag}^+ \xrightarrow{Br_2} \text{R-Br} + \text{AgBr} + CO_2$$

c. 脱炭酸を伴う熱分解　　β-ケトカルボン酸を加熱すると，容易に脱炭酸が起こりケトンを生成する．

$$\underset{R^2\;R^3}{\underset{|\;\;\;|}{R^1\text{-CO-C-CO-OH}}} \xrightarrow{\Delta} \underset{R^3}{\underset{|}{R^1\text{-CO-CH-}R^2}} + CO_2$$

カルボン酸誘導体の反応

a. 求核アシル置換　　カルボニル基への求核試薬 $Nu:^-$ の付加により四面体中

間体が生じ,これから X⁻ が脱離すると,X が Nu に置換される.カルボン酸誘導体間の変換に重要な反応である.反応の起こりやすさは,X が Cl > OCOR′ > OR′ > NR′$_2$ の順に低下する.

$$R-\underset{X}{\underset{\|}{C}}=O \xrightarrow[\text{求核試薬}]{Nu^-} R-\underset{X}{\overset{Nu}{\underset{|}{C}}}-O^- \xrightarrow{-X^-} R-\underset{Nu}{\underset{\|}{C}}=O$$

b. 還元

1) 酸塩化物,酸無水物,エステルの第一級アルコールへの還元

$$R-\overset{O}{\underset{\|}{C}}-Cl, \quad R-\overset{O}{\underset{\|}{C}}-O-\overset{O}{\underset{\|}{C}}-R', \quad R-\overset{O}{\underset{\|}{C}}-OR' \xrightarrow[\text{2) } H_3O^+]{\text{1) LiAlH}_4} R-CH_2OH$$

2) アミド,ニトリルのアミンへの還元

$$R-\overset{O}{\underset{\|}{C}}-NH_2, \quad R-C\equiv N \xrightarrow[\text{2) } H_2O]{\text{1) LiAlH}_4} R-CH_2NH_2$$

3) 酸塩化物のアルデヒドへの還元

$$R-\overset{O}{\underset{\|}{C}}-Cl \xrightarrow[\text{または } H_2, Pd/BaSO_4]{\text{1) LiAlH(O-}t\text{-Bu)}_3, \text{ 2) } H_3O^+} R-\overset{O}{\underset{\|}{C}}-H$$

4) エステル,ニトリルのアルデヒドへの還元

$$R-\overset{O}{\underset{\|}{C}}-OR', \quad R-C\equiv N \xrightarrow[\text{2) } H_3O^+]{\text{1) } i\text{-Bu}_2\text{AlH}} R-\overset{O}{\underset{\|}{C}}-H$$

c. 有機金属試薬との反応

1) 酸塩化物,エステルと Grignard 試薬との反応　2 モル量の Grignard 試薬との反応で,第三級アルコール(ギ酸エステルの場合は第二級アルコール)が得られる.

$$R^1-\overset{O}{\underset{\|}{C}}-Cl, \quad R^1-\overset{O}{\underset{\|}{C}}-OR^3 \xrightarrow[\text{2) } H_3O^+]{\text{1) 2 } R^2MgX} R^1-\underset{R^2}{\overset{R^2}{\underset{|}{\overset{|}{C}}}}-OH$$

2) ニトリルと Grignard 試薬との反応　1 モル量の Grignard 試薬との反応で,ケトンが得られる.

$$R-C\equiv N \xrightarrow[\text{2) } H_3O^+]{\text{1) } R'MgX} R-\overset{O}{\underset{\|}{C}}-R'$$

3) **酸塩化物と有機銅試薬との反応** 有機銅試薬(リチウムジアルキルクプラート)との反応で，ケトンが得られる．

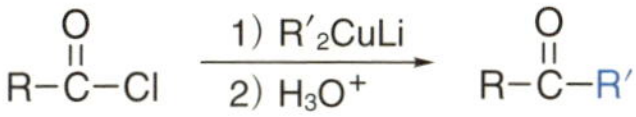

$$R-\overset{O}{\underset{\|}{C}}-Cl \xrightarrow[\text{2) } H_3O^+]{\text{1) } R'_2CuLi} R-\overset{O}{\underset{\|}{C}}-R'$$

例題 9・1 次の化合物を命名せよ．

(a) 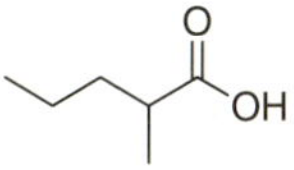 (b) 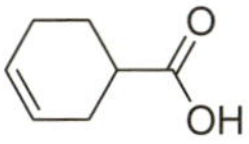 (c) 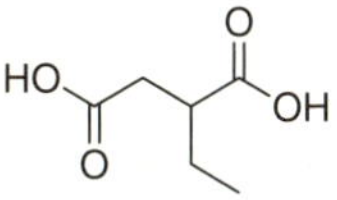 (d) 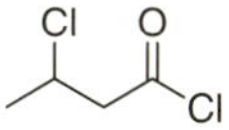
(e) 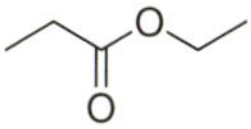 (f) 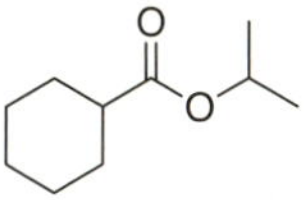 (g) 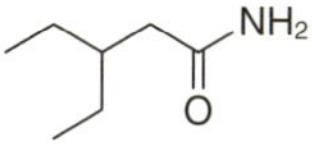 (h)

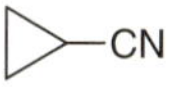

解答 (a) 2-methylpentanoic acid（2-メチルペンタン酸）

(b) 3-cyclohexenecarboxylic acid（3-シクロヘキセンカルボン酸）

(c) 2-ethylbutanedioic acid（2-エチルブタン二酸）

(d) 3-chlorobutanoyl chloride（塩化 3-クロロブタノイル）

(e) ethyl propanoate（プロパン酸エチル），ethyl propionate〔プロピオン酸エチル（慣用名）〕

(f) isopropyl cyclohexanecarboxylate（シクロヘキサンカルボン酸イソプロピル）

(g) 3-ethylpentanamide（3-エチルペンタンアミド）

(h) cyclopropanecarbonitrile（シクロプロパンカルボニトリル）

例題 9・2 次の化合物名に対応する構造式を書け．
(a) ジフェニル酢酸 (b) 3-メチルブタン酸エチル
(c) アセトアニリド (d) プロパン二酸ジメチル
(e) 酢酸安息香酸無水物 (f) *N,N*-ジメチルプロパンアミド
(g) 3-メチルベンゾニトリル
(h) *trans*-2-メチルシクロペンタンカルボン酸
(i) 臭化シクロヘキサンカルボニル
(j) (*E*)-3-フェニルプロペン酸

解答

(a) Ph-CH(Ph)-COOH

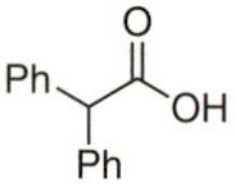

(b) (CH₃)₂CHCH₂C(O)OCH₂CH₃ — イソ吉草酸エチル構造

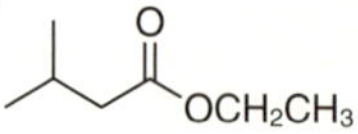

(c) C₆H₅-NHCOCH₃

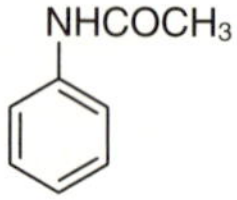

(d) CH₃O-C(O)-CH₂-C(O)-OCH₃

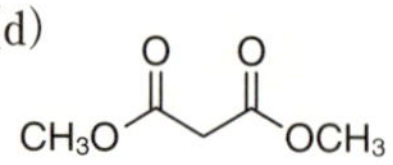

(e) Ph-C(O)-O-C(O)-CH₃

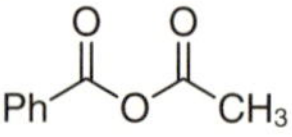

(f) CH₃CH₂-C(O)-N(CH₃)₂

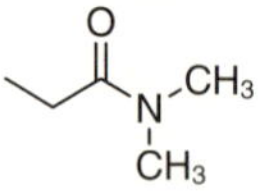

(g) 3-メチルベンゾニトリル

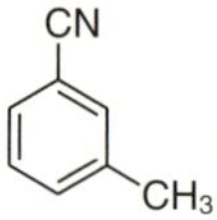

(h) trans-2-メチルシクロペンタンカルボン酸

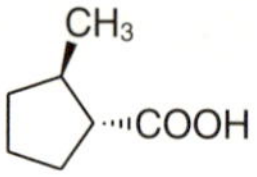

(i) シクロヘキサンカルボニルブロミド

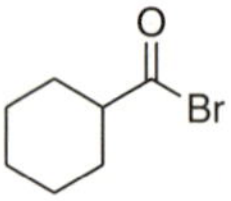

(j) (E)-PhCH=CHCOOH

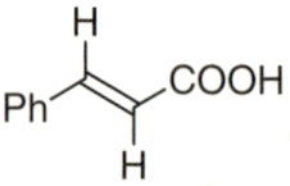

(a)は酢酸のメチル炭素に二つのフェニル基が置換した構造．(b)はカルボン酸のエチルエステル．カルボン酸鎖の番号はカルボニル炭素が1となることに注意．(c)は酢酸とアニリンからできるアミド．*N*-フェニルアセトアミドともよばれる．(d)のジメチルは二つのカルボキシ基がともにエステルになっていることを示す．慣用名はマロン酸ジメチル．(e)は酢酸と安息香酸の混合酸無水物．(f)ではアミドの窒素原子の置換基は *N*- で示す．(g)は安息香酸のニトリルの誘導体．(h)はシクロペンタンの水素一つがカルボキシ基に置き換わった構造．トランス体であることを明示する．(i)はシクロヘキサンカルボン酸の酸臭化物．(j)は 2,3 位炭素間が二重結合であるカルボン酸．*E* 体であることを明示する．

例題 9・3 次に示した変換を行うための反応を示せ．必要な試薬を記すこと．
(a) フェニル酢酸 から 塩化フェニルアセチル
(b) 塩化ベンゾイル から *N,N*-ジメチルベンズアミド
(c) 塩化アセチル から 酢酸ブチル
(d) ブタンアミド から ブタンニトリル
(e) 安息香酸エチル から ベンズアミド
(f) マレイン酸 から 無水マレイン酸
(g) ヘキサン酸 から 酢酸ヘキサン酸無水物
(h) プロパン酸ナトリウム から プロパン酸メチル

9. カルボン酸とその誘導体

解答 カルボン酸およびカルボン酸誘導体間の変換である．

(a) カルボン酸から酸塩化物の合成．$SOCl_2$，PCl_3，PCl_5 などの塩素化試薬を用いる．

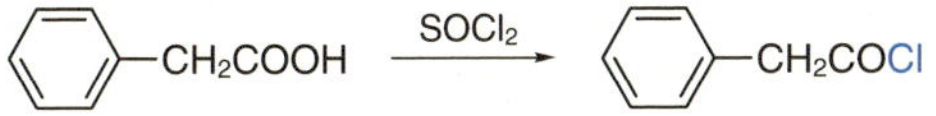

$$C_6H_5\text{-}CH_2COOH \xrightarrow{SOCl_2} C_6H_5\text{-}CH_2COCl$$

(b) 酸塩化物からアミドの合成．生成する HCl を捕捉するために 2 モル量のジメチルアミンを用いる．

$$C_6H_5\text{-}COCl \xrightarrow{2\,(CH_3)_2NH} C_6H_5\text{-}CON(CH_3)_2 + (CH_3)_2\overset{+}{N}H_2\,Cl^-$$

(c) 酸塩化物からエステルの合成．生成する HCl を捕捉するためにピリジンやトリエチルアミンのような第三級アミンを加えておく．

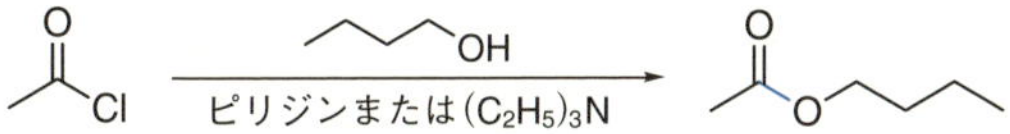

$$CH_3COCl \xrightarrow[\text{ピリジンまたは}(C_2H_5)_3N]{n\text{-}C_4H_9OH} CH_3COO\text{-}n\text{-}C_4H_9$$

(d) アミドからニトリルの合成．塩化チオニルあるいは五酸化二リンを用いてアミドを脱水する．

$$CH_3CH_2CH_2CONH_2 \xrightarrow{SOCl_2} CH_3CH_2CH_2C\equiv N$$

(e) エステルからアミドの合成．エステルにアンモニアを加えて加熱すると，アンモノリシスによりアミドが生成する．

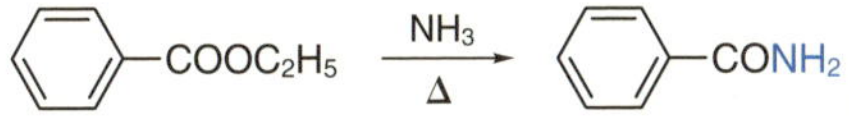

$$C_6H_5\text{-}COOC_2H_5 \xrightarrow[\Delta]{NH_3} C_6H_5\text{-}CONH_2$$

(f) ジカルボン酸から酸無水物の合成．マレイン酸は加熱すると容易に水を失い，酸無水物を形成する．

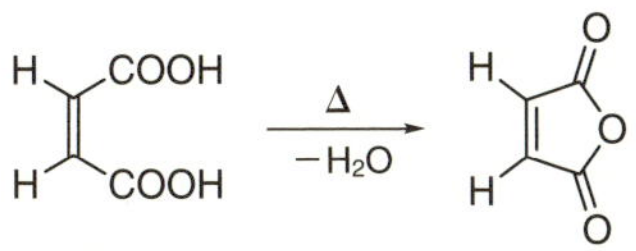

$$\text{マレイン酸} \xrightarrow[-H_2O]{\Delta} \text{無水マレイン酸}$$

(g) カルボン酸から混合酸無水物の合成．ヘキサン酸を酸塩化物にした後，酢酸ナトリウムと反応させる．逆にヘキサン酸をナトリウム塩として塩化アセチルと反応させてもよい．

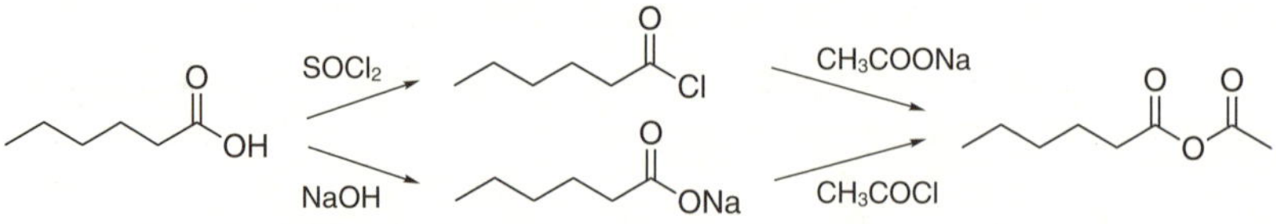

(h) カルボン酸塩からエステルの合成．カルボン酸にハロゲン化アルキルを反応させると，S_N2 反応によりエステルが生成する．この方法は，メチルおよび第一級アルキルエステルの合成に利用可能である．カルボン酸塩をカルボン酸に誘導して，Fischer エステル化またはジアゾメタンとの反応でメチルエステルにする方法もある．

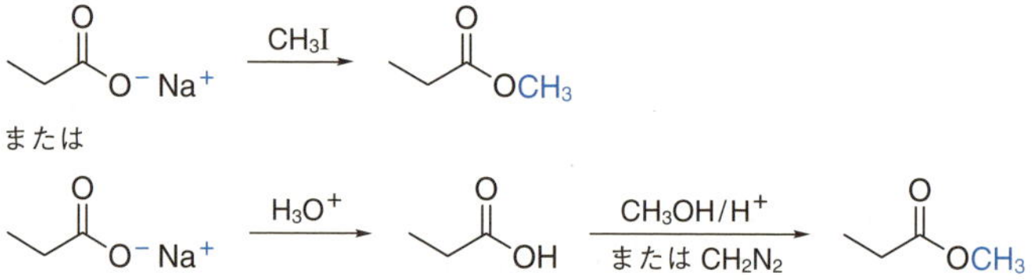

例題 9・4 次の化合物をペンタン酸に誘導するための反応経路を示せ．反応は 1 段階であるとは限らない．

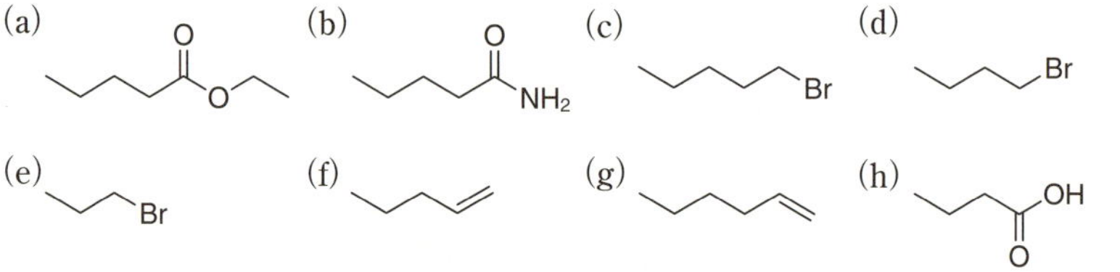

(a) (b) (c) (d) (e) (f) (g) (h)

解答 種々の化合物からペンタン酸を合成する問題．炭素数の増減に注意して，官能基の変換方法を考える．

(a) エステルからの合成．酸または塩基を用いてエステルを加水分解する．塩基を用いたときは，反応後酸性にする．

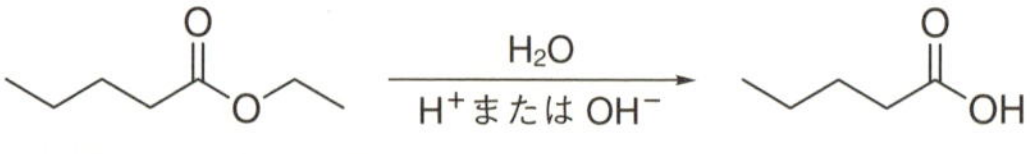

(b) アミドからの合成．酸または塩基を用いてアミドを加水分解する．塩基を用いたときは，反応後酸性にする．

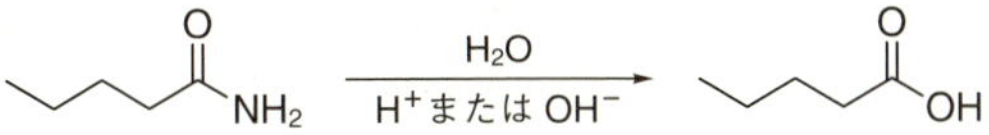

9. カルボン酸とその誘導体

[反応式: ペンタンアミド + H₂O (H⁺またはOH⁻) → ペンタン酸]

(c) ハロゲン化アルキルからの合成．S_N2反応により第一級アルコールに変換し，これを酸化してカルボン酸にする．

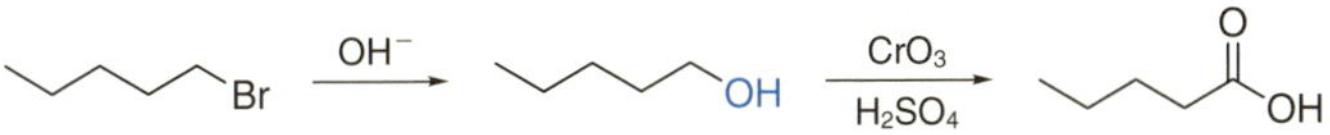

[反応式: 1-ブロモペンタン → OH⁻ → 1-ペンタノール → CrO₃/H₂SO₄ → ペンタン酸]

(d) 炭素が一つ少ないハロゲン化アルキルからの合成．Grignard試薬を調製し，これに二酸化炭素を反応させる．あるいは，S_N2反応によりシアン化し，生成したニトリルを加水分解する．

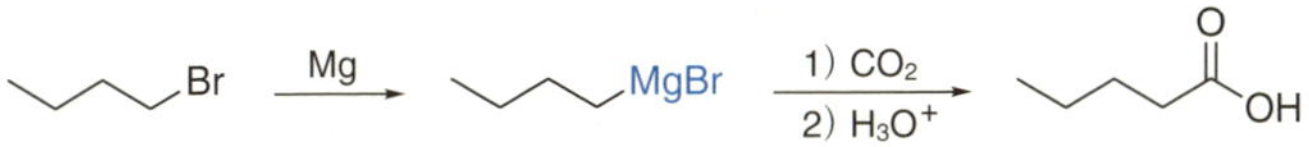

[反応式: 1-ブロモブタン → Mg → ブチルMgBr → 1) CO₂ 2) H₃O⁺ → ペンタン酸]

または

[反応式: 1-ブロモブタン → CN⁻ → ペンタンニトリル → H₂O (H⁺またはOH⁻) → ペンタン酸]

(e) 炭素が二つ少ないハロゲン化アルキルからの合成．1-ブロモプロパンから調製したGrignard試薬にオキシランを反応させて，炭素が二つ多い第一級アルコールに変換する．これを酸化するとカルボン酸になる．マロン酸エステル合成を用いる経路も可能である（10章 p.137 参照）．

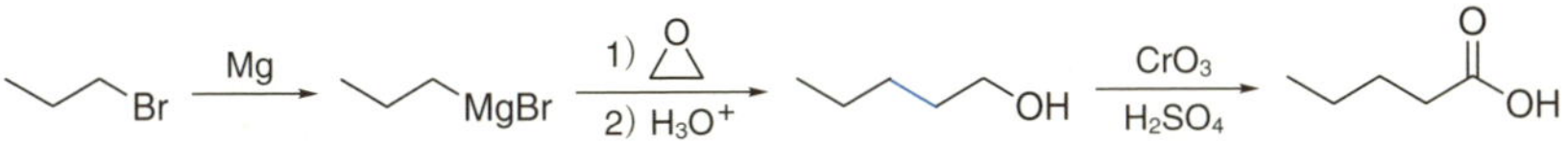

[反応式: 1-ブロモプロパン → Mg → プロピルMgBr → 1) オキシラン 2) H₃O⁺ → 1-ペンタノール → CrO₃/H₂SO₄ → ペンタン酸]

(f) アルケンからの合成．ヒドロホウ素化により逆Markovnikov（マルコフニコフ）型に水が付加したアルコールとし，これを酸化するとカルボン酸になる．

[反応式: 1-ペンテン → 1) BH₃ 2) H₂O₂, NaOH → 1-ペンタノール → CrO₃/H₂SO₄ → ペンタン酸]

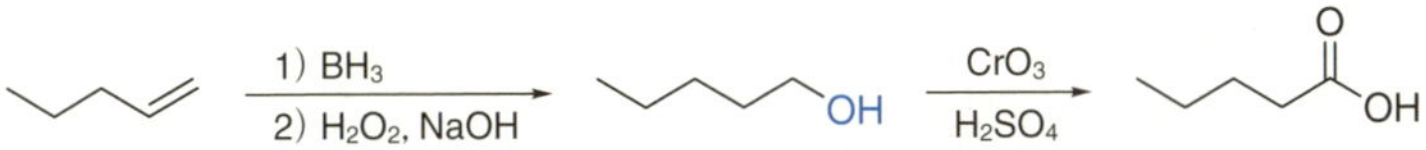

(g) 炭素が一つ多いアルケンからの合成．酸性条件で過マンガン酸カリウムを用いて酸化し，二重結合を開裂する．オゾン分解を用いてもよい．

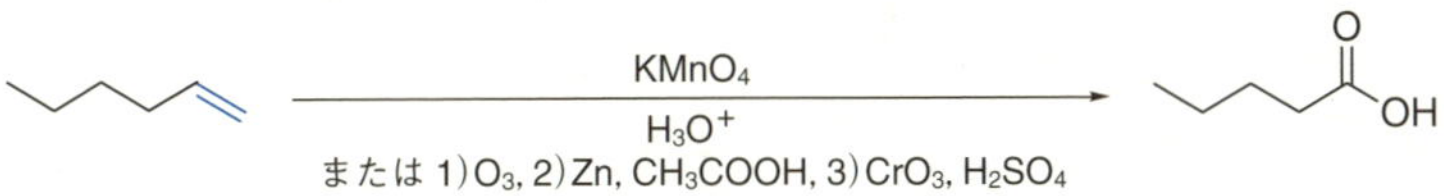

[反応式: 1-ペンテン → KMnO₄/H₃O⁺ または 1) O₃, 2) Zn, CH₃COOH, 3) CrO₃, H₂SO₄ → ペンタン酸]

(h) 炭素が一つ少ないカルボン酸からの合成．酸塩化物とした後，ジアゾメタ

ンと反応させるとジアゾケトンになる．これに銀イオンを作用させると，窒素が脱離してケトカルベンとなり，アルキル基の求核的な転位によってケテンを生成する．これに水が付加してカルボン酸が生成する（Arndt-Eistert 反応）．

$CH_3CH_2CH_2COOH \xrightarrow{SOCl_2} CH_3CH_2CH_2COCl \xrightarrow{CH_2N_2} CH_3CH_2CH_2COCHN_2$ ジアゾケトン

$\xrightarrow[-N_2]{Ag^+}$ ケトカルベン $\longrightarrow$ CH$_3$CH$_2$CH$_2$CH=C=O ケテン $\xrightarrow{H_2O}$ CH$_3$CH$_2$CH$_2$CH$_2$COOH

例題 9・5 次の反応の生成物を書け．

(a) 4-Cl-C$_6$H$_4$-CH$_2$CH$_3$ $\xrightarrow{KMnO_4}$

(b) 1,5-シクロオクタジエン $\xrightarrow[H_3O^+]{KMnO_4}$

(c) PhCH$_2$CH$_2$COOH $\xrightarrow[2) H_3O^+]{1) LiAlH_4}$

(d) PhCH$_2$CH$_2$CONHCH$_3$ $\xrightarrow[2) H_3O^+]{1) LiAlH_4}$

(e) PhCH$_2$CH$_2$COCl $\xrightarrow{(CH_3)_2NH (2 モル量)}$

(f) CH$_3$CH$_2$COOCH$_3$ $\xrightarrow[2) H_3O^+]{1) PhMgBr (2 モル量)}$

(g) (CH$_3$)$_2$CHCH$_2$COOCH$_3$ $\xrightarrow[2) H_3O^+]{1) i\text{-}Bu_2AlH}$

(h) CH$_3$O-CO-OCH$_3$ $\xrightarrow[2) H_3O^+]{1) PhMgBr (3 モル量)}$

(i) シクロヘキシル-COCl $\xrightarrow[2) H_3O^+]{1) (CH_3)_2CuLi}$

(j) CH$_3$CH$_2$CH$_2$COOH $\xrightarrow[室温]{CH_3NH_2}$

(k) PhO$^-$Na$^+$ $\xrightarrow[2) H_3O^+]{1) CO_2 (高温, 高圧)}$

(l) 2-ピロリドン $\xrightarrow[HCl]{H_2O}$

(m) CH$_3$CH$_2$CH$_2$COOCH$_3$ $\xrightarrow[p\text{-}CH_3C_6H_4SO_3H]{CH_3CH_2CH_2OH (過剰量)}$

(n) 2-ピペリドン $\xrightarrow[2) H_3O^+]{1) LiAlH_4}$

解答 カルボン酸とカルボン酸誘導体の基本的反応である．

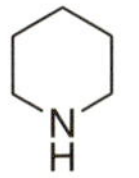

(a) の反応は芳香環に置換したアルキル基のカルボキシ基への酸化. (b) の反応はアルケンの酸化的開裂. ブタン二酸が 2 分子生成する. (c) の反応は LiAlH$_4$ によるカルボン酸の第一級アルコールへの還元. (d) の反応は LiAlH$_4$ によるアミドのアミンへの還元. (e) の反応は酸塩化物とアミンの反応によるアミドの生成. 反応によって生じる HCl はアミンと反応して塩をつくる. (f) の反応のようにエステルに Grignard 試薬を作用させると, まずケトンが生成する. ケトンはエステルより求電子性が強いので, 直ちにもう 1 分子の Grignard 試薬と反応しアルコールになる.

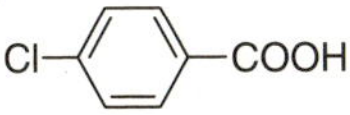

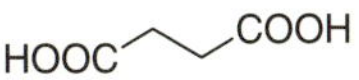

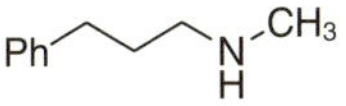

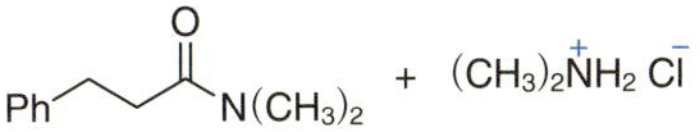

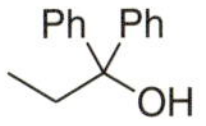

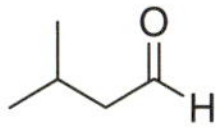

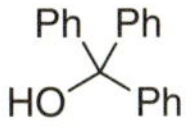

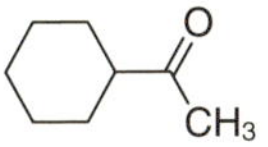

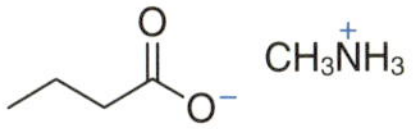

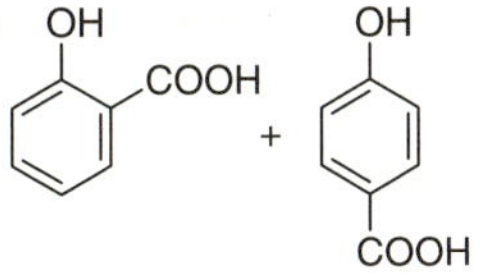

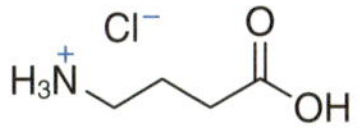

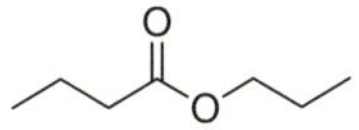

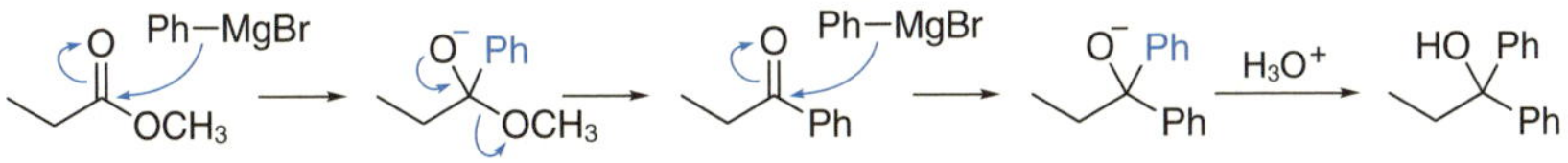

(g) の反応は水素化ジイソブチルアルミニウム i-Bu$_2$AlH (DIBAL) を用いたエステルのアルデヒドへの部分還元. 還元剤として LiAlH$_4$ を用いると第一級アルコールまで還元される. (h) の反応のように炭酸エステルに Grignard 試薬を反応させると, まずカルボン酸エステルが生成する. このエステルは (f) にあるようにさらに 2 分子の Grignard 試薬と反応し最終的に第三級アルコールになる.

(i)の反応のように酸塩化物にリチウムジアルキルクプラートを反応させると，ケトンが生成する．この有機銅化合物はケトンのカルボニル基と反応しにくいため，反応はここで止まる．(j)の反応のようにカルボン酸とアミンを混合すると，酸塩基反応（プロトンの移動）により塩を生じる．高温で反応させるとアミドが生成する．(k)の反応のようにナトリウムフェノキシドを高温，高圧で二酸化炭素と反応させると，ベンゼン環にカルボキシ基が導入される（Kolbe 反応）．オルト体およびパラ体が生成し，それらの比率は反応条件により変化する．(l)の反応はラクタム（環状アミド）の酸性加水分解．(m)の反応のように酸触媒の存在下，メチルエステルに過剰量の 1-プロパノールを作用させるとプロピルエステルが生成する（**エステル交換**）．エステル交換は塩基触媒でも進行する．(n)の反応はラクタムの $LiAlH_4$ による還元．

例題 9・6 エステルは酸性または塩基性の水溶液中で加水分解されて，カルボン酸とアルコールを与える．酢酸エチルを例にとってそれぞれの条件における加水分解の機構を示し，その違いを説明せよ．

解答 酸性加水分解：エステルを鉱酸（硫酸，リン酸，塩酸など）を含む水溶液とともに加熱する．

$$H_3C-\underset{}{\overset{O\curvearrowleft H^+}{C}}-OC_2H_5 \rightleftharpoons H_3C-\underset{\overset{|}{O-H}}{\overset{OH}{\underset{}{C^+}}}-OC_2H_5 \rightleftharpoons H_3C-\underset{\overset{|}{\overset{+}{O}-H}}{\overset{OH}{\underset{}{C}}}-OC_2H_5 \overset{-H^+}{\rightleftharpoons} H_3C-\underset{\overset{|}{OH}}{\overset{OH}{\underset{}{C}}}-OC_2H_5 \curvearrowleft H^+$$

$$\rightleftharpoons H_3C-\underset{\overset{|}{OH\ H}}{\overset{OH}{\underset{}{C}}}-\overset{+}{O}C_2H_5 \overset{-C_2H_5OH}{\rightleftharpoons} H_3C-\underset{\overset{|}{OH}}{\overset{\overset{\curvearrowleft H}{O}}{\underset{}{C^+}}} \overset{-H^+}{\rightleftharpoons} H_3C-\overset{O}{\underset{}{C}}-OH$$

Fischer エステル合成の逆反応である．カルボニル基の酸素原子がプロトン化され，活性化されたカルボニル炭素に対して水が求核的に付加する．つづいてプロトンの移動とエタノールの脱離が起こり，さらに脱プロトンが起こって酢酸とエタノールが生成する．最初の段階で取込まれたプロトンは，最後の段階で再生される．すなわち酸（プロトン）は反応によって消費されないので，用いる酸はエステルに対して等モル以下（触媒量という）でよい．反応は可逆であるので，生成物を効率よく得るためには過剰量の水を使うなどの工夫が必要である．

塩基性加水分解（けん化）：エステルを NaOH や KOH の水溶液とともに加熱する．

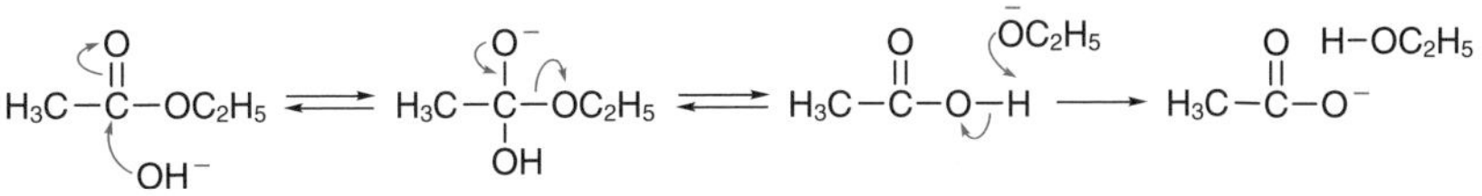

$$H_3C-\underset{OH^-}{\overset{O}{\underset{|}{C}}}-OC_2H_5 \rightleftharpoons H_3C-\underset{OH}{\overset{O^-}{\underset{|}{C}}}-OC_2H_5 \rightleftharpoons H_3C-\overset{O}{\underset{|}{C}}-\overset{OC_2H_5}{\underset{|}{O}}-H \longrightarrow H_3C-\overset{O}{\underset{|}{C}}-O^- \quad H-OC_2H_5$$

　水酸化物イオンがエステルのカルボニル基に付加し，つづいてエトキシドイオンが脱離する求核アシル置換機構で進行する．酢酸の酸性（$pK_a = 4.8$）がエタノール（$pK_a = 16$）よりはるかに強いので，最終段階の平衡は圧倒的に酢酸イオンとエタノールの側に偏っている．したがって，エステルの塩基性加水分解は実質的に非可逆である．水酸化物イオンはこの反応で消費されるので，エステルに対して等モル量必要である．カルボン酸を取出すには，反応後酸性にする必要がある．

演習問題

9・1 次の化合物を命名せよ．

(a), (b), 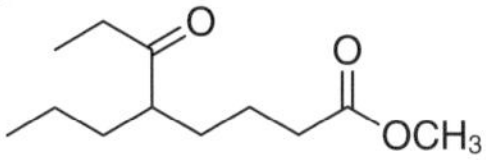 (c), 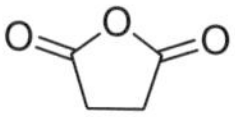 (d), 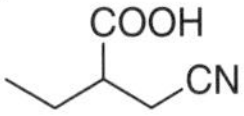 (e), 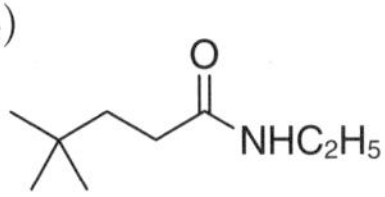 (f), 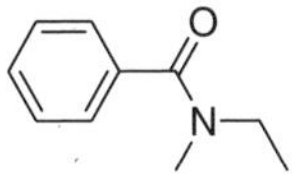 (g), 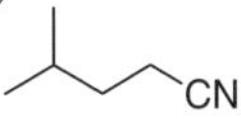 (h)

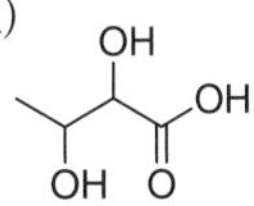

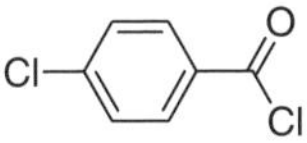

9・2 次の酢酸に関連した酸塩基反応の生成物を答えよ．ほとんど反応が進行しない場合は，反応しないと答えよ．

(a) CH_3COOH + $NaOH$ ⟶
(b) CH_3COOH + $NaHCO_3$ ⟶
(c) CH_3COONa + Cl_3CCOOH ⟶
(d) CH_3COOH + $Cl_3CCOONa$ ⟶
(e) CH_3COOH + $NaCN$ ⟶
(f) CH_3COOH + $PhONa$ ⟶

9・3 次の反応の生成物を示し，反応機構を説明せよ．

(a) 3-メチルフェニル-CN 1) C_2H_5MgBr 2) H_3O^+ →

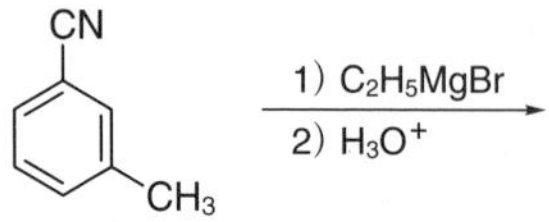

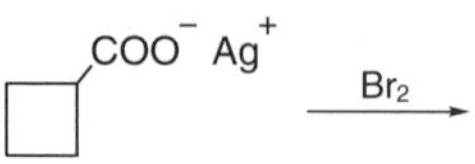

(b) シクロブタン-$COO^-\ Ag^+$ Br_2 →

(c) $PhCH_2COOH$ CH_2N_2 →

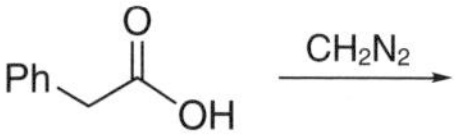

(d) $BrCH_2COOC_2H_5$ 1) Zn, $PhCOCH_3$ 2) H_3O^+ →

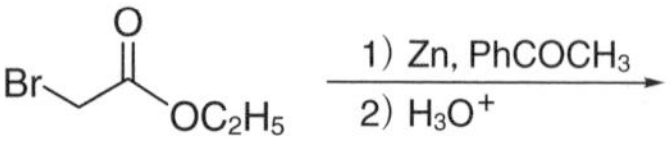

9・4 次の臭化アルキルまたは臭化アリールをカルボン酸に誘導するとき，Grignard 試薬を経由する方法（方法 1）とシアン化と加水分解による方法（方法 2）のどちらを用いることができるか．用いることができる場合はその反応式を，用いることができない場合はその理由を説明せよ．

方法 1: 1) Mg, エーテル 2) CO_2 3) H_3O^+
方法 2: 1) CN^- 2) H_3O^+

(a) $(CH_3)_2CHCH_2CH_2Br$
(b) $(CH_3)_3CBr$
(c) $HOCH_2CH_2CH_2CH_2Br$
(d) CH_3O-C$_6H_4$-Br
(e) $CH_3COC_6H_4Br$

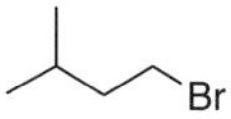

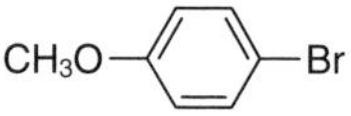

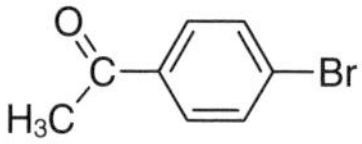

*9・5 カルボン酸とアルコールは，ジシクロヘキシルカルボジイミド（DCC）の存在下で脱水縮合してエステルを与える．酢酸と 1-プロパノールの反応を具体例として，その反応機構を示せ．

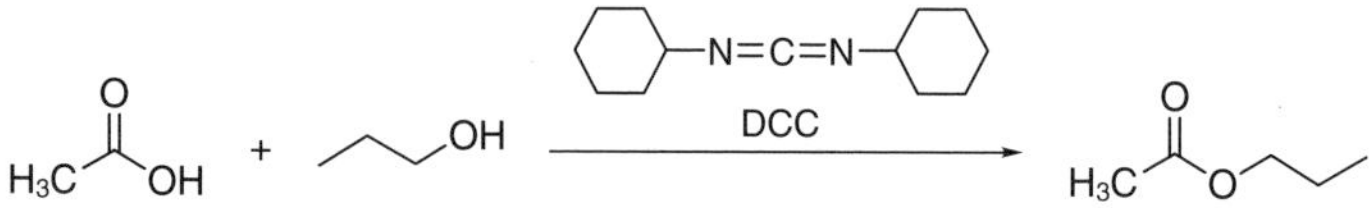

CH_3COOH + $CH_3CH_2CH_2OH$ $\xrightarrow{\text{Cy-N=C=N-Cy, DCC}}$ $CH_3COOCH_2CH_2CH_3$

*9・6 カルボン酸誘導体の関係した次の転位反応について，反応の名称と主生成物を示せ．

(a) PhO-CO-C_2H_5 $\xrightarrow{AlCl_3}$

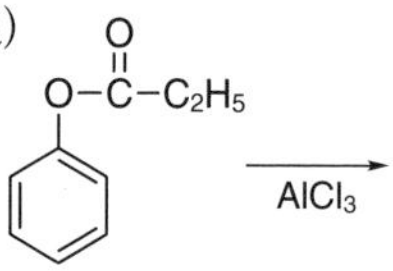

(b) PhCO-NH_2 $\xrightarrow[NaOH]{Br_2}$

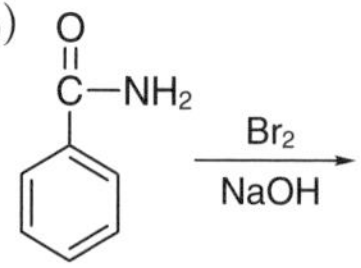

(c) PhCO-Cl $\xrightarrow[\text{2) Ag}^+, CH_3OH]{\text{1) }CH_2N_2}$

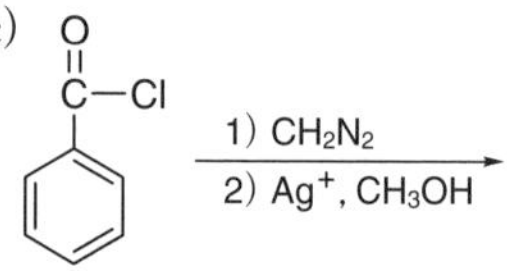

9・7 4-ヒドロキシブタン酸ラクトン（γ-ブチロラクトン）に対して次の条件で反

応を行ったときの主生成物を書け.

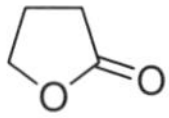

(γ-ブチロラクトン構造)

(a) 1) LiAlH$_4$ 2) H$_3$O$^+$
(b) 1) i-Bu$_2$AlH (DIBAL), 低温 2) H$_3$O$^+$
(c) H$_2$O, H$_3$O$^+$
(d) 1) CH$_3$MgBr（過剰量） 2) H$_3$O$^+$
(e) KCN, 加熱
(f) HBr, C$_2$H$_5$OH
(g) 1) i-Pr$_2$NLi (LDA) 2) CH$_3$I
(h) ベンゼン, AlCl$_3$

*9・8 安息香酸と塩化チオニルから塩化ベンゾイルが生成する反応の機構を示せ.

9・9 (a) ニトリル RCN のアミド RCONH$_2$ への酸性および塩基性加水分解の反応機構を示せ.

(b) アミド RCONH$_2$ のカルボン酸 RCOOH への酸性および塩基性加水分解の反応機構を示せ.

9・10 次に示す反応で得られる生成物 (**1**)〜(**8**) の構造式を示せ.

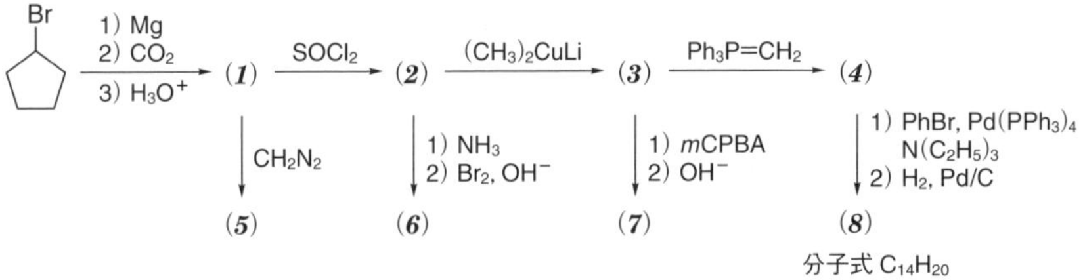

ブロモシクロペンタン
1) Mg
2) CO$_2$
3) H$_3$O$^+$
→ (**1**) —SOCl$_2$→ (**2**) —(CH$_3$)$_2$CuLi→ (**3**) —Ph$_3$P=CH$_2$→ (**4**)

(**1**) ↓ CH$_2$N$_2$ → (**5**)
(**2**) ↓ 1) NH$_3$ 2) Br$_2$, OH$^-$ → (**6**)
(**3**) ↓ 1) mCPBA 2) OH$^-$ → (**7**)
(**4**) ↓ 1) PhBr, Pd(PPh$_3$)$_4$ N(C$_2$H$_5$)$_3$ 2) H$_2$, Pd/C → (**8**)

分子式 C$_{14}$H$_{20}$

mCPBA: m-クロロ過安息香酸

10

カルボニル化合物のα置換と縮合

ケト-エノール互変異性

α炭素に水素原子をもつカルボニル化合物では，**ケト形**と**エノール形**の間に速い平衡がある．一般にケト形が安定であるが，エノール形が多く存在することもある．平衡反応は，酸と塩基のいずれによっても加速される．

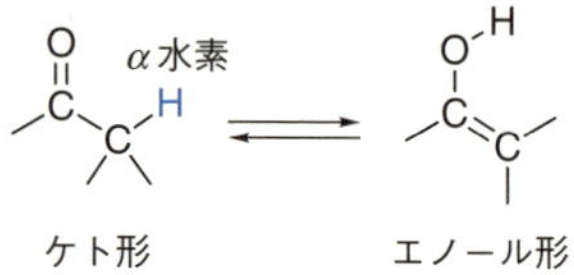

α水素の酸性度

カルボニル化合物のα水素は弱い酸性を示し，リチウムジイソプロピルアミド $i\text{-}Pr_2NLi$ (LDA) やナトリウムアルコキシド $RONa$ などの塩基によって引抜かれる．これはα水素が解離して生成するエノラートイオンが共鳴安定化するためである．

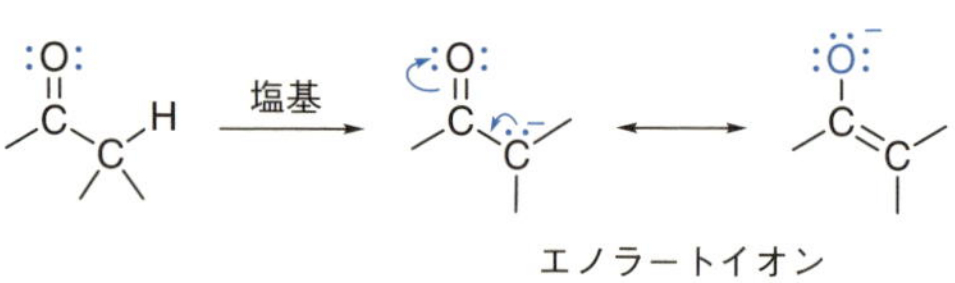

代表的なカルボニル化合物の pK_a を次に示す（エタンの pK_a は約 50，表 1・1 参照）．

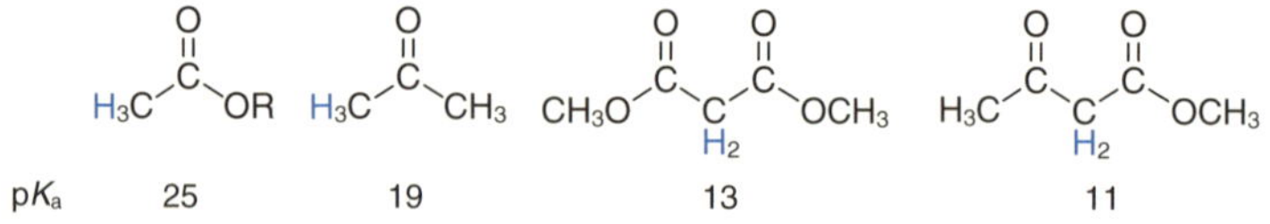

$H_3C-CO-OR$	$H_3C-CO-CH_3$	$CH_3O-CO-CH_2-CO-OCH_3$		$H_3C-CO-CH_2-CO-OCH_3$
pK_a 25	19	13		11

二つのカルボニル基に挟まれたメチレン水素はさらに酸性が強まる（アルコール

よりも強い）ことに注意しよう．生成するエノラートイオンがさらに大きく共鳴安定化するためである．

カルボニル基のα位での置換反応

酸性ではエノールを，塩基性ではエノラートを経由して進行する．種々の求電子試薬がα炭素を攻撃して，α置換カルボニル化合物が生じる．

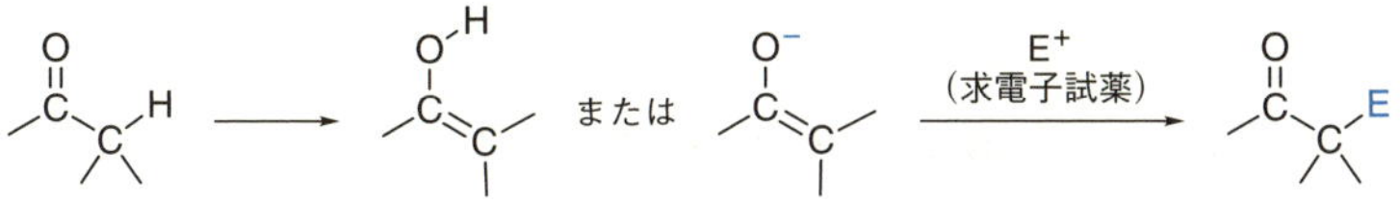

a. ハロゲン化　酸性条件ではモノハロゲン化を選択的に行うことができる．塩基性条件ではポリハロゲン化が起こりやすく，メチルケトンでは最終的にカルボン酸とトリハロメタンが生成する（ハロホルム反応）．

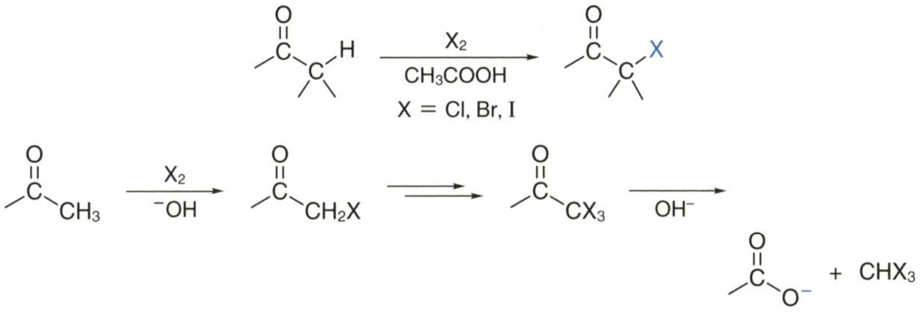

b. アルキル化　エノラートに対してハロゲン化アルキル（メチルまたは第一級）を作用させると，S_N2機構によりアルキル化が進行する．

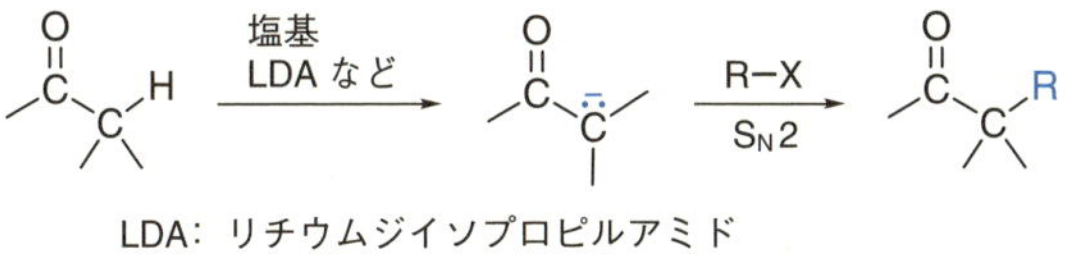

LDA: リチウムジイソプロピルアミド

縮合反応

エノラートイオンが求核試薬としてもう1分子のカルボニル化合物のカルボニル基と反応して，炭素−炭素結合を形成する．

a. アルデヒドあるいはケトンの縮合（アルドール反応）　α水素をもつアルデヒドまたはケトンと塩基（水酸化物あるいはアルコキシド）との反応で生成したエノラート（平衡状態で少量しか存在しない）が，もう1分子のアルデヒドまたはケ

トンのカルボニル炭素へ求核的に付加して、β-ヒドロキシカルボニル化合物を生成する。最後の段階で水酸化物イオンが再生するので、用いる塩基は触媒量でよい。この反応はアルデヒドあるいはケトンの二量化であり、可逆な平衡反応である。

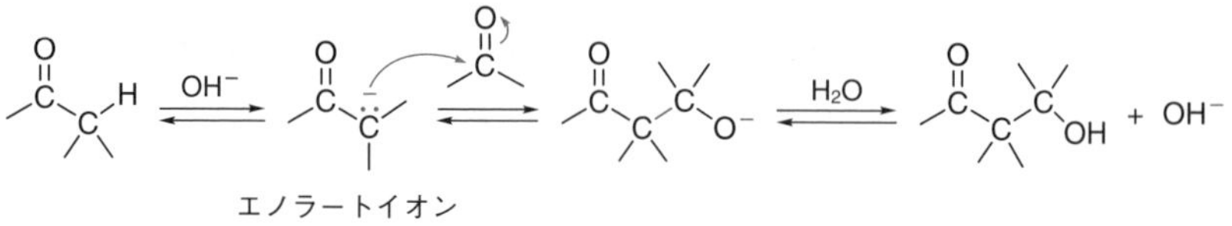

エノラートイオン

2 種類のアルデヒドまたはケトンの混合物を用いると交差反応が起こるが、反応物の一つが α 水素をもたない場合は生成物を限定することができる(**交差アルドール反応**).

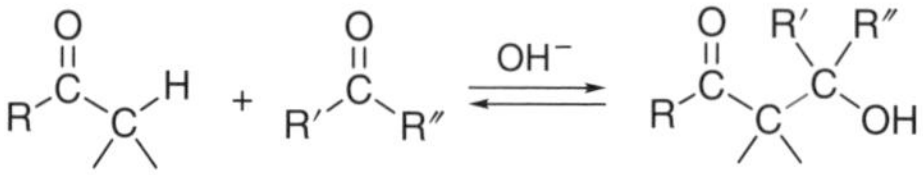

アルドール反応は酸性条件でも起こる。この場合はエノールがプロトン化されたカルボニル基に求核付加する。

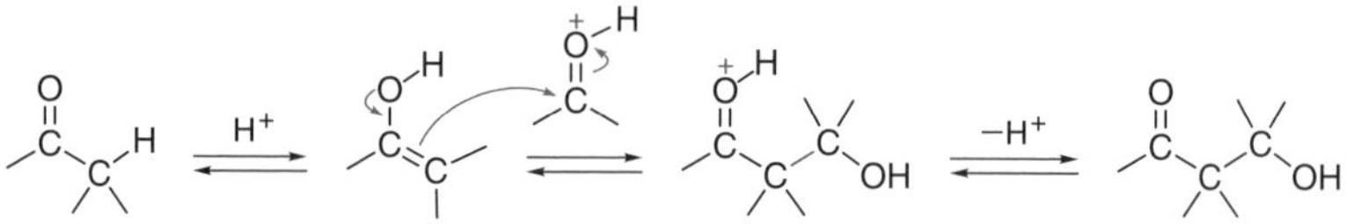

アルドール反応の生成物は、さらに α 水素があれば酸または塩基で容易に脱水して α,β-不飽和カルボニル化合物(エノン)を生成する(**アルドール縮合**).

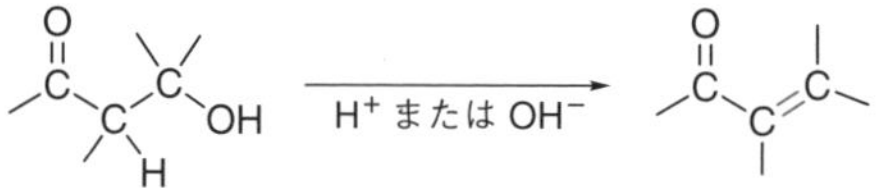

b. エステルの縮合(Claisen 反応) α 水素をもつエステルを塩基(通常はエステルのアルコール部分に相当するアルコキシド)と反応させると、生成したエノラートがもう 1 分子のエステルのカルボニル基に求核的に付加し、さらにアルコキシドが脱離して β-ケトエステルを生成する(求核アシル置換反応である)。生成した β-ケトエステルが α 水素をもつ場合は、さらに塩基と反応して安定なエノラート塩を形成する。その場合は等モルの塩基を用いる必要があり、β-ケトエステルを取出すには酸処理が必要となる。

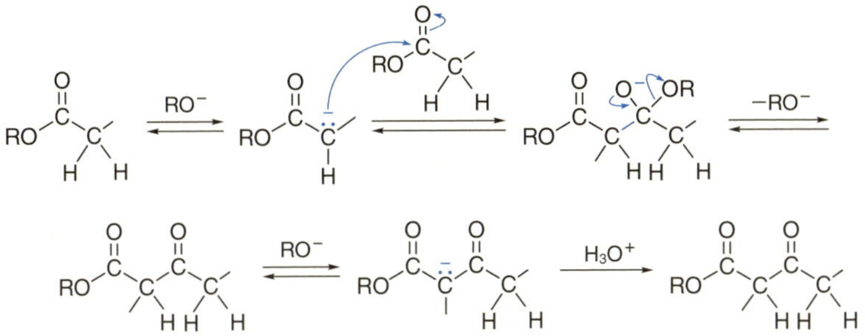

10. カルボニル化合物のα置換と縮合

2種類のエステルの混合物を用いると交差反応が起こるが，反応物の一つがα水素をもたない場合は生成物を限定することができる（**交差 Claisen 反応**）．

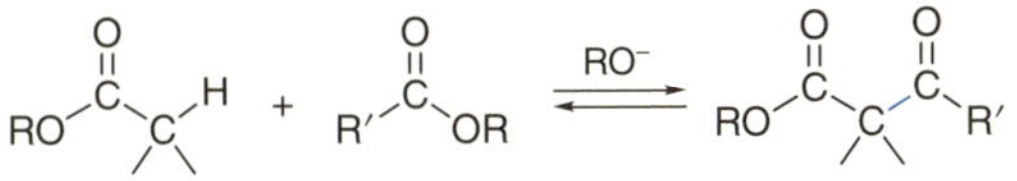

合成への応用

a. マロン酸エステル合成　マロン酸ジエステルに塩基（通常エステルのアルコール部分に相当するアルコキシドを用いる）とハロゲン化アルキルを反応させて，α位をアルキル化する．2個のα水素があるので，アルキル基は2個まで導入することができる．得られたエステルを酸あるいは塩基とともに加熱すると，加水分解と脱炭酸が起こり，置換酢酸誘導体が得られる．

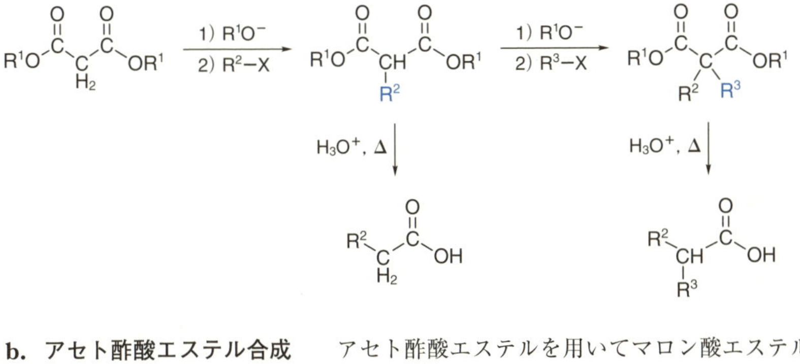

b. アセト酢酸エステル合成　アセト酢酸エステルを用いてマロン酸エステル合成の場合と同様の反応を行うと，次ページの式に示すような置換アセトン誘導体が得られる．

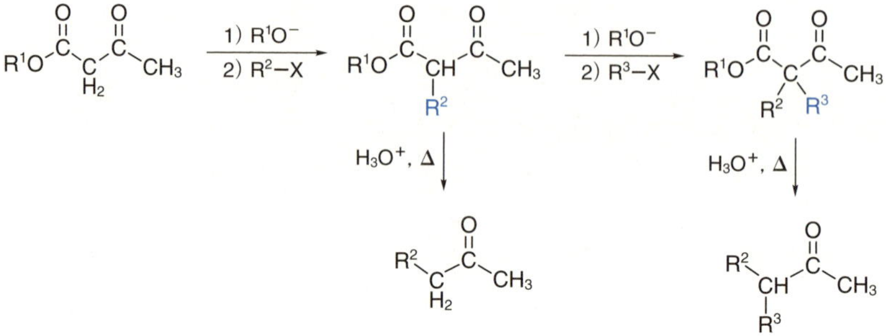

10. カルボニル化合物のα置換と縮合

[反応スキーム: β-ケトエステルのアルキル化と脱炭酸]

c. Michael 反応を用いた合成　エノラートやエナミンを α,β-不飽和カルボニル化合物と反応させると，Michael 反応（共役付加）が進行して，1,5-ジカルボニル化合物が得られる．

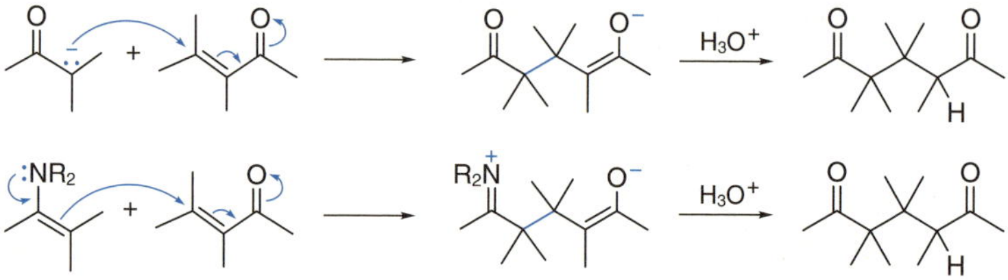

[Michael 反応の機構図：エノラートおよびエナミンを用いる場合]

例題 10・1　次のカルボニル化合物のエノール形構造をすべて書け．
(a) 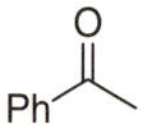 PhCOCH₃ (アセトフェノン)
(b) 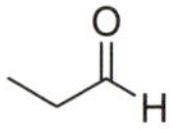 プロパナール
(c) 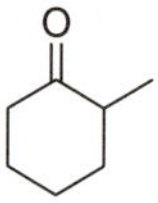 2-メチルシクロヘキサノン
(d) 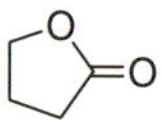 γ-ブチロラクトン
(e) 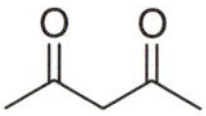 2,4-ペンタンジオン
(f) 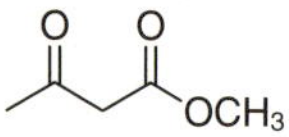 アセト酢酸メチル

解答　カルボニル基の α 水素が何種類あるかを探し，それぞれのエノール形の構造を書く．非対称な構造をもつ場合，複数のエノール形が可能である．さらにアルケン部分のシス-トランス異性がありうる．

(a) 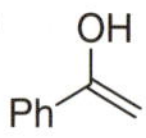 1-フェニルビニルアルコール
(b) 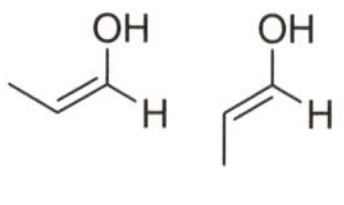 プロペノールのシス・トランス異性体
(c) 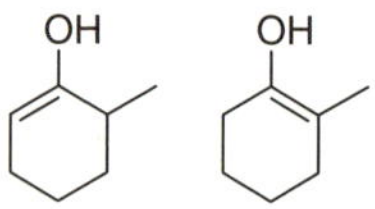 2-メチル-1-シクロヘキセノールおよび 6-メチル-1-シクロヘキセノール
(d) 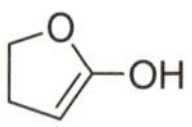 2-ヒドロキシ-2,3-ジヒドロフラン
(e) 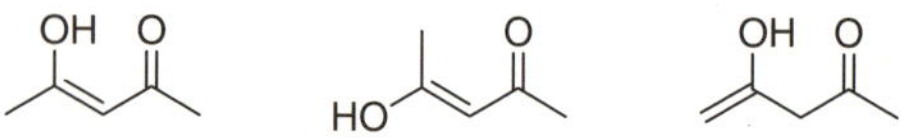 4-ヒドロキシ-3-ペンテン-2-オンの異性体および 4-ヒドロキシ-4-ペンテン-2-オン

10. カルボニル化合物のα置換と縮合   139

(f) 〔構造式: エノール形・ケト形の互変異性体5種〕

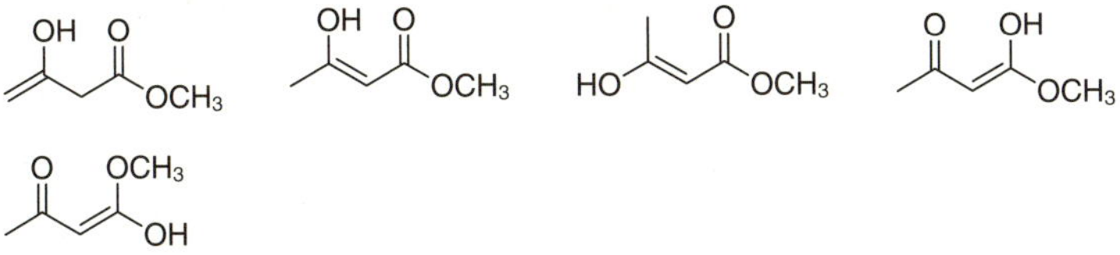

例題 10・2 次の化合物において、酸性水素を示せ。また、アルドール反応を行ったときの付加生成物の構造式を書け。

(a) ブタナール (b) PhCH₂CHO (c) シクロペンタンカルボアルデヒド (d) PhCOCH₃ (e) シクロヘキサノン

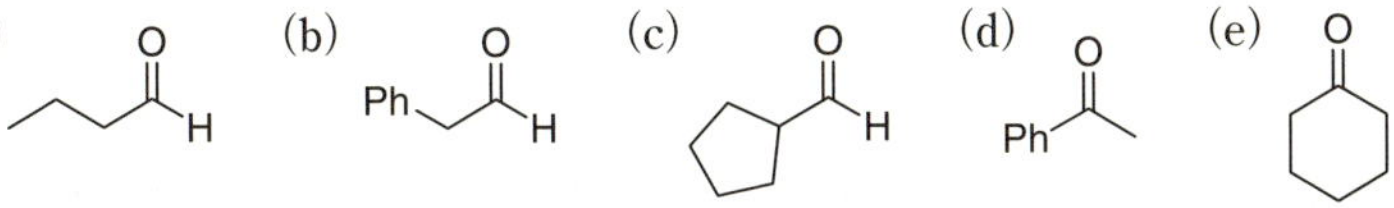

解答 アルドール反応では、塩基によってカルボニル基のα水素が脱プロトンを起こし、生じたエノラートが別の分子のカルボニル炭素を攻撃する。酸性水素（青）を明記した構造式と、アルドール反応生成物の順に解答を示す。

(a) 〔構造式〕

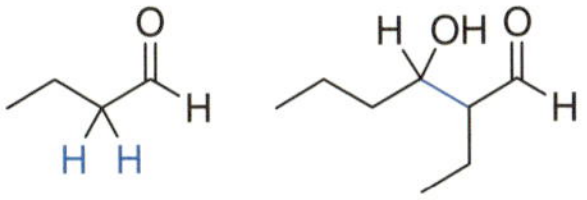

(b) 〔構造式〕

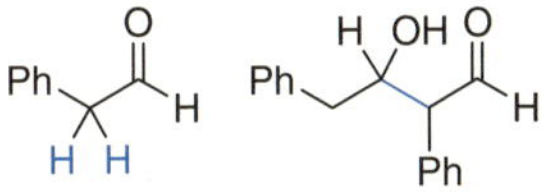

(c) 〔構造式〕

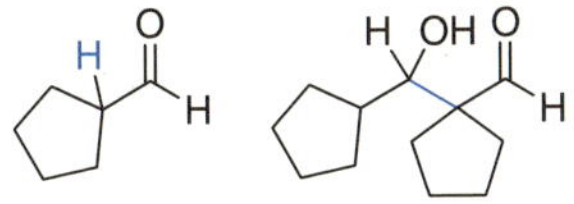

(d) 〔構造式〕

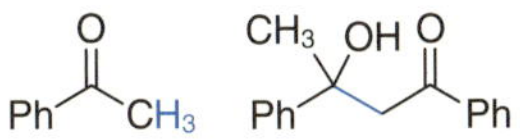

(e) 〔構造式〕

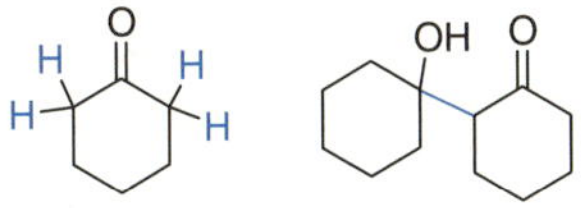

例題 10・3 次の各反応の機構を示せ。
(a) 塩基触媒（OH⁻）によるアセトンのエノール化
(b) 酸触媒（H⁺）によるシクロヘキサノンのエノール化
(c) 塩基触媒（OH⁻）によるアセトアルデヒドのアルドール縮合
(d) 塩基（C₂H₅O⁻）による酢酸エチルの Claisen 反応

解答 （a）カルボニル基のα水素が塩基により引抜かれ，生じたエノラートの酸素原子がプロトン化されるとエノールが生じる．

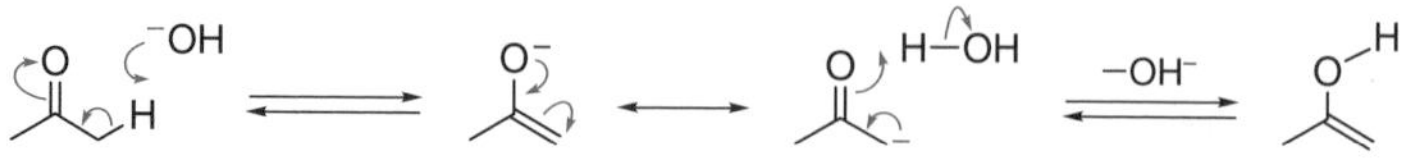

（b）カルボニル酸素にプロトン化が起こり，つづいてα炭素からプロトンが脱離するとエノールが生じる．

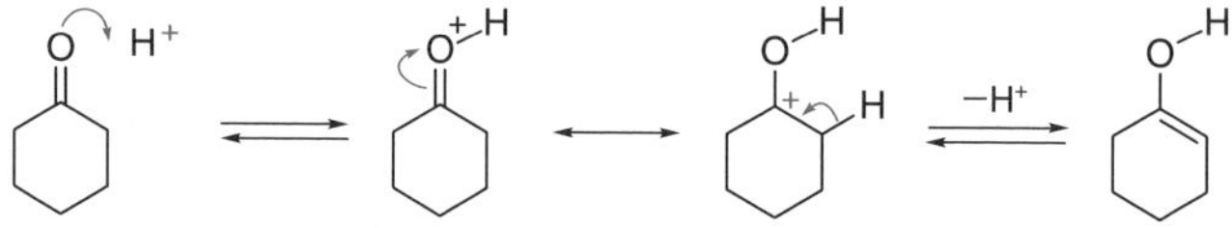

（c）塩基によりアセトアルデヒドのメチル基水素がプロトンとして引抜かれてエノラートイオンが生じ，これがもう1分子のアセトアルデヒドのカルボニル炭素に求核付加する．この生成物がプロトン化されて，3-ヒドロキシブタナール（アルドール）が生じる．つづいて脱離が進行し，より安定なα,β-不飽和アルデヒドである2-ブテナールが生成する．

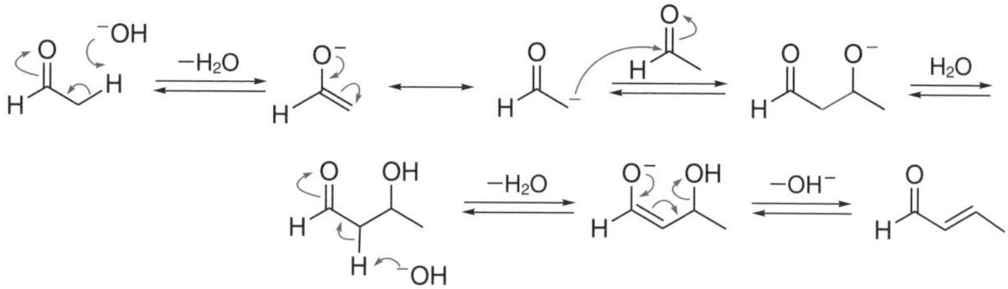

（d）酢酸エチルのメチル基が塩基により脱プロトンを起こし，エノラートイオンが生じる．これがもう1分子の酢酸エチルのカルボニル炭素に求核攻撃し，求核アシル置換反応によってアセト酢酸エチルが生成する．この生成物は二つのカルボニル基に挟まれた酸性度の高い水素をもつため，さらに塩基と反応して安定なエノラートを生成する．これを酸で処理するとアセト酢酸エチルが得られる．

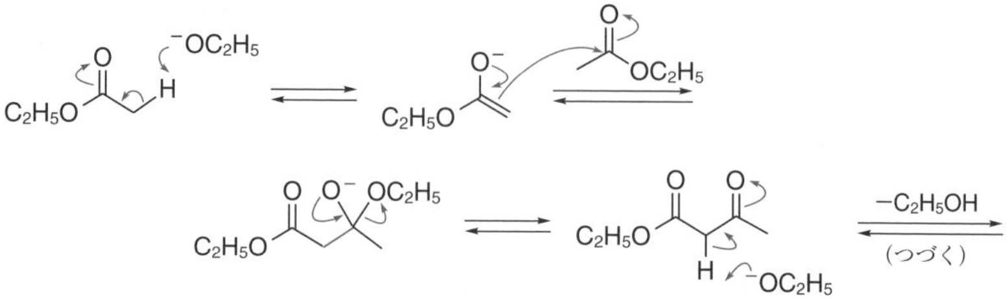

(つづく)

10. カルボニル化合物のα置換と縮合　　　141

$$\xrightarrow{(つづき)} \underset{C_2H_5O}{\overset{O}{\underset{\|}{C}}}-CH=\overset{O^-}{\underset{|}{C}}-CH_3 \xrightarrow{H^+} \underset{C_2H_5O}{\overset{O}{\underset{\|}{C}}}-CH_2-\overset{O}{\underset{\|}{C}}-CH_3$$

例題 10・4 次の反応の生成物を書け．

(a) PhCHO + H₃C-CO-CH₃ →(C₂H₅ONa)

(b) CH₃-CO-CH₂-CH₂-CH₂-CO-CH₃ →(C₂H₅ONa, Δ)

(c) PhCOOC₂H₅ + PhCH₂COOC₂H₅ →(1) C₂H₅ONa 2) H₃O⁺)

(d) CH₃OOC-(CH₂)₄-COOCH₃ →(1) CH₃ONa 2) H₃O⁺)

(e) PhCHO + C₂H₅NO₂ →(KOH)

(f) PhCHO + (CH₃CO)₂O →(1) CH₃COONa, Δ 2) H₂O)

(g) シクロヘキサノン + CH(COOC₂H₅)₂ →(1) C₂H₅ONa 2) H₃O⁺)

(h) PhCOCH₃ + Cl-CH₂-COOC₂H₅ →(C₂H₅ONa)

(i) (CH₃)₃C-CO-CH₃ →(1) I₂, NaOH 2) H₃O⁺)

(j) シクロヘキサノン →(1) Br₂, CH₃COOH 2) ピリジン)

(k) シクロヘキサノン →(1) LDA 2) CH₃CH₂CH₂Br)

(l) シクロヘキセノン + C₂H₅O-CO-CH₂-CO-OC₂H₅ →(1) C₂H₅ONa 2) H₃O⁺)

(m) PhCHO + CH₃O-CO-CH₂-CO-OCH₃ →(ピペリジン)

解答 代表的なカルボニル化合物のα置換反応と縮合反応である．

(a) アセトンのエノラートがベンズアルデヒドのカルボニル基を攻撃する（交差アルドール反応）．ベンズアルデヒドはα水素をもたないため，エノラートを生成しない．付加生成物は容易に脱水してベンジリデンアセトン（4-フェニル-3-ブテ

ン-2-オン）になる．ベンズアルデヒドを過剰に反応させると，ジベンジリデンアセトン（1,5-ジフェニル-1,4-ペンタジエン-3-オン）が得られる．

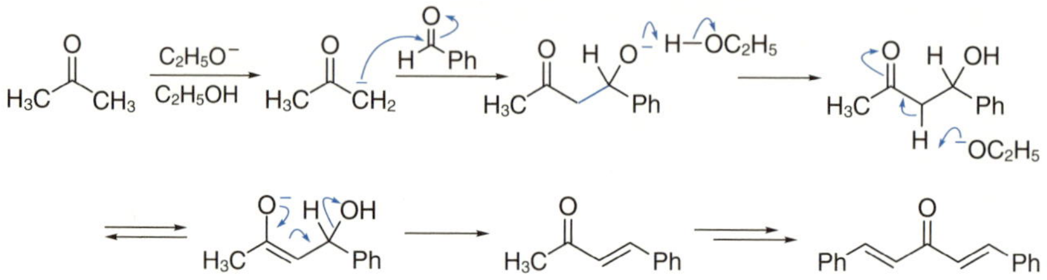

(b) 塩基によって引抜かれうる水素が2種類あり，メチル基水素が引抜かれて生成するエノラートは分子内のカルボニル炭素に付加して6員環アルコキシドを形成するので，この反応は起こるが，メチレン水素が引抜かれて生成するエノラートはひずみの大きな4員環を形成せざるをえず，このような反応は起こらない．分子内環化反応は5〜7員環が生成するときに起こりやすい．付加生成物は加熱により脱水してエノンになる．

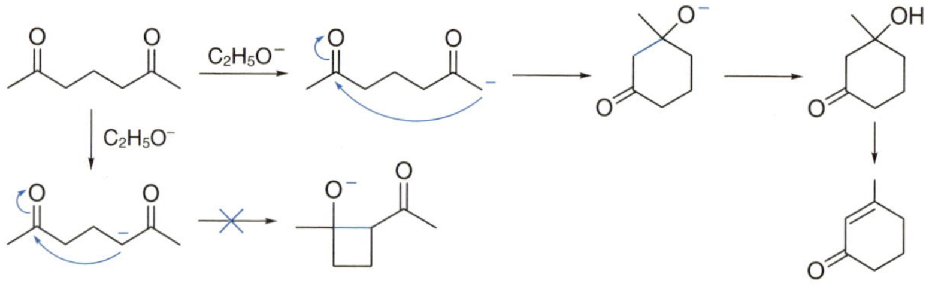

(c) フェニル酢酸エチルのエノラートが安息香酸エチルのカルボニル基を攻撃して，アシル置換反応が起こる（交差 Claisen 反応）．安定なエノラート（**A**）が生成し，酸処理することによって最終生成物のβ-ケトエステルが得られる．

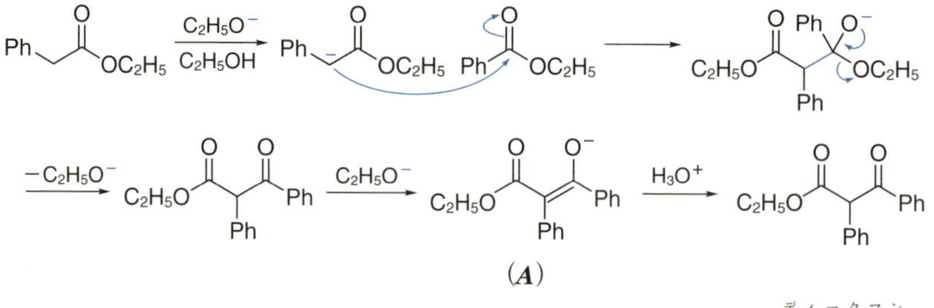

(d) 分子内 Claisen 反応によるシクロペンタノン誘導体の生成（Dieckmann ディークマン 反応）．

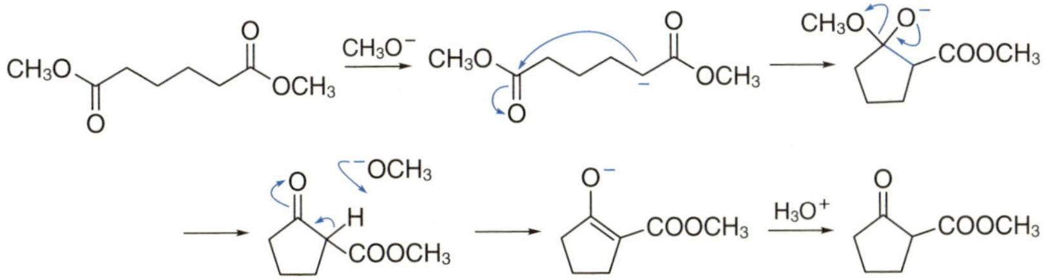

(e) ニトロ基のα水素も酸性度が高く，水酸化カリウムと反応してカルボアニオンを生成する．これがベンズアルデヒドのカルボニル基に付加する．一種の交差アルドール反応である．

(f) 酢酸ナトリウムが塩基として作用し，酸無水物のエノラートが生成する．これがベンズアルデヒドのカルボニル基に付加したのち脱水し，さらに加水分解を受けると α,β-不飽和カルボン酸が生じる（Perkin 反応）．

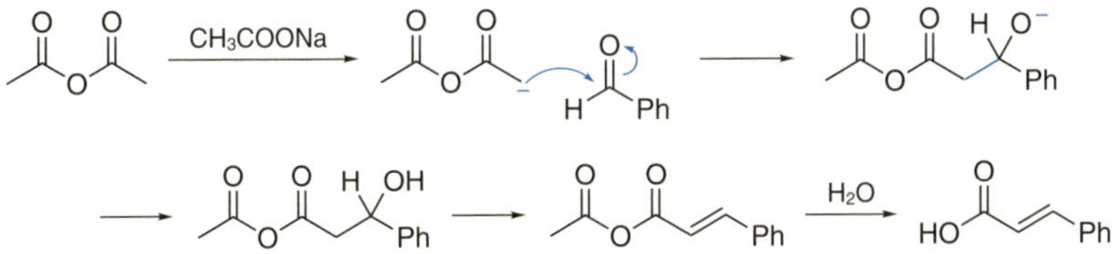

(g) シクロヘキサノンのエノラートがシュウ酸ジエチルを攻撃する（交差 Claisen 反応）．

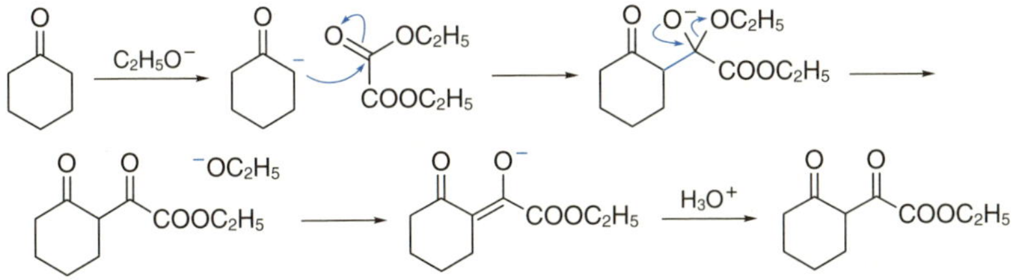

(h) クロロ酢酸エチルのエノラートがアセトフェノンのカルボニル基に付加し，つづいて分子内置換反応が起こりエポキシドを生成する（Darzens 反応）．

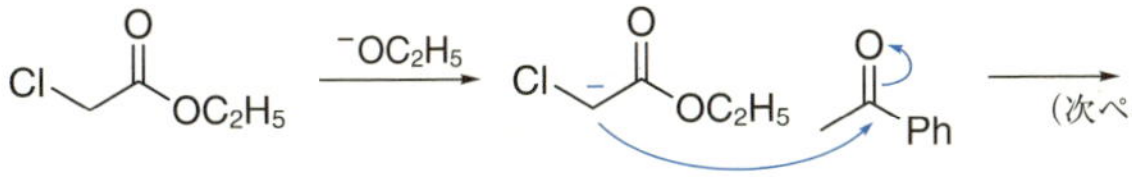

（次ページへつづく）

$$\xrightarrow{\text{(つづき)}} \text{C}_2\text{H}_5\text{O-CO-C(Cl)(-O}^-\text{)-CH(Ph)} \longrightarrow \text{C}_2\text{H}_5\text{O-CO-}\underset{\text{Ph}}{\overset{\text{O}}{\triangle}}\text{-CH}_3$$

(i) メチルケトンの α 水素が順次ヨウ素化されて，最終的にヨードホルムとカルボン酸を生成する（ヨードホルム反応）．反応後ヨードホルムは沈殿するので，メチルケトン類の定性試験としても用いられる．

$$(\text{CH}_3)_3\text{C-CO-CH}_3 \xrightarrow{\text{OH}^-} (\text{CH}_3)_3\text{C-CO-CH}_2^- \xrightarrow{\text{I-I}} (\text{CH}_3)_3\text{C-CO-CH}_2\text{I} \xrightarrow{\text{OH}^-,\ \text{I}_2}$$

$$(\text{CH}_3)_3\text{C-CO-CI}_3 \xrightarrow{^-\text{OH}} (\text{CH}_3)_3\text{C-C(O}^-)(\text{OH})\text{-CI}_3 \longrightarrow (\text{CH}_3)_3\text{C-CO-OH} + {}^-\text{CI}_3$$

$$\longrightarrow (\text{CH}_3)_3\text{C-COO}^- + \text{CHI}_3 \xrightarrow{\text{H}_3\text{O}^+} (\text{CH}_3)_3\text{C-COOH}$$

(j) 酢酸中でシクロヘキサンの α 水素が臭素化され，つづいて塩基による脱離反応によりエノンが生成する．

シクロヘキサノン $\xrightarrow[\text{CH}_3\text{COOH}]{\text{Br}_2}$ 2-ブロモシクロヘキサノン $\xrightarrow{\text{ピリジン}}$ シクロヘキセノン

(k) シクロヘキサノンと i-Pr$_2$NLi（LDA）の反応によりエノラートが生成し，つづいて 1-ブロモプロパンとの置換反応でアルキル化される．

シクロヘキサノン $\xrightarrow{i\text{-Pr}_2\text{NLi}}$ エノラート $\xrightarrow{\text{CH}_3\text{CH}_2\text{CH}_2\text{Br}}$ 2-プロピルシクロヘキサノン

(l) マロン酸ジエチルのエノラートが α,β-不飽和ケトンに共役付加する．

2-シクロヘキセノン + $^-$CH(COOC$_2$H$_5$)$_2$ $\longrightarrow$ エノラート中間体 $\xrightarrow{\text{H}_3\text{O}^+}$ 3-[ビス(エトキシカルボニル)メチル]シクロヘキサノン

(m) ピペリジンなどの第二級アミンの存在下で，マロン酸ジメチルとケトンまたはアルデヒドを反応させると，縮合反応が起こり C=C 結合ができる（Knoevenagel 反応）．

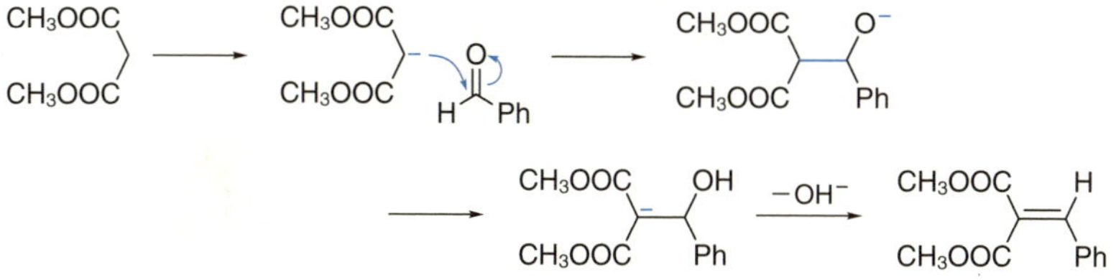

10. カルボニル化合物の α 置換と縮合

―――

例題 10・5 マロン酸エステル合成またはアセト酢酸エステル合成を用いて，次の化合物を合成する方法を示せ．出発物質のエステルはメチルエステルを，塩基はナトリウムメトキシドを用いよ．(ヒント：(f) では Michael 付加を用いる).

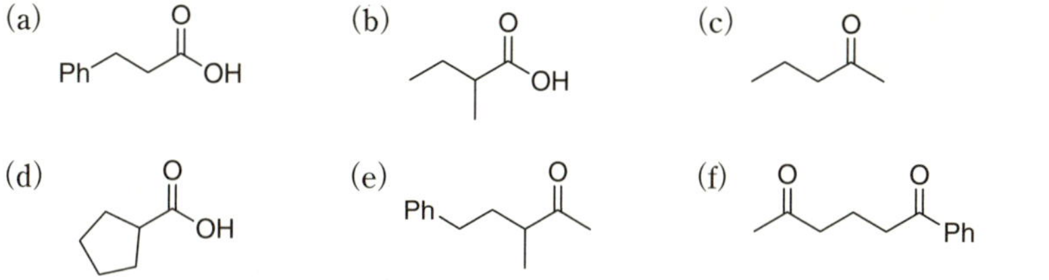

(a) Ph−CH$_2$CH$_2$−COOH
(b) CH$_3$CH$_2$−CH(CH$_3$)−COOH
(c) CH$_3$CH$_2$−CO−CH$_2$CH$_3$ (ペンタン-3-オン型, 図参照)
(d) シクロペンチル−COOH
(e) Ph−CH$_2$CH$_2$−CH(CH$_3$)−CO−CH$_3$
(f) CH$_3$−CO−CH$_2$CH$_2$−CO−Ph

解答 置換酢酸はマロン酸エステル合成，置換アセトンはアセト酢酸エステル合成を用いて合成する．

(a) 酢酸の α 位にベンジル基が置換した化合物．マロン酸ジメチルをベンジル化した後，加水分解と脱炭酸を行う．

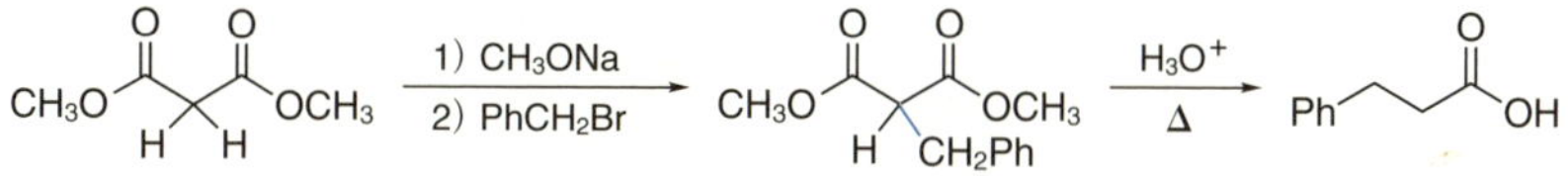

酸性条件では，以下の機構で加水分解と脱炭酸が起こる．脱炭酸で生じたエノールが異性化してカルボン酸を与える．塩基を用いてエステルを加水分解してもよい（以下の解答では酸性条件の反応のみ示す）．

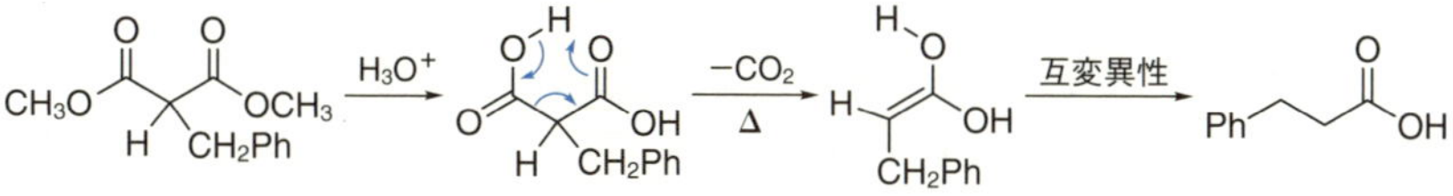

(b) 酢酸の α 位にメチル基とエチル基が置換した化合物．マロン酸ジメチルを順次アルキル化し，その後加水分解と脱炭酸を行う．メチル化とエチル化の順序は逆でもよい．

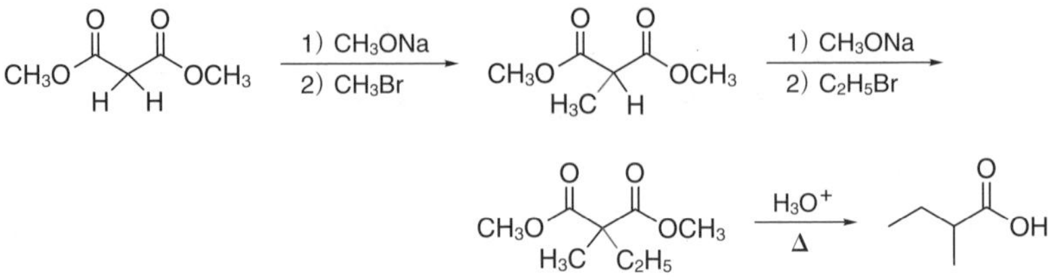

(c) アセトンのα位にエチル基が置換した化合物. アセト酢酸メチルをエチル化した後, 加水分解と脱炭酸を行う.

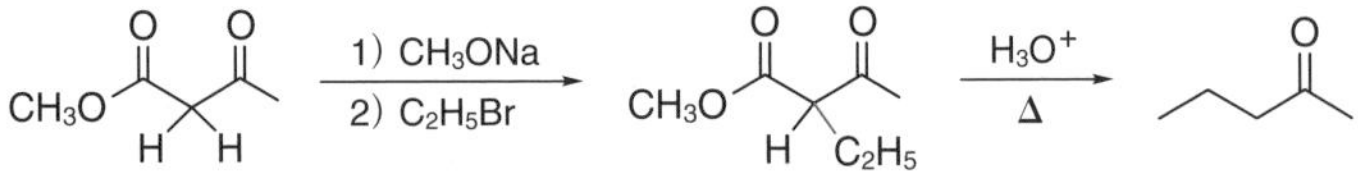

(d) 酢酸のα位にアルキル基が環状に置換した化合物. アルキル化の段階で過剰量の塩基を用いて1,4-ジブロモブタンと反応させると, 環状生成物が得られる. その後, 加水分解と脱炭酸を行う.

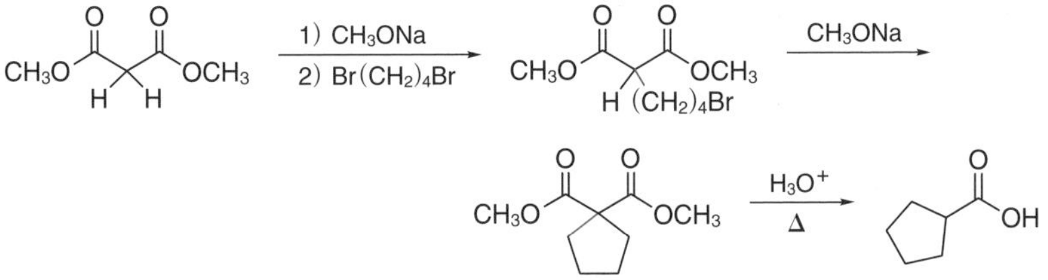

(e) アセトンのα位にメチル基と2-フェニルエチル基が置換した化合物. アセト酢酸メチルを順次アルキル化し, その後加水分解と脱炭酸を行う. アルキル化の順序は逆でもよい.

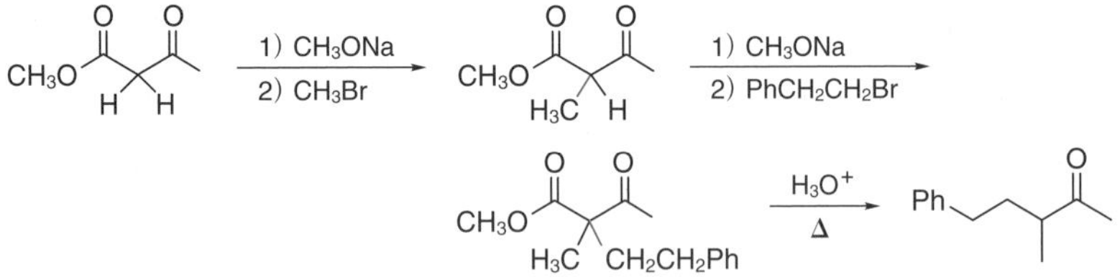

(f) アセトンのα位に $-CH_2CH_2COPh$ 基が置換した化合物. アセト酢酸メチルのエノラートと1-フェニル-2-プロペン-1-オンのMichael反応を用いる.

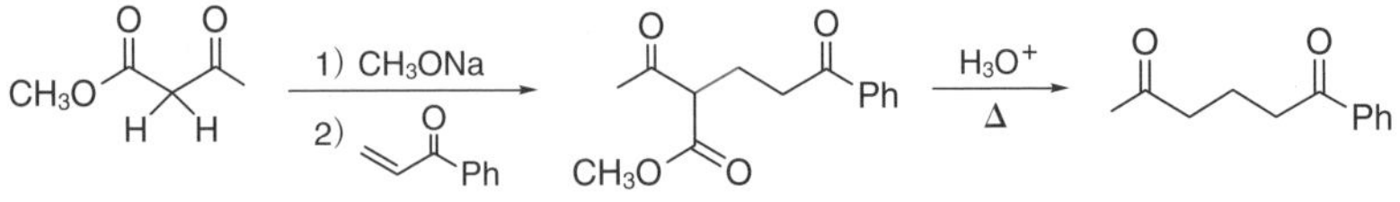

演習問題

10・1 次のアニオンの共鳴構造式を書け．電子対の移動を巻矢印で示すこと．

(a), (b), (c), (d)

10・2 アルドール反応またはClaisen反応を用いて，次の化合物を合成する方法を示せ．なお，エステルはメチルエステル，塩基はナトリウムメトキシドを使用せよ．

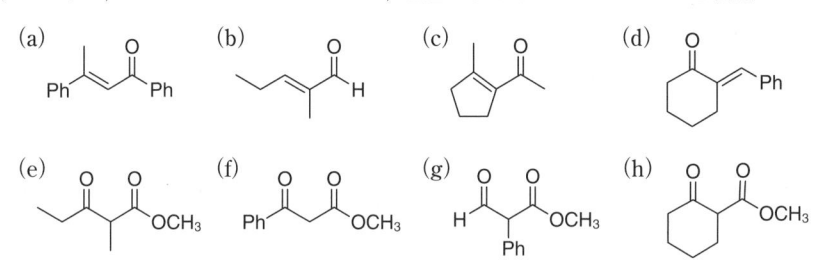

(a), (b), (c), (d), (e), (f), (g), (h)

10・3 化合物 (**1**) から (**5**) までの一連の反応について次の問いに答えよ．

$$(\mathbf{1})\ C_4H_8O_2 \xrightarrow{CH_3OH,\ H^+,\ \Delta} (\mathbf{2})\ C_5H_{10}O_2 \xrightarrow{1)\ CH_3ONa,\ CH_3OH\ \ 2)\ CH_3I} (\mathbf{3})$$

$$(\mathbf{3}) \xrightarrow{H_3O^+,\ \Delta} (\mathbf{4}) \xrightarrow{NaBH_4} (\mathbf{5})$$

(a) 化合物 (**1**) および (**2**) の構造式を示せ．
(b) 化合物 (**2**) から (**3**) への変換で，ナトリウムメトキシドの代わりにナトリウムエトキシドを使うことができるか．また，その理由を説明せよ．
(c) 化合物 (**4**) の構造式を示せ．また，化合物 (**3**) から (**4**) の変換の機構を示せ．
(d) 化合物 (**5**) は，ブタナールと臭化 s-ブチルマグネシウムの Grignard 反応でも得られる．この化合物の構造式を示せ．

10・4 分子内アルドール反応を用いて，次のエノンを合成するために必要なカルボニル化合物の構造式を示せ．

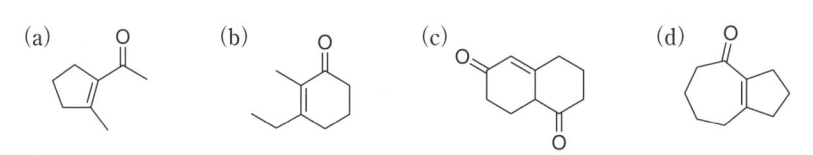

(a), (b), (c), (d)

10・5 次の各反応の反応機構を示せ.
(a) シクロヘキサノンとホルムアルデヒドの混合物にナトリウムエトキシドを加えて反応させると, 交差アルドール反応 (縮合反応) の生成物が得られる.
(b) ペンタン酸に三臭化リンと臭素を作用させ, この生成物を水と処理すると 2-ブロモペンタン酸が得られる.
(c) 2-クロロシクロヘキサノンに水酸化ナトリウムを作用させ, つづいて酸を加えるとシクロペンタンカルボン酸が得られる.

10・6 次の実験事実を説明せよ.
(a) シクロヘキサノンに Br_2 を作用させると, 酸性でも塩基性条件でも α 臭素化が起こる.
(b) (S)-4-メチル-3-ヘプタノンを溶液中で NaOH と作用させるとラセミ化する.

*10・7 次の反応の機構を示せ (ヒント: アルドール反応, Claisen 反応は可逆的である).

(a) [reaction scheme: 2-methyl-2-(methoxycarbonyl)cyclopentanone → 1) CH$_3$ONa 2) H$_3$O$^+$ → ring-opened/rearranged product]

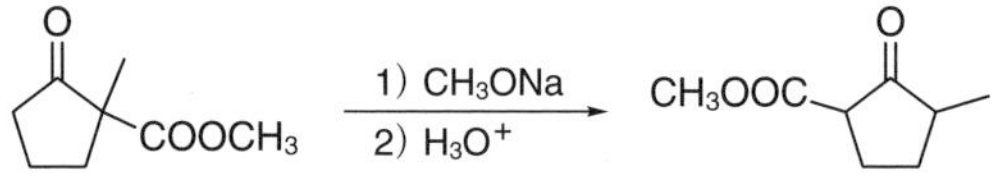

(b) [reaction scheme: cyclohexanone with COOC$_2$H$_5$ and pendant ketone chain → 1) t-BuOK 2) H$_3$O$^+$ → bicyclic product]

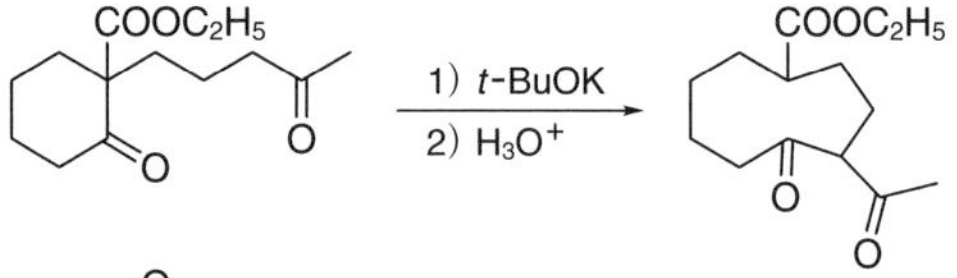

(c) [reaction scheme: methyl-substituted bicyclic enedione → 1) NaOH 2) H$_3$O$^+$ → rearranged bicyclic diketone]

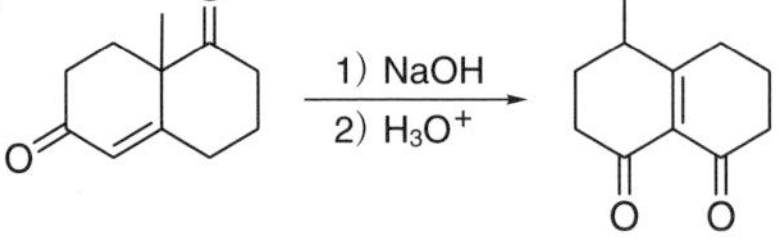

10・8 次の反応について, 以下の問いに答えよ.

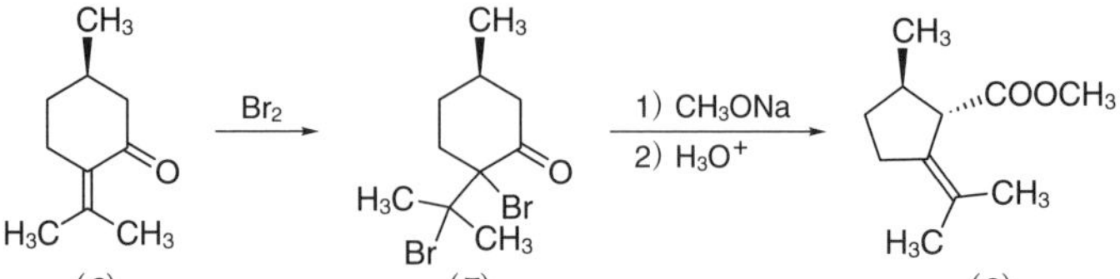

[reaction scheme: compound (**6**) → Br$_2$ → compound (**7**) → 1) CH$_3$ONa 2) H$_3$O$^+$ → compound (**8**)]

(a) 化合物 (**6**) 中のキラル中心の立体配置を RS で表示せよ.
(b) 化合物 (**7**) は立体異性体の混合物として生成する. それらの構造を, 立体配

置がわかるように示せ．

(c) 化合物(**7**)の構造中で，弱い酸性を示す水素原子はどれか．

*(d) 化合物(**7**)から化合物(**8**)ができる反応の機構を示せ．

*10・9　2-メチルシクロヘキサノンに関する次の反応について，(a)〜(c)の問いに答えよ．

```
              LDA, (CH₃)₃SiCl              1) CH₃Li
    ──────────────────────── (9) ──────────────────────── (11)
              THF, 低温                    2) CH₂=CHCH₂Br
  O
  ‖
  ⬡-CH₃ ──┤
              N(C₂H₅)₃, (CH₃)₃SiCl         1) CH₃Li
    ──────────────────────── (10) ─────────────────────── (12)
              DMF, Δ                       2) CH₂=CHCH₂Br
```

LDA：リチウムジイソプロピルアミド
THF：テトラヒドロフラン
DMF：*N,N*-ジメチルホルムアミド

(a) リチウムジイソプロピルアミド（LDA）の調製法を述べよ．

(b) 2-メチルシクロヘキサノンに塩基を作用させて，生じたエノラートを塩化トリメチルシリルと反応させると，反応条件によって異なるシリルエノールエーテル(**9**),(**10**)が得られる．(**9**),(**10**)の構造式を示し，なぜこのような選択性が生じるか説明せよ．

(c) シリルエノールエーテルをメチルリチウムと反応させると，位置選択的にエノラートが生成する．これを臭化アリルと反応させるとアルキル化反応が起こる．化合物(**11**),(**12**)の構造式を示せ．

*10・10　エナミンについて次の問いに答えよ．

(a) 酸触媒を用いてアセトンとピロリジンを反応させると，エナミンが生成する．この反応の機構を示せ．

(b) (a)と同様な方法でブタノンとピロリジンを用いてエナミンを合成したとき，生成する可能性のあるエナミンの構造をすべて示せ．

(c) エナミンを効率的に合成するためには，実験的にどのような工夫をすればよいか．

(d) エナミンは Michael 反応における求核試薬として良好に反応する．(a)で調製したエナミンを次の各化合物と反応させたときの生成物の構造を示せ．なお，反応後は酸で処理するものとする．

(ア) CH₃-CH=CH-C(=O)-CH₃
(イ) シクロヘキセン-1-カルボン酸メチル
(ウ) CH₂=CH-NO₂

11

アミン

命名法

　アンモニア NH_3 の水素原子をアルキル基あるいはアリール基で置換した化合物をアミンという．水素が 1 個置換されたもの RNH_2 を第一級アミン，2 個あるいは 3 個置換されたもの R_2NH, R_3N をそれぞれ第二級アミン，第三級アミンという．窒素原子に 4 個の基が結合した $R_4N^+X^-$ を第四級アンモニウム塩という．

　第一級アミン RNH_2 の命名法には，1) アルキル基 R の名称の後に -amine をつけて alkylamine（アルキルアミン）とする方法（英語名は 1 単語であることに注意），および 2) 母体アルカンの名称の後に接尾辞 -amine をつけて alkanamine（アルカンアミン）とする方法がある（アルカン名語尾の -e を省く）．後者ではアミノ基の位置番号の表示が必要となる．複数のアミノ基がある場合は，上記の 2) を拡張して，alkanediamine（アルカンジアミン），alkanetriamine（アルカントリアミン）などとする．これらの方法で命名できない場合は，NH_2 を置換基とみなして接頭辞 amino-（アミノ）を用いる．

　第二級および第三級アミンの命名法には，1) アルキル基の名称をアルファベット順に並べ最後に接尾辞 -amine をつける方法（alkylalkylamine, dialkylamine, trialkylamine など．いずれも 1 単語であることに注意），および 2) 最大のアルキル基をもつ第一級アミンの窒素原子にさらにアルキル基が置換したと考えて命名する方法がある．後者では，置換基としてのアルキル基には N- をつける．

合成

a. アルキル化　　ハロゲン化アルキルによるアンモニアのアルキル化は S_N2 機構で進行する（R = 第一級アルキル，メチル）．反応を各アミンの段階で選択的に止めるのは困難である．

$$NH_3 \xrightarrow{RX} RNH_2 \xrightarrow{RX} R_2NH \xrightarrow{RX} R_3N \xrightarrow{RX} R_4N^+ \ X^-$$

アンモニア　　第一級アミン　　第二級アミン　　第三級アミン　　第四級アンモニウム塩

b. Gabriel 法　フタルイミドの NH は酸性が高く，その窒素アニオンは容易にアルキル化される．得られた N-アルキルフタルイミドを加水分解すると，選択的に第一級アミンが得られる．

$$\text{フタルイミド} \xrightarrow[\text{2) R-X}]{\text{1) KOH}} \text{N-R} \xrightarrow{\text{OH}^-, \text{H}_2\text{O}} \text{R-NH}_2$$

c. アミド，ニトリルの還元（9 章 p.122 で既出）

$$\text{R-CO-NH}_2, \quad \text{R-C}\equiv\text{N} \xrightarrow[\text{2) H}_3\text{O}^+]{\text{1) LiAlH}_4} \text{R-CH}_2\text{NH}_2$$

d. アジドの還元　アジ化物イオン N_3^- は優れた求核試薬であり，ハロゲン化第一級または第二級アルキルと容易に反応してアジドを生成する．これを還元するとアミンが得られる．

$$\text{R-X} \xrightarrow[S_N 2]{\text{NaN}_3} \text{R-N}_3 \xrightarrow[\text{2) H}_2\text{O}]{\text{1) LiAlH}_4} \text{R-NH}_2$$

e. 還元的アミノ化　アルデヒドまたはケトンのイミンは，Ni 触媒で水素により，あるいは NaBH₃CN により還元されてアミンとなる．

$$\text{R}^1\text{COR}^2 \xrightarrow{\text{R}^3\text{NH}_2} \text{R}^1\text{C(=NR}^3\text{)R}^2 \xrightarrow{\text{H}_2, \text{Ni または NaBH}_3\text{CN}} \text{R}^1\text{CH(NHR}^3\text{)R}^2$$

f. ニトロベンゼン誘導体の還元　芳香族アミンの合成法である．還元剤としては，Fe+HCl, Sn+HCl, $SnCl_2$+HCl, H_2/Pt などが用いられる．

$$\text{C}_6\text{H}_5\text{NO}_2 \xrightarrow{\text{還元剤}} \text{C}_6\text{H}_5\text{NH}_2$$

反応

a. アシル化　アミンは酸塩化物と反応してアミドを生成する．塩化アルカン（あるいはアレーン）スルホニルとも同様に反応してスルホンアミドを生成する．

$$\text{R-NH}_2 \xrightarrow[\text{ピリジン}]{\text{R}'\text{-COCl}} \text{R}'\text{-CO-NHR} \qquad \text{R-NH}_2 \xrightarrow[\text{ピリジン}]{\text{R}'\text{-SO}_2\text{Cl}} \text{R}'\text{-SO}_2\text{-NHR}$$

NH₃, R₂NH も同様に反応

b. Hofmann 脱離

ハロゲン化第四級アンモニウムに Ag_2O を作用させて水酸化第四級アンモニウムに変換した後，これを加熱するとE2反応が起こりアルケンが生成する．置換基のより少ないアルケンが生成しやすく，多くのE2反応とは異なる位置選択性を示す．

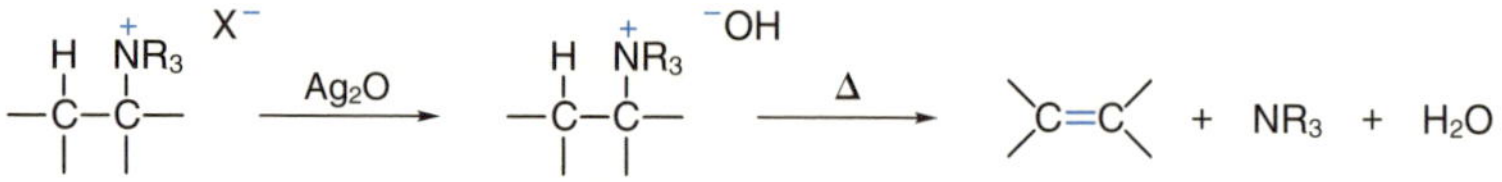

c. 芳香族ジアゾニウム塩の反応

1) ジアゾニオ置換反応　芳香族第一級アミンに低温で酸性条件で亜硝酸ナトリウムを作用させると，比較的安定なジアゾニウム塩が生成する．これに求核試薬を反応させると，窒素の発生を伴いジアゾニオ基 $-N_2^+$ が種々の置換基に変換される．特に銅塩を用いる反応は **Sandmeyer 反応** とよばれる．

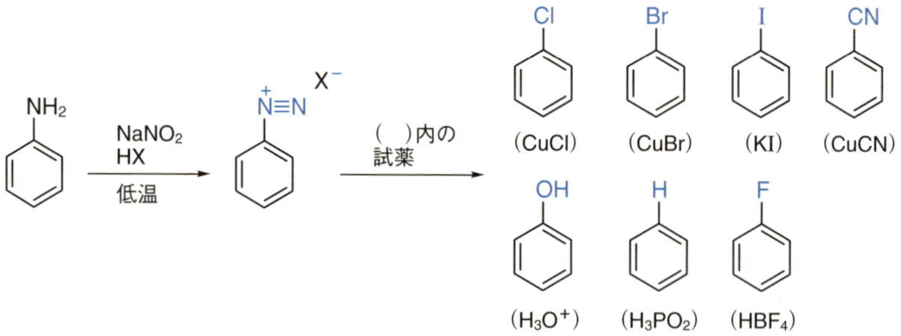

ジアゾ化の際に用いる酸 HX として，そのアニオン X^- の求核性が低い H_2SO_4 が多用されるが，塩素化では HCl，臭素化では HBr を用いるのが一般的である．

2) ジアゾカップリング　アゾカップリングともいう．芳香族ジアゾニウム塩をフェノールなどの活性化された芳香環と反応させると，ジアゾニウムイオンによる求電子置換反応が起こりアゾ化合物が生成する．アゾ化合物は鮮やかな色をもつものが多く，顔料，染料として重要である．

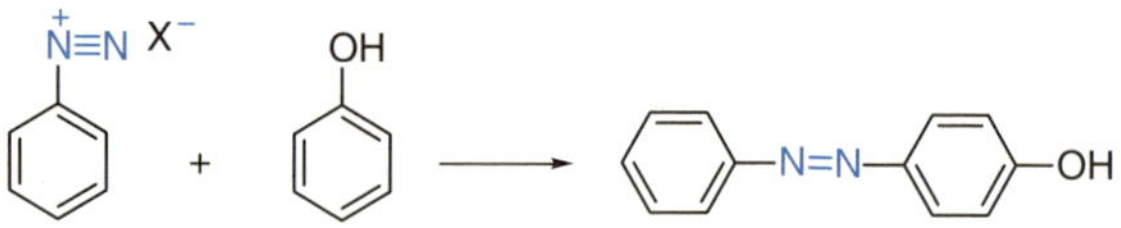

11. アミン

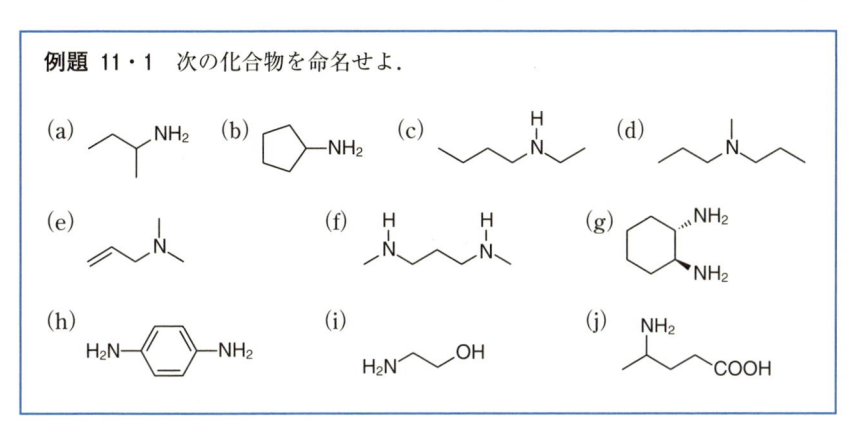

例題 11・1 次の化合物を命名せよ.

(a) CH₃CH(NH₂)CH₂CH₃ 構造
(b) シクロペンチル-NH₂
(c) ブチル-NH-エチル
(d) ジプロピル-N-メチル
(e) CH₂=CH-CH₂-N(CH₃)₂
(f) CH₃NH-CH₂CH₂CH₂-NHCH₃
(g) trans-1,2-シクロヘキサン(NH₂)₂
(h) H₂N-C₆H₄-NH₂ (1,4)
(i) H₂N-CH₂CH₂-OH
(j) 4-アミノペンタン酸構造

解答 (a) *s*-butylamine (*s*-ブチルアミン), 2-butanamine (2-ブタンアミン)

(b) cyclopentylamine (シクロペンチルアミン), cyclopentanamine (シクロペンタンアミン)

(c) butylethylamine (ブチルエチルアミン, アルキル基をアルファベット順に並べてその後に amine をつける), *N*-ethylbutylamine (*N*-エチルブチルアミン, 最大の第一級アミンであるブチルアミンの窒素原子にエチル基が置換していると考える), あるいは *N*-ethyl-1-butanamine (*N*-エチル-1-ブタンアミン)

(d) methyldipropylamine (メチルジプロピルアミン)

(e) *N,N*-dimethyl-2-propenylamine (*N,N*-ジメチル-2-プロペニルアミン), *N,N*-dimethylallylamine 〔*N,N*-ジメチルアリルアミン(慣用名)〕

(f) *N,N'*-dimethyl-1,3-propanediamine (*N,N'*-ジメチル-1,3-プロパンジアミン, 二つのメチル基が異なる窒素原子に結合していることを示すために, 接頭辞は *N,N'*-とする)

(g) *trans*-1,2-cyclohexanediamine (*trans*-1,2-シクロヘキサンジアミン)

(h) 1,4-benzenediamine (1,4-ベンゼンジアミン), *p*-phenylenediamine 〔*p*-フェニレンジアミン(慣用名)〕

(i) 2-aminoethanol (2-アミノエタノール, アミンよりアルコールのほうが命名法における優先順位が高いので, NH₂を置換基として命名する)

(j) 4-aminopentanoic acid 〔4-アミノペンタン酸, (i)と同じく NH₂を置換基として命名する〕

例題 11・2 次の化合物名に対応する構造式を書け．
(a) ジイソプロピルアミン
(b) N-エチル-N-メチルシクロペンチルアミン
(c) N,N-ジメチルベンジルアミン
(d) N-メチル-N'-プロピル-1,4-ブタンジアミン
(e) cis-1,3-シクロヘキサンジアミン
(f) 臭化テトラエチルアンモニウム
(g) N,N-ジエチル-3-メチルアニリン
(h) (E)-アゾベンゼン
(i) ピペリジン
(j) 2,6-ジメチルピリジン
(k) N-メチルピロール
(l) 4-アミノキノリン

解答 アミンおよび関連する含窒素化合物

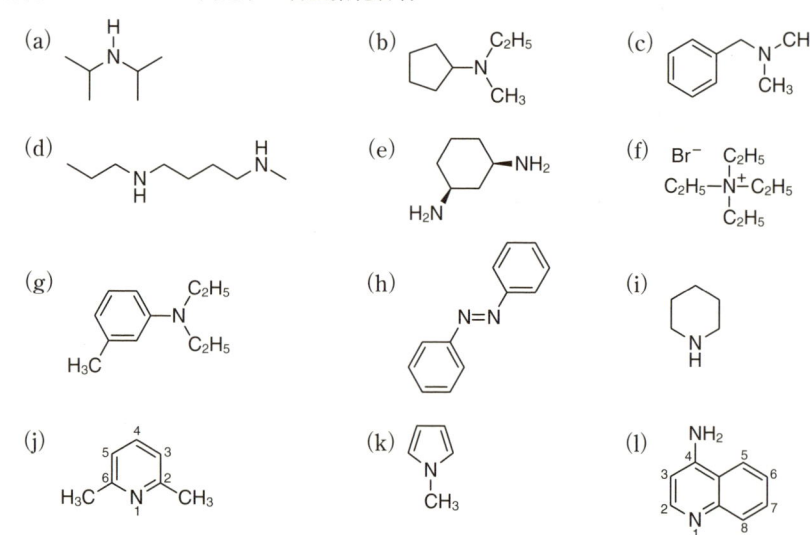

(a)～(l) 構造式

(a) はイソプロピル基を二つもつ第二級アミン．(b), (c) は第三級アミン．窒素上の置換基を N- の後に示す．(d) のように異なるアミノ基に置換基がある場合，N-, N'- で区別する．(e) はアミノ基を複数もつ化合物．立体化学の表示も必要．(f) のアンモニウム塩は，陰イオン部分の名称にアンモニウム塩の名称を続けて命名する．(g) のアニリン誘導体では，窒素の置換基は N- で，芳香環の置換基は位置番号（または o-, m-, p-）で示す．(h) はアゾ基 $-N=N-$ をもつアゾ化合物．アゾベンゼンには E, Z ($cis, trans$) の立体異性体がある．(i)～(l) は窒素を含む複素環化合物．番号は窒素を1として環に沿ってふる．

11. アミン

他の重要な複素環窒素化合物

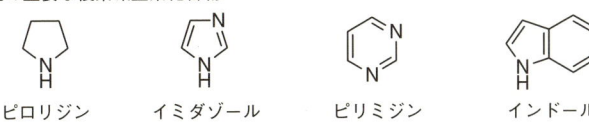

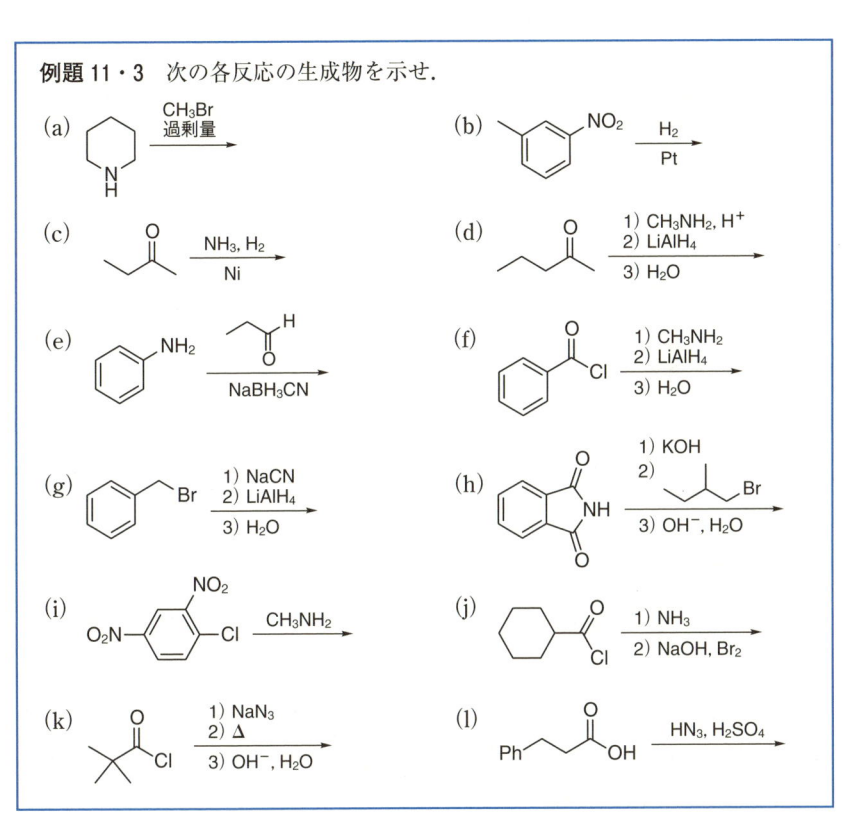

ピロリジン　イミダゾール　ピリミジン　インドール

例題 11・3 次の各反応の生成物を示せ．

(a) ピペリジン + CH₃Br (過剰量)

(b) m-ニトロトルエン + H₂ / Pt

(c) 2-ブタノン + NH₃, H₂ / Ni

(d) 2-ペンタノン 1) CH₃NH₂, H⁺ 2) LiAlH₄ 3) H₂O

(e) アニリン + プロパナール / NaBH₃CN

(f) ベンゾイルクロリド 1) CH₃NH₂ 2) LiAlH₄ 3) H₂O

(g) ベンジルブロミド 1) NaCN 2) LiAlH₄ 3) H₂O

(h) フタルイミド 1) KOH 2) イソブチルブロミド 3) OH⁻, H₂O

(i) 2,4-ジニトロクロロベンゼン + CH₃NH₂

(j) シクロヘキサンカルボニルクロリド 1) NH₃ 2) NaOH, Br₂

(k) ピバロイルクロリド 1) NaN₃ 2) Δ 3) OH⁻, H₂O

(l) 3-フェニルプロパン酸 + HN₃, H₂SO₄

解答 アミンまたはアンモニウム塩の合成に用いられる反応である．

(a) 第二級アミンに過剰量のブロモメタンを反応させると，第四級アンモニウム塩が生成する．

ピペリジン →(CH₃Br)→ [N⁺H(CH₃)] Br⁻ → N-CH₃ →(CH₃Br)→ [N⁺(CH₃)₂] Br⁻

(b) 芳香族ニトロ化合物の還元によるアニリン誘導体の合成．

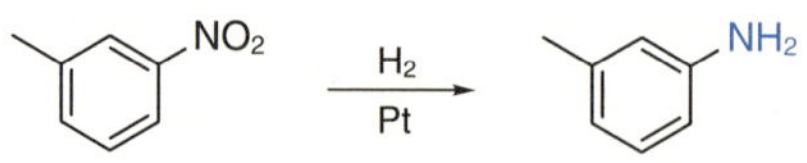

(c)〜(e) はケトンまたはアルデヒドの還元的アミノ化である．まずイミンが生成し，これが種々の試薬による還元を受けてアミンとなる．

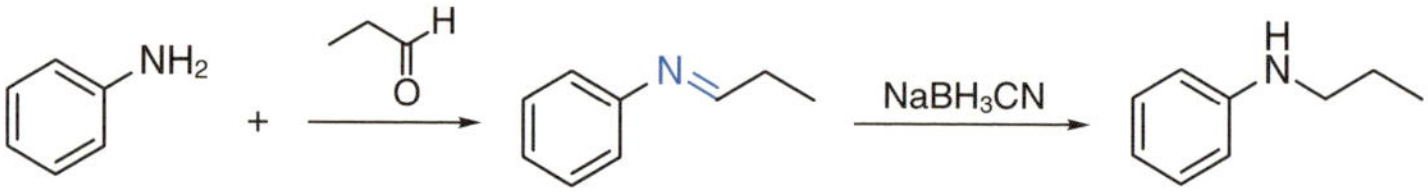

(f) アミドの還元によるアミンの合成．

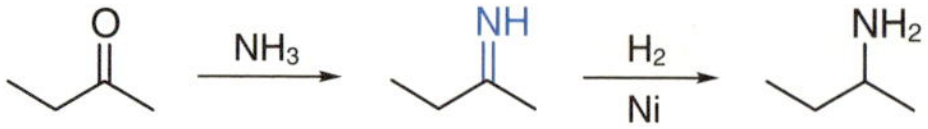

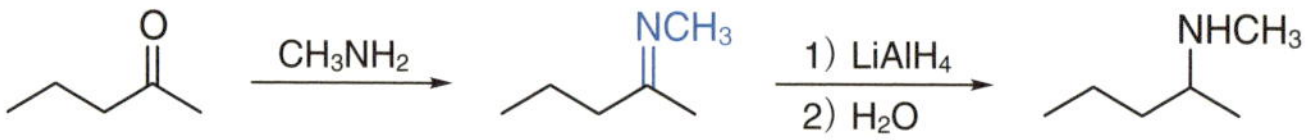

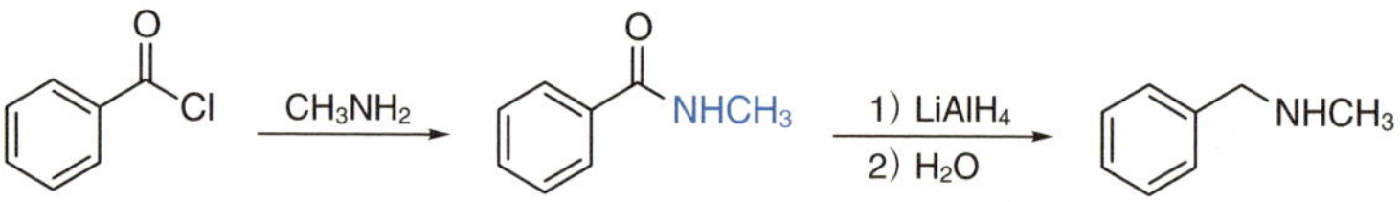

(g) ニトリルの還元によるアミンの合成．

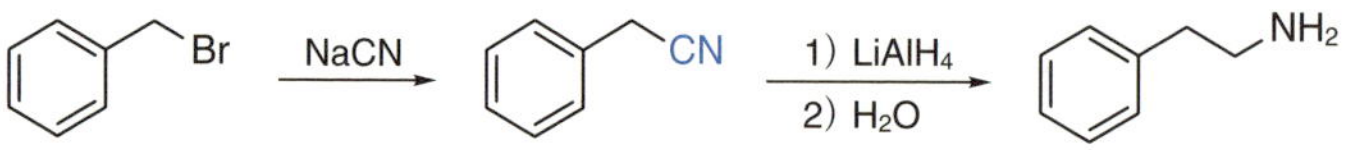

(h) Gabriel 法による第一級アミンの合成．イミド窒素のアルキル化（S_N2 反応）と加水分解．ハロゲン化第一級および第二級アルキルのアミンへの変換が可能である．

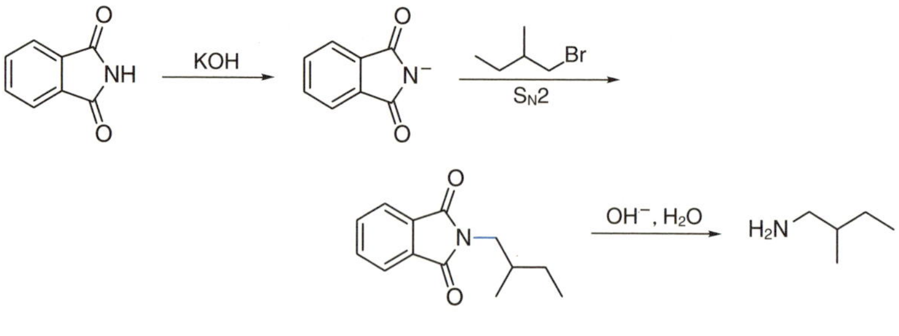

フタル酸部分の除去には，ヒドラジン H_2NNH_2 を用いることもできる．

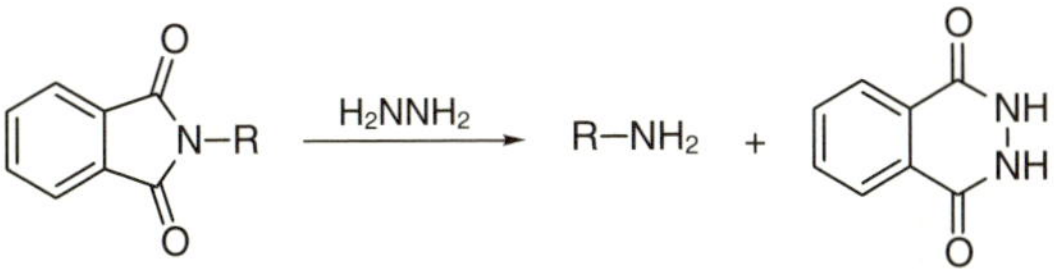

(i) 芳香族求核置換反応．ニトロ基などの電子求引基によって電子密度が低下した芳香環は求核置換反応を受けやすい．

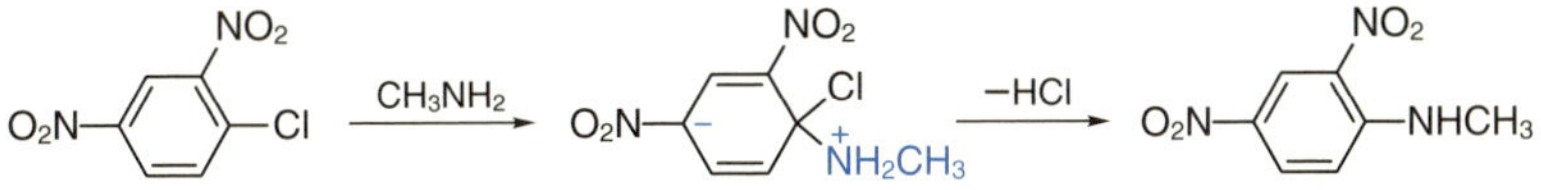

(j) 第一級アミドに NaOH, Br$_2$ を作用させると，N-臭素化，脱プロトン，転位が順次起こりイソシアナートが生じる．つづいて加水分解されてカルバミン酸となり，さらに脱炭酸が起こり第一級アミンを生成する（Hofmann 転位）．炭素の1個少ないアミンの合成法として用いられる．

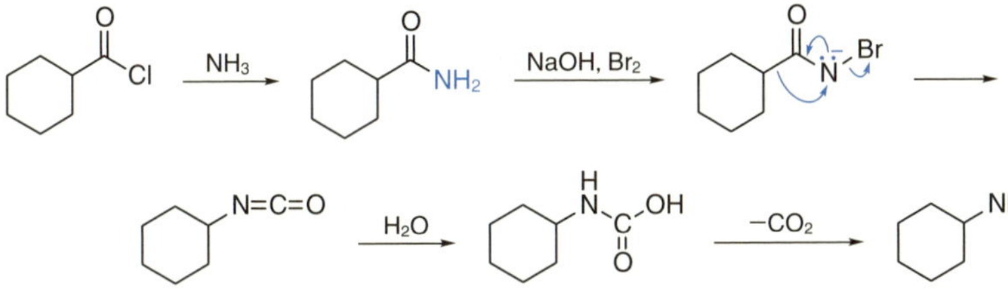

(k) 酸塩化物とアジ化ナトリウムの反応によりカルボン酸アジドが生成し，熱により脱窒素と転位が起こってイソシアナートに変換される．これを塩基で処理すると第一級アミンになる（Curtius 転位）．

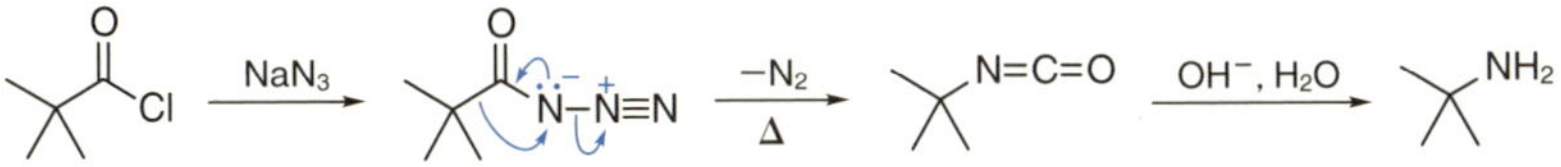

(l) カルボン酸に濃硫酸の存在下でアジ化水素酸を反応させると，カルボン酸アジドが生成し，上と同様にイソシアナートを経てアミンとなる（Schmidt 転位）．

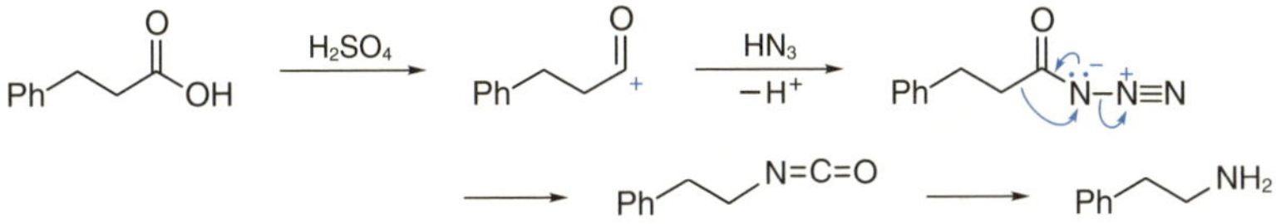

例題 11・4 次の反応中の (**A**)～(**P**) にあてはまる化合物の構造を書け.

(a) 1-メチル-3-メチルピロリジン → CH₃I → (**A**) → Ag₂O/H₂O → (**B**) → Δ → (**C**)

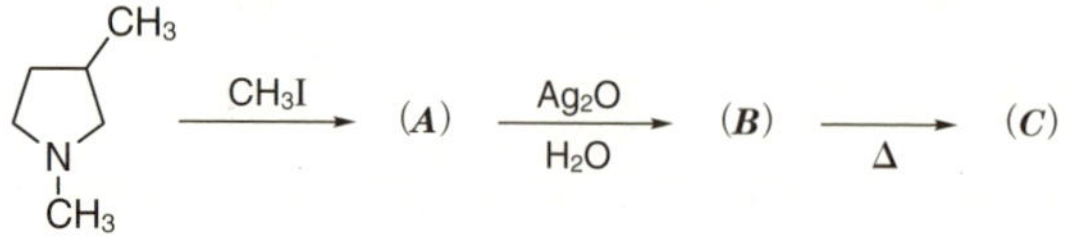

(b) 4-ニトロトルエン → 1) Fe, HCl 2) OH⁻ → (**D**) → NaNO₂/HBr → (**E**) → CuBr → (**F**)

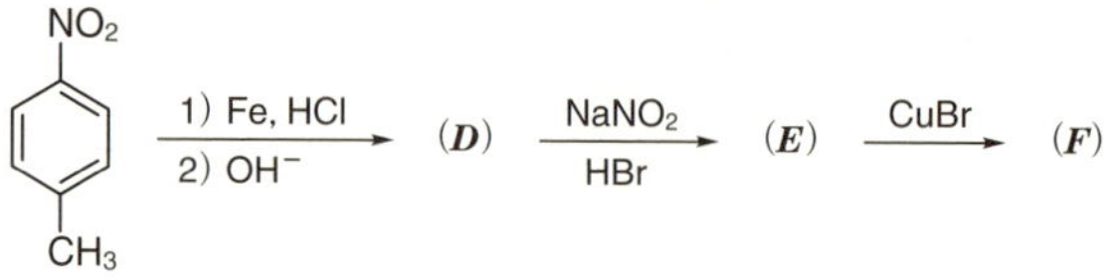

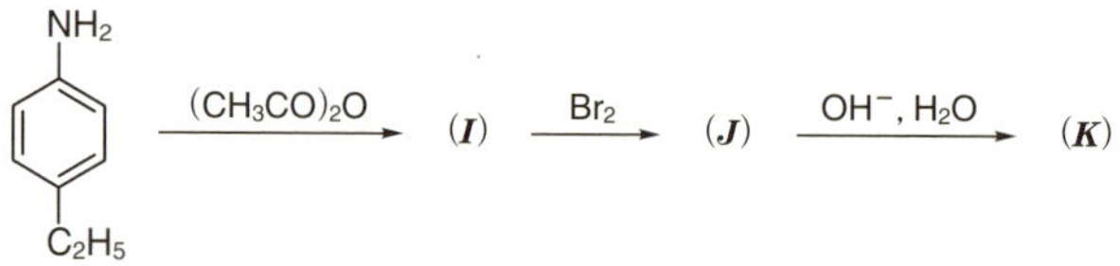

(c) 4-アミノベンゼンスルホン酸ナトリウム → NaNO₂/HCl → (**G**) → N(CH₃)₂-C₆H₅ → (**H**)

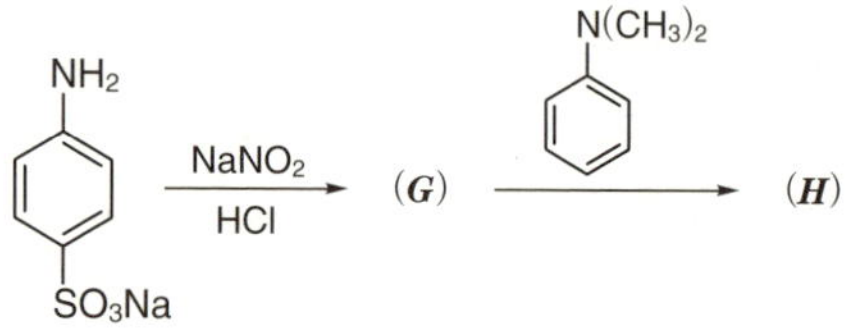

(d) 4-エチルアニリン → (CH₃CO)₂O → (**I**) → Br₂ → (**J**) → OH⁻, H₂O → (**K**)

(e) ベンゼン → CH₃COCl/AlCl₃ → (**L**) → C₂H₅NH₂/H⁺ → (**M**) → 1) LiAlH₄ 2) H₂O → (**N**)

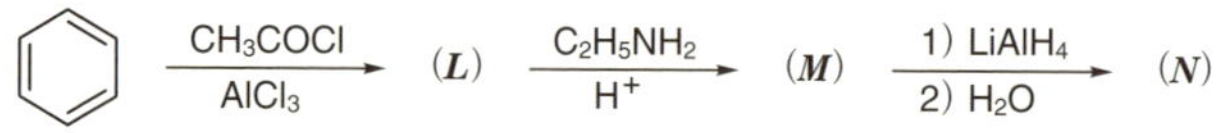

(f) CH₃CH₂CH₂NH₂ → CH₃-C₆H₄-SO₂Cl / KOH → (**O**) → H⁺ → (**P**)

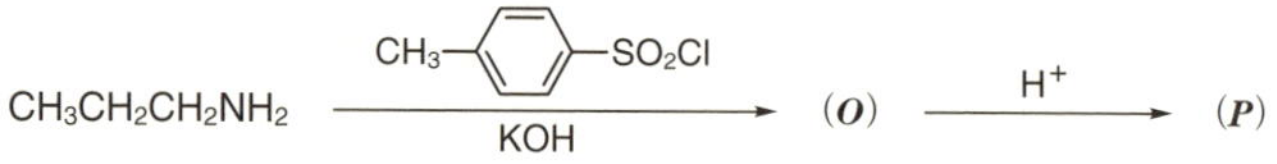

解答 アミンに関連した多段階反応である.

(a) Hofmann 脱離. 第三級アミンを第四級アンモニウム塩に変換し, ハロゲン化物を水酸化物にしたのち加熱により脱離反応を行う. 脱離では置換基の少ないアルケンが優先的に生成するので, 二重結合は環炭素に置換したメチル基から遠い側にできる.

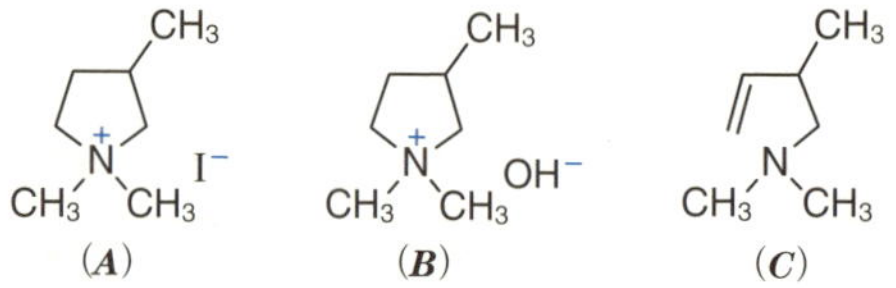

(**A**) 1,1-ジメチル-3-メチルピロリジニウムヨージド
(**B**) 1,1-ジメチル-3-メチルピロリジニウムヒドロキシド
(**C**) 1,N-ジメチル-3-メチル-2,5-ジヒドロピロール

(b) ニトロ基の還元と Sandmeyer 反応を用いた芳香環の臭素化.

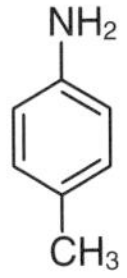

構造式: 4-メチルアニリン (**D**), 4-メチルベンゼンジアゾニウム ブロミド (**E**), 4-ブロモトルエン (**F**)

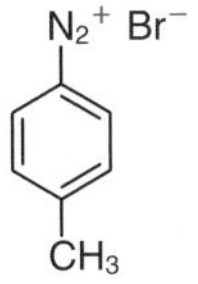

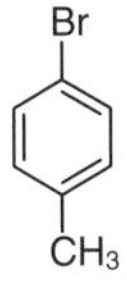

(c) ジアゾニウム塩の生成とジアゾカップリング反応. 生成物(**H**)は中和滴定の指示薬としてよく用いられるメチルオレンジである.

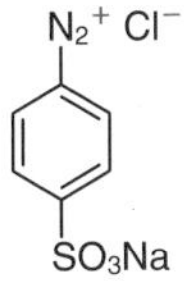

構造式: 4-スルホナトベンゼンジアゾニウム クロリド (**G**), メチルオレンジ (**H**)

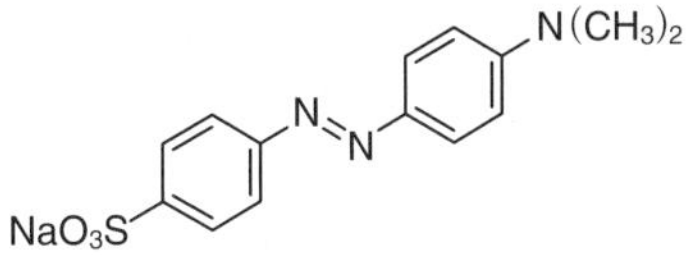

(d) アミドを経由したアニリン誘導体の一臭素化. アニリンに対して直接臭素化すると, 多臭素化が起こりやすい. アミドに変換することにより, ベンゼン環の反応性が適度になる.

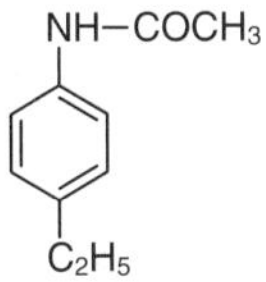

構造式: 4-エチルアセトアニリド (**I**), 2-ブロモ-4-エチルアセトアニリド (**J**), 2-ブロモ-4-エチルアニリン (**K**)

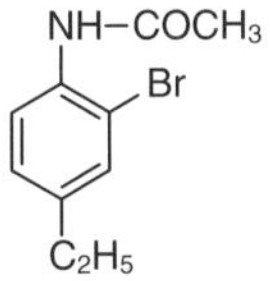

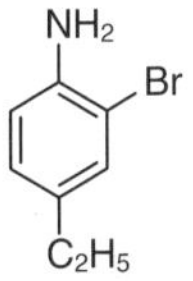

(e) ベンゼンのアセチル化, イミンの生成, 還元によるベンジルアミン誘導体の合成.

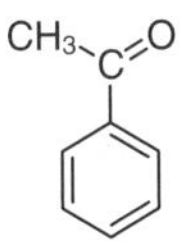

構造式: アセトフェノン (**L**), N-エチルイミン (**M**), N-エチル-1-フェニルエチルアミン (**N**)

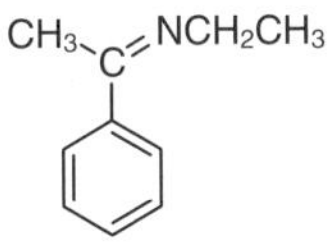

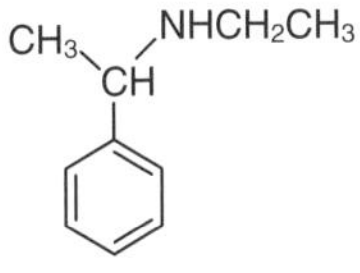

(f) 第一級アミンのスルホンアミドの合成. スルホンアミドの N–H の酸性が高いので, 強塩基性では塩を生じ溶解し, これを酸性にすると不溶のスルホンアミドになる.

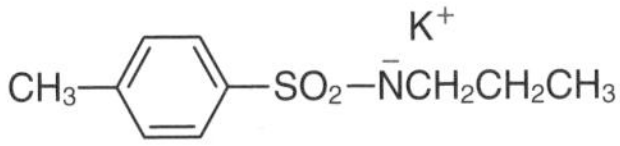

構造式: カリウム塩 (**O**), N-プロピル-p-トルエンスルホンアミド (**P**)

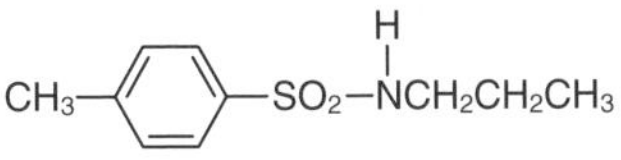

この反応を利用するとアミンの分類が可能となる（Hinsberg 試験）。
第一級アミン…スルホンアミドを生成，塩基性で可溶，酸性にすると不溶化．
第二級アミン…スルホンアミドを生成，塩基性で不溶．
第三級アミン…スルホンアミドを生成しない．

演 習 問 題

11・1 N-エチル-N-メチルプロピルアミンについて次の問いに答えよ．
　(a) 窒素原子の混成は何か．分子の立体構造を示せ．
　(b) この化合物の鏡像異性体を単離することは不可能である．その理由を説明せよ．
　(c) この化合物と臭化ベンジルを反応させると第四級アンモニウム塩が生成する．この反応式を書け．また，生じたアンモニウム塩の鏡像異性体を単離することができるかどうかを説明せよ．

11・2 次の化合物からブチルアミンを合成するための経路を示せ．反応は1段階であるとは限らない．
　(a) ブタンアミド　　(b) ペンタンアミド　　(c) 1-ブロモプロパン
　(d) 1-ブロモブタン　(e) ブタン酸　　　　(f) ペンタン酸
　(g) 1-ブタノール　　(h) 1-ペンテン

11・3 ジアゾニウム塩の置換反応を用いて次の各変換を行うための経路を示せ．

(a) ベンゼン → 4-ブロモ-1-ヨードベンゼン
(b) ベンゼン → 3-クロロフェノール
(c) トルエン → 3,5-ジブロモトルエン
(d) トルエン → 4-メチル安息香酸
(e) アニリン → 2-クロロ-1,3,5-トリブロモベンゼン
(f) アニリン → 1,2,3-トリブロモベンゼン

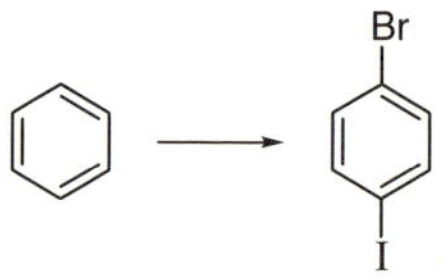

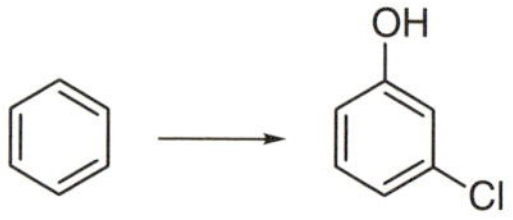

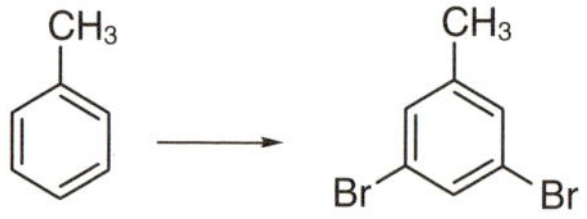

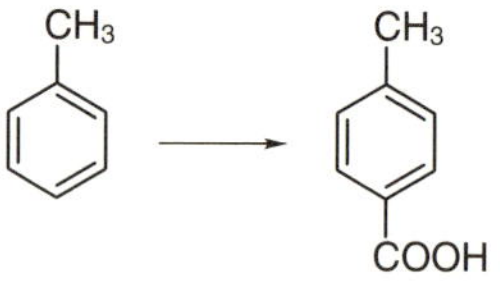

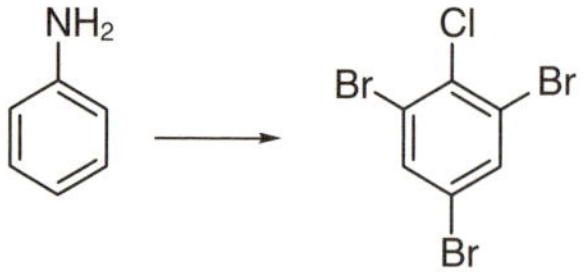

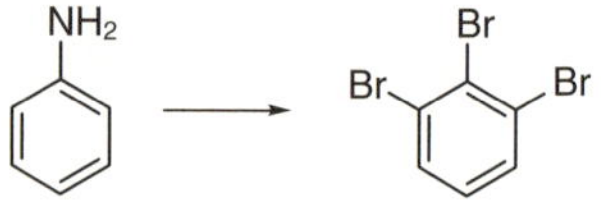

11・4 ジアゾニウム塩に関連した反応と合成について，次の各問いに答えよ．
　(a) 塩酸中でアニリンと亜硝酸ナトリウムからジアゾニウムイオンが生成する機

構を書け.

(b) ジアゾカップリング反応を用いて以下のアゾ化合物を合成するとき，どのような試薬を用いればよいか．その組合わせと，それを選んだ理由を説明せよ．

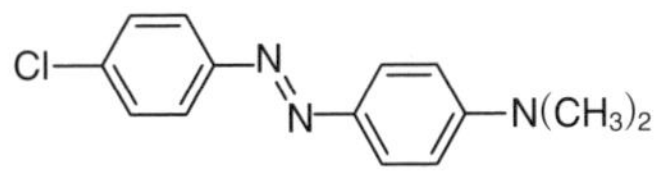

Cl-C₆H₄-N=N-C₆H₄-N(CH₃)₂

*11・5 次の2-アミノシクロヘキサノール誘導体の立体異性体は，ジアゾニウム塩を経由して異なる生成物を生じる．中間体の構造を示し生成物の違いを説明せよ．

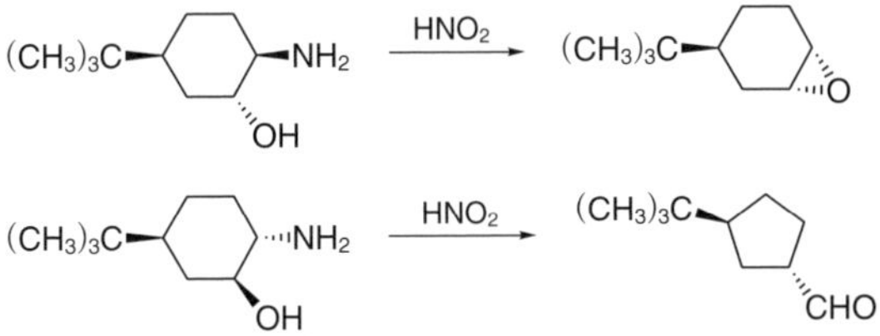

(CH₃)₃C-[シクロヘキサン]-NH₂,OH →(HNO₂)→ (CH₃)₃C-[シクロヘキサンエポキシド]

(CH₃)₃C-[シクロヘキサン]-NH₂,OH (異性体) →(HNO₂)→ (CH₃)₃C-[シクロペンタン]-CHO

11・6 アンモニウム塩および関連化合物の脱離反応について，次の問いに答えよ．

(a) 次のアンモニウム塩をそれぞれ加熱したとき，主生成物となるアルケンとアミンの構造を示せ．

(ア) 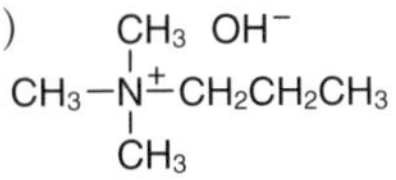 CH₃-N⁺(CH₃)(CH₃)-CH₂CH₂CH₃ OH⁻

(イ) 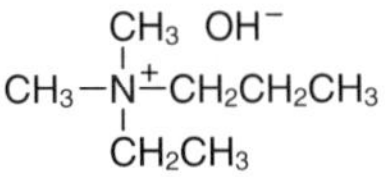 CH₃-N⁺(CH₃)(CH₂CH₃)-CH₂CH₂CH₃ OH⁻

(ウ) 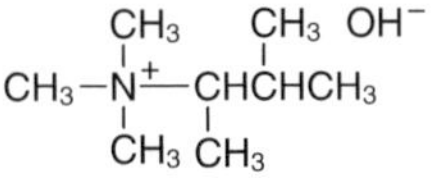 CH₃-N⁺(CH₃)(CH₃)-CHCHCH₃ OH⁻
       (N(CH₃)CH₃ 置換)

(b) 次の反応中の (**1**)〜(**3**) にあてはまる化合物の構造を示せ．

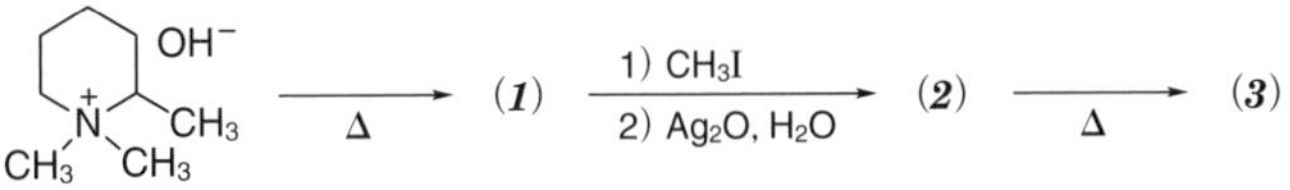

[N⁺(CH₃)₂ピペリジン] OH⁻ —Δ→ (**1**) —1) CH₃I, 2) Ag₂O, H₂O→ (**2**) —Δ→ (**3**)

*(c) 2-ヨードペンタンにジメチルスルフィドを反応させるとスルホニウム塩が生成する．これをナトリウムエトキシド（塩基）と反応させると脱離生成物が得られる．この反応の反応式を書け．

11・7 次の変換を示す反応式を書き，反応について簡単に説明せよ．

(a) N,N-ジメチルアニリンを塩酸中で亜硝酸ナトリウムと反応させると，パラ位がニトロソ化された化合物が得られる．

*(b) 1,2-ジフェニルヒドラジン PhNHNHPh に硫酸を作用させ，反応後塩基性にすると，ベンジジン (4,4'-ジアミノビフェニル) が得られる．

(c) p-メチルアニリンを塩酸中で亜硝酸ナトリウムと反応させ，生じたジアゾニ

ウム塩溶液にテトラフルオロホウ酸を加えるとテトラフルオロホウ酸塩が沈殿する．これを加熱するとフッ素化が起こり，p-フルオロトルエンが得られる．

(d) ピリジンをナトリムアミド $NaNH_2$ と加熱して反応させると，2-アミノピリジンを生成する．

11・8 次の反応は α-アミノ酸の合成に用いられる．中間生成物と最終生成物を示せ．

(a) 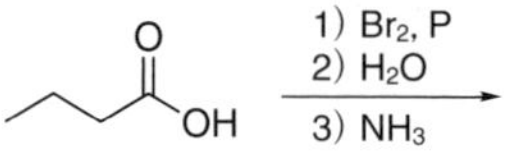 CH₃CH₂CH₂COOH $\xrightarrow[\text{3) NH}_3]{\text{1) Br}_2\text{, P} \\ \text{2) H}_2\text{O}}$

(b) 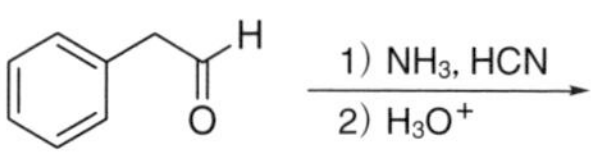 PhCH₂CHO $\xrightarrow[\text{2) H}_3\text{O}^+]{\text{1) NH}_3\text{, HCN}}$

11・9 α-アミノ酸に関する以下の一連の反応について，次の問いに答えよ．

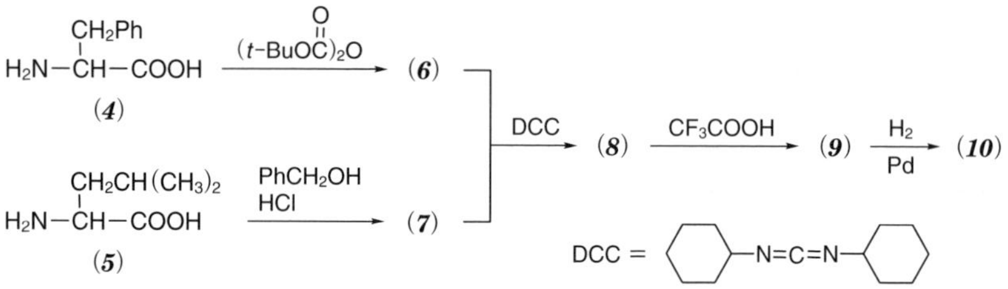

$$\underset{(4)}{\underset{|}{H_2N-\overset{CH_2Ph}{\underset{|}{CH}}-COOH}} \xrightarrow{(t\text{-BuOC})_2O} (6)$$

$$\underset{(5)}{\underset{|}{H_2N-\overset{CH_2CH(CH_3)_2}{\underset{|}{CH}}-COOH}} \xrightarrow[\text{HCl}]{\text{PhCH}_2\text{OH}} (7)$$

$$\xrightarrow{DCC} (8) \xrightarrow{CF_3COOH} (9) \xrightarrow{H_2/Pd} (10)$$

DCC = C₆H₁₁−N=C=N−C₆H₁₁

(a) 化合物 (**4**)，(**5**) の名称を答えよ．

*(b) 化合物 (**6**)〜(**10**) の構造式を示せ．

*(c) ラセミ体の (**4**) と (**5**) を用いて上記の反応を行った場合，(**10**) には鏡像異性体も含めて何種類の立体異性体があるか．

12

ペリ環状反応

ペリ環状反応　環状の遷移状態を経由して協奏的に進行する"電子環状反応","シグマトロピー転位","付加環化反応"などを,総称してペリ環状反応とよぶ.ペリ環状反応の反応性は,Woodward(ウッドワード)とHoffmann(ホフマン)により提案された分子軌道法に基づく規則(**Woodward-Hoffmann則**,軌道対称性保存則ともいう)により説明される.

共役π電子系の分子軌道　n個のπ電子から構成される共役系の**最高被占分子軌道**(HOMO)と**最低空軌道**(LUMO)(これらを総称してフロンティア軌道という)の略図を以下に示す(ローブのない原子では,分子軌道の係数が0かそれに近い).各原子軌道のローブの符号(以下の図では正のローブを青で,負のローブを白抜きで示す)が左右対称のときS,そうでないときAで表示される.ペリ環状反応の進み方や進みやすさは反応に関与する分子軌道の対称性に支配され,起こりやすい反応は**許容**過程,起こりにくい反応は**禁制**過程とよばれる.

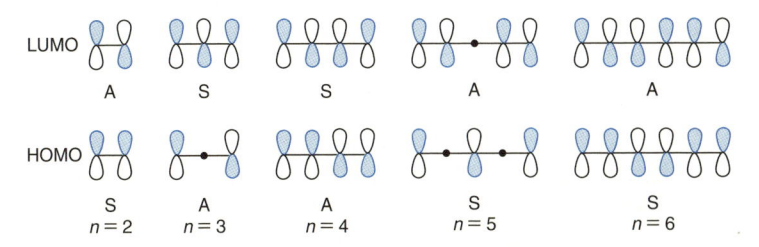

LUMO	A	S	S	A	A
HOMO	S	A	A	S	S
	$n=2$	$n=3$	$n=4$	$n=5$	$n=6$

電子環状反応　π電子系において,π結合の移動を伴い末端炭素間にσ結合が生成する反応およびその逆反応.熱反応ではHOMO,光反応ではLUMOにおいて,両末端の炭素原子間に結合性の重なりが生じるように(すなわち同符号のローブが重なるように)p軌道を回転してσ結合が生成する.両末端が同じ方向に回転する

熱反応:同旋
光反応:逆旋

熱反応:逆旋
光反応:同旋

同旋と，逆方向に回転する**逆旋**がある．同旋，逆旋いずれも右回りも左回りも起こる可能性があり，回転の方向によって異なる生成物を与える場合がある．

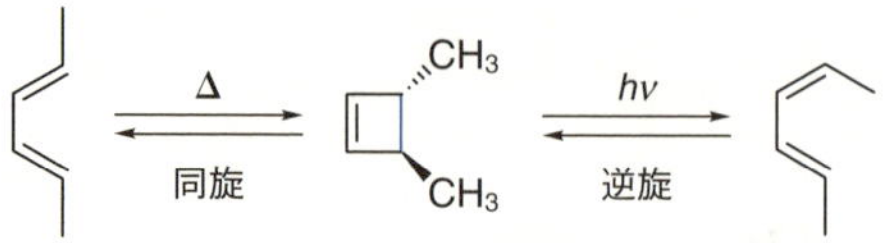

シグマトロピー転位　π電子系にσ結合で連結された置換基が，π電子系に沿ってほかの位置に移動して新たにσ結合を生成する反応．ふつう反応は可逆的である．移動する置換基の位置を示すために，[1,3], [3,3] などの記号を用いる．結合の切断と形成がπ電子系のつくる平面の同じ側で起こる場合（**スプラ形**）と反対側で起こる場合（**アンタラ形**）があり，二つの断片が両方ともスプラ形で進行する反応が一般的である．二つの置換基の HOMO の間で結合性の重なりが生じる反応は熱で起こりやすく（熱反応許容），そうでない反応は光で起こりやすい（光反応許容）．$[i,j]$シグマトロピー転位の起こりやすさは，反応に関与する電子数 $(i+j)$ とスプラ形とアンタラ形の組合わせによって以下のようにまとめられる．

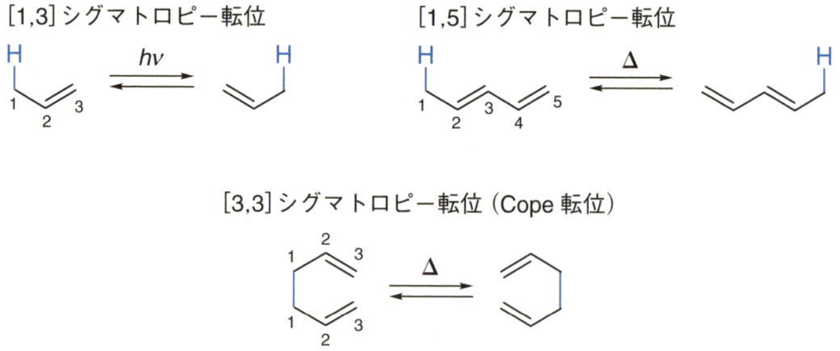

[i,j]シグマトロピー転位

$i+j$	スプラ-スプラ形	スプラ-アンタラ形
$4n$	光反応許容	熱反応許容
$4n+2$	熱反応許容	光反応許容

付加環化反応　二つのπ電子系が互いに付加して環状生成物を与える反応．ふつう反応は可逆的である．各断片のπ電子数で [2+2], [4+2] のように示す．スプラ形とアンタラ形の反応があり，スプラ-スプラ形が一般的である．一方のπ電子系の HOMO と他方の LUMO の両端で結合性の重なりが生じる反応は熱で起こりやすく，そうでない場合は光で起こりやすい．$[i+j]$付加環化の起こりやすさは

12. ペリ環状反応

以下のとおりである．

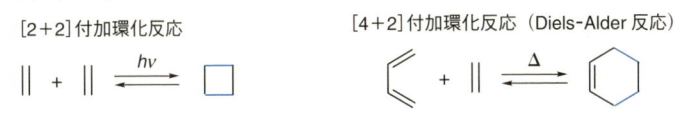

[2+2]付加環化反応

$$\| + \| \underset{}{\overset{h\nu}{\rightleftarrows}} \square$$

[4+2]付加環化反応（Diels-Alder 反応）

$$\diagup\!\!\!\diagdown + \| \underset{}{\overset{\Delta}{\rightleftarrows}} \bigcirc$$

[$i+j$]付加環化反応

$i+j$	スプラ-スプラ形	スプラ-アンタラ形
$4n$	光反応許容	熱反応許容
$4n+2$	熱反応許容	光反応許容

[4+2]付加環化反応は **Diels-Alder 反応**（ディールス アルダー）としてよく知られている（3章を参照）．ジエンと反応するアルケンのことを**ジエノフィル**とよぶ．

例題 12・1 次の電子環状反応を分子軌道の考え方に従って説明せよ．(a)～(c)は閉環反応，(d)は開環反応について答えよ．

(a) 〔熱反応 Δ〕
(b) 〔光反応 $h\nu$〕
(c) 〔熱反応 Δ〕
(d) 〔光反応 $h\nu$〕

解答 分子軌道法を用いて電子環状反応の立体選択性を説明する．閉環反応では，単結合を回転してジエンまたはトリエンの両末端が近づいた構造に書き直してから，p軌道の並び方とローブの符号を考える．熱反応ではHOMO，光反応ではLUMO（励起状態のHOMO）を書き，同符号の軌道のローブが重なるように両端を回転させる．両末端の回転の仕方によってメチル基の立体化学が決まる．

(a) 熱反応であり，ジエンのHOMOを考える．両末端の炭素原子で結合性の重なりができるためには同じ方向に回転（同旋）する必要があり，二つのメチル基は

シクロブテン環に関してトランスになる（前ページ図）．図とは逆向きに同旋すると鏡像異性体を与えるが，両方向の回転は同確率で起こるので生成物はラセミ体となる．

(b) 光反応であり，ジエンの LUMO を考える．両末端の炭素原子で結合性の重なりができるためには反対方向に回転(逆旋)する必要があり，二つのメチル基はシクロブテン環に関してトランスになる．(a)と同じ理由で生成物はラセミ体である．

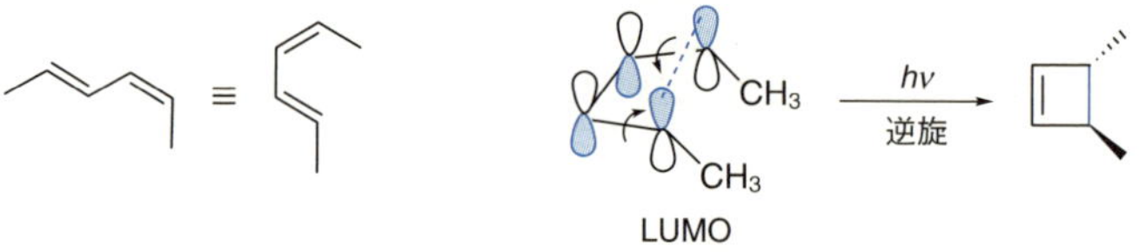

(c) 熱反応であり，トリエンの HOMO を考える．両末端の炭素原子で結合性の重なりができるためには反対方向に回転（逆旋）する必要があり，二つのメチル基はシクロヘキサジエン環に対してシスになる．下図とは逆向きに逆旋しても生成物は同一である．

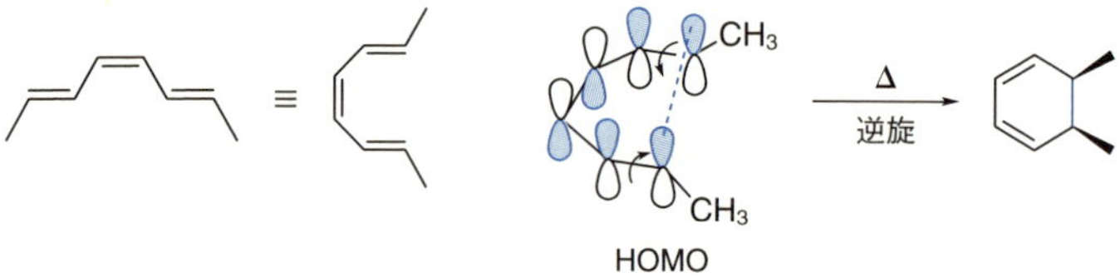

(d) 光開環反応では，開裂する C–C 結合の結合性軌道をつくる二つの原子軌道のローブの符号が，反応後に生じるジエン部分の LUMO における両端炭素の軌道のローブの符号と一致するように回転する．すなわち逆旋で進行する．回転の方向には二通りあり，一方は E,E の，他方は Z,Z のジエンを与えるが，メチル基どうしの立体障害を避けるために前者が主生成物になる．

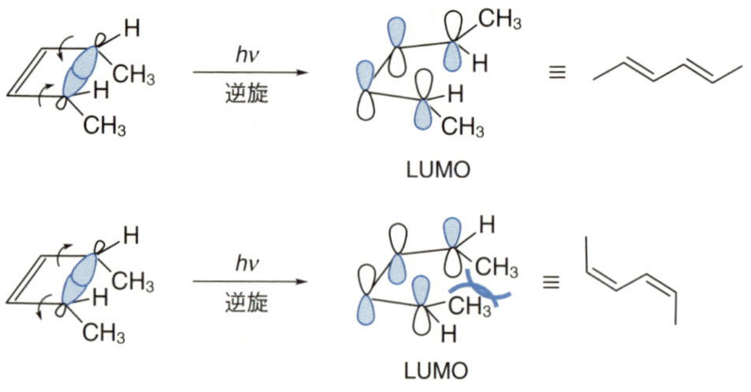

12. ペリ環状反応

例題 12・2 次の反応で期待される選択性(反応の起こりやすさと立体化学)を,Woodward-Hoffmann 則に基づいて説明せよ.
(a) 熱による[1,3]シグマトロピー転位(水素移動)
(b) 光による[1,3]シグマトロピー転位(水素移動)
(c) 熱による[3,3]シグマトロピー転位
(d) 光による[2+2]付加環化反応
(e) 熱による[4+2]付加環化反応
(f) 熱による[4+4]付加環化反応

解答 シグマトロピー転位では,σ結合を切断してできる二つのπ電子系(電子数1の場合はHの1s軌道)の分子軌道を用いて,フロンティア軌道の相互作用を示す式を図示して考える.結合性の重なりができるようにするとき,スプラ形とアンタラ形のどちらで反応が進行するかに注目する.

(a) 水素原子1s軌道とアリルのHOMO.水素原子がアンタラ形でアリルの末端に転位したとき,結合性の重なりができる.立体的にアンタラ形の反応は起こりにくいので,この熱反応は禁制である.

(b) 水素原子1s軌道とアリルのLUMO.水素原子がスプラ形でアリルの末端に転位したとき結合性の重なりができるので,この光反応は許容である.

(c) アリルのHOMOとアリルのHOMO.一方のアリルがスプラ形で他方のアリルの末端に転位したとき結合性の重なりができるので,この熱反応は許容である.

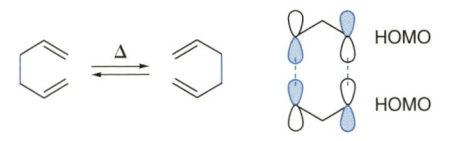

付加環化反応では,反応する二つのπ電子系の分子軌道を用いて考える.熱反

応では一方の π 系の HOMO と他方の π 系の LUMO 間の相互作用を，光反応では一方の π 系の LUMO（励起状態の HOMO）と他方の π 系の LUMO 間の相互作用を図示する．結合性の重なりができるようにするとき，両方の π 系に対してスプラ形で反応する（スプラ-スプラ形）か，一方はスプラ形で他方はアンタラ形で反応する（スプラ-アンタラ形）かに注目する．

(d) エンの LUMO とエンの LUMO．両方のエンに対してスプラ形で結合性の重なりが生じるので，この光反応は許容である．

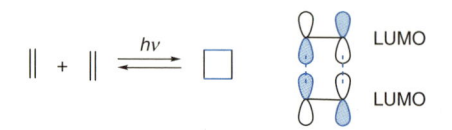

(e) ジエンの HOMO とエンの LUMO またはジエンの LUMO とエンの HOMO．どちらの場合も，スプラ-スプラ形で結合性の重なりが生じるので，この熱反応は許容である．多くの[4+2]付加環化反応（Diels-Alder 反応）では，ジエンの HOMO とジエノフィルの LUMO の相互作用が重要であり，それらのエネルギー差が小さいほど反応が進行しやすい．

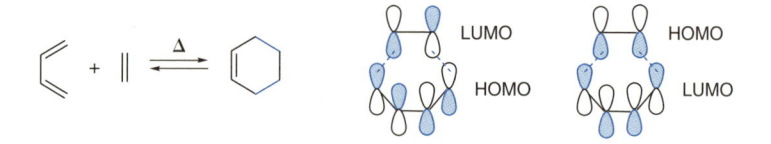

(f) ジエンの HOMO とジエンの LUMO．結合性の重なりを生じるためには，一方のジエンにおいてアンタラ形で反応する必要がある．したがって，この熱反応は禁制である．

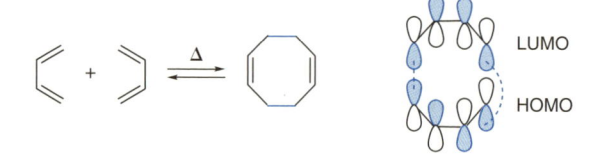

例題 12・3 Diels-Alder 反応について次の問いに答えよ．
(a) 1,3-シクロペンタジエンの Diels-Alder 反応で生じる二量化生成物の構造を書け．
(b) フランはジエンとして種々のジエノフィルと反応しやすい．その理由を説明せよ．
(c) 無水マレイン酸などの電子求引基をもつアルケンは，ジエノフィルとして反応性が高い．その理由を説明せよ．
(d) 次の化合物を Diels-Alder 反応を用いて合成するとき，どのようなジエンとジエノフィルを用いればよいか．

(ア)　(イ) 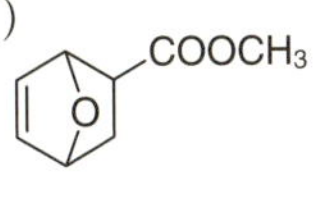　(ウ) 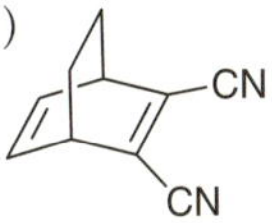
(エ) 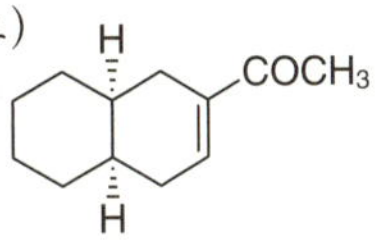　(オ)

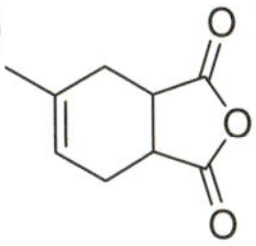

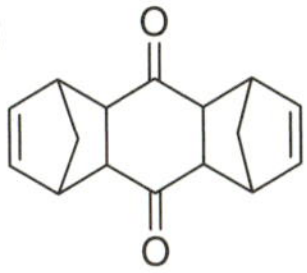

解答 (a) 1,3-シクロペンタジエンは Diels-Alder 反応のジエンとしてもジエノフィルとしても反応できる部分をもつので，二量体を形成する．エンド付加体が優先的に生成する（p.262 参照）．

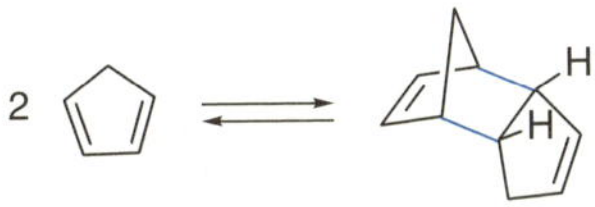

実験的に純粋なシクロペンタジエンを得るには，二量体を加熱して平衡で生じた低沸点の単量体を蒸留で留出させる．

(b) 酸素原子の電子供与性のため，ジエン部分の HOMO のエネルギーが高くなり，ジエノフィルの LUMO と相互作用しやすくなる．また，フランは環状構造のため，ジエン部分が Diels-Alder 反応を起こすために有利な s-シス（単結合に関して両端の置換基が同じ側）に固定されている．

(c) カルボニル基などの電子求引基に結合したアルケンでは，LUMO のエネルギーが低くなり，ジエンの HOMO と相互作用しやすくなる．

(d) シクロヘキセンの構造に注目し，もとのジエンとジエノフィルを分離する．(ウ)では形式的に2種類の組合わせがあるが，電子求引基が置換したジエノフィル

を用いたほうが反応しやすい．

(ア)

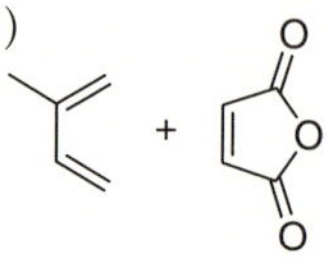

(イ)

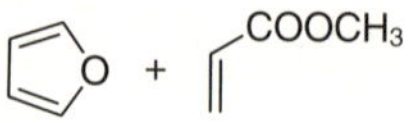

(ウ)

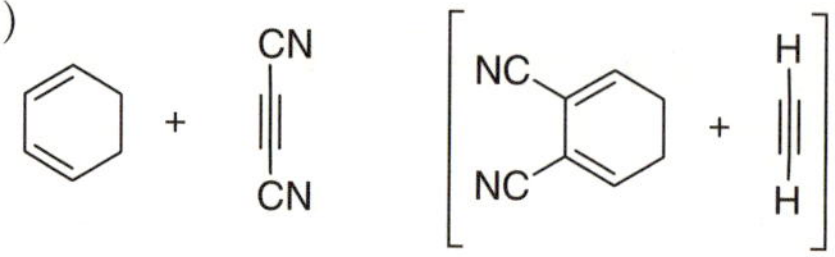

(エ)

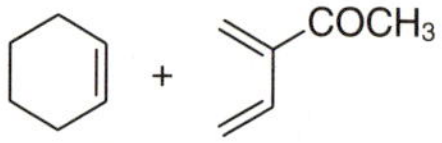

(オ)

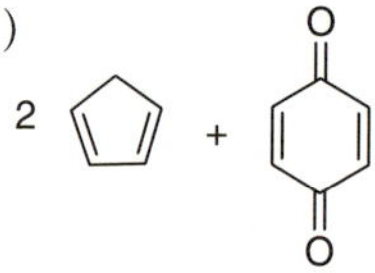

例題 12・4　次の反応の生成物を書け．必要な場合は，立体化学も明示すること．

(a)

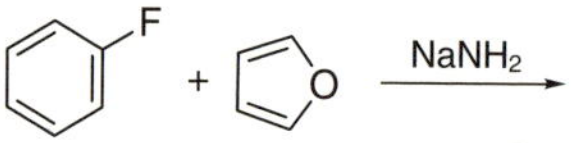

(b)

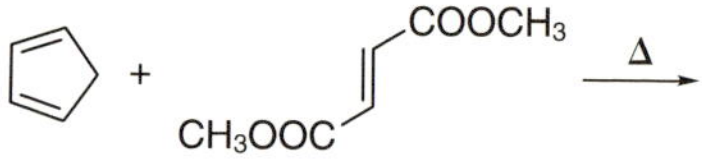

(c)

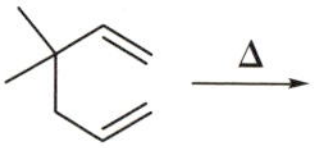

(d)

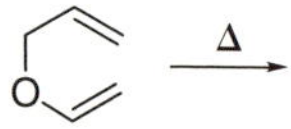

(e)

(f)

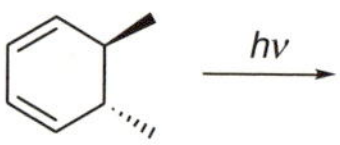

(g)

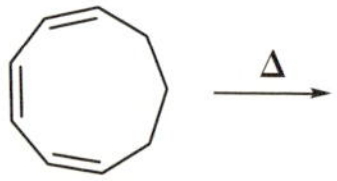

(h)

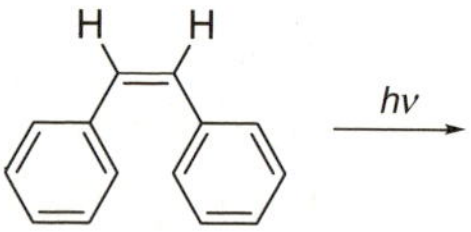

解答　ペリ環状反応の反応例である．

(a)

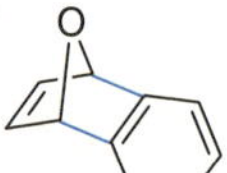

(b)

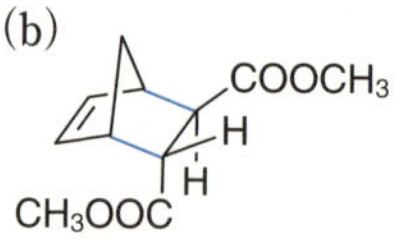

(c)

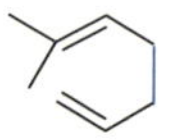

(d)

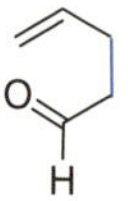

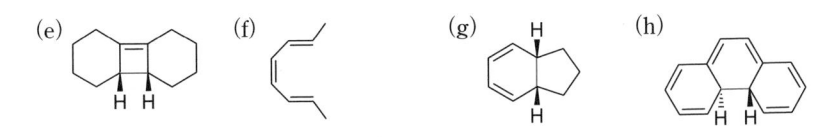

(a)はベンザインの発生と Diels-Alder 反応．フルオロベンゼンにナトリウムアミドを作用させると，フッ素置換基のオルト位で脱プロトンが起こり，フッ化物イオンが脱離することによりベンザインが生じる．この不安定中間体であるベンザインはジエノフィルとしての反応性が高く，フランと反応して付加環化生成物を与える．

ベンザイン

[参考] ベンザインの別の合成法（p. 213 も参照）
o-ブロモフルオロベンゼンと Mg の反応

ベンゼンジアゾニウム-2-カルボキシラートの分解

(b)では Diels-Alder 反応の立体特異性に注意する．協奏的な付加環化反応であるので，(E)-アルケンをジエノフィルとして用いると生成物はトランス体となる．
(c)は1,5-ヘキサジエンの[3,3]シグマトロピー転位(Cope 転位)．(d)はアリルビニルエーテルの [3,3]シグマトロピー転位（Claisen 転位）．生成物は 4-ペンテナールである．(e)は光による電子環状反応．ジエンの LUMO の対称性を考慮すると，閉環は逆旋で進行する．したがって，生成物のシクロブテン環の立体化学はシスとなる．もし同じ化合物に対して熱反応を行えば，閉環は同旋で進行し生成物はトランス体となる．(f)は光による電子環状反応（開環反応）．電子環状反応は可逆であり，開環反応も進行する．トリエンの LUMO からの逆反応を考慮すると，開環は同旋で進行し，両端のアルケンはどちらも E となる．メチル基間の立体障害のため Z,Z は生成しない．(g)は熱による電子環状反応．トリエンの HOMO の対称性を考慮

すると，閉環は逆旋で進行し，生成物のビシクロ環の立体化学はシスとなる．(h) は光による電子環状反応．cis-スチルベンのトリエン部分に注目する．同旋で閉環が進行し，トランス体のジヒドロフェナントレンを生じる．この生成物は，ヨウ素などによって容易に酸化されフェナントレンとなる．

演習問題

12・1 次の一連の反応について各問いに答えよ．

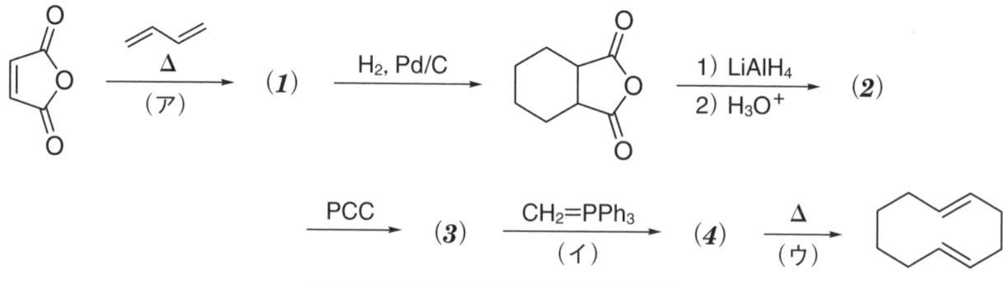

(a) 化合物(**1**)〜(**4**)の構造式を示せ．
(b) (ア)〜(ウ)の反応の名称を答えよ．

12・2 次の変換にはペリ環状反応が含まれている．反応の種類と選択性がわかるように，機構を説明せよ．

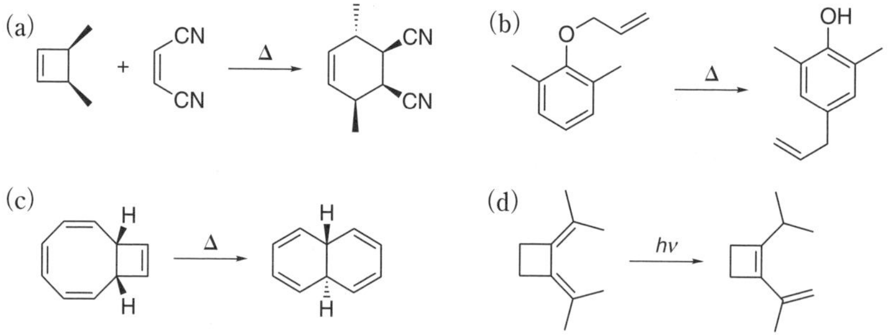

***12・3** 次のペリ環状反応を行った場合，どちらの化合物が主生成物になるか．また，その理由を説明せよ．

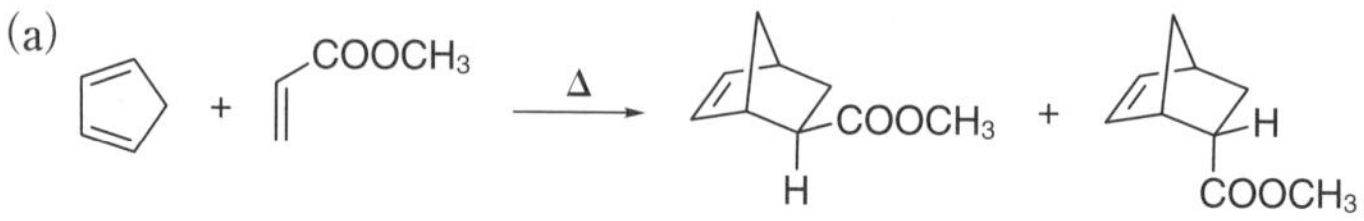

(b) [reaction scheme: diene + methyl acrylate → two cyclohexene ester products]

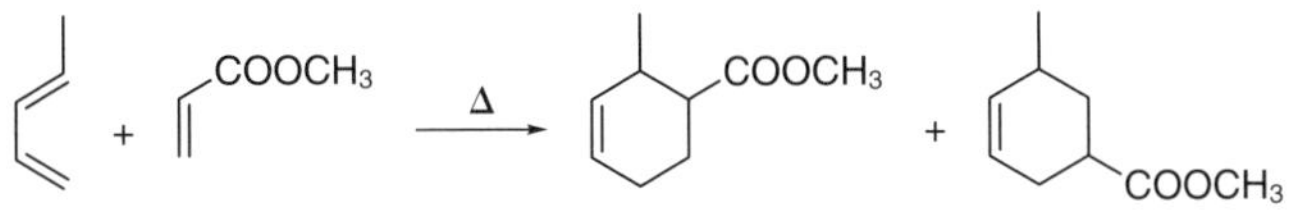

(c) [reaction scheme: cis-divinylcyclopropane derivative → cycloocta-1,5-diene isomers]

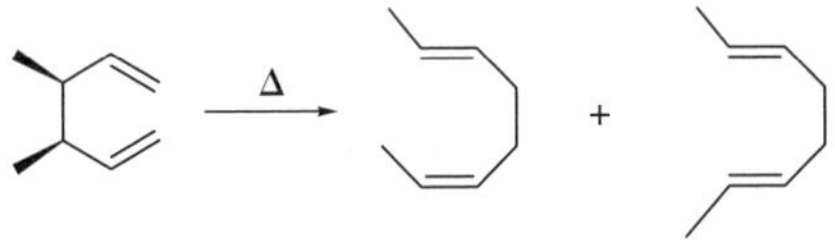

*12・4 ビシクロ[5.1.0]オクタ-2,5-ジエン（ホモトロピリデン）の ^{13}C NMR スペクトルを測定すると，-50 ℃ では 5 種類のシグナルが観測されるが，180 ℃ では 3 種類だけである．反応式を用いてこの測定結果を説明せよ．

*12・5 次の反応の機構を説明せよ．なお，(a) の反応物と生成物は，エナンチオピュアである．

(a) [reaction scheme with Ph, CH3 substituents]

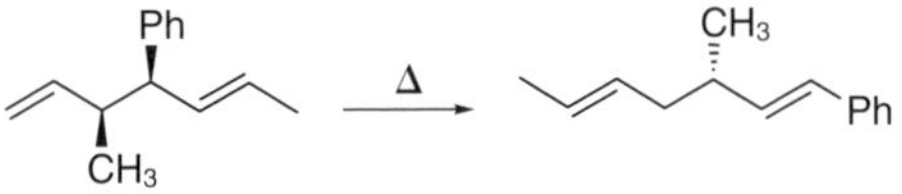

(b) Ph–CH=CH–CH2–O–CH=CH–COOH → 3-phenyl-pent-4-enal type product

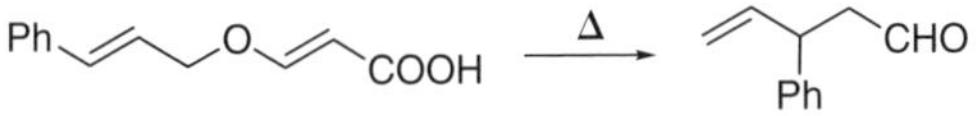

(c) cyclooctatetraene + tetracyanoethylene → cycloadduct

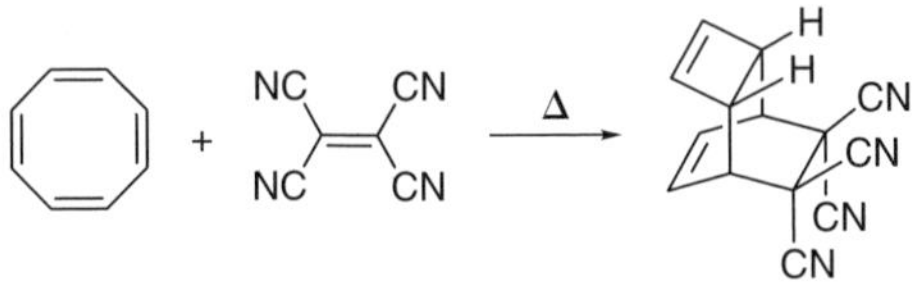

*12・6 次の反応の生成物を構造式で示せ．

(a) [HO-substituted diene, Δ]

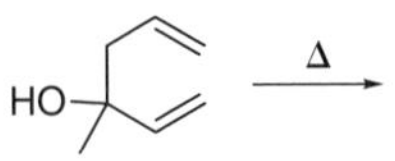

(b) [pyrroline N-oxide + styrene, Δ]

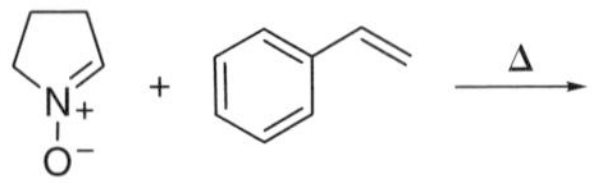

(c) [norbornadiene dimer, hν]

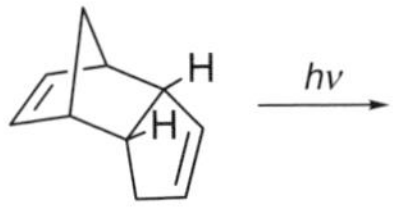

(d) 2 anthracene $\xrightarrow{h\nu}$

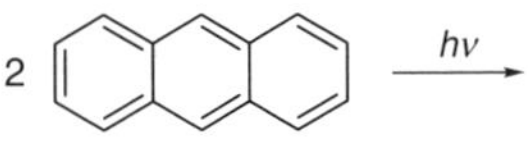

13

スペクトルによる構造解析

　機器分析の手法は，実際の合成実験で新規化合物を得たときに，その構造を決定する手段として，きわめて重要であり，十分に習熟しておく必要がある．測定や解析の詳細は専門書に譲ることとし，ここでは各分析法の概略を述べるにとどめる．

赤外分光法 (IR)

　結合の振動励起を観測する分光法であり，波数にして 4000～600 cm^{-1} に相当する．主として分子のもつ官能基の情報が得られる．液体試料では液膜法，固体試料では KBr 錠剤法やヌジョール法が用いられる．おもな特性吸収を図 13・1 に示す．

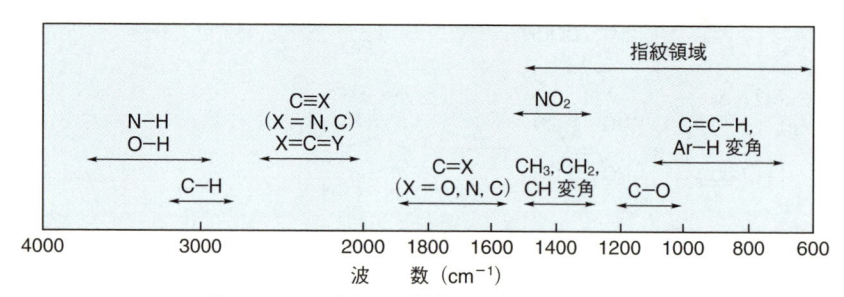

図 13・1　おもな IR 特性吸収　(Ar: アリール)

紫外可視分光法 (UV-Vis)

　分子の電子遷移を観測する分光法であり，波長 200～800 nm の電磁波の吸収に相当する．共役 π 電子系についての情報が得られる．通常希薄溶液で測定する．

核磁気共鳴分光法 (NMR)

　磁場中での原子核(通常は ^{1}H および ^{13}C 核)による電磁波の吸収を観測する分光法であり，分子内での原子のつながり方についての情報が得られる．重水素化クロロホルム CDCl$_3$ などを溶媒とした溶液で測定される．^{1}H および ^{13}C 化学シフトは，内部標準として試料に微量添加したテトラメチルシラン (CH$_3$)$_4$Si (TMS) の化学

シフトを0としてppm単位で表示される（δスケール）．

a. ¹H NMR　スペクトルから読むべき情報は，シグナルが何種類あるか，各シグナルの強度（そのシグナルを与える水素の数），化学シフト（その水素の近傍の官能基の有無や種類），多重度とスピン結合定数（その水素の近傍にある水素の数）である．

b. ¹³C NMR　通常は¹H核とのスピン結合を消去する条件で測定するので，各シグナルは単一線として観測される．化学シフトから炭素の種類（飽和炭素，芳香族炭素など）や，その炭素の近傍の官能基の有無や種類についての情報が得られる．

¹Hおよび¹³C NMRスペクトルにおけるおもな吸収領域を，図13・2および図13・3に示す．

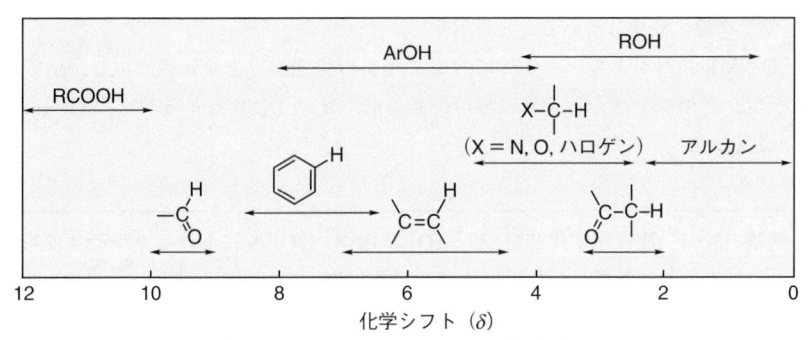

図13・2　¹H NMRにおけるおもな吸収領域（Ar：アリール）

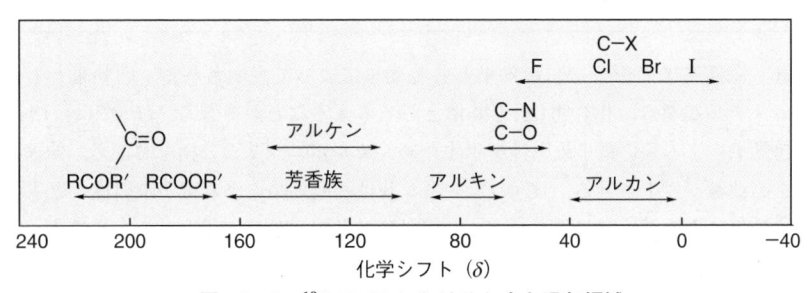

図13・2　¹³C NMRにおけるおもな吸収領域

質量分析法（MS）

気化試料に電子衝撃などのエネルギーを与えてイオン化し，分子イオンやそれが分解して生じるフラグメントイオンの質量（厳密には質量/電荷比）を測定する分析法．分子量の情報が得られる．また特徴的なフラグメントイオンの生成から分子

構造についての情報が得られる場合がある．

[本書におけるスペクトルデータの表示法]
・IR スペクトル　　おもな特徴的ピークの波数および形状を示す．s：強い，m：中程度，w：弱い，br：幅広い．
・^{1}H NMR スペクトル　　すべてのシグナルの化学シフトをδ値で示し，括弧内にシグナルの相対強度〔nH：$n = 1, 2, 3, \cdots$（必ずしも水素の個数ではない）〕，多重度，スピン結合定数（J値）を示す．J値は表示していない場合もある．多重度の略号は，s：一重線，d：二重線，t：三重線，q：四重線，quint：五重線，sext：六重線，sept：七重線，m：多重線，br：幅広い，app：見かけ上．たとえば"td, J = 7.0, 1.5 Hz"はJ = 7.0 Hz で三重線に分裂し，それぞれのピークがさらにJ = 1.5 Hz で二重線に分裂していることを示す．
・^{13}C NMR スペクトル　　すべてのシグナルの化学シフトをδ値で示し，括弧内にそのシグナルを与える炭素の相対個数（nC：$n = 1, 2, 3, \cdots$）を示す（自明ならば示さない）．

例題 13・1　次に示す化合物(**A**)～(**D**)の IR スペクトルにおけるカルボニル基の伸縮振動の波数の違いを置換基 X の性質に基づいて説明せよ．

(**A**)：　X = CH$_3$　　1710 cm^{-1}　　　　(**B**)：　X = Cl　　1798 cm^{-1}
(**C**)：　X = OC$_2$H$_5$　　1736 cm^{-1}　　(**D**)：　X = N(CH$_3$)$_2$　1680 cm^{-1}

解答　置換基 X の影響は誘起効果と共鳴効果によって説明される．両効果とも小さいメチル基をもつ化合物(**A**)を基準として考えることができる．(**B**)では，Cl は誘起効果による強い電子求引性を示すため，カルボニル基の分極をおさえ，伸縮振動を高波数シフトさせる．(**C**)のエトキシ基は誘起効果による電子求引性とともに共鳴効果による電子供与性を示す．共鳴効果は共鳴構造式で示されるようにカルボニル基の分極を強め，伸縮振動を低波数シフトさせる．両効果のバランスによって(**C**)は(**A**)より少し高波数で吸収する．(**D**)では共鳴効果による電子供与性が強く働くため，吸収は大きく低波数シフトする．

例題 13・2 次の(a)〜(d)はいずれもジクロロプロパン $C_3H_6Cl_2$ である. ^1H および ^{13}C NMR スペクトル（いずれも溶媒は $CDCl_3$）のデータから構造を決めよ.

(a) ^1H NMR: δ 2.19(s)　　^{13}C NMR: δ 39.4(2 C), 86.5(1 C)
(b) ^1H NMR: δ 2.21(2 H, quint), 3.72(4 H, t)
　　^{13}C NMR: δ 35.9(1 C), 42.5(2 C)
(c) ^1H NMR: δ 1.12(3 H, t), 2.22(2 H, quint), 5.73(1 H, t)
　　^{13}C NMR: δ 10.2, 36.9, 74.9
(d) ^1H NMR: δ 1.62(3 H, d), 3.58(1 H, dd), 3.77(1 H, dd), 4.16(1 H, m)
　　^{13}C NMR: δ 22.4, 49.5, 55.9

解答　ジクロロプロパンの構造異性体は(**A**)〜(**D**)の4種類だけである.

(**A**)　　　(**B**)　　　(**C**)　　　(**D**)

(a) ^1H NMR でただ1本の一重線しかないことから 2,2-ジクロロプロパン(**D**)と決まる. ^{13}C NMR で2本のシグナルがあることもこの構造と矛盾しない. 2個の塩素が結合した炭素は大きく低磁場シフトしている.

(b) ^1H NMR の δ 2.21(2 H, quint) のシグナルから隣接炭素に4個の等価な水素をもつメチレン基1個, δ 3.72(4 H, t) のシグナルから隣接炭素に2個の水素をもつメチレン基2個があることがわかる. したがって 1,3-ジクロロプロパン(**C**)である. ^{13}C NMR もこの構造と矛盾しない.

(c) ^1H NMR の δ 1.12(3 H, t) のシグナルから隣接水素を2個もつメチル基があることがわかり, 1,1-ジクロロプロパン(**A**)と推定されるが, さらに δ 5.73(1 H, t) から隣接水素2個をもつメチン基, δ 2.22(2 H, quint) から隣接水素4個（メチル基の3Hとメチン基の1H）をもつメチレン基の存在がわかり(**A**)の構造が確定する.

(d) 残っている 1,2-ジクロロプロパン(**B**)ということになるが, ^1H NMR はやや複雑である. δ 1.62(3 H, d) は隣接水素1個をもつメチル基とわかる. 残り3個の水素が別々のシグナルになっている, すなわち1位の二つのメチレン水素が異なる化学シフトをもっているということになる. この化合物はキラルであり, 2位炭素がキラル中心である. 一般にキラル中心に隣接するメチレン基の二つの水素は立体化学的に非等価（ジアステレオトピックであるという）であり, 異なる化学シフト

をもち,したがって互いにスピン結合をする. δ 3.58 (1 H, dd) および 3.77 (1 H, dd) のシグナルがこのメチレン水素に帰属される. 残る δ 4.16 (1 H, m) は 2 位のメチン水素に帰属され,メチル基水素とのスピン結合で q,1 位のメチレン水素のそれぞれと異なる大きさのスピン結合をするため dd で分裂し,全体で qdd となる(問題には多重線 m と表示してある).

例題 13・3 分子式,IR および ^{1}H NMR スペクトルから構造を推定せよ. IR は液膜法で測定されたもので,おもなピークの波数を示してある. ^{1}H NMR は $CDCl_3$ を溶媒として 300 MHz の装置で測定されている. 各シグナルの上部の数字は相対強度を表す. スピン結合によって分裂したシグナルについては,拡大図を挿入してある.(a),(b)の δ 7.25 付近の一重線は溶媒中の $CHCl_3$ に由来する.

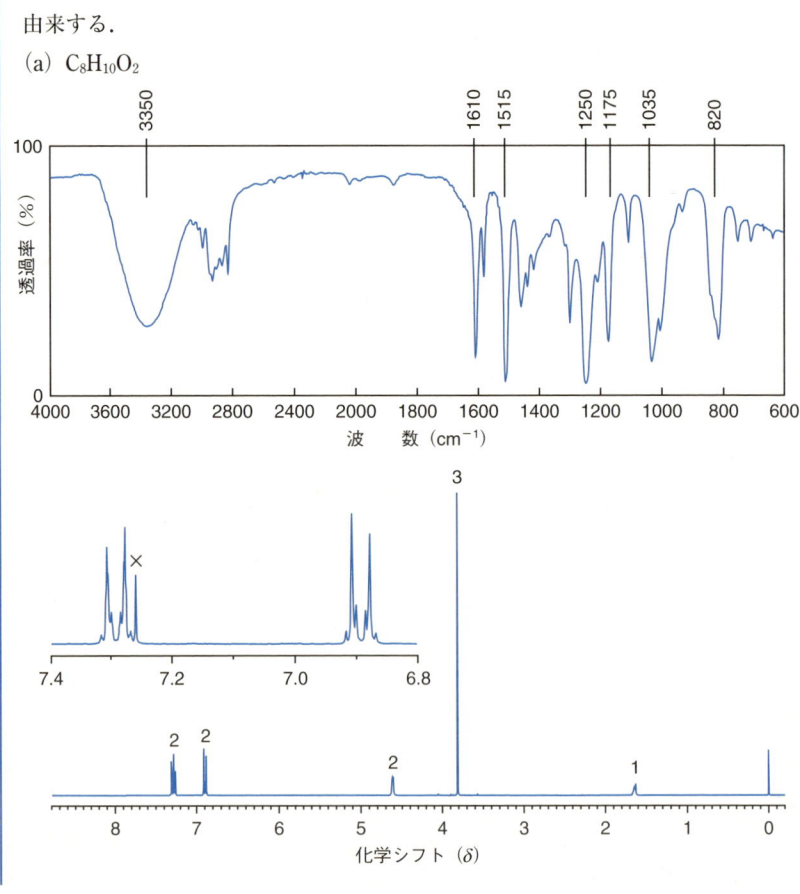

(a) $C_8H_{10}O_2$

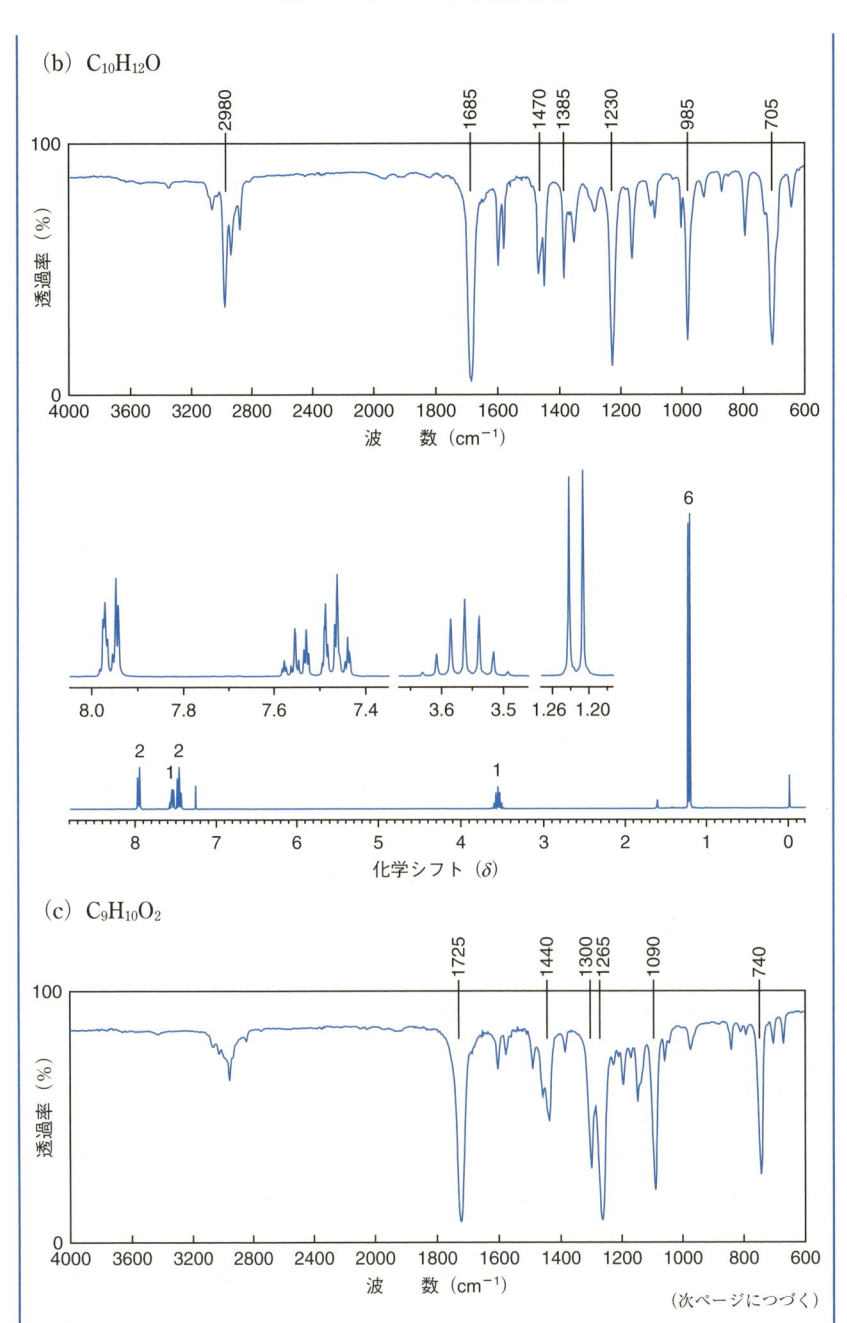

13. スペクトルによる構造解析   179

(b) $C_{10}H_{12}O$

(c) $C_9H_{10}O_2$

(次ページにつづく)

(c) つづき

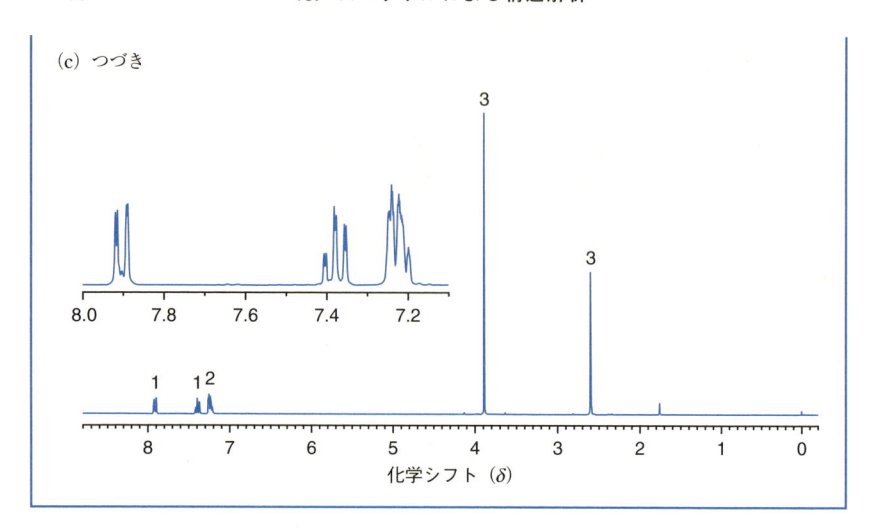

解答 分子式が与えられている問題では，まず不飽和度（水素不足指数ともいう）を計算すると解をみつけやすい．不飽和度は分子に含まれる二重結合および環の総数を表すもので，次式に従って計算する．三重結合1個は不飽和度2に相当する．

$$\text{不飽和度} = (2n_\text{C} + n_\text{N} - n_\text{H} + 2)/2$$

ここで n_C, n_N, n_H はそれぞれ炭素，窒素，水素の原子数である．酸素，硫黄のような2価原子は考慮しなくてよい．またハロゲンは水素と等価であるとして n_H に含める．

(a)は IR の 3350 cm^{-1} 付近の強い吸収から OH の存在が推定される．NMR で $\delta 7$ 付近のシグナルはベンゼン環水素と考えられ，しかも一見二重線にみえるシグナルが2組あることから，2種類の水素が隣接するパラ置換ベンゼンと判断される（このシグナルは AA′BB′ スピン系とよばれ，パラ置換ベンゼン水素に特徴的なパターンである）．ベンゼン環の存在で不飽和度4がみたされる（二重結合3個と環1個）ので，2個の酸素原子はアルコール，フェノールあるいはエーテルに由来するということになる．$\delta 3.8$ 付近の一重線は，シグナル強度からメチル基，化学シフトから酸素原子に結合したメチル基 $-\text{OCH}_3$ と判断される．$\delta 4.6$ 付近の一重線はメチレン基と考えられる．ここまでの情報から構造は (**A**), (**B**) のいずれかに絞られる．

13. スペクトルによる構造解析

（構造式 (A): CH₃O-C₆H₄-CH₂OH、(B): CH₃OCH₂-C₆H₄-OH）

CDCl$_3$ 中ではアルコールの OH は δ 0〜4 に，フェノールの OH はこれより低磁場の δ 4〜8 に現れる．この化合物では δ 1.6 に OH に帰属されるシグナルがあることから (A) すなわち p-メトキシベンジルアルコールであると結論される．

NMR スペクトルで CH$_2$ と OH のシグナルがともに幅広くなっていることに注意しよう．これはヒドロキシ水素の分子間での交換が中程度の速さで起こっており，メチレン水素とヒドロキシ水素とのスピン結合が消えかけているためである．これもまた CH$_2$ と OH とが隣接していることを示しており，(A) の構造を支持する．

(b) は不飽和度 5．^{1}H NMR で δ 1.22 の 6 H の二重線（2 個のメチル基が隣接する水素 1 個とスピン結合をしている）と δ 3.57 の 1 H の七重線（隣接する等価な 6 個の水素とスピン結合している）からイソプロピル基 $-$CH(CH$_3$)$_2$ が，δ 7.4〜8.0 の 5 H の多重線から一置換ベンゼン $-$C$_6$H$_5$ が示唆される．分子式から残りは CO であり，不飽和度 1 が残っていることから，カルボニル基と判断される．これを組合わせるとイソプロピルフェニルケトンが結論される．IR スペクトルの 1685 cm^{-1} の強いピークはベンゼン環と共役したケトンの C=O 伸縮振動として妥当である．

(c) は不飽和度 5．δ 2.6 および 3.9 付近の 3 H の一重線から，隣接位に水素をもたないメチル基 2 種類の存在が，また δ 7〜8 の 4 H の多重線から二置換ベンゼンが示唆される．分子式から残りは CO$_2$ であり，不飽和度から C=O があると判断される．IR スペクトルの 1725 cm^{-1} の強いピークからエステルであり，δ 3.9 付近のメチル基からメチルエステル $-$COOCH$_3$ であると判断される．したがって CH$_3$C$_6$H$_4$COOCH$_3$ となり δ 2.6 付近のメチル基はベンゼン環に結合していると結論される．ベンゼン環の置換形式は，オルト置換と推定できる．もしパラ置換であれば，その水素は 2 種類のはずであり〔上述の(a)を参照のこと〕，メタ置換であれば 2 位の水素はオルトカップリング（互いにオルト位にある水素間のスピン結合で 6〜10 Hz の大きな J 値を示す）をもたない比較的鋭い背の高い多重線となるはずであるが，それがみられない．IR の 740 cm^{-1} の強いピークはオルト置換ベンゼン環の C$-$H 面外変角振動として妥当である．したがって o-トルイル酸メチルと結論される．ここで，ベンゼン環に結合したメチル基のシグナル（δ 2.6）がもう一方のメチル基のシグナルに比べて背が低いことに注意しよう．これは，ベンゼン環に結合したメチル基の水素がオルト位の水素とスピン結合をしており（J 約 1 Hz），シグナルの幅が広がっていることに基づく．

例題 13・4 次の(a)〜(f)について分子式, IR, ^{1}H NMR, ^{13}C NMR のデータから構造を推定せよ. IR は特徴的なピークだけを示してある.

(a) $C_6H_{12}O_2$

IR(液膜): 2980 s, 1735 s, 1470 m, 1200 s, 1160 s, 1030 m cm^{-1}

^{1}H NMR(CDCl$_3$): δ 1.17(6 H, d, J = 7.0 Hz), 1.25(3 H, t, J = 7.1 Hz), 2.53
(1 H, sept, J = 7.0 Hz), 4.12(2 H, q, J = 7.1 Hz)

^{13}C NMR(CDCl$_3$): δ 14.3(1 C), 19.0(2 C), 34.0(1 C), 60.2(1 C), 177.2(1 C)

(b) $C_8H_{10}O$

IR(液膜): 3360 s br, 1450 m, 1205 m, 1080 s, 900 s, 760 s, 700 s cm^{-1}

^{1}H NMR(CDCl$_3$): δ 1.43(3 H, d, J = 6.5 Hz), 2.43(1 H, d, J = 2.9 Hz), 4.80
(1 H, qd, J = 6.5, 2.9 Hz), 7.18〜7.36(5 H, m)

^{13}C NMR(CDCl$_3$): δ 25.1(1 C), 70.2(1 C), 125.3(2 C), 127.3(1 C), 128.4(2 C),
145.8(1 C)

(c) $C_9H_{10}O$

IR(液膜): 1680 s, 1605 m, 1430 m, 1355 s, 1270 m, 955 m, 815 s cm^{-1}

^{1}H NMR(CDCl$_3$): δ 2.40(3 H, s), 2.56(3 H, s), 7.23(2 H, app d, J = 8.1 Hz),
7.84(2 H, app d, J = 8.1 Hz)

^{13}C NMR(CDCl$_3$): δ 21.6(1 C), 26.4(1 C), 128.4(2 C), 129.2(2 C), 134.8
(1 C), 143.7(1 C), 197.6(1 C)

(d) $C_8H_9NO_2$

IR(液膜): 3070 w, 2970 m, 1600 m, 1515 s, 1345 s, 1110 m, 855 s cm^{-1}

^{1}H NMR(CDCl$_3$): δ 1.28(3 H, t, J = 7.5 Hz), 2.76(2 H, q, J = 7.5 Hz), 7.34
(2 H, app d, J = 8.7 Hz), 8.12(2 H, app d, J = 8.7 Hz)

^{13}C NMR(CDCl$_3$): δ 15.1(1 C), 28.9(1 C), 123.6(2 C), 128.6(2 C), 146.2(1 C),
152.0(1 C)

(e) $C_{11}H_{12}O_2$

IR(液膜): 2990 m, 1710 s, 1640 m, 1310 m, 1180 s, 770 m cm^{-1}

^{1}H NMR(CDCl$_3$): δ 1.33(3 H, t, J = 7.2 Hz), 4.26(2 H, q, J = 7.2 Hz), 6.43
(1 H, d, J = 15.9 Hz), 7.33〜7.40(3 H, m), 7.52(2 H, m), 7.68
(1 H, d, J = 15.9 Hz)

^{13}C NMR(CDCl$_3$): δ 14.3(1 C), 60.4(1 C), 118.2(1 C), 128.0(2 C), 128.8(2 C),
130.1(1 C), 134.4(1 C), 144.5(1 C), 166.9(1 C)

(f) $C_8H_{11}N$
IR(液膜): 3370 m, 3280 m, 2930 s, 1600 s, 1495 m, 1450 m, 840 s br, 745 s, 700 s cm^{-1}
^{1}H NMR(CDCl$_3$): δ 1.04(2 H, s), 2.72(2 H, t, J = 7.1 Hz), 2.93(2 H, t, J = 7.1 Hz), 7.13~7.32(5 H, m)
^{13}C NMR(CDCl$_3$): δ 40.2(1 C), 43.6(1 C), 126.1(1 C), 128.4(2 C), 128.8(2 C), 139.8(1 C)

解答

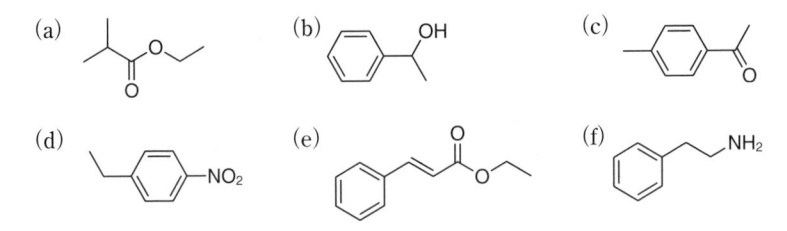

(a)は^{1}H NMRからイソプロピル基およびエチル基の存在がわかる。残りはCO$_2$なので，不飽和度1からエステルと判断できる。IRでエステルに特徴的な強いC=O伸縮振動が1735 cm^{-1}にみられる。エチル基のメチレンの化学シフトδ 4.12から，メチレン基はC=OではなくOに結合していることがわかり，2-メチルプロパン酸エチルの構造が結論される。^{13}C NMRのδ 177のシグナルはエステルのカルボニル炭素に特徴的である。

(b)は^{1}H NMRでδ 7~8に水素数5個の多重線がみられることから一置換ベンゼンと考えられる。不飽和度4はベンゼン環でみたされる。残りはC$_2$H$_5$Oであるが，IRでOH伸縮振動に帰属される幅広く強いピークが3360 cm^{-1}にみられることからアルコールと判断され，^{1}H NMRでの高磁場側シグナルの多重度からCH$_3$CH(OH)-の部分構造が導かれ，1-フェニルエタノールであることが推定される。^{13}C NMRのデータもこの構造に矛盾しない。

OHと隣接CHの間にスピン結合（J = 2.9 Hz）が観測されていることに注意しよう。OHシグナルは，その水素の分子間での交換が非常に速ければ一重線として，非常に遅ければ隣接炭素上の水素とのスピン結合による多重線として，また中間の速さであれば幅広いシグナルとして観測される（例題13・3(a)参照）。

(c)は^{1}H NMRから2種のメチル基があり，さらに芳香族領域で2組のみかけ上の二重線がみられることからパラ二置換ベンゼンと判断される。残りはCOであ

り，IR で 1680 cm^{-1} にカルボニル基の伸縮振動に帰属される強いピークがあることからベンゼン環と共役したケトンが示唆されて，p-メチルアセトフェノンと推定される．^{13}C NMR でケトンのカルボニル炭素は δ 200 付近に現れる．

(d) は ^{1}H NMR からエチル基が示唆され，さらに芳香族領域で 2 組のみかけ上の二重線がみられることからパラ二置換ベンゼンと推定される．残りは NO$_2$ であり，IR で 1515, 1345 cm^{-1} にニトロ基の伸縮振動に帰属される強いピークがあることから p-エチルニトロベンゼンと推定される．^{13}C NMR のデータもこの構造に矛盾しない．

(e) は ^{1}H NMR からエチル基，フェニル基のほかに，非常に大きな J 値（15.9 Hz）をもつ 1 対の二重線からトランス二置換エチレンの存在が示唆される．IR で 1710 cm^{-1} の強いピークからエステルが示唆され，メチレン基の化学シフトからエチルエステルと判断される．したがって 3-フェニルプロペン酸エチル（ケイ皮酸エチル）と推定される．^{13}C NMR のデータもこの構造に矛盾しない．

(f) は IR の 3370, 3280 cm^{-1} の 2 本のピークおよび ^{1}H NMR の δ 1.0 付近の 2 H のシグナルからアミノ基 NH$_2$ の存在が示唆される．^{1}H NMR の芳香族領域で 5 H のシグナルから一置換ベンゼンと判断されるので，残りは C$_2$H$_4$ となる．2 H ずつの 2 個の三重線から $-$CH$_2$CH$_2-$ となり，2-フェニルエチルアミンと推定される．

例題 13・5 C$_6$H$_{12}$ の分子式をもつ化合物 (a)〜(f) の構造を，CDCl$_3$ を溶媒として測定された ^{1}H および ^{13}C NMR スペクトルのデータから推測せよ．アルケンでシス-トランス異性体がある場合，そのいずれであるかは考えなくてよい．

(a) ^{1}H NMR: δ 0.90 (3 H, t), 1.22〜1.43 (4 H, m), 2.05 (2 H, m), 4.93 (1 H, m), 5.02 (1 H, m), 5.81 (1 H, m)

^{13}C NMR: δ 13.9 (1 C), 22.2 (1 C), 31.2 (1 C), 33.5 (1 C), 114.1 (1 C), 139.2 (1 C)

(b) ^{1}H NMR: δ 0.90 (3 H, t), 1.46 (2 H, sext), 1.70 (3 H, app s), 1.99 (2 H, t), 4.67 (1 H, m), 4.70 (1 H, m)

^{13}C NMR: δ 13.8 (1 C), 20.8 (1 C), 22.3 (1 C), 40.0 (1 C), 109.7 (1 C), 146.0 (1 C)

(c) ^{1}H NMR: δ 0.88 (3 H, t), 1.36 (2 H, t), 1.63 (3 H, d), 1.94 (2 H, m), 5.33〜5.50 (2 H, m)

^{13}C NMR: δ 13.7 (1 C), 17.8 (1 C), 22.8 (1 C), 34.8 (1 C), 124.7 (1 C), 131.5

(1 C)
(d) ¹H NMR: δ 1.63 (s)
　　¹³C NMR: δ 20.4 (2 C), 123.4 (1 C)
(e) ¹H NMR: δ 0.96 (6 H, t), 1.99 (4 H, m), 5.43 (2 H, m)
　　¹³C NMR: δ 14.3 (2 C), 26.0 (2 C), 131.3 (2 C)
(f) ¹H NMR: δ 1.43 (s)　　¹³C NMR: δ 27.0

解答 不飽和度1から二重結合あるいは環が1個あることを踏まえて考える．

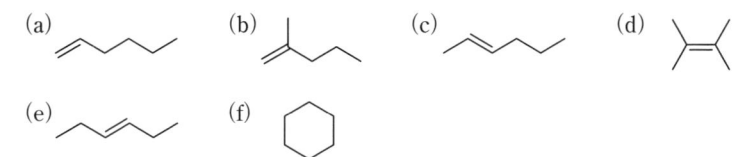

(a)　(b)　(c)　(d)

(e)　(f)

(a)はδ4〜6のアルケン水素領域に水素3個分のシグナルがあることからビニル基が，3 Hの三重線があることからメチレン基と結合したメチル基1個が示唆され，直鎖の末端アルケン，すなわち1-ヘキセンと推定できる．

(b)は¹H NMRでアルケン水素が2個，¹³C NMRでアルケン炭素の一つがδ110というアルケン炭素としては高磁場に出ていることから，=CH₂ が示唆される．¹H NMRで2種のメチル基があり，そのうち一つはメチレン基と結合しており，ほかは水素をもたない炭素と結合していることから，2-メチル-1-ペンテンと推定できる．

(c)は¹H NMRでアルケン水素が2個，¹³C NMRでアルケン炭素がδ120〜140の領域に出ていることから，−CH=CH− が示唆される．¹H NMRで2種のメチル基があり，そのうち一つはメチレン基と結合しており，ほかは水素を1個もつ炭素と結合していることから，2-ヘキセンと推定できる．これだけのデータではシス，トランスのいずれであるかを判断するのは難しいが，トランス体である．

(d)は¹H NMRで1本の一重線，¹³C NMRで2本のピーク（一つはアルカン炭素，ほかはアルケン炭素）が観測されており，高い対称性をもつ構造が示唆され，2,3-ジメチル-2-ブテンと推定できる．

(e)は¹³C NMRでアルカン炭素2種，アルケン炭素1種から3-ヘキセンが推定できる．ここでもシス，トランスのいずれであるかを判断するのは難しいが，トランス体である．

(f)は¹H，¹³C NMRともにただ1本のシグナルしかみられないことから，シクロヘキサンと結論できる．

例題 13・6 分子式 $C_8H_8O_2$ をもつ化合物の IR（液膜）および ^{1}H NMR（$CDCl_3$, 300 MHz）スペクトルを以下に示す．この化合物の構造を推定し，特徴的なシグナル，すなわち 1) IR における 3500〜2500 cm^{-1} の幅広い吸収および 1645 cm^{-1} の強いピーク, 2) NMR における δ 12.3 のピーク，が現れる理由を説明せよ．さらに δ 6.8〜7.8 のシグナルを解析し帰属せよ．

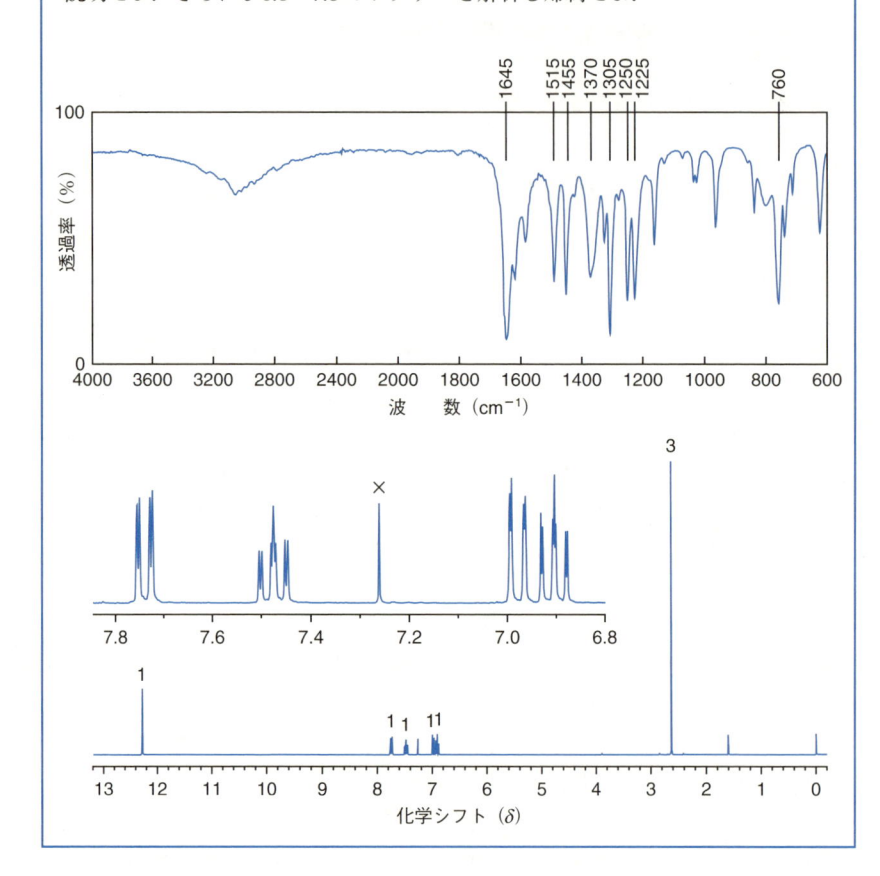

解答 NMR からメチル基 1 個の存在が読取れ，一重線であることと化学シフトからカルボニル基あるいはベンゼン環に結合していると考えられる．芳香族領域に 4 個の水素があり，シグナルの分裂パターン（オルトカップリングによって 2 本に分裂しているシグナルが 2 個と 3 本に分裂しているシグナルが 2 個）からオルト置換ベンゼンと判断される．δ 12.3 の鋭いシグナルは OH と思われるが，カルボン酸ではない（カルボン酸の OH は一般に幅広いシグナルとなる）．IR スペクトルでは

1645 cm^{-1} に強いピークがあり，C=O 伸縮と思われるが，通常のケトンの吸収位置よりかなり低波数である．これらの情報を組合わせると，ひとまず o-ヒドロキシアセトフェノン (**A**) が想定される．

(構造式: o-ヒドロキシアセトフェノン，位置番号 3, 4, 5, 6 および分子内水素結合 O···H-O を示す)

(**A**)

(**A**) は図示したように，非常に強い分子内水素結合をしていると予測される．そのために NMR で OH は通常のフェノール性 OH の吸収位置 (δ 4〜8) よりはるかに低磁場に現れ，また，IR における OH 伸縮振動は通常のフェノールの位置 (3350〜3400 cm^{-1}) から大きく低波数シフトして 3000 cm^{-1} を中心とした幅広いシグナルになっている．また C=O 伸縮振動が通常の共役ケトンの吸収位置 (〜1680 cm^{-1}) からさらに低波数にシフトしているのも強い分子内水素結合による．したがってスペクトルは (**A**) の構造と矛盾しておらず，構造は (**A**) であると結論される．

芳香族シグナルの帰属は多重度と化学シフトから判断する．オルトカップリングによって 2 本に分裂しているシグナルは 3 位あるいは 6 位の水素，3 本に分裂しているシグナルは 4 位あるいは 5 位の水素に由来する．電子供与性である OH 基のオルトおよびパラ位の炭素上の π 電子密度は高く，それに結合する水素は遮蔽され高磁場シフトするのに対して，電子求引性の CH$_3$CO 基のオルトおよびパラ位の炭素上の π 電子密度は低く，それに結合する水素は非遮蔽化され低磁場シフトすると予測される．したがって低磁場側から順に 6 位，4 位，3 位，5 位の水素と帰属される．

参考のために ^{13}C NMR (CDCl$_3$) のデータを付記する．δ 26.6 (1 C)，118.4 (1 C)，118.9 (1 C)，119.7 (1 C)，130.7 (1 C)，136.4 (1 C)，162.4 (1 C)，204.5 (1 C)．

演習問題

13・1 次の (a)〜(f) はいずれも炭素原子 4 個，酸素原子 1 個，および水素原子 (原子数は以下のデータから判断すること) からなる化合物である．IR, ^{1}H NMR, ^{13}C NMR のデータから構造を推定せよ．IR は特徴的なピークだけを示してある．

(a) IR (液膜): 3335 s, 2960 s, 1465 m, 1380 m, 1075 m, 950 m, 845 m cm^{-1}
  ^{1}H NMR (CDCl$_3$): δ 0.93 (3 H, t), 1.38 (2 H, m), 1.53 (2 H, m), 2.90 (1 H, br), 3.62 (2 H, t)
  ^{13}C NMR (CDCl$_3$): δ 13.9, 19.0, 34.9, 62.4

(b) IR(液膜): 2980 s, 1720 s, 1415 m, 1365 m, 1170 m, 945 m cm^{-1}
^{1}H NMR(CDCl$_3$): δ 1.06(3 H, t), 2.14(3 H, s), 2.47(2 H, q)
^{13}C NMR(CDCl$_3$): δ 7.9, 29.4, 36.9, 209.3

(c) IR(液膜): 2975 s, 1445 s, 1385 m, 1125 s cm^{-1}
^{1}H NMR(CDCl$_3$): δ 1.20(3 H, t), 3.48(2 H, q)
^{13}C NMR(CDCl$_3$): δ 15.4(1 C), 65.9(1 C)

(d) IR(液膜): 2970 s, 2710 m, 1740 s, 1470 m, 1400 m cm^{-1}
^{1}H NMR(CDCl$_3$): δ 1.13(6 H, d), 2.43(1 H, sept), 9.63(1 H, s)
^{13}C NMR(CDCl$_3$): δ 15.5(2 C), 41.0(1 C), 204.9(1 C)

(e) IR(液膜): 2975 s, 1460 m, 1070 s, 910 s cm^{-1}
^{1}H NMR(CDCl$_3$): δ 1.84(1 H, m), 3.73(1 H, m)
^{13}C NMR(CDCl$_3$): δ 25.7(1 C), 68.0(1 C)

(f) IR(液膜): 3360 s, 2975 s, 1470 m, 1365 m, 1200 s, 915 s cm^{-1}
^{1}H NMR(CDCl$_3$): δ 1.27(9 H, s), 1.92(1 H, s)
^{13}C NMR(CDCl$_3$): δ 31.2(3 C), 69.1(1 C)

13・2 次の (a)～(j) について分子式, IR, ^{1}H NMR, ^{13}C NMR のデータから構造を推定せよ. IR は特徴的なピークだけを示してある.

(a) $C_8H_8O_2$
IR(ヌジョール): 3400～2900 s br, 1700 s, 925 m, 900 m br, 750 m, 700 s cm^{-1}
^{1}H NMR(CDCl$_3$): δ 3.62(2 H, s), 7.20～7.35(5 H, m), 12.0(1 H, br s)
^{13}C NMR(CDCl$_3$): δ 41.1(1 C), 127.3(1 C), 128.6(2 C), 129.3(2 C), 133.2(1 C), 178.2(1 C)

(b) $C_8H_8O_2$
IR(液膜): 3000 w, 2930 w, 2840 m, 2730 m, 1685 s, 1600 s, 1260 s, 1160 s, 1025 s, 835 s cm^{-1}
^{1}H NMR(CDCl$_3$): δ 3.88(3 H, s), 6.98(2 H, app d, J = 8.8 Hz), 7.82(2 H, app d, J = 8.8 Hz), 9.88(1 H, s)
^{13}C NMR(CDCl$_3$): δ 55.5(1 C), 114.3(2 C), 130.0(1 C), 131.9(2 C), 164.6(1 C), 190.6(1 C)

(c) $C_{14}H_{12}$
IR(ヌジョール): 3020 w, 1600 w, 1495 m, 960 s, 765 s, 695 s cm^{-1}
^{1}H NMR(CDCl$_3$): δ 7.09(1 H, s), 7.23(1 H, m), 7.32(2 H, m), 7.49(2 H, m)
^{13}C NMR(CDCl$_3$): δ 126.4(2 C), 127.5(1 C), 128.58(2 C), 128.63(1 C), 137.3(1 C)

(d) $C_9H_{10}O_2$

IR(ヌジョール): 3185 s, 1650 s, 1575 s, 1240 m, 1175 s, 800 m cm^{-1}

^{1}H NMR(CDCl$_3$): δ 1.22(3 H, t, J = 7.3 Hz), 2.96(2 H, q, J = 7.3 Hz), 5.65(1 H, s), 6.88(2 H, app d, J = 8.8 Hz), 7.92(2 H, app d, J = 8.8 Hz)

^{13}C NMR(CDCl$_3$): δ 8.4(1 C), 30.7(1 C), 115.1(2 C), 128.2(1 C), 130.0(2 C), 161.9(1 C), 198.3(1 C)

(e) $C_7H_{14}O_2$

IR(液膜): 2975 m, 1705 s, 1365 m, 1215 m, 1080 m cm^{-1}

^{1}H NMR(CDCl$_3$): δ 1.25(6 H, s), 2.20(3 H, s), 2.59(2 H, s), 3.23(3 H, s)

^{13}C NMR(CDCl$_3$): δ 24.8(2 C), 32.2(1 C), 49.2(1 C), 53.4(1 C), 74.1(1 C), 208.0(1 C)

(f) $C_7H_{12}O_3$

IR(液膜): 2985 m, 1740 s, 1720 s, 1370 m, 1160 m, 1030 m cm^{-1}

^{1}H NMR(CDCl$_3$): δ 1.26(3 H, t, J = 7.1 Hz), 2.20(3 H, s), 2.57(2 H, t, J = 6.5 Hz), 2.76(2 H, t, J = 6.5 Hz), 4.13(2 H, q, J = 7.1 Hz)

^{13}C NMR(CDCl$_3$): δ 14.2(1 C), 28.0(1 C), 29.9(1 C), 37.9(1 C), 60.6(1 C), 172.7(1 C), 206.6(1 C)

(g) $C_9H_{10}O_2$

IR(液膜): 3035 w, 2930 w, 1760 s, 1510 m, 1370 m, 1220 s, 1195 s, 1165 m, 1020 m, 910 s, 845 m, 805 m cm^{-1}

^{1}H NMR(CDCl$_3$): δ 2.26(3 H, s), 2.31(3 H, s), 6.93(2 H, app d, J = 8.4 Hz), 7.14(2 H, app d, J = 8.4 Hz)

^{13}C NMR(CDCl$_3$): δ 20.8(1 C), 21.0(1 C), 121.2(2 C), 129.9(2 C), 135.3(1 C), 148.4(1 C), 169.5(1 C)

(h) $C_5H_7NO_2$

IR(液膜): 2990 m, 2270 w, 1745 s, 1335 m, 1260 m, 1200 s, 1030 m cm^{-1}

^{1}H NMR(CDCl$_3$): δ 1.33(3 H, t, J = 7.2 Hz), 3.50(2 H, s), 4.28(2 H, q, J = 7.2 Hz)

^{13}C NMR(CDCl$_3$): δ 14.0(1 C), 24.8(1 C), 63.0(1 C), 113.3(1 C), 163.1(1 C)

(i) $C_{10}H_{10}O_4$

IR(ヌジョール): 1730 s, 1310 m, 1240 s, 1095 m, 990 m, 955 m, 865 m, 725 m cm^{-1}

^{1}H NMR(CDCl$_3$): δ 3.95(6 H, s), 7.52(1 H, app t, J = 7.8 Hz), 8.22(2 H, dd, J = 7.8, 1.8 Hz), 8.68(1 H, app t, J = 1.8 Hz)

^{13}C NMR(CDCl$_3$): δ 52.3(2 C), 128.6(1 C), 130.6(2 C), 130.7(1 C), 133.7(2 C),

166.1 (2 C)

(j) $C_{10}H_{12}O_2$
　IR(液膜)：1710 s, 1610 m, 1510 m, 1250 m, 1080 s, 835 s cm^{-1}
　^{1}H NMR(CDCl$_3$)：δ 2.12 (3 H, s), 3.61 (2 H, s), 3.78 (3 H, s), 6.87 (2 H, app d, $J =$ 8.7 Hz), 7.12 (2 H, app d, $J = 8.7$ Hz)
　^{13}C NMR(CDCl$_3$)：δ 29.0 (1 C), 50.1 (1 C), 55.2 (1 C), 114.2 (2 C), 126.3 (1 C), 130.3 (2 C), 158.7 (1 C), 206.5 (1 C)

13・3 次の (a)〜(h) はいずれも分子式 C_7H_{12} をもつ．その構造を ^{13}C NMR のデータから推測せよ．p, s, t, q はそれぞれ第一級〜第四級炭素であることを示す．

(a) δ 27.5 (2 C, s), 29.1 (2 C, s), 32.1 (1 C, s), 132.4 (2 C, t)
(b) δ 29.8 (4 C, s), 36.4 (2 C, t), 38.4 (1 C, s)
(c) δ 22.5 (1 C, s), 23.1 (1 C, s), 24.0 (1 C, p), 25.3 (1 C, s), 30.1 (1 C, s), 121.1 (1 C, t), 134.0 (1 C, q)
(d) δ 21.0 (4 C, p), 92.4 (2 C, q), 199.2 (1 C, q)
(e) δ 26.4 (1 C, s), 28.4 (2 C, s), 35.4 (2 C, s), 106.4 (1 C, s), 150.1 (1 C, q)
(f) δ 13.9 (1 C, p), 18.4 (1 C, s), 22.2 (1 C, s), 28.2 (1 C, s), 31.0 (1 C, s), 68.0 (1 C, q), 84.7 (1 C, t)
(g) δ 28.2 (1 C, s), 33.2 (2 C, s), 114.5 (2 C, s), 138.7 (2 C, t)
(h) δ 25.2 (2 C, s), 32.8 (2 C, s), 44.4 (1 C, t), 112.1 (1 C, s), 143.6 (1 C, t)

13・4 次の (a)〜(e) は分子式 $C_8H_{11}N$ のベンゼン誘導体である．以下に示す NMR と IR（NH 伸縮振動のみ）のデータから各化合物の構造を決定せよ．

(a) ^{1}H NMR(CDCl$_3$)：δ 2.89 (6 H, s), 6.67〜6.75 (3 H, m), 7.21 (2 H, t)
　^{13}C NMR(CDCl$_3$)：δ 40.5, 112.6, 116.6, 129.0, 150.6
　IR ν_{N-H}：なし

(b) ^{1}H NMR(CDCl$_3$)：δ 2.28 (3 H, s), 2.82 (3 H, s), 3.46 (1 H, br), 6.57 (2 H, d), 7.03 (2 H, d)
　^{13}C NMR(CDCl$_3$)：δ 20.4, 31.0, 112.6, 126.3, 129.7, 147.2
　IR ν_{N-H}(液膜)：3410 cm^{-1}

(c) ^{1}H NMR(CDCl$_3$)：δ 1.33 (1 H, br), 2.43 (3 H, s), 3.72 (2 H, s), 7.18〜7.35 (5 H, m)
　^{13}C NMR(CDCl$_3$)：δ 36.0, 56.1, 126.8, 128.1, 128.3, 140.2
　IR ν_{N-H}(液膜)：3310 cm^{-1}

(d) ^{1}H NMR(CDCl$_3$)：δ 1.20 (3 H, t), 2.54 (2 H, q), 3.45 (2 H, br), 6.44〜6.51 (2 H, m), 6.59 (1 H, d), 7.04 (1 H, t)

^{13}C NMR(CDCl$_3$): δ 15.5, 28.8, 112.5, 114.7, 118.1, 129.1, 145.4, 146.4
IR ν_{N-H}(液膜): 3440, 3350 cm^{-1}

(e) ^{1}H NMR(CDCl$_3$): δ 2.14(3 H, s), 2.17(3 H, s), 3.42(2 H, br), 6.39〜6.49(2 H, m), 6.89(1 H, d)
^{13}C NMR(CDCl$_3$): δ 18.7, 19.8, 112.6, 116.8, 126.3, 130.2, 137.2, 144.2
IR ν_{N-H}(ヌジョール): 3480, 3435 cm^{-1}

13・5 化合物(**1**)および(**2**)はともに分子式 C$_8$H$_9$NO をもち、以下の IR, ^{1}H NMR, ^{13}C NMR データを示す。水酸化ナトリウム水溶液と加熱することにより、(**1**), (**2**)はそれぞれ分子量 93.1 および 122.1 の生成物を与える。(**1**)と(**2**)の構造を推定せよ。

(**1**) IR (ヌジョール): 3295 s, 1665 s, 1555 m, 1325 m, 755 s, 695 m cm^{-1}
^{1}H NMR(CDCl$_3$): δ 2.07(3 H, s), 7.02(1 H, m), 7.28(2 H, m), 7.60(2 H, m), 9.93(1 H, br s)
^{13}C NMR(CDCl$_3$): δ 23.9(1 C), 118.9(2 C), 122.8(1 C), 128.5(2 C), 139.2(1 C), 168.1(1 C)

(**2**) IR(ヌジョール): 3325 s, 1635 s, 1555 m, 1410 m, 1310 m, 1165 m, 710 s cm^{-1}
^{1}H NMR(CDCl$_3$): δ 2.94(3 H, s), 7.06(1 H, br s), 7.37(2 H, m), 7.43(1 H, m), 7.79(2 H, m)
^{13}C NMR(CDCl$_3$): δ 26.8(1 C), 126.9(2 C), 128.4(2 C), 131.2(1 C), 134.5(1 C), 168.4(1 C)

13・6 分子式 C$_4$H$_7$ClO をもつ (a)〜(c) の ^{1}H NMR, ^{13}C NMR および IR (2000〜1600 cm^{-1} のみ) のデータから構造を推定せよ。

(a) ^{1}H NMR(CDCl$_3$): δ 1.61(3 H, d), 2.33(3 H, s), 4.33(1 H, q)
^{13}C NMR(CDCl$_3$): δ 20.1, 25.7, 59.0, 203.2
IR(液膜): 1725 cm^{-1}

(b) ^{1}H NMR(CDCl$_3$): δ 1.00(3 H, t), 1.75(2 H, sext), 2.88(2 H, t)
^{13}C NMR(CDCl$_3$): δ 13.0, 18.7, 48.9, 173.6
IR(液膜): 1800 cm^{-1}

(c) ^{1}H NMR(CDCl$_3$): δ 3.70(2 H, t), 3.95(2 H, t), 4.08(1 H, m), 4.23(1 H, m), 6.48(1 H, m)
^{13}C NMR(CDCl$_3$): δ 41.8, 67.8, 87.4, 151.1
IR(液膜): 1620 cm^{-1}

13・7 次の (a), (b) について分子式, IR, ^{1}H NMR, ^{13}C NMR のデータから構造を推定せよ。IR は特徴的なピークだけを示してある。

(a) $C_9H_{12}O_2$

IR(液膜): 3410 s, 2975 m, 1445 m, 1045 s, 765 s, 700 s cm^{-1}

^{1}H NMR(CDCl$_3$): δ 1.47(3 H, s), 2.95(2 H, br s), 3.54(1 H, d, J = 11 Hz), 3.69 (1 H, d, J = 11 Hz), 7.20〜7.45(5 H, m)

^{13}C NMR(CDCl$_3$): δ 26.0(1 C), 70.9(1 C), 74.8(1 C), 125.1(2 C), 127.1(1 C), 128.3(2 C), 145.0(1 C)

(b) $C_7H_{16}O$

IR(液膜): 3380 s, 2960 s, 1470 m, 1385 m, 1000 s, 980 s cm^{-1}

^{1}H NMR(CDCl$_3$): δ 0.91(12 H, d, J = 6.7 Hz), 1.42(1 H, d, J = 5.7 Hz), 1.75(2 H, sept d, J = 6.7, 5.7 Hz), 3.01(1 H, q, J = 5.7 Hz)

^{13}C NMR(CDCl$_3$): δ 16.9(2 C), 19.8(2 C), 30.6(2 C), 81.8(1 C)

*13・8 次のNMRスペクトルを説明せよ．

(a) 室温で N,N-ジメチルホルムアミドの ^{1}H NMR を測定すると，メチル基のシグナルが2本観測される．

(b) cis-1,4-ジメチルシクロヘキサンの ^{13}C NMR を測定すると，室温では3本のシグナルが観測されるが，-90 °C では6本になる．

*13・9 ベンゾイルアセトン $C_6H_5COCH_2COCH_3$ は CDCl$_3$ 溶液中で2種類の異性体の約95：5の混合物として存在する．各異性体の ^{1}H NMR スペクトル（CDCl$_3$，芳香族シグナルを除く）は次のようである．異性体(**3**) δ 2.29(3 H, s), 4.08(2 H, s). 異性体(**4**) δ 2.19(3 H, s), 6.17(1 H, s), 16.2(1 H, br s). またベンゾイルアセトンの IR スペクトル（液膜，1800〜1500 cm^{-1} 領域）では 1600 cm^{-1} に強く幅広い吸収がみられる．異性体(**3**), (**4**)の構造を推定せよ．また CDCl$_3$ 中で多量に存在する異性体はどちらであろうか．

*13・10 1,6-メタノ[10]アヌレン(**5**)の ^{1}H NMR は δ -0.5(2 H, s) および 6.8〜7.5 (8 H, m) にシグナルを示す．このスペクトルの特徴は(**5**)のもつどのような性質に基づいているのか説明せよ．

(**5**)

14

総合問題

14・1 次に示す合成反応の経路をそれぞれ少なくとも二通り示せ．
 (a) 臭化エチルからプロパン酸を合成する．
 (b) 臭化エチルからブタン酸を合成する．
 (c) 臭化エチルから 2-ペンタノンを合成する．
 (d) ベンゼンから安息香酸を合成する．

14・2 有機化合物としてベンゼンおよび炭素数3の化合物だけを用いて，次の化合物を合成する経路を示せ．
 (a) 3-ブロモ-4-プロピルアニリン
 (b) 2-ブロモ-4-プロピルアニリン
 (c) 1-イソプロピル-3-ニトロベンゼン
 (d) 1-イソプロピル-2-ニトロベンゼン

14・3 以下の各組合わせの用語の相違点を，具体例をあげて説明せよ．
 (a) 求核試薬と求電子試薬
 (b) 立体選択性と立体特異性
 (c) 速度支配と熱力学支配
 (d) 競争反応と協奏反応
 (e) プロトン性溶媒と非プロトン性溶媒

14・4 アントラニル酸（**1**，2-アミノ安息香酸）に，フラン存在下で亜硝酸イソペンチルを反応させると，生成物（**2**）を生成する．（**2**）を酸で処理すると，1-ナフトール（**3**）が得られる．（**2**）の構造を示し，（**1**）から（**3**）に至る反応機構を説明せよ．

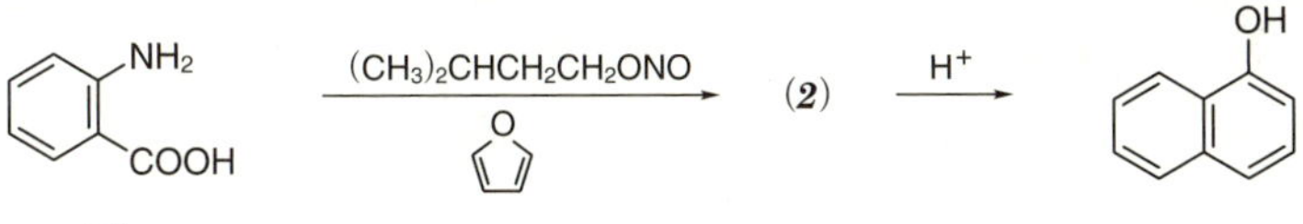

14・5 次の一連の反応について，以下の問いに答えよ．

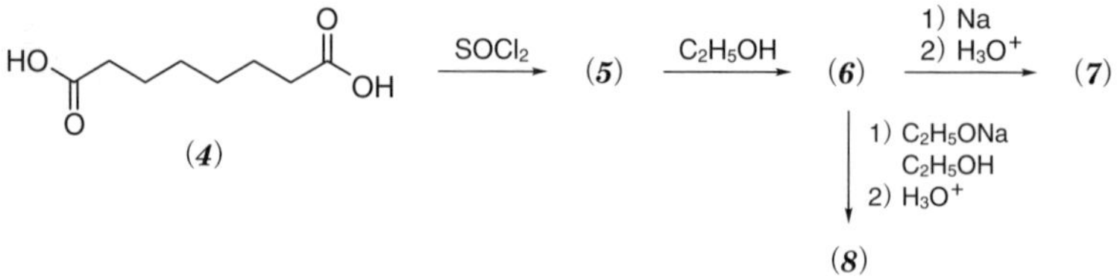

(a) 化合物(**4**)の IUPAC 名を書け．
(b) 化合物(**5**)，(**6**)の構造式を書け．
(c) 化合物(**5**)から(**6**)への変換では，トリエチルアミンやピリジンなどの塩基を加えて反応を行う．その理由を説明せよ．
(d) 化合物(**6**)から(**7**)への変換では，金属ナトリウムから(**6**)への電子移動が最初に起こる．電子移動の結果生じる中間体の構造式を書け．
(e) 化合物(**7**)は分子式 $C_8H_{14}O_2$ の環状化合物である．その構造式を書き，生成機構を示せ．
(f) 化合物(**8**)の構造式とその生成機構を書け．

*14・6 3-フェニル-2-ブタノールの p-トルエンスルホン酸エステル（トシラート）に関する次の問いに答えよ．

(a) このトシラートのすべての立体異性体の構造を書き，それぞれの立体配置を記号で表示せよ．
(b) $2R,3S$ 体を加酢酸分解したところ，生成した酢酸エステル（アセタート）は出発物質のトシラートと同じ相対配置をもつラセミ体であった．この事実を説明する反応機構を考えよ．加酢酸分解とは，基質を酢酸と反応させてアセトキシ基（OCOCH₃）を導入する反応であり，アセトリシスともいう．
(c) $2S,3S$ 体を加酢酸分解して得られる酢酸エステルの立体化学を推論せよ．

*14・7 anti-7-ノルボルネニルトシラート(**9**)を加酢酸分解すると，立体選択的に anti-7-ノルボルネニルアセタート(**10**)が生成する．しかもその反応速度は 7-ノルボルナニルトシラート(**11**)の加酢酸分解の速度の 10^{11} 倍も大きい．これらの事実を説明する反応機構を考えよ．

Ts: トシル（p-トルエンスルホニル） Ac: アセチル

14・8 D-グルコースについて次の問いに答えよ．

(a) 鎖状構造の Fischer 投影式は次のとおりである．キラル炭素を * で示し，各炭素の立体配置を R, S で表示せよ．

```
      CHO
  H ──┼── OH
  HO ─┼── H
  H ──┼── OH
  H ──┼── OH
      CH₂OH
```

(b) 2種類のピラノース形環状構造（α-アノマーと β-アノマー）の構造式を書け．

(c) α-アノマー（比旋光度 +112）を水に溶解すると，β-アノマー（比旋光度 +19）との平衡反応が進行して，その水溶液の比旋光度は +112 から +53 に徐々に変化する．平衡時の α-アノマーと β-アノマーの比率を求めよ．ただし，比旋光度は両アノマーの存在比の加重平均になるものとする．

(d) ピラノース形環状構造では，立体的に不利であるにもかかわらず α-アノマーがかなりの割合で存在する．その理由を説明せよ．

(e) グルコースの水溶液に Ag^+ のアンモニア水溶液を作用させるとどのような現象が観測されるか．

14・9 カイコガのフェロモンとして作用するボンビコールの合成経路を以下に示す．これについて，次の問いに答えよ．

$$\text{1-ペンチン} \xrightarrow{C_2H_5MgBr} [(\mathbf{13})] \xrightarrow[\text{2) } H_3O^+]{\text{1) HCHO}} (\mathbf{14}) \xrightarrow{PBr_3} (\mathbf{15})$$

$$\xrightarrow[\text{2) BuLi}]{\text{1) PPh}_3} (\mathbf{16}) \xrightarrow{OHC\sim\sim\sim\sim COOC_2H_5} (\mathbf{17}) \xrightarrow[\text{Lindlar 触媒}]{H_2} (\mathbf{18})$$

$$\xrightarrow[\text{2) H}_2\text{O}]{\text{1) LiAlH}_4} \text{ボンビコール}$$

(a) ボンビコールの IUPAC 名を示せ．

(b) 中間体 (**13**) の構造を示せ．また，1-ペンチンから (**13**) への反応がなぜ進行するか説明せよ．

(c) 化合物 (**14**)～(**18**) の構造式を示せ．

(d) (**17**) から (**18**) の水素化では，Pd/C ではなく Lindlar 触媒が用いられるのはなぜか．

14・10 バッケノリド（ラセミ体）の合成経路を以下に示す．これに関して次の問いに答えよ．

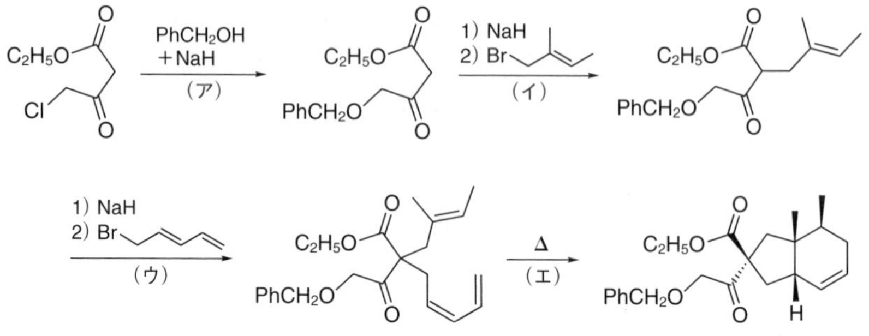

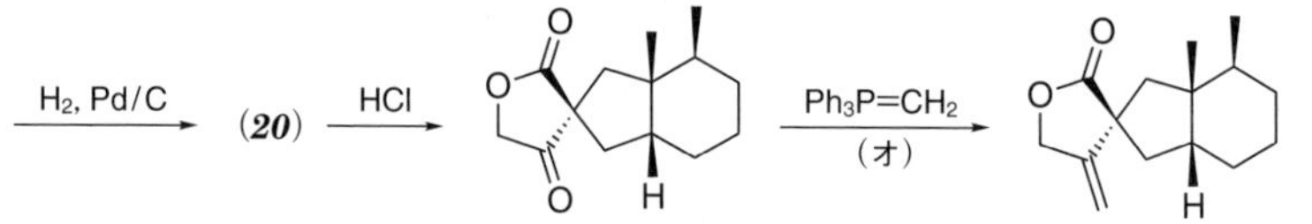

(a) (ア)の求核置換反応における求核試薬は何か.

(b) (イ), (ウ)では水素化ナトリウムを用いることにより容易にアルキル化が起こる.この理由を説明せよ.

(c) (エ), (オ)の各反応の名称は何か.

(d) (**19**)以外に(エ)の反応で生成する可能性のある立体異性体を示せ.

(e) (エ)の反応の生成物では,二つのメチル基は6員環に対してシスになる.この理由を説明せよ.

(f) 化合物(**20**)の構造を示せ.

14・11 カルベンに関する次の問いに答えよ.

(a) クロロホルムに水酸化ナトリウムを作用させるとジクロロカルベンが発生する.この反応の機構を示せ.

(b) cis-2-ブテンあるいはtrans-2-ブテンの存在下に,(a)の方法でジクロロカルベンを発生させたとき,それぞれの主生成物の構造を立体化学がわかるように示せ.

(c) ジヨードメタンに亜鉛と銅を作用させると生成する試薬は,カルベンと同様な反応性を示す.次の化合物に,この試薬を反応させたときの生成物の構造を示せ.

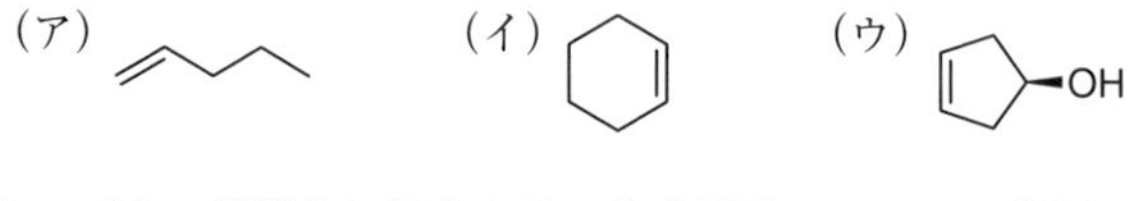

*14・12 シクロブタン誘導体に関する次の合成経路について,各問いに答えよ.

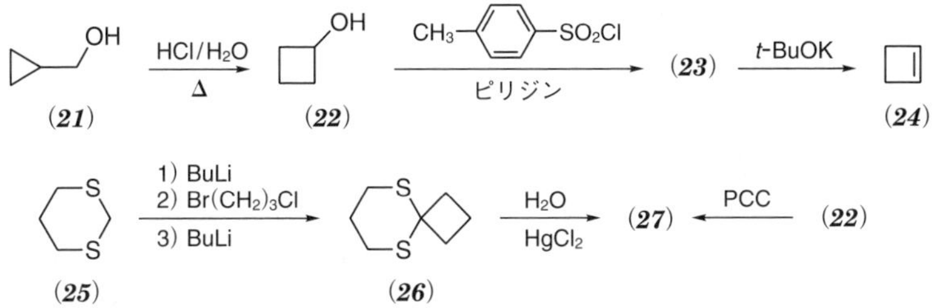

14. 総 合 問 題

(a) (**21**)から(**22**)の反応機構を説明せよ．
(b) (**23**)の構造を示し，(**23**)から(**24**)の反応機構を説明せよ．
(c) (**25**)から(**26**)の変換で，各試薬を加えたときに生じる中間生成物を示せ．
(d) (**27**)の構造を示せ．
(e) (**27**)の IR スペクトルでは，1780 cm^{-1} に強い吸収が観測された．この吸収はどの官能基によるものであるか．また，一般的な化合物の同じ官能基の吸収波数とどのように異なるか．

*14・13 次の一連の反応とスペクトルデータについて，(a)〜(e) の問いに答えよ．

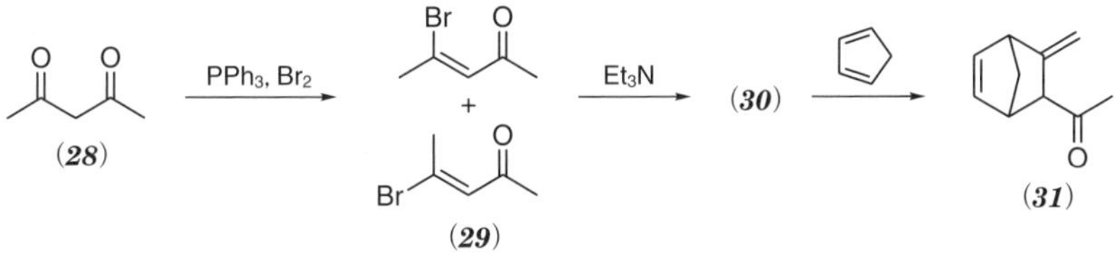

化合物(**30**)のスペクトルデータ
^{1}H NMR(CDCl$_3$)：δ 2.26(3 H, s)，5.25(2 H, d, J = 6.4 Hz)，5.77(1 H, t, J = 6.4 Hz)
^{13}C NMR(CDCl$_3$)：δ 27.0，79.9，97.9，198.6，217.7
IR(液膜)：3025，1940，1660，850 cm^{-1}

(a) トリフェニルホスフィン PPh$_3$ と臭素 Br$_2$ を組合わせた試薬は，一般にアルコールのヒドロキシ基をブロモ基に変換するために使われる．化合物(**28**)から(**29**)でこの反応が容易に進行する理由を説明せよ．
(b) 化合物(**29**)に塩基を作用させると脱離反応が進行して化合物(**30**)が生成する．(**30**)の構造を示せ．
(c) 化合物(**30**)の ^{1}H NMR と ^{13}C NMR の各シグナルを帰属せよ．
(d) 化合物(**30**)の IR スペクトルにおいて，1940 cm^{-1} と 1660 cm^{-1} の吸収を帰属せよ．
(e) 化合物(**31**)の主生成物の立体化学（鏡像異性体は考えなくてよい）を示し，

それが主生成物になる理由を説明せよ.

14・14 3-(4-ブロモベンゾイル)プロパン酸のスペクトルデータを以下に示す. 各問いに答えよ. DMSO-d_6 はジメチルスルホキシド-d_6 $(CD_3)_2SO$ である.

^{1}H NMR(DMSO-d_6): δ 2.59(2 H, t, J = 6.5 Hz), 3.21(2 H, t, J = 6.5 Hz), 7.88(2 H, d, J = 8.8 Hz), 7.96(2 H, d, J = 8.8 Hz), 12.19(1 H, br s)

^{13}C NMR(DMSO-d_6): δ 28.3, 33.6, 127.7, 130.3, 132.2, 135.9, 174.1, 198.2

IR(KBr): 3400〜2600, 1730, 1670, 1585, 1479, 1447, 1410 cm^{-1} (1400 cm^{-1} より高波数の吸収のみ示す)

(a) この化合物の構造式を示せ.

(b) この化合物がパラ二置換ベンゼンであることは, どのスペクトルデータからわかるか.

(c) カルボキシ基とケトンのカルボニル基の存在を示すスペクトルデータはどれか.

(d) 質量スペクトルでは, 256 と 258 にほぼ 1：1 の強度比で分子イオンピークが観測された. 2本のピークが観測されたのはなぜか.

(e) Friedel-Crafts 反応を用いてこの化合物を合成する方法を示せ.

(f) この化合物を塩酸中で亜鉛の水銀アマルガムと反応させると, 得られる生成物は何か.

*14・15 化合物(**32**)をエーテル中テトラフルオロホウ酸で処理したところ, 下式に示す組成をもつ生成物(**33**)がテトラフルオロホウ酸塩として得られた. 以下のスペクトルデータから(**33**)の構造を推定し, 生成の機構を説明せよ.

^{1}H NMR(CD$_3$CN): δ 1.90〜2.10(4 H, m), 2.51(1 H, sept, J = 3.0 Hz), 2.99(2 H, d, J = 3.0 Hz), 3.60〜3.85(4 H, m)

^{13}C NMR(CD$_3$CN): δ 22.7(2 C, s), 25.7(1 C, t), 40.1(1 C, s), 48.1(2 C, s), 175.9(1 C, q) (s, t, q はそれぞれ第二級, 第三級, 第四級炭素を示す)

IR(KBr): 3168 s, 2981 m, 1822 s cm^{-1} (1500 cm^{-1} より高波数の吸収のみを示す)

演習問題解答

1章 有機化学の基礎

1・1

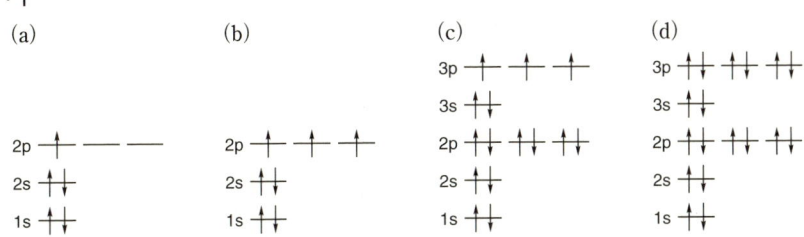

(a) 2p ↑ — — 2s ↑↓ 1s ↑↓

(b) 2p ↑ ↑ ↑ 2s ↑↓ 1s ↑↓

(c) 3p ↑ — — 3s ↑↓ 2p ↑↓ ↑↓ ↑↓ 2s ↑↓ 1s ↑↓

(d) 3p ↑↓ ↑↓ ↑↓ 3s ↑↓ 2p ↑↓ ↑↓ ↑↓ 2s ↑↓ 1s ↑↓

1・2 まず各原子が閉殻構造をとるように電子を配置し，ついで形式電荷の有無を確認する．

(a) H:C:::C:H (with H H)
(b) H:C:::C:H
(c) H:Ö:N::Ö
(d) H:N⁺H (with H H H)
(e) H:C:Ö:H (with H H)
(f) :F:B:F: (with :F:)
(g) H:C:⁻ (with H H)
(h) H:C:C:::N (with H H)
(i) :C:::Ö⁺⁻

(f)のホウ素以外のすべての第2周期元素はオクテット則をみたして，そのまわりに8個の価電子をもつ．(f)のホウ素のまわりの価電子は6個しかなく，閉殻構造をとることができない．これが BF₃ の Lewis 酸性の原因となっている．

1・3

(a) :Ö⁺—H (with H H)
(b) H—C—N: (with H H H H)
(c) H—C—N⁺—C—H (with CH₃ groups)
(d) :Cl—Al—Cl: (with :Cl:)
(e) H—C—P—C—H (with CH₃ groups)
(f) H—C—S—C—H (with H H H H)
(g) CH₃—S⁺—CH₃ with :Ö:⁻
(h) H—C—N⁺—C—H with :Ö:⁻ (CH₃ groups)

(a) の H₃O⁺ は，例題 1・2 (c) の NH₃ とまったく同じ電子配置（等電子構造という）をもっていることに注意しよう．

1・4 (a) すべて sp³   (b) 左から sp², sp², sp, sp, sp³   (c) sp
(d) 左から sp³, sp²   (e) 左から sp³, sp   (f) すべて sp²
(g) メチル基は sp³，C⁺ は sp²   (h) sp³

中性分子およびカルボカチオンにおける炭素原子の混成は配位数（その炭素に結合し

ている原子の数）と対応しており，配位数が $n+1$ のとき sp^n 混成となる．カルボアニオンにおいては，非共有電子対も混成軌道を占めていることに注意して考えよう．

1・5 分子の双極子モーメントはそれぞれの極性結合がもつ双極子モーメント（結合モーメントとよばれる）のベクトル和と考えることができる．水では H–O–H が折れ曲がっている（実測値 $104.5°$）のに対して，二酸化炭素では二つの C=O 結合の双極子モーメントが相殺し合う直線構造であることが推測できる．

1・6

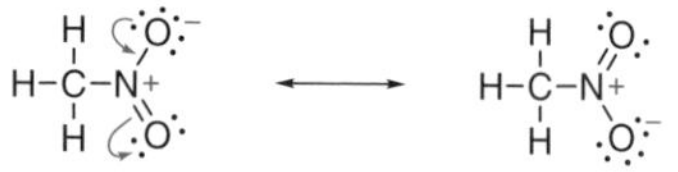

(a)～(d)ではそれぞれ等価な二つの共鳴構造の寄与がある．

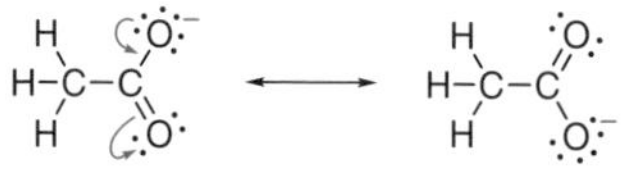

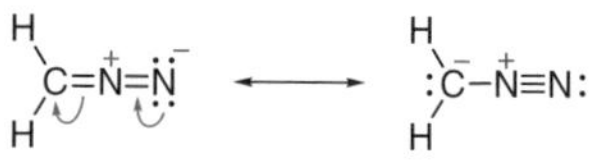

(e), 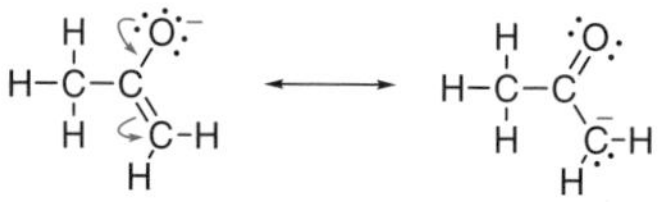 (f)では等価でない二つの共鳴構造が寄与している．

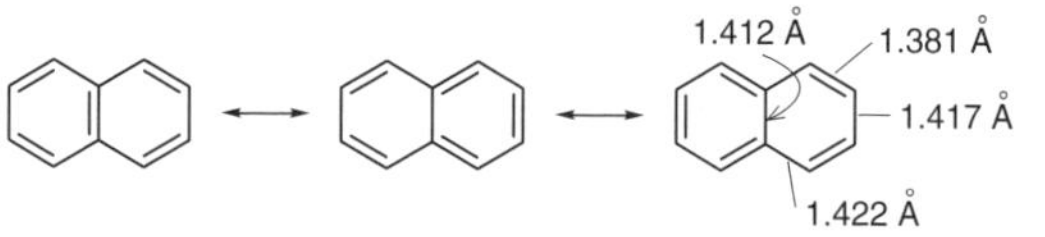

(g)のベンゼンでは二つの等価な共鳴構造が寄与するので，その炭素骨格は正六角形である．一方，(h)のナフタレンでは3個の共鳴構造が寄与し，単結合の寄与が多いC–C 結合は長く，二重結合の寄与が多い結合は短い．

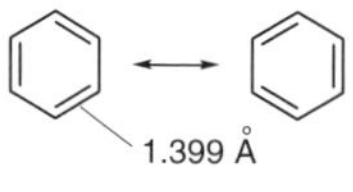

1・7 解離して生じるアニオンが安定であるほど，酸として強い．

(a) $CH_3CH=O$. 生成するアニオンはともに共鳴安定化しているが，後者は電気陰性度の大きな酸素上に負電荷をもつことができるので，より安定である．

(b) CH_3CH_2SH. 高周期元素である硫黄のほうが負電荷を安定化する．

1・8 (a) 塩基　$NH_3 + H_2O \rightleftharpoons NH_4^+ + OH^-$

(b) 酸　$CH_3COOH + H_2O \rightleftharpoons CH_3COO^- + H_3O^+$

(c) 塩基　$CH_3CH_2O^- + H_2O \rightleftharpoons CH_3CH_2OH + OH^-$

(d) 酸　$NH_4^+ + H_2O \rightleftharpoons NH_3 + H_3O^+$

(e) 塩基　$NH_2^- + H_2O \rightleftharpoons NH_3 + OH^-$

1・9 (a) $CH_3^- > NH_2^- > OH^- > F^-$　　(b) $F^- > Cl^- > Br^- > I^-$
アニオンとして不安定であるほど塩基性が強い．周期表の同一周期の原子では，右にいくほど塩基性が弱くなる．また同一族のなかでは高周期になるほど塩基性が弱くなる．定量的な塩基の強さは，その共役酸の pK_a で評価できる．$CH_4, NH_3, H_2O, HF, HCl, HBr,$ HI の pK_a はそれぞれ 48, 38, 15.7, 3.2, $-7, -9, -11$ である（表 1・1 参照）．

1・10 (a) $I^- > Br^- > Cl^- > F^-$　　(b) $OH^- > H_2O$　　(c) $NH_3 > H_2O$
(d) $CH_3S^- > CH_3O^-$
求核性の大きさは，反応相手や溶媒によって大きく変化し，定量的に表示するのは難しいが，一般的傾向は次のようにまとめることができる．1) 同一原子では中性状態よりもアニオンのほうが求核性が大きい．2) 周期表の同一周期では右にいくほど求核性が低い（塩基性と同じ傾向）．3) 同一族では高周期になるほど求核性が強い（塩基性とは逆の傾向）．

1・11 オクテット則をみたしておらず電子対を受入れやすいか（Lewis 酸），供与できる電子対をもつか（Lewis 塩基），を考える．
(a) Lewis 酸　(b) Lewis 塩基　(c) Lewis 酸　(d) Lewis 塩基　(e) Lewis 酸

1・12 (a) $348 + 298 - (241 + 438) = -33$　　33 kJ mol^{-1} (8 kcal mol^{-1}) の発熱反応
(b) $302 + 450 - (356 + 366) = +30$　　30 kJ mol^{-1} (7 kcal mol^{-1}) の吸熱反応
(c) $280 + 432 - (423 + 351) = -62$　　62 kJ mol^{-1} (15 kcal mol^{-1}) の発熱反応
(c) の右辺については，表 1・2 中の最も近い構造（すなわち $H-CH_2CH_3$ および $Cl-CH_3$）の値を用いて計算する．

2 章　アルカンとシクロアルカン

2・1 (a) 2,2,3-trimethylbutane（2,2,3-トリメチルブタン）
(b) 6,7-diethyl-2-methylnonane（6,7-ジエチル-2-メチルノナン）
(c) 3,5-dimethyl-4-propylheptane（3,5-ジメチル-4-プロピルヘプタン）
(d) 6-ethyl-4-isopropyl-3-methyloctane（6-エチル-4-イソプロピル-3-メチルオクタン）
(e) 2,2,5,5-tetramethylheptane（2,2,5,5-テトラメチルヘプタン）
(f) 4-chloro-2,4-dimethylhexane（4-クロロ-2,4-ジメチルヘキサン）
(g) 6-chloro-1,1-difluorohexane（6-クロロ-1,1-ジフルオロヘキサン）
(h) 2-bromo-4-chloropentane（2-ブロモ-4-クロロペンタン）

2・2 (a) 1-methyl-1-propylcyclopropane（1-メチル-1-プロピルシクロプロパン）
(b) 3-ethyl-1,1-dimethylcyclopentane（3-エチル-1,1-ジメチルシクロペンタン）

(c) 1-s-butyl-4-isobutylcyclohexane（1-s-ブチル-4-イソブチルシクロヘキサン）．炭素数4以下のアルキル基には慣用名が認められている．アルファベット順に並べるときs- のような接頭辞は含めないので，s-butyl が isobutyl の前にくる．慣用基名を用いなければ 1-(1-methylpropyl)-4-(2-methylpropyl)cyclohexane となる．

(d) 5-ethyl-1-isopropyl-2-methylcycloheptane（5-エチル-1-イソプロピル-2-メチルシクロヘプタン）

(e) cis-1,2-dimethylcyclobutane（cis-1,2-ジメチルシクロブタン）

(f) trans-1-isopropyl-3-methylcyclopentane（trans-1-イソプロピル-3-メチルシクロペンタン）

(g) 3-iodo-1,1-dimethylcyclohexane（3-ヨード-1,1-ジメチルシクロヘキサン）

(h) 1-bromo-3-chloro-5-fluorocyclohexane（1-ブロモ-3-クロロ-5-フルオロシクロヘキサン）

2・3

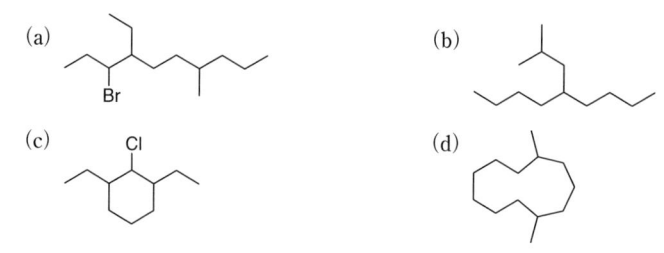

(a) (b) (c) (d)

2・4 まず与えられた名称から構造を書くと，次のようになる．

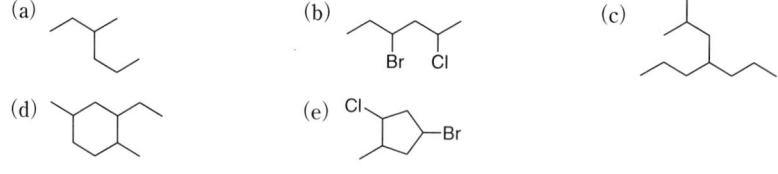

(a) (b) (c) (d) (e)

これらの正しい名称は

(a) 3-methylhexane（3-メチルヘキサン）

(b) 4-bromo-2-chlorohexane（4-ブロモ-2-クロロヘキサン）

(c) 2-methyl-4-propylheptane（2-メチル-4-プロピルヘプタン）

(d) 2-ethyl-1,4-dimethylcyclohexane（2-エチル-1,4-ジメチルシクロヘキサン）

(e) 4-bromo-1-chloro-2-methylcyclopentane（4-ブロモ-1-クロロ-2-メチルシクロペンタン）

2・5 次の9種類の構造異性体が存在する．

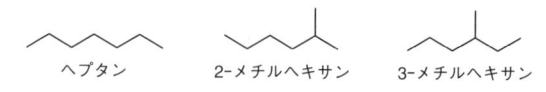

ヘプタン　　2-メチルヘキサン　　3-メチルヘキサン

演習問題解答:2章

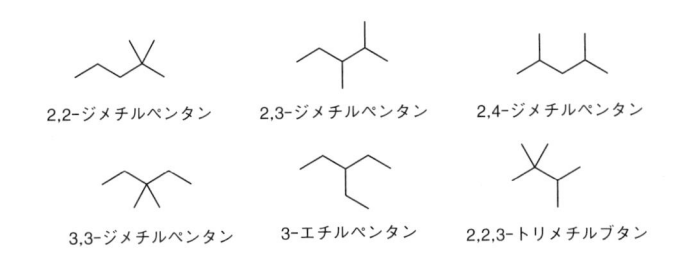

2,2-ジメチルペンタン　2,3-ジメチルペンタン　2,4-ジメチルペンタン

3,3-ジメチルペンタン　3-エチルペンタン　2,2,3-トリメチルブタン

2・6 次の12種類の構造異性体が存在し，そのうち＊印をつけたものにはシス-トランス異性体が存在する．

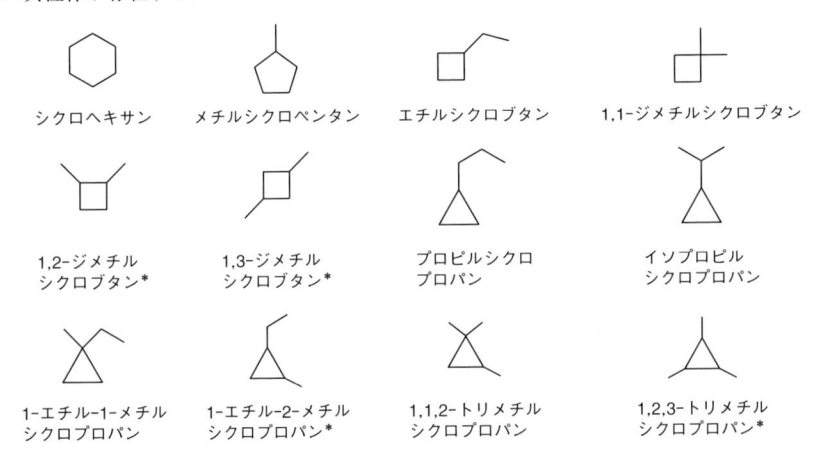

シクロヘキサン　メチルシクロペンタン　エチルシクロブタン　1,1-ジメチルシクロブタン

1,2-ジメチルシクロブタン＊　1,3-ジメチルシクロブタン＊　プロピルシクロプロパン　イソプロピルシクロプロパン

1-エチル-1-メチルシクロプロパン　1-エチル-2-メチルシクロプロパン＊　1,1,2-トリメチルシクロプロパン　1,2,3-トリメチルシクロプロパン＊

2・7 アルカンの沸点は，分子量が小さいほど，また分子量が同じであれば枝分かれが多いほど低い（例題2・3参照）．沸点を併記する．

オクタン(125.7℃) > 2,2,3,3-テトラメチルブタン(106.3℃) > ヘプタン(98.4℃)
> 2-メチルヘキサン(90℃) > 3,3-ジメチルペンタン(79.3℃) > ヘキサン(68.7℃)
> 2-メチルペンタン(60.3℃)

2・8 (a) モノクロロ体2種類，ジクロロ体6種類
(b) モノクロロ体3種類，ジクロロ体9種類
(c) モノクロロ体3種類，ジクロロ体7種類
(d) モノクロロ体1種類，ジクロロ体4種類

2・9 例題2・4でみたように，生成物を決めるのは，塩素原子がアルカンから水素原子を引抜く段階〔(2)式〕である．ブタンの反応は，水素原子1個について第二級水素原子は第一級水素原子よりも (72/28)×(6/4)＝3.9倍引抜かれやすいことを示している．また 2-メチルプロパンの反応から，第三級水素原子は第一級水素原子よりも (36/64)×(9/1)＝5.1倍引抜かれやすいことがわかる．すなわち，水素原子の引抜かれやすさは，

第三級＞第二級＞第一級の順に減少すると推測される．これは C–H 結合の結合エネルギーがこの順に増大することを反映している（表1・2参照）．

なお，光臭素化はさらに選択性が高く，第二級水素は第一級水素の約 80 倍，第三級水素は約 1500 倍も引抜かれやすい．

2・10 トランス体およびシス体のそれぞれに，環反転で相互変換する 2 種類の配座異性体〔(**A**), (**B**) および (**C**), (**D**)〕が存在する．(**A**) では二つのメチル基の間にブタン・ゴーシュ相互作用（3.8 kJ mol^{-1}）が働き，(**B**) では 2 組の 1,3-ジアキシアル相互作用（すなわち 4 個のブタン・ゴーシュ相互作用）が働くので，差引き 11.4 kJ mol^{-1} だけ (**A**) が安定と見積もることができる．(**C**) と (**D**) は互いに実像と鏡像の関係にあり，鏡像異性体である（5 章参照）．したがって同じエネルギーをもつ．

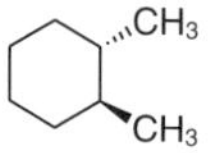

trans-1,2-ジメチルシクロヘキサン 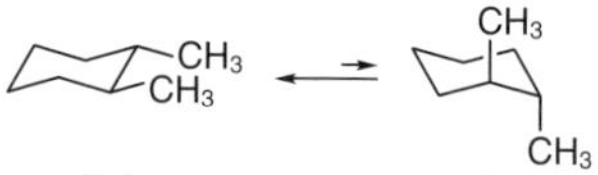　(**A**)　(**B**)

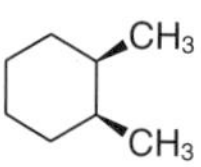

cis-1,2-ジメチルシクロヘキサン 　(**C**)　(**D**)

2・11 (**1**), (**2**) の構造式は下図のように表すことができる．

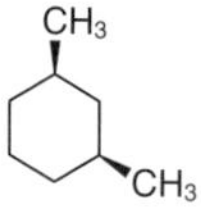

(**1**) 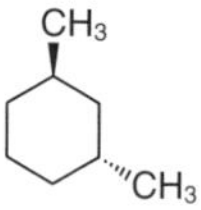　(**2**)

(**1**) には，eq, eq 配座と，これが環反転してできる ax, ax 配座の二つが書ける．ax, ax 配座はメチル基どうしの立体反発のために非常に不安定であり，(**1**) はもっぱら eq, eq 配座で存在すると予測される．(**2**) では，eq, ax 配座と ax, eq 配座は同一物であり，つまり，(**2**) では常にメチル基の一方はアキシアル位に存在する．したがって (**1**) がより安定であると予測される．

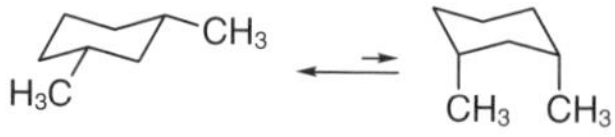

eq, eq　ax, ax　eq, ax　ax, eq
(**1**)　(**2**)

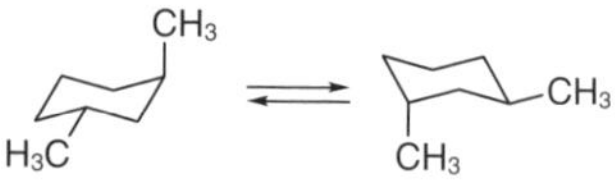

このことは，熱化学測定によって裏付けられる．実測された燃焼熱の差からシス体(**1**) のほうが 7.2 kJ mol^{-1} だけ安定であることが確認されている．

2・12 シス，トランスの 2 種類の配置異性体が存在する．それぞれの配置異性体に，環反転によって相互変換する 2 種類の配座異性体〔(**E**), (**F**) および (**G**), (**H**)〕が存在する．メチル基よりもイソプロピル基のほうが立体的にかさ高く，より大きな 1,3-ジアキシアル相互作用が働くので，(**E**) よりも (**F**) のほうが安定である．トランス体では置換基がともにエクアトリアルにある (**G**) が (**H**) より安定である．

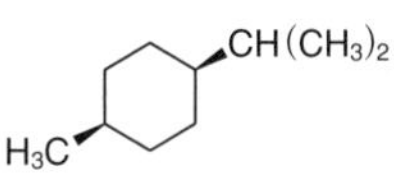

シス体 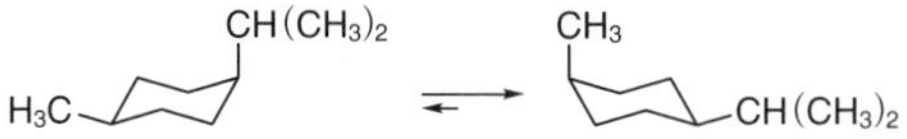　　　　　　　　　(**E**)　　　　　　　　　(**F**)

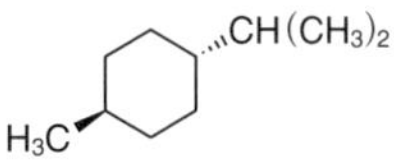

トランス体 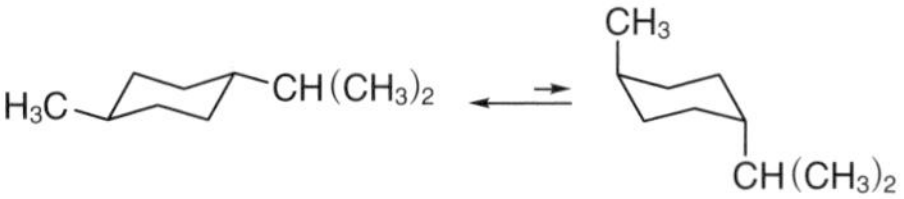　　　　　　　(**G**)　　　　　　　　　(**H**)

2・13 Cl は CH$_3$ に比べてややかさ高さが小さいので，立体効果だけを考えれば eq, eq 配座 (**I**) のほうがより安定で，多く存在すると思われる．しかし Cl のような極性置換基が存在する場合は静電効果を考慮しなければならない．二つの C–Cl 結合がほぼ同じ方向を向いている (**I**) では，それがほぼ逆向きになっている (**J**) に比べて，C–Cl 双極子間の静電相互作用による不安定化をより大きく受ける．したがって (**J**) が立体的な不利を上回って安定になっている．

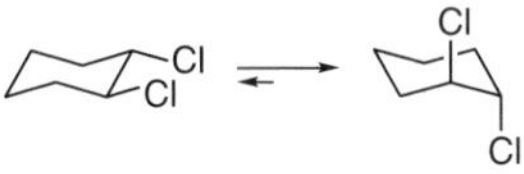

(**I**)　　　　　　　　(**J**)

静電効果は溶媒の影響を強く受ける．極性の大きな溶媒は，双極子モーメントの大きな配座をより強く安定化するので，たとえばアセトニトリル中では (**I**) のほうが多く存在する．これに対して立体効果は溶媒の影響をほとんど受けない．

3 章　アルケンとアルキン

3・1 (a) 2,5,5-trimethyl-2-hexene (2,5,5-トリメチル-2-ヘキセン)
(b) 2-chloro-4-methyl-3-hexene (2-クロロ-4-メチル-3-ヘキセン)
(c) 4-bromo-1-chlorocyclopentene (4-ブロモ-1-クロロシクロペンテン)
(d) 5-bromo-1,1-difluoro-1,3-pentadiene (5-ブロモ-1,1-ジフルオロ-1,3-ペンタジエン)

(e) 3-ethyl-7-methyl-1,4,6-octatriene（3-エチル-7-メチル-1,4,6-オクタトリエン）
(f) 1-isopropyl-5-methyl-1,4-cyclohexadiene（1-イソプロピル-5-メチル-1,4-シクロヘキサジエン）
(g) isopropylidenecyclohexane（イソプロピリデンシクロヘキサン）
(h) 5-methyl-1,3-heptadien-6-yne（5-メチル-1,3-ヘプタジエン-6-イン）
(i) 6-methyl-5-decene-1,8-diyne（6-メチル-5-デセン-1,8-ジイン）
(j) 9-chloro-3-ethyl-1,6-cyclodecadiyne（9-クロロ-3-エチル-1,6-シクロデカジイン）
(k) 1,4-diethynylcycloheptane（1,4-ジエチニルシクロヘプタン）

3・2

3・3 (a) ヒドロキシメチル基（A）では付け根の炭素 C^1 に O, H, H が，ジメチルアミノメチル基（B）では N, H, H が結合している．O と N では O のほうが原子番号が大きいので，（A）が優先する．

$$-CH_2OH \Longrightarrow \underset{H}{\overset{H}{-\overset{|}{\underset{|}{C^1}}-O}} \quad > \quad -CH_2N(CH_3)_2 \Longrightarrow \underset{H}{\overset{H}{-\overset{|}{\underset{|}{C^1}}-N}}$$

$\qquad$（A）$\qquad\qquad\qquad\qquad\qquad$（$B$）

(b) エチニル基（C）をレプリカ原子（青字で示す）を付け加えて書き直すと（D）となり，これを t-ペンチル基（E）を書き直した（F）と比べる．付け根の炭素 C^1 は（D），（F）ともに C, C, C が結合しており，順位が決まらない．C^1 に結合する 3 個の C のうち最も優先順位が高い炭素は C^2 であり，その C^2 で比べると（D）では C, C, H が，（F）では C, H, H が結合しており，したがってエチニル基（C）が優先する．

$$-C \equiv CH \Longrightarrow \underset{C}{\overset{C}{-\overset{|}{\underset{|}{C^1}}-\overset{C}{\underset{C}{\overset{|}{C^2}}}-H}} \quad > \quad \text{(E)} \quad \Longrightarrow \underset{C}{\overset{C}{-\overset{|}{\underset{|}{C^1}}-\overset{H}{\underset{C}{\overset{|}{C^2}}}-H}}$$

$\qquad$（C）$\qquad\quad$（D）$\qquad\quad$（E）$\qquad\qquad$（F）

(c) ホルミル基（G）と 1,3-ジオキソラン-2-イル基（I）を書き直すと，それぞれ（H），（J）となる．まず付け根の C^1 で比べると，ともに O, O, H が結合しており，順位が決まらない．次に C^1 に結合する最も優先順位の高い原子である O^2 で比べる〔（I）ではどちらの O でもよい〕．O^2 には（H），（J）ともに C が結合しており，順位が決まらない．そこで C^1 に結合する 2 番目に順位の高い原子である O^3 で比較する．（H）の O^3 はレプリカ原子であり，その先には何も結合していないが，（J）の O^3 には C が結合している．

したがって (**I**) のほうが優先順位が高いと結論される.

$$-CH=O \Longrightarrow \underset{H}{\overset{O^3}{-\overset{|}{\underset{|}{C^1}}-O^2-C}} \quad < \quad \text{(1,3-dioxolane)} \Longrightarrow \underset{H}{\overset{O^3-C}{-\overset{|}{\underset{|}{C^1}}-O^2-C}}$$

(**G**)　　　　(**H**)　　　　(**I**)　　　　(**J**)

(d) レプリカ原子を付け加えると，付け根の原子に結合する原子が，O, O, C と O, O, O なので後者が優先する.

$$-\underset{O}{\overset{CH_3}{\underset{\|}{C}}} \Longrightarrow -\underset{O}{\overset{C}{\underset{|}{\underset{|}{C}}}}-O \quad < \quad -\underset{O}{\overset{OCH_3}{\underset{\|}{C}}} \Longrightarrow -\underset{O}{\overset{O}{\underset{|}{\underset{|}{C}}}}-O$$

(**K**)　　　　　　(**L**)

3・4

(a) CH₂=CHCH₃ + HCl → CH₃CHClCH₃

(b) (CH₃)₂C=CH₂ + H₂O/H₂SO₄ → (CH₃)₃COH

(c) (CH₃)₂C=CH₂ + Br₂ → (CH₃)₂CBr–CH₂Br

(d) methylenecyclopentane + 1) BH₃ 2) H₂O₂/OH⁻ → cyclopentylmethanol

(e) CH₃CH=CHCH₂CH₃ + 1) O₃ 2) Zn/AcOH → CH₃CH₂CH₂CHO + CH₃CHO

(f) (CH₃)₃C–CH=CH₂ + 1) Hg(OAc)₂/H₂O 2) NaBH₄ → (CH₃)₃C–CH(OH)–CH₃

3・5

(a) 1-methylcyclopentene + KMnO₄ → cis-1-methylcyclopentane-1,2-diol

(b) 1,2-diethylcycloheptene + H₂/Pt → cis-1,2-diethylcycloheptane

(c) 1-ethylcyclopentene + 1) BH₃ 2) H₂O₂/OH⁻ → trans-2-ethylcyclopentanol

(d) trans-2-pentene + mCPBA → trans-2,3-epoxypentane

(e) 1,2-dimethylcyclohexene + Br₂/CH₃OH → trans-1-bromo-2-methoxy-1,2-dimethylcyclohexane

3・6

(a) CH₂=CH–CH=CH–CH₃ + HBr → CH₃–CHBr–CH=CH–CH₃ + CH₃–CH=CH–CHBr–CH₃

(b) 1,3-cyclohexadiene + Br₂ → 3,4-dibromocyclohexene + 3,6-dibromocyclohexene

(c) 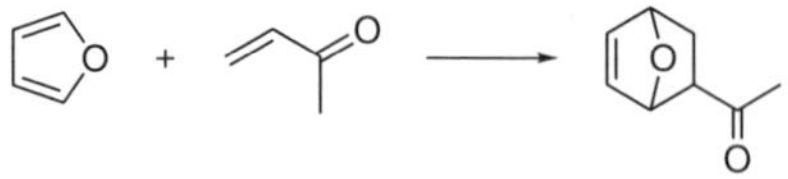 [反応式: フラン + メチルビニルケトン → ディールス・アルダー付加体]

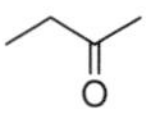

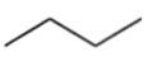

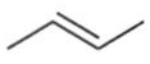

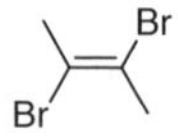

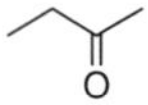

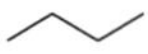

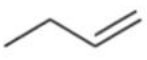

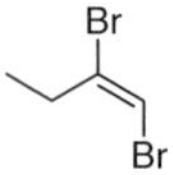

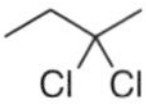

(d)  [反応式: ブタジエン + CH₃O₂C−C≡C−COOCH₃ → 1,2-ビス(メトキシカルボニル)シクロヘキサジエン]

3・7 (a)〜(f) [構造式]

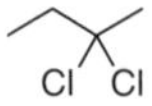

3・8 (a)〜(f) [構造式]

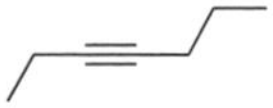

3・9 (a) H_2O/H_2SO_4 (b) BH_3 ついで H_2O_2/OH^- (c) $NaNH_2$ ついで C_2H_5Br (d) H_2/Lindlar 触媒 (e) Na/NH_3

3・10 金属ナトリウムから1電子が2-ブチンに移動しラジカルアニオン (**M**) を生成する．(**M**) はきわめて不安定であるが非常に塩基性が強く，アンモニアからプロトンを引抜き，ビニル型ラジカル (**N**) となる．(**N**) は速いシス-トランス異性平衡にあるが，立体効果のためトランス体に偏っている．(**N**) にさらに1電子移動が起こってトランス形カルボアニオン (**O**) となり（アニオンのシス-トランス異性化は遅い），これにプロトン化が起こって *trans*-2-ブテンが生成する．

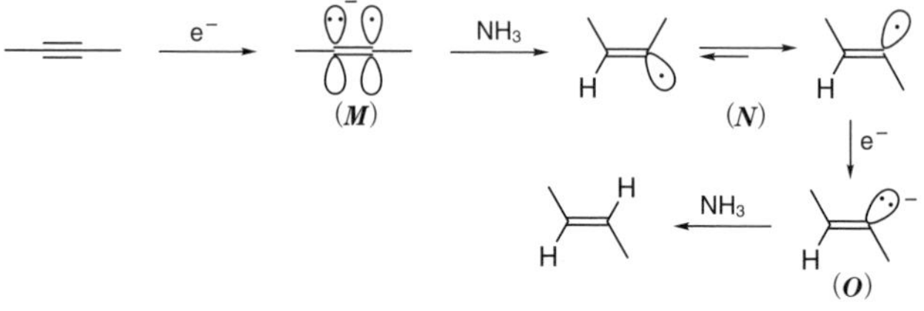

[反応機構図: (M), (N), (O) の構造変化]

4 章 芳香族化合物

4・1 (a) *o*-iodonitrobenzene (*o*-ヨードニトロベンゼン), 1-iodo-2-nitrobenzene (1-ヨード-2-ニトロベンゼン)

(b) *m*-ethylphenol (*m*-エチルフェノール), 3-ethylphenol (3-エチルフェノール)

(c) *p*-isopropylaniline (*p*-イソプロピルアニリン), 4-isopropylaniline (4-イソプロピルアニリン)〔cumidine (クミジン) という古い慣用名もある〕

(d) 2,4,6-trimethylbenzaldehyde (2,4,6-トリメチルベンズアルデヒド)

(e) 1,3-dibromo-5-chlorobenzene（1,3-ジブロモ-5-クロロベンゼン）
(f) o-bromoanisole（o-ブロモアニソール），2-bromoanisole（2-ブロモアニソール）
(g) 2,5-dichloroacetophenone（2,5-ジクロロアセトフェノン）
(h) 2-fluoro-6-sulfobenzoic acid（2-フルオロ-6-スルホ安息香酸）
(i) o-hydroxybenzonitrile（o-ヒドロキシベンゾニトリル），2-hydroxybenzonitrile（2-ヒドロキシベンゾニトリル）．CN 基が OH 基より命名法上優先するので o-シアノフェノールではない．
(j) 3-methoxy-2-nitrobenzoic acid（3-メトキシ-2-ニトロ安息香酸）

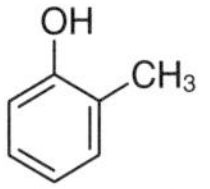

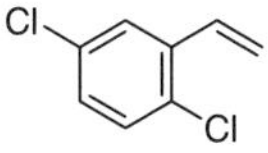

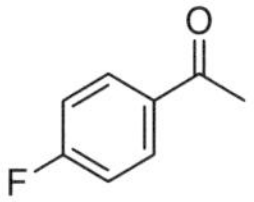

4・2

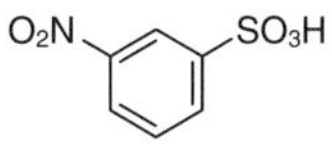

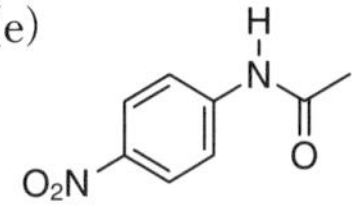

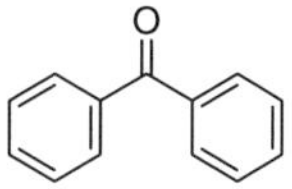

4・3 例題 4・4 と同じように，カルボカチオン中間体の安定性を比較すればよい．オルト体およびパラ体を与える中間体では第三級カルボカチオンである共鳴構造式〔(**A**)および(**B**)〕の寄与があるのに対して，メタ体を与える中間体には第二級カルボカチオンの寄与しかない．したがって前者のほうがより安定であり，速く生成すると考えることができる．

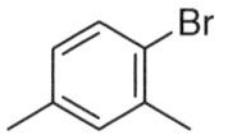

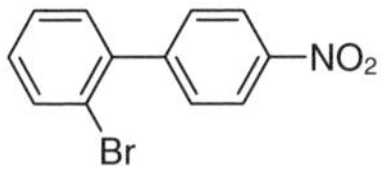

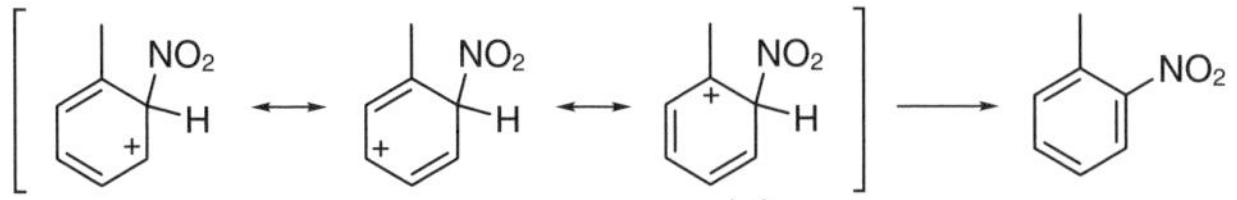

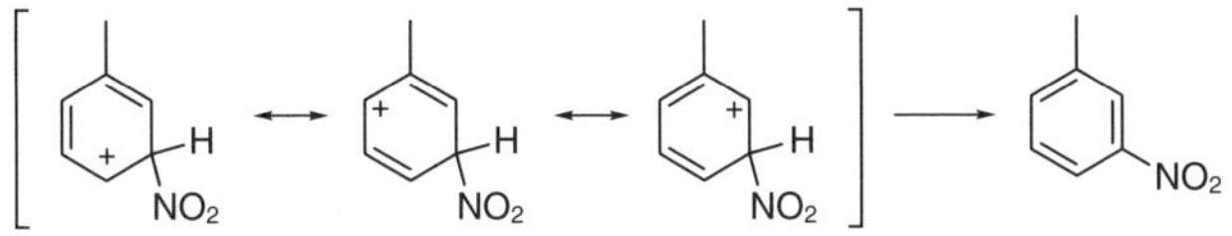

メチル基によるカルボカチオンの安定化効果には，メチル基の誘起効果による電子供与とともに，メチル基の C-H 結合電子がカチオン中心の p 軌道に流込むことによる安定

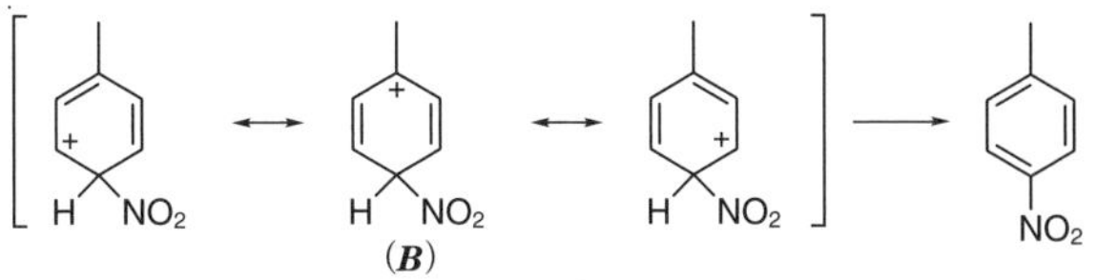

化（いわゆる**超共役**，下図）が働いている．

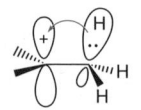

4・4 1-ブロモナフタレン（**C**）と 2-ブロモナフタレン（**D**）の 2 種類の生成物が考えられる．それぞれを与えるカルボカチオン中間体の安定性を比較する．

(**C**) を与える中間体のほうが書ける共鳴構造式の数が多く，しかも左側の 6 員環が芳香族性を保持した構造式（青色の線で囲ったもの，6 員環内に二重結合が三つある）が多い．したがってより安定であり，速く生成するということになる．したがって（**C**）が選択的に生成する．

4・5

(a) アセトフェノン構造 (b) クメン構造 (c) tert-ペンチルベンゼン構造 (d) クロロジメチルベンゼン構造

(e) 2-ブロモビフェニルと 4'-ブロモビフェニル (f) 2-ニトロ-4'-ブロモビフェニルと 4-ニトロ-4'-ブロモビフェニル

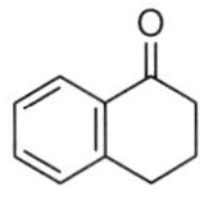

(a) は Friedel-Crafts アシル化は酸無水物を用いて行うことができる．(b) はアルケンのプロトン化で生ずるカルボカチオン（この場合はより安定な t-ブチルカチオン）がベンゼンに付加した後プロトンが脱離する．(c) は $AlCl_3$ との反応でイオン化する際，メチル基の転位が起こり安定な第三級カルボカチオンが生成し（例題 4・8 参照），これがベンゼン環に付加する．(d) はメチル基の立体障害により，メチル基から遠い位置に置換が起こる．(e) はフェニル基のオルト位あるいはパラ位に置換が起こる．(f) はより活性化されたベンゼン環に置換が起こる．(g) は立体障害の小さいメチル基のオルト位に置換が起こる．(h) ではフェノールはきわめて活性化されているため，この条件で3個の臭素原子が導入される．(i) は不活性化の程度がより小さいカルボキシ基のオルト位に置換が起こる．(j) は酸素原子に結合したより活性なベンゼン環のオルト位あるいはパラ位に置換が起こる．(k) は活性化基であるヒドロキシ基の配向性に支配される．(l) は分子内 Friedel-Crafts 反応で環化が起こる．

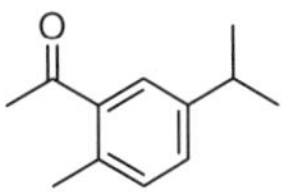

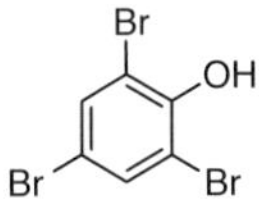

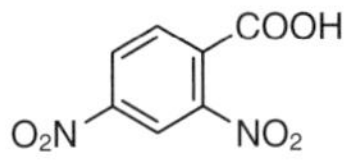

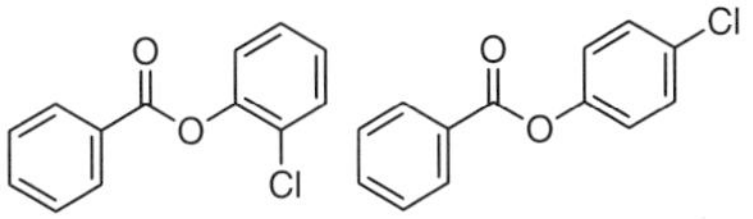

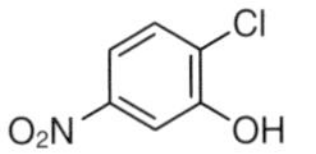

4・6 この反応は可逆的であり，ベンゼンのスルホン化の逆反応が起こる．

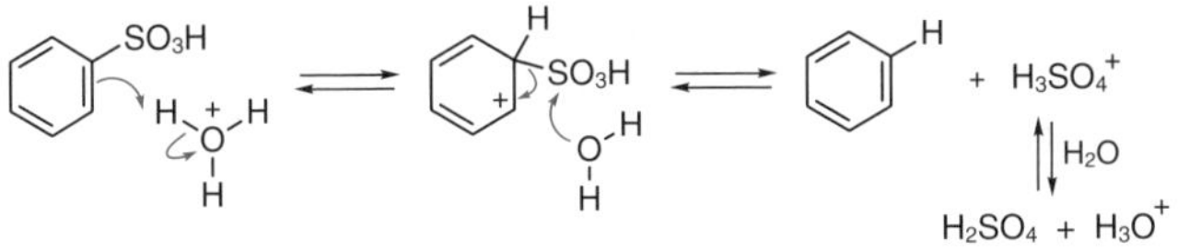

4・7

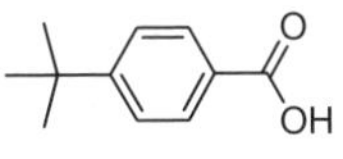

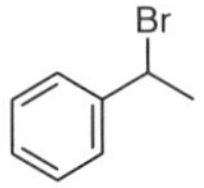

(a) 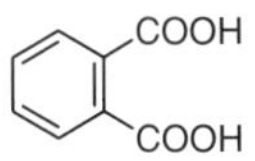 は環の開裂が起こりジカルボン酸となる．(b) では第三級アルキル基は酸化されずに残る．(c) はベンゼン環がシクロヘキサン環に還元される．(d) の Birch 還元では電子供与性基が二重結合と共役するように還元が起こる，(e) では電子求引性基がメチレン基に結合するように還元が起こる．(f) はアルケンへの求電子付加反応であり，第一段階のプロトン化は，ベンゼン環と共役したより安定なカルボカチオンが生成するように起こる．(g) ではラジカル連鎖反応による臭素化が起こる．連鎖成長段階でベンジ

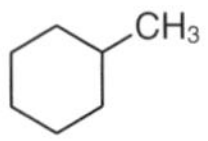

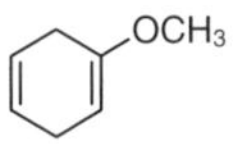

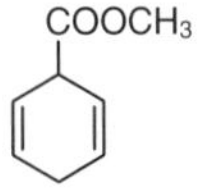

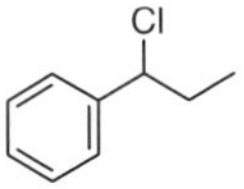

ル位の水素が引抜かれる.

4・8

(a) ベンゼン → (CH$_3$CH$_2$Br/AlCl$_3$) → エチルベンゼン → (CH$_3$COCl/AlCl$_3$) → o-エチルアセトフェノン

(b) ベンゼン → (CH$_3$Br/AlCl$_3$) → トルエン → ((CH$_3$)$_3$CBr/AlCl$_3$) → p-t-ブチルトルエン → (HNO$_3$/H$_2$SO$_4$) → 4-t-ブチル-2-ニトロトルエン → (KMnO$_4$) → 4-t-ブチル-2-ニトロ安息香酸

(c) ベンゼン → (SO$_3$/H$_2$SO$_4$) → ベンゼンスルホン酸 → (Br$_2$/FeBr$_3$) → m-ブロモベンゼンスルホン酸

(d) ベンゼン → (CH$_3$Br/AlCl$_3$) → トルエン → (Cl$_2$/FeCl$_3$) → o-クロロトルエン → (KMnO$_4$) → o-クロロ安息香酸 → (SO$_3$/H$_2$SO$_4$) → 5-スルホ-2-クロロ安息香酸

4・9 クメンを直接臭素化してもイソプロピル基の立体障害のために，そのオルト位はほとんど置換されない．そこでまずクメンをスルホン化してパラ位にスルホ基を導入した後に臭素化すると，スルホ基のメタ位（すなわちイソプロピル基のオルト位）に臭素が入る．スルホ基は希酸中で加熱すると脱離する（演習問題4・6参照）．

クメン → (SO$_3$/H$_2$SO$_4$) → p-イソプロピルベンゼンスルホン酸 → (Br$_2$/FeBr$_3$) → 3-ブロモ-4-イソプロピルベンゼンスルホン酸 → (H$_3$O$^+$/Δ) → o-ブロモクメン

4・10 硫酸による2-メチルプロペンのプロトン化で生成するt-ブチルカチオンがm-キシレンと反応すると，メチル基のオルト-パラ配向性に従って4-t-ブチル-m-キシレン（**E**）が生成するが，t-ブチルカチオンが十分安定なために，この反応は可逆となる．すると（**E**）の位置異性体である5-t-ブチル-m-キシレン（**F**）との平衡が可能となり，t-ブチル基とメチル基の立体反発の存在する（**E**）に比べて熱力学的により安定な（**F**）に平衡が偏るため，（**F**）が主生成物となる．

m-キシレン + t-Bu$^+$ ⇌ (**E**) ⇌ (**F**)

4・11 (a) 水酸化物イオンが求核試薬として塩素の結合している炭素に付加して，アニオン性中間体を与える．これは電子求引性のニトロ基によって共鳴安定化を受ける．この中間体から塩化物イオンが脱離して生成物を与える．すなわちこの反応は**付加-脱離機構**で起こる．

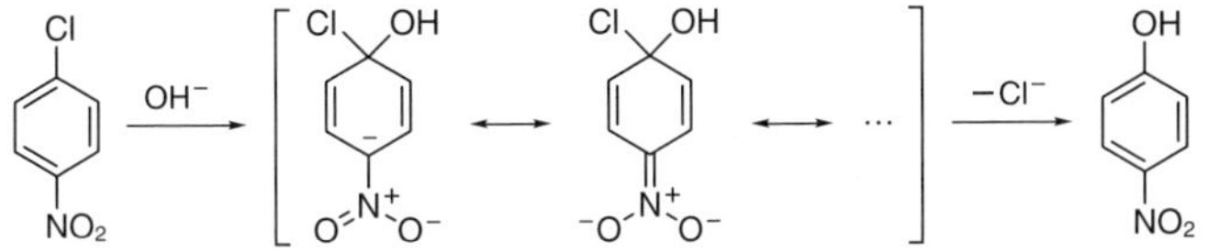

(b) 水酸化物イオンは塩基として塩素に隣接する水素を引抜き，さらに塩化物イオンが脱離してベンザイン中間体（注参照）を与える．この"三重結合"の両端に水酸化物イオンがほぼ均等に付加して2種類のカルボアニオンを生成し，これらにプロトンが付加して2種類のフェノールをほぼ等量ずつ与える．すなわちこの反応は**脱離-付加機構**で起こる．(a)との違いはメチル基がニトロ基と違って付加中間体を安定化することができないことに基づく．

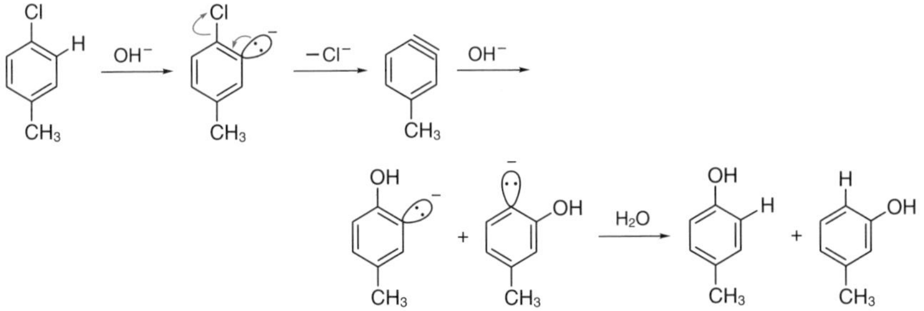

[注] **ベンザイン**（1,2-デヒドロベンゼンともいう）は，ベンゼンから隣接する2個の水素が脱離した構造をもつ不安定化学種で，便宜上下図（**G**）のように三重結合をもつように表現されるが，その3番目の結合はπ結合ではなく，二つの sp^2 混成軌道からできている（**H**）．反応性が高く，この問題にあるように求電子試薬として働くほか，ジエノフィルとして共役ジエンと Diels-Alder 反応を起こす．

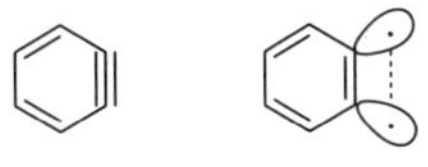

(c) これもベンザイン中間体を経由する反応である．"三重結合"へのアミドイオンの付加の位置選択性は，メトキシ基の立体障害およびメトキシ基の誘起効果によるカルボアニオンの安定化で説明される．

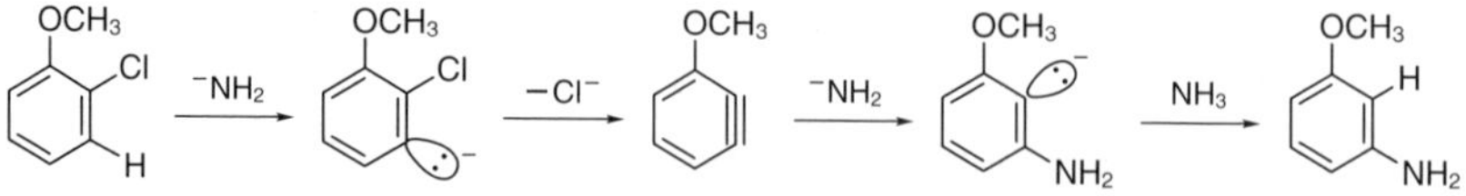

4・12 (a) これらの複素5員環化合物ではヘテロ原子はsp^2混成をしている．ヘテロ原子上の非共有電子対(フラン，チオフェンではそのうちの一つ)は p 軌道にあり，4個の環炭素原子上の p 軌道と重なり合って，環状6π電子系を構成して芳香族性を示す．

(b) ピリジンの窒素原子もsp^2混成をしているが，その非共有電子対はsp^2混成軌道を占めている(すなわち環平面内にある)．p 軌道には電子1個があり，5個の環炭素上の p 軌道と重なり合って，環状6π電子系を構成して芳香族性を示す．

(c) 求電子試薬E^+(ここではニトロニウムイオン)が環に付加してできるカチオン中間体の安定性を考えればよい．2位に付加した中間体では3個の共鳴構造式が書けるが，3位に付加した中間体では2個の共鳴構造式しか書けないので，より不安定である．したがって2位置換体が優先的に生成する．

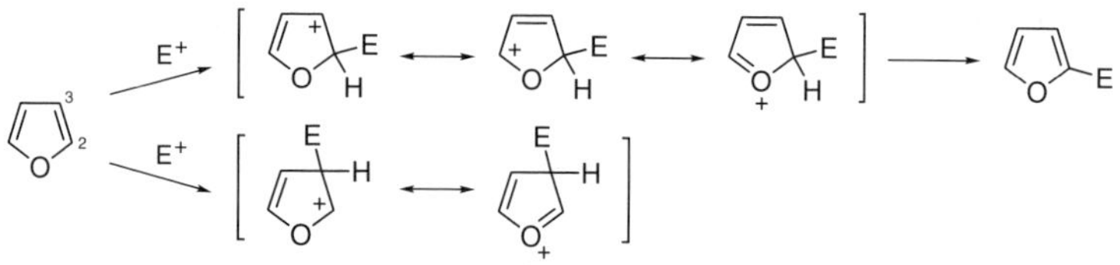

(d) 求電子試薬が2位，3位，4位に付加した中間体は，いずれも3個の共鳴構造式が書ける．しかし2位および4位に付加した中間体では，電気陰性な窒素原子上に正電荷がある共鳴構造式が寄与しており，これらの中間体は3位に付加した中間体(窒素原子上に正電荷をもつ共鳴構造式は書けない)に比べて不安定である．したがって3位置換体が優先的に生成する．

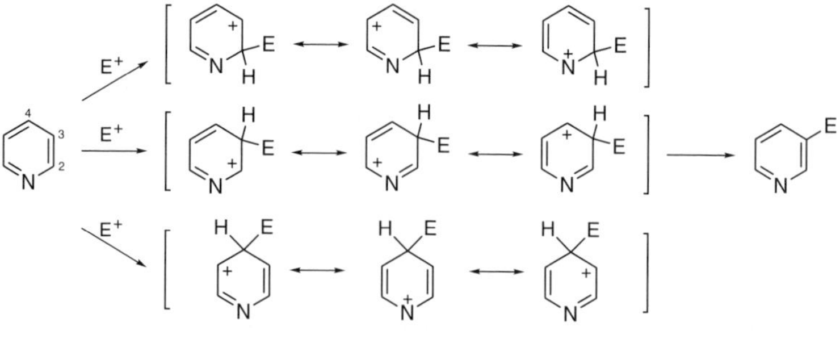

(e) ピリジンの窒素原子上の非共有電子対はsp^2混成軌道上にあり，それがsp^3混成軌道上にある脂肪族アミンに比べて安定化しており塩基性が低い(例題1・5参照)．し

かし窒素原子へのプロトン化によって芳香族性が失われることはない．これに対してピロールの非共有電子対は6π電子系に組込まれており，プロトン化によって芳香族性が失われるので，塩基性がきわめて低い．しかもピロールのプロトン化は窒素原子上ではなく2位炭素原子上で起こる〔その理由は(c)の説明と同様にして説明される〕．

5章 立体化学

5・1 鏡像と重ね合わせることができない場合にキラルになるので，キラルであるのは(b), (d), (e)である．(a), (c), (f)はいずれも対称面をもつので，アキラルである．

5・2 キラルであるのは(c), (d), (e), (g), (h)，アキラルであるのは(a), (b), (f)である．

(a)はアダマンタンとよばれる分子で，いす形シクロヘキサンが4個組合わさった対称性の高い構造をしており，アキラルである（下図で青丸をつけた炭素を含む平面が対称面の一つである．全部で6枚の対称面がある）．(b)はキラル中心をもたずアキラルである．下図で青丸をつけた炭素を含む平面が対称面となる．(c)では置換基の結合した炭素3個がいずれもキラル中心であり，分子としてもキラルである．(d)はキラル中心は存在しないが，アレン誘導体と同様の軸性キラリティーをもつ（青丸をつけた炭素がアレンの両末端の炭素に相当する）．(e)は鏡像を書いてみると確かに実像と重ね合わせられないことがわかり，キラルである．中心炭素は一見キラル中心にみえないが，規則上はキラル中心とみなすことになっている．(f)では，鏡像を図に示した分子軸（青線）のまわりで90°回転させると実像と同じ形であることがわかる．すなわちアキラルである．これは構造が対称面をもたないにもかかわらずアキラルになる数少ない例の一つである．(g)は実像と鏡像が重ね合わせられず，キラルである．(h)はビフェニルの誘導体で軸性キラリティーの例である．かさ高いオルト置換基のために，二つのベンゼン環は同一平面になることができず，キラルである．また中央の単結合のまわりで回転することができないので，ラセミ化が起こらない．この例のように単結合の回転が束縛されることによって立体異性体が安定に存在する現象を**アトロプ異性**という．

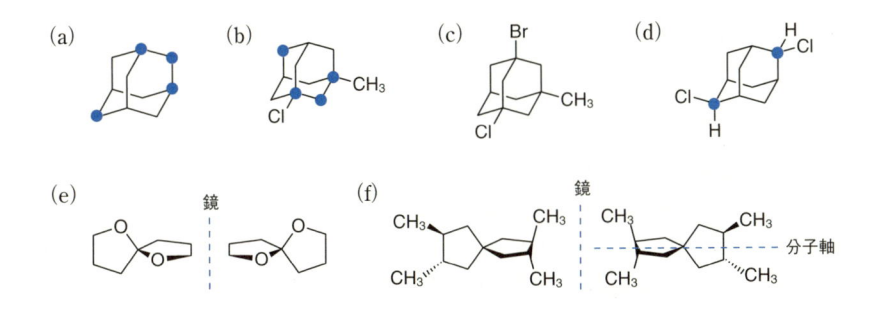

(g) [構造図: 鏡像関係にあるシクロペンタン誘導体]

(h) [構造図: 鏡像関係にあるビフェニル誘導体]

5・3 優先順位は以下のとおりである．(b)では $-CH_2Cl > -CF_3$ に注意しよう．

(a) $-F > -OH > -CH_2OH > -CH_3$

(b) $-Br > -Cl > -CH_2Cl > -CF_3$

(c) $-OC_6H_5 > -OCH_3 > -COCH_3 > -CH_2OCH_3$

5・4 (a) R (b) S (c) S (d) R (e) S

基の順位は下図のようになる．

(a) [構造図] (b) [構造図] (c) [構造図] (d) [構造図] (e) [構造図]

なお(e)の②と③の順位の判断方法は次のようになる．下図に示したC^1, C^2, C^3, C^4の順に両者を比較していく．C^1, C^2, C^3では決まらないが，C^4で左はHが結合しているが，右はレプリカ原子で何も結合していない．したがって左が高順位となる．なおレプリカ原子を青で示してある．

[構造図による比較]

5・5 まず平面構造式を書いてキラル中心に結合する基を確認し，その優先順位を決める．次に指定された立体配置になるように基を配列する．

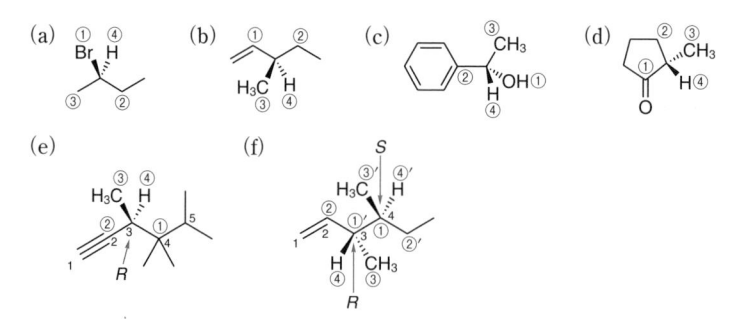

(a) [構造図] (b) [構造図] (c) [構造図] (d) [構造図]

(e) [構造図] (f) [構造図]

5・6 Fischer投影式は，糖質化学の規則に従って炭素鎖を上下におき，カルボン酸，アルデヒドなどの酸化度の高い炭素を上に書くことにしよう．(a)では，二つのフッ素原子をともに右側においても左側においても同一の構造を表している．つまりメソ化合物である．(b)では $-CO_2H > -CH(NH_2)CH_3$，(c)では $-CO_2H > -CH(OH)CH_3$，(d)

では $-CHICH_3 > -CHO$ に注意する.

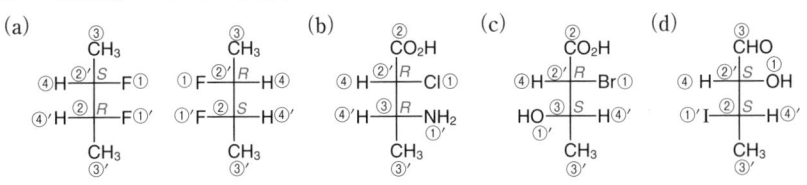

(a) ~ (d) 立体配置を示す Fischer 投影式 (省略)

5・7 (a) ともに *trans*-1,3-ジメチルシクロヘキサンであるが重ね合わせることができないから, 二つの構造は鏡像異性体である.

(b) 左はトランス体, 右はシス体であり, 立体異性体であるが鏡像異性体ではないのでジアステレオマーである.

(c) 左の化合物を紙面に垂直な軸のまわりで回転させると右の化合物になるので, 同一物である.

(d) 左は R,S 体 (メソ化合物), 右は S,S 体であるからジアステレオマーである.

(e) 両方ともメソ体であるから, 同一物である.

(f) 左は R 体, 右は S 体であるから, 鏡像異性体である.

(g) 左は $(2R,3R)$-3-ヒドロキシ-2-メチル-4-ペンテン酸, 右は $2S,3S$ 体であるから, 鏡像異性体である.

(h) 左は $(2R,3R)$-3-アミノ-2-ブタノール, 右は $2S,3R$ 体であるから, ジアステレオマーである.

5・8 二つのメチル基の相対配置によってトランス体とシス体が存在する. トランス体は重ね合わせることのできない実像と鏡像を書くことができ, すなわちキラルである. シス体は実像と鏡像が重なり合うので, アキラルである. したがって3種類の立体異性体が存在する. メチル基の結合した2個の炭素がキラル中心であり, 下図の構造式に記号で示した立体配置をもつ. 分子がキラルであるかどうかは, 鏡像を書いて判断するのが確実であるが, 簡便には対称面の有無を探す. 対称面があればアキラルである. 対称面がなければ多くの場合キラルであるがアキラルな場合もある. 問題のシス体では C^1 と C^2 の中間点および CH_2 を通る対称面をもつので, アキラルである. キラル中心があるにもかかわらずアキラルなので, この分子はメソ化合物である.

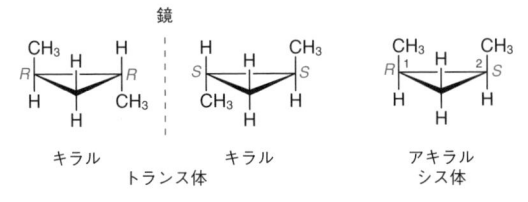

(構造式: トランス体 キラル, シス体 アキラル)

5・9 2-メトキシプロパン酸と2-ブタノールはいずれもキラルであり, 鏡像異性体が存在するので, 生成物は R,R 体, S,S 体, R,S 体, S,R 体の4種類となる.

5・10 (a) 3種類の構造異性体がキラルになりうる. 1,2- および 1,3-ジクロロ体はキラル中心を1個もつ. 2,3-ジクロロ体には2個のキラル中心があり, 2種類のジアステレオマーが存在するが, その一方 2R,3S 体はアキラルである（メソ化合物）.

(b) trans-1,2- および trans-1,3-ジクロロ体がキラルである. それぞれのシス体はメソ化合物であり, アキラルである.

5・11 (a) 8種類のシス-トランス異性体が存在する.

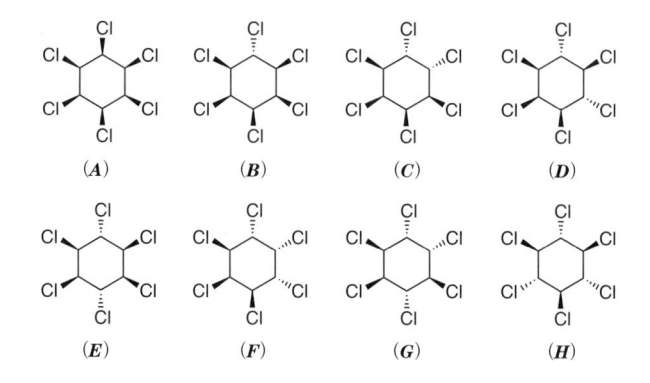

(b) (**G**). (**G**)以外の化合物はすべて(a)で書いた構造式が対称面をもっていることに注目しよう. 構造式が対称面をもっていれば, 実際の分子もアキラルである.

(c) (**A**), (**E**)の二つのいす形配座は同一物である. (**C**)では二つの配座はともにキラルな構造をしており, 互いに鏡像異性体である. しかし環反転による相互変換が室温では非常に速く起こっており, 分離することは不可能なので, 化合物としてはアキラルと

いうことになる．(**G**)ではこの二つの配座はともにキラルであり互いにジアステレオマーである．(**A**)，(**C**)，(**E**)，(**G**)以外の配置異性体では，二つのいす形配座はともにアキラルであり（対称面があることを確認しよう），互いにジアステレオマーである．

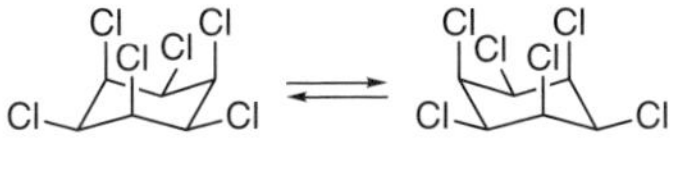

(**A**) 同一物

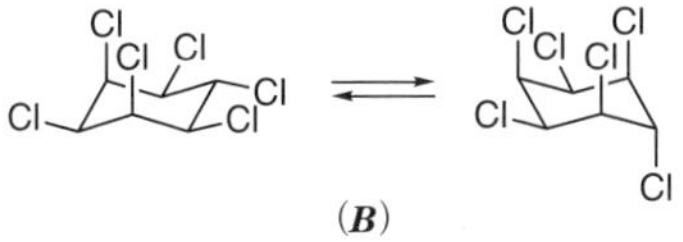

(**B**) ジアステレオマー

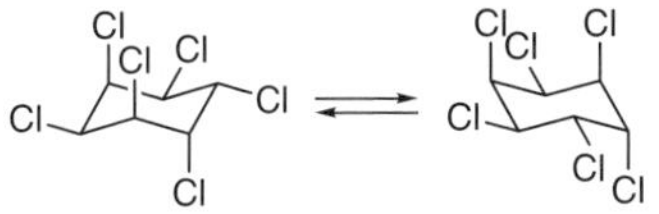

(**C**) 鏡像異性体

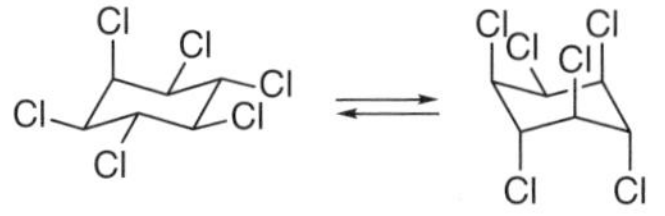

(**D**) ジアステレオマー

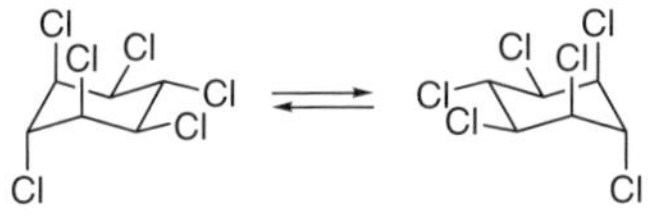

(**E**) 同一物

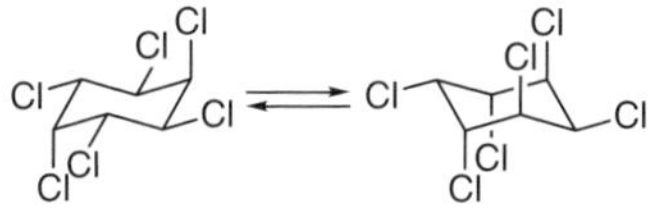

(**F**) ジアステレオマー

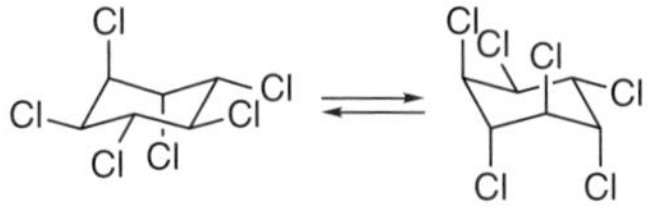

(**G**) ジアステレオマー

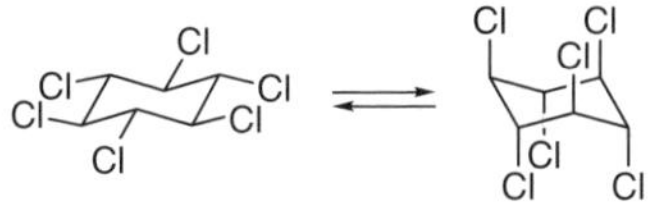

(**H**) ジアステレオマー

5・12 キラル中心を確認し，分子がアキラルになるようにその立体配置を決める．(c)では，二つのヒドロキシ基は互いにシス形であるが，メチル基とヒドロキシ基は互いにシス形の場合とトランス形の場合がある．(a)〜(c)いずれの場合も図示する対称面が存在する．

(a) 対称面

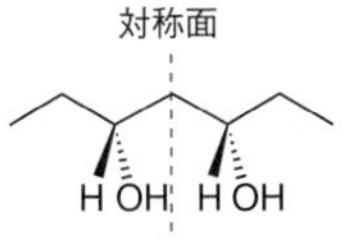

(b) 対称面

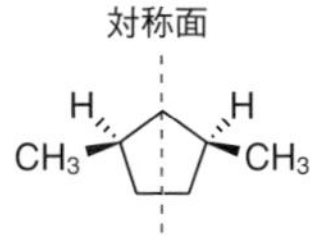

(c) 対称面

5・13 観測される旋光度 α は，比旋光度 $[\alpha]_D$ に試料濃度 c ($g\,mL^{-1}$) と光路長 l (dm) およびエナンチオマー過剰率 ee をかけたものに等しい ($\alpha = [\alpha]_D \times c \times l \times$ ee)．

（a）エナンチオマー過剰率 ee は両鏡像異性体の存在率の差であるから，この試料の

ee は 75％ − 25％ ＝ 50％ ＝ 0.5 で あ り，$[α]_D = +100$，$l = 10$ cm ＝ 1 dm，$c = 0.10$ g mL^{-1} から，$α = +5$ が得られる．

(b) 鏡像異性体の 50：50 の混合物はラセミ体であり ee ＝ 0 であるから，この溶液はどのような濃度においても旋光度を示さない．

5・14 D-リボースの立体構造は次のように示すことができる．また，D-リボースは三つのキラル中心をもつので，立体異性体は D-リボースを含めて合計 $2^3 = 8$ 個存在する．

5・15 塩素の結合した炭素は一見キラル中心にみえるので，ひとまず (**I**)〜(**P**) の 8 個の Fischer 投影式が書ける．二つずつが実像と鏡像の関係にある．

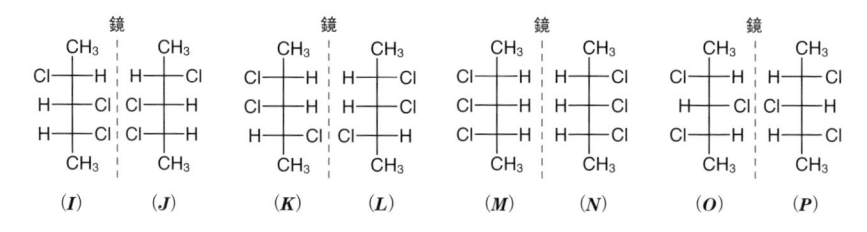

(**I**) と (**J**) は重ね合わせることができないので，鏡像異性体である．(**K**) と (**L**) は紙面内で 180°回転させると，それぞれ (**I**)，(**J**) と同一物であることがわかる．(**M**) と (**N**)，(**O**) と (**P**) はそれぞれ一方を紙面内で 180°回転させると他方と一致するので，アキラルなメソ体であることがわかる．つまりこの化合物には，4 種類の立体異性体，すなわち 1 対の鏡像異性体と 2 個のメソ体が存在する．(**I**)，(**J**) の 3 位の炭素はキラル中心ではなく（この炭素には同一立体配置の −CHClCH₃ 基が 2 個結合している），またステレオジェン中心でもない．(**I**) の 3 位の H と Cl を入替えると (**K**) になるが，これは (**I**) と同じものである）．(**M**)，(**O**) の 3 位の炭素はステレオジェン中心である〔(**M**) の 3 位の H と Cl を入替えると別の立体異性体 (**O**) になる〕．しかし，Cl，(*R*)-CHClCH₃，(*S*)-CHClCH₃，H の 4 個の異なる基が結合しているにもかかわらずキラル中心ではない〔キラル中心の立体配置は実像と鏡像で逆でなければならないが，(**M**) と (**N**) あるいは (**O**) と (**P**) の 3 位の立体配置は同じである〕．このような炭素を擬似不斉中心とよぶ．その立体配置は (**M**) と (**O**) で異なるので，小文字の *r*，*s* で表示して区別する．"同一組成の基では *R* 配置が *S* 配置より優先する"という規則を適用すると，(**M**) の 3 位の立体配置は *S* となるので，*s* と表示する．同様にして (**O**) の 3 位は *r* となる．すべての立体異性体のキラル中心および擬似不斉中心の立体配置は次のようになる．

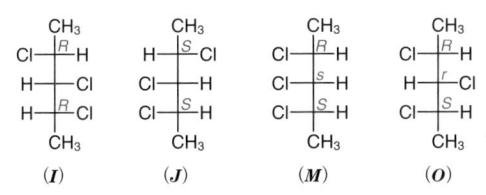

演習問題解答: 6章　221

(省略: Fischer投影式 (I), (J), (M), (O))

5·16 *erythro*-(エリトロ) と *threo*-(トレオ) は，エリトロースとトレオースという糖の命名法に基づく接頭語であり，Fischer投影式を書いたときに二つのヒドロキシ基が同じ側にあるものをエリトロ体，反対側にあるものをトレオ体とよぶ．(a), (d)はキラル炭素をもたないのでアキラルである．(b), (c)はいずれもキラル炭素をもち，(c)はキラルであるが，(b)はメソ体でありアキラルである．(e)はキラル中心は存在しないが，軸性キラリティーをもつ．

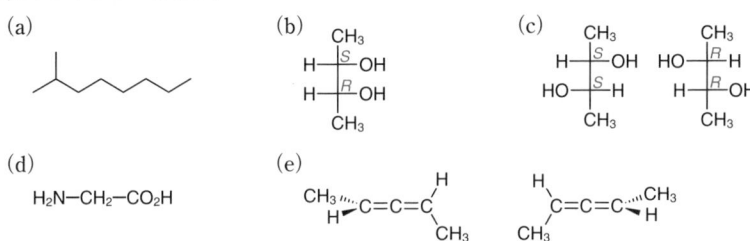

(a), (b), (c), (d), (e) の構造式省略

6章　ハロゲン化アルキル

6·1 (a) 1-fluoro-2-methylpropane (1-フルオロ-2-メチルプロパン), isobutyl fluoride (フッ化イソブチル)

(b) 1-iodo-2,2-dimethylpropane (1-ヨード-2,2-ジメチルプロパン), neopentyl iodide (ヨウ化ネオペンチル)

(c) 4-bromo-1,1-dichloro-3-iodocyclohexane (4-ブロモ-1,1-ジクロロ-3-ヨードシクロヘキサン)

(d) 1,1-dichloroethene (1,1-ジクロロエテン), 1,1-dichloroethylene (1,1-ジクロロエチレン), vinylidene dichloride (二塩化ビニリデン)

(e) 1-bromo-5-chloro-2-methylheptane (1-ブロモ-5-クロロ-2-メチルヘプタン)

6·2

(a) $CH_3CH_2CH_2SH$　(b) $CH_3CH_2CH_2N(CH_2CH_3)_2$ + $(CH_3CH_2)_2\overset{+}{N}H_2$ I^-

(c) $(CH_3)_2CHN_3$　(d) $(CH_3)_2C=CH_2$　(e) $(CH_3)_3COH$

(f) $(CH_3)_2C=CH_2$　(g) ピリジニウム-CH_2CH_3 I^-　(h) シクロペンタン環に CH_3 と CN

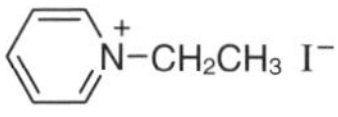

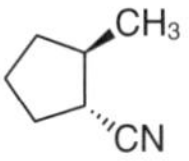

(i) 〔テトラヒドロフラン環構造〕　(j) CH₃CH₂CH₂NH₂　(k) CH₃I + H₃C─〔ベンゼン環〕─SO₃K

(a)～(c)はS_N2機構による置換反応．(d)はE2機構．(e)はS_N1機構．(f)はE1機構が優先する．(g)は(b)と同様のS_N2機構．(h)はS_N2機構なので立体配置の反転が起こる．(i)は塩基によりアルコールがアルコキシドとなり，分子内S_N2機構で環化する．(j)と(k)はともにS_N2機構．

6・3 (a) CH₃CH₂CH₂CH₂Br．まず1-ブタノールへのプロトン化が起こりオキソニウムイオンが生成する．これに対して優れた求核試薬であるBr^-がS_N2機構で置換する．

(b) 起こらない．(a)と同様にオキソニウムイオンが生成するがCl^-が求核試薬として劣っているので，S_N2反応はきわめて遅い．1-ブタノールから1-クロロブタンを得るには，濃塩酸に塩化亜鉛（Lewis酸）を加えて，数時間加熱する必要がある．

(c) (CH₃)₂CHBr．S_N2反応が起こる．

(d) (CH₃)₃CCl．第三級オキソニウムイオンが生成し，H_2Oが脱離してカルボカチオンを生成し，これにCl^-が求核付加する（S_N1反応）．

(e) (CH₃)₃CI．(d)と同様のS_N1反応．

(f) (CH₃)₂C=CH₂．第三級カルボカチオンが生成するが，HSO_4^-の求核性が低いのでE1反応が優先して起こる．

(g) (CH₃)₂CBrCH₂CH₃．オキソニウムイオンからのH_2Oの脱離で第二級カルボカチオンが生成するが，隣接位の水素の移動によってより安定な第三級カルボカチオンに転位する（1,2-ヒドリドシフト；例題4・8参照）．これにBr^-が付加する．

〔反応機構図：OH → H⁺ → ⁺OH₂ → −H₂O → カルボカチオン＋H → カルボカチオン → Br⁻ → Br〕

(h) (CH₃)₂CBrCH₂CH₃．第一級オキソニウムイオンができるが，第一級カルボカチオンはきわめて不安定なため生成せず，H_2Oの脱離と同時に隣接するメチル基が転位して第三級カルボカチオンを与える（例題4・8参照）．これにBr^-が付加する．

〔反応機構図：OH → H⁺ → ⁺OH₂ → −H₂O → カルボカチオン → Br⁻ → Br〕

6・4 (a) 第一級アルコールから臭化物を合成するには，三臭化リンを用いる．

〔反応式：～OH → PBr₃ → ～Br〕

(b) 第三級アルコールから塩化物や臭化物を合成する場合は，ハロゲン化水素を用いる．

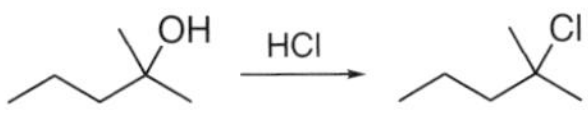

(c) E2反応がS_N2反応より優先する強塩基性条件を用いる．エタノール中でナトリウムエトキシド，またはメタノール中でナトリウムメトキシドを反応させる．より多置換のZaitsev型アルケンが得られる．

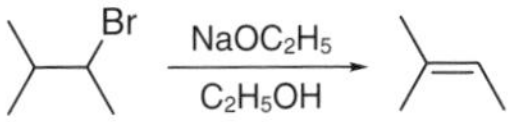

(d) シアン化物イオンによるS_N2反応を行う．

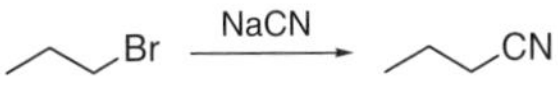

(e) 塩化物をGrignard試薬に変えた後H_2Oで処理する．

(f) 出発物質のアルケンに直接HClを反応させたのでは，目的物は得られない．まずヒドロホウ素化反応で逆Markovnikov型のアルコールとした後，$SOCl_2$で塩化物に変える．

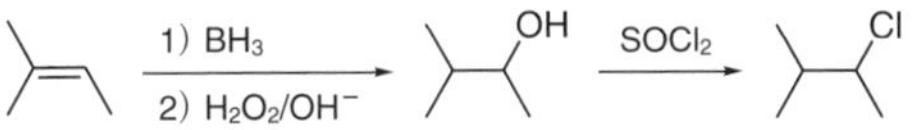

6·5 (a) ラジカル連鎖反応によってベンジル位が塩素化され塩化ベンジルを与える．光によって塩素分子から塩素原子が生成し，これがトルエンのメチル基から水素を引抜き，共鳴安定化したベンジルラジカルを生成する．ベンジルラジカルは塩素分子と反応して塩化ベンジルと塩素原子を生成する．塩素原子は連鎖伝搬ラジカルとして連鎖反応を進行させる（2章，p.19参照）．

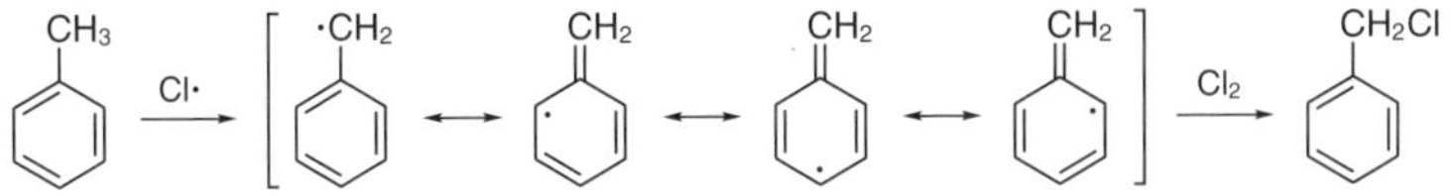

ベンゼン環の水素が引抜かれて生成するアリールラジカルは共鳴安定化を受けず不安定である．したがってベンゼン環の水素が引抜かれる反応は起こらない．

(b) 芳香族求電子置換反応が起こり，o- およびp-クロロトルエンを生成する（4章）．Cl_2と$FeCl_3$からCl^+が生成し，これがベンゼン環のオルト位あるいはパラ位に求電子的に付加してカルボカチオン中間体を生成する．これからプロトンが脱離して生成物を

与える.

$$\text{トルエン} \xrightarrow{Cl_2/FeCl_3} \text{o-クロロトルエン} + \text{p-クロロトルエン}$$

6・6 塩化 t-ブチルおよび臭化 t-ブチルをエタノール中で加熱すると，ともに t-ブチルカチオンを生じる．この t-ブチルカチオンは溶媒であるエタノールと反応して，t-ブチルエチルエーテルと 2-メチルプロペンを生成する．反応の速度を決めるのはカルボカチオンが生成する段階であるが，生成物の組成を決めるのはカルボカチオンがさらに反応する段階であるから，出発物質に塩化 t-ブチルおよび臭化 t-ブチルのいずれを用いても同じ組成の生成物が得られる.

$$(CH_3)_3C\text{-}Cl \xrightarrow{-Cl^-} (CH_3)_3C^+ \xrightarrow{CH_3CH_2OH} (CH_3)_3C\text{-}OCH_2CH_3 + CH_2=C(CH_3)_2$$
$$(CH_3)_3C\text{-}Br \xrightarrow{-Br^-}$$

6・7 (S)-2-ヨードヘキサンのアセトン溶液に NaI を加えて反応させると，ヨウ化物イオンとの S_N2 反応によって立体配置が反転した (R)-2-ヨードヘキサンが生成する．生成した R 体も I^- との反応で再度反転を起こす．これが繰返される結果，2-ヨードヘキサンのエナンチオマー過剰率は低下していき，最終的にラセミ体となる.

$$(S)\text{-2-ヨードヘキサン} \xrightarrow[\text{S}_N2 \text{ 反応}]{\text{NaI}/\text{アセトン}} (R)\text{-2-ヨードヘキサン}$$

6・8 (a) 2-ブロモペンタンにエーテル中で Mg を反応させると，Grignard 試薬 (**1**) を生成する．この Grignard 試薬は，水によってペンタンに変わるから，重水を用いると 2 位が重水素化された (**2**) を生じる.

$$\text{2-ブロモペンタン} \xrightarrow{Mg/\text{エーテル}} (\mathbf{1}) \xrightarrow{D_2O} (\mathbf{2})$$

(b) 1-フェニル-2-プロパノールの p-トルエンスルホン酸エステルにアセトン中で酢酸カリウムを反応させると，S_N2 反応と E2 反応が起こり，立体配置の反転した酢酸エステル (**3**) と脱離生成物であるアルケン (**4**) が得られる．(**3**) を KOH/H_2O で処理すると

エステルの加水分解が起こって，アルコール(**5**)が得られる．

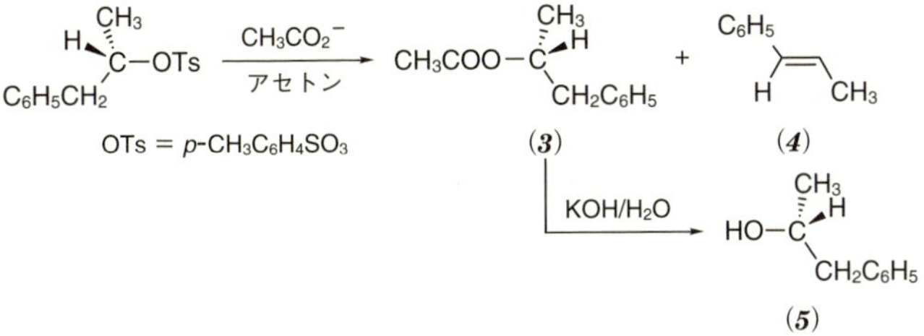

6・9 (a) (**6**)〜(**9**)の生成機構はそれぞれ S_N2, E2, S_N2, S_N1 である．

(b) 臭化ネオペンチルの α 炭素には t-ブチル基が結合しており，求核試薬の背面攻撃が立体障害によって妨げられているため S_N2 反応は起こらない．また β 水素が存在しないため脱離反応も起こらない．

(c) 通常，カルボカチオンは平面 sp^2 構造をとるが，化合物(**10**)はビシクロ骨格をもつので，橋頭位はイオン化しても sp^2 構造をとることができず，カルボカチオンが容易には生成しない．したがって(**10**)は S_N1 反応を起こさない．また，求核試薬の背面攻撃ができない構造をしているために S_N2 反応も起こらない．

6・10 アルキル基が第二級であること，トシルオキシ基 OTs が優れた脱離基であること，PhS^- が優れた求核試薬であることから，S_N2 反応が起こる．したがって反応によって立体配置が反転し，(**11**)からはトランス体のスルフィド(**A**)が，(**12**)からはシス体の(**B**)ができる．(**11**), (**12**)ともに t-ブチル基がエクアトリアル位を占めるいす形配座で存在するので，(**11**)ではトシルオキシ基がアキシアル位，(**12**)ではエクアトリアル位にある．これらの配座で PhS^- がトシルオキシ基の背面から接近する際，(**12**)では 3, 5 位のアキシアル水素が立体障害を及ぼすので，反応は(**11**)のほうが速く起こる．

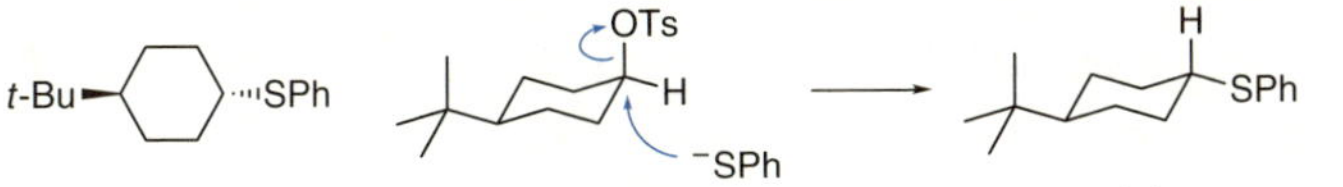

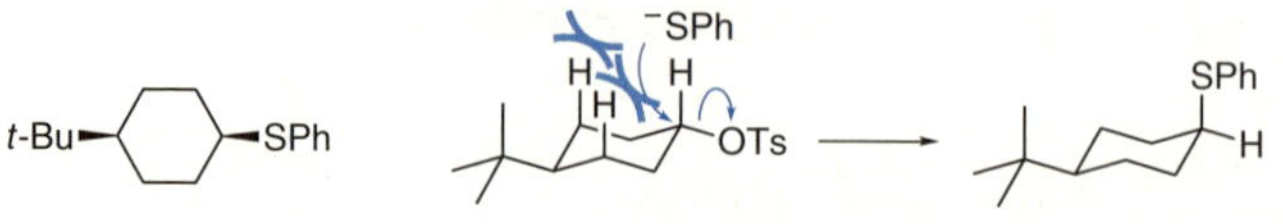

(B)　　　　　　　　(12)　　　　　　　　(B)

6・11 いずれも E2 機構による HBr の脱離が起こるので，脱離する H と Br がアンチペリプラナーになる配座を考える．

(a) 問題にある配座(**C**)を，C–C 結合を回転して，脱離する Br と H とがアンチペリプラナーになった配座(**D**)に変える．この配座から HBr を脱離すると，(*E*)-3-メチル-2-ペンテン(**E**)が得られる．

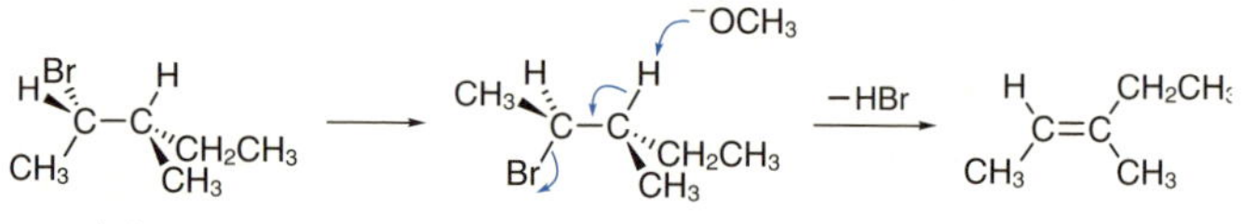

(**C**)　　　　　　　(**D**)　　　　　　　(**E**)

(b) 2種類のいす形配座(**F**)，(**G**)があるが，Br に対してアンチペリプラナーになる H は図の青色の H だけである．したがって生成するのは図に示す(*R*)-1-メチル-3-トリジュウテリオメチルシクロヘキセン(**H**)である．

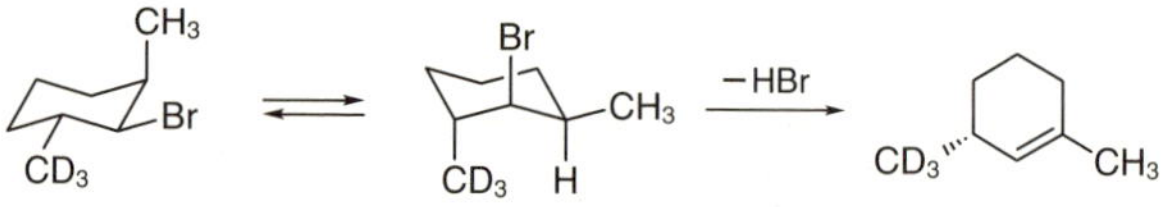

(**F**)　　　　　　　(**G**)　　　　　　　(**H**)

7 章　アルコール，フェノール，エーテルおよびその硫黄類縁体

7・1 (a) 1-chloro-3-pentanol（1-クロロ-3-ペンタノール）

(b) 2-cyclohexenol（2-シクロヘキセノール）

(c) phenylmethanol（フェニルメタノール），benzyl alcohol（ベンジルアルコール）

(d) 4-cyclopentene-1,3-diol（4-シクロペンテン-1,3-ジオール）

(e) bis(2-chloroethyl) ether〔ビス(2-クロロエチル)エーテル〕

(f) diphenyl ether（ジフェニルエーテル）

(g) 4-ethoxy-1-methoxy-2-butanol（4-エトキシ-1-メトキシ-2-ブタノール）

(h) 1-cyclohexenyl methyl ether（1-シクロヘキセニルメチルエーテル），あるいは 1-methoxycyclohexene（1-メトキシシクロヘキセン）としてもよい．

(i) 4-methylcyclohexene oxide（4-メチルシクロヘキセンオキシド），1,2-epoxy-4-

methylcyclohexane(1,2-エポキシ-4-メチルシクロヘキサン)

7・2

(a) 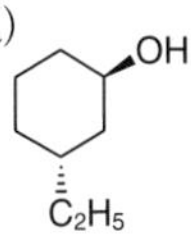 trans-2-エチルシクロヘキサン-1-オール構造 (b) 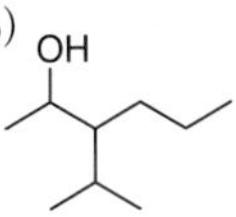 3-メチルヘキサン-2-オール構造 (c) 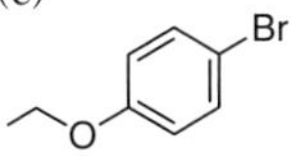 1-ブロモ-4-エトキシベンゼン (d) 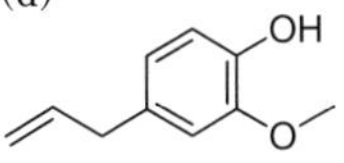 4-アリル-2-メトキシフェノール (e) 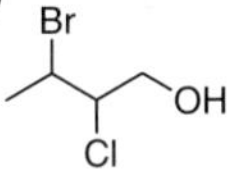 3-ブロモ-2-クロロブタン-1-オール

7・3

(a) 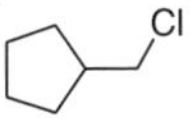 クロロメチルシクロペンタン (b) 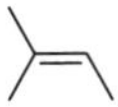 2-メチル-2-ブテン (c) 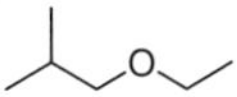 イソブチルエチルエーテル (d) 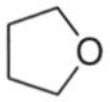 テトラヒドロフラン (e) 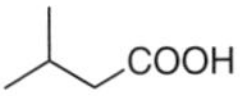 3-メチルブタン酸 (f) 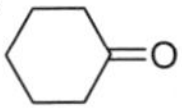 シクロヘキサノン (g) 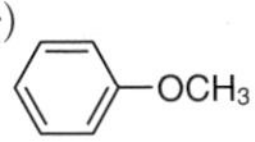 メトキシベンゼン (h) 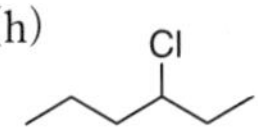 3-クロロヘキサン

(a)は第一級アルコールの塩素化.(b)は脱水反応.二重結合に結合する置換基がより多いアルケンが優先的に生成する(Zaitsev則).(c)はアルコールが金属ナトリウムとの反応でアルコキシドイオンとなり,ハロゲン化アルキルと S_N2 反応を起こしてエーテルを与える(Williamsonエーテル合成).(d)はアルコールが水素化ナトリウムによりアルコキシドとなり分子内で環化し環状エーテルを与える(生成する環の員数が5〜7のときに起こりやすい).(e)は第一級アルコールが酸化されてカルボン酸となる.(f)は第二級アルコールが酸化されてケトンとなる.(g)はフェノキシドイオンが硫酸ジメチルと反応しメチルエーテルを与える.硫酸ジメチルは硫酸メチルイオン $CH_3OSO_3^-$ が脱離基として働く優れた求電子試薬であり,メチル化試薬として頻用される.(h)で CCl_4-Ph_3P はアルコールの塩素化試薬としてよく用いられる.

7・4

(a) 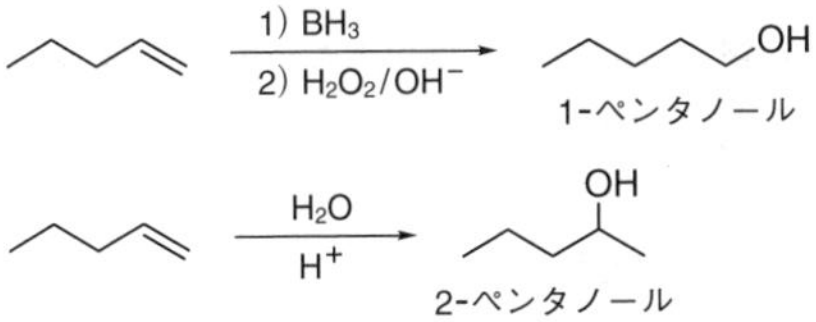 1-ペンテン → (1) BH₃ (2) H₂O₂/OH⁻ → 1-ペンタノール

1-ペンテン → H₂O / H⁺ → 2-ペンタノール

(b) 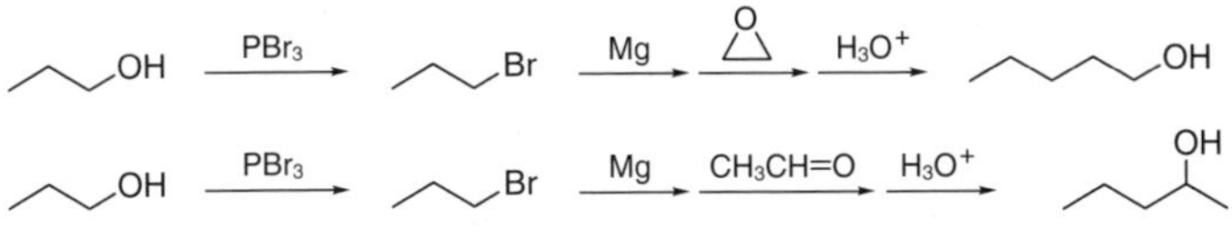 プロパノール → PBr₃ → プロピルブロミド → Mg → エポキシド → H₃O⁺ → ペンタノール

プロパノール → PBr₃ → プロピルブロミド → Mg → CH₃CH=O → H₃O⁺ → 2-ペンタノール

(c) 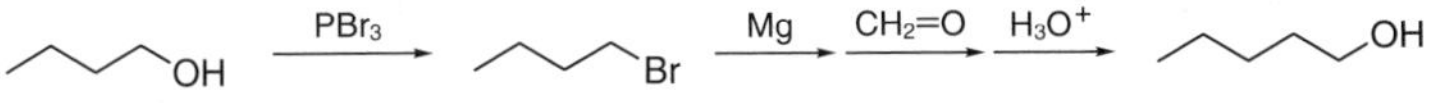 ブタノール → PBr₃ → ブチルブロミド → Mg → CH₂=O → H₃O⁺ → ペンタノール

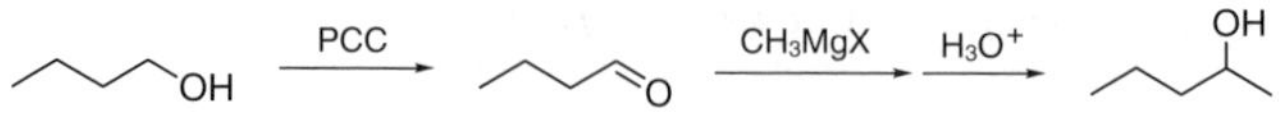

7・5 (a) シクロヘキセンの過マンガン酸カリウムによる酸化で立体選択的に *cis*-1,2-ジオールが得られる．四酸化オスミウムを用いることもできる．

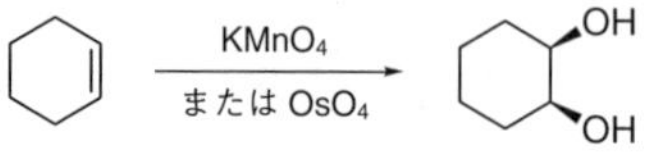

(b) シクロヘキセンから *trans*-1,2-シクロヘキサンジオールを得るには，1,2-エポキシシクロヘキサンとしたのち酸触媒下に水と反応させて開環すればよい．エポキシドは *m*-クロロ過安息香酸（*m*CPBA）による酸化，あるいはいったんハロヒドリンとしたのち塩基による環化によって得られる．

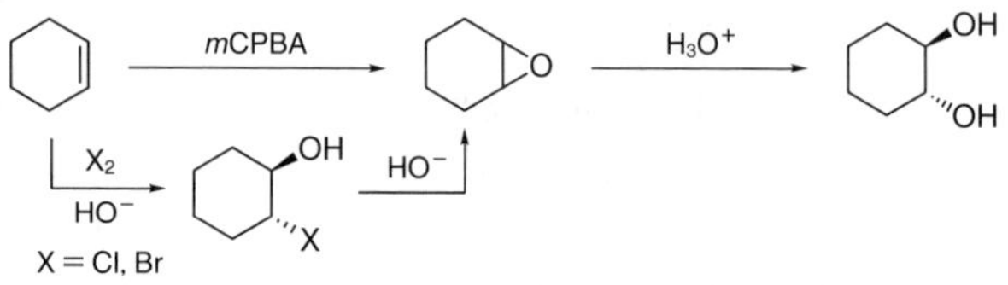

(c) シクロヘキセンをまずシクロヘキサノールとし，酸化してシクロヘキサノンに変換し，メチル Grignard 試薬で第三級アルコールとした後，脱水して 1-メチルシクロヘキセンとする．シクロヘキサノールへの変換は，酸触媒による水和反応のほかヒドロホウ素化-酸化あるいはオキシ水銀化-脱水銀化を用いることもできる．

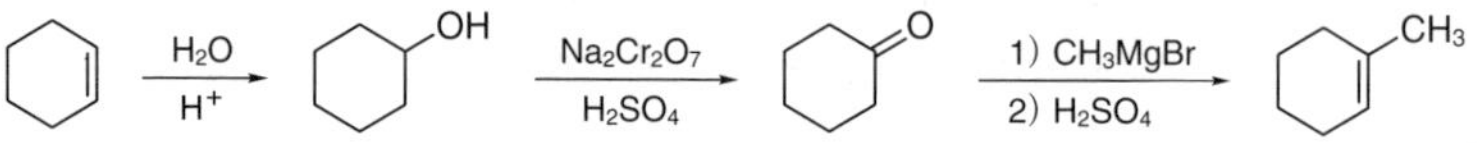

(d) シクロヘキセンをシクロヘキサンに変換する最も簡単な方法は，金属触媒存在下での水素化（接触水素化）である．少し経路は長いが，ブロモシクロヘキサンとそれから調製される Grignard 試薬を経る経路も考えられる．

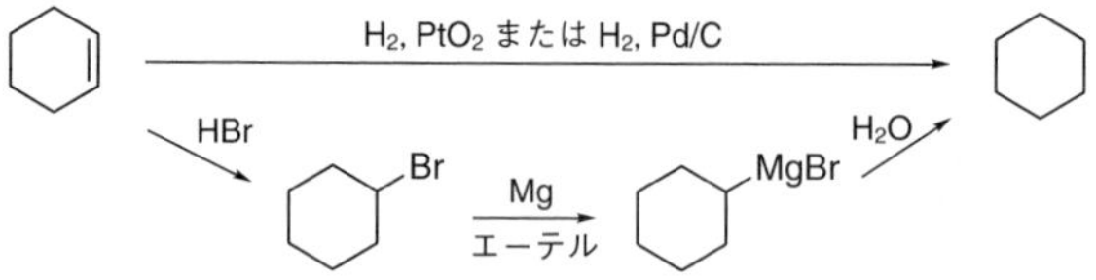

7・6 (a) フェノールに臭素を作用させると，ベンゼン環の求電子置換反応が起こる．臭素が 1 当量の場合は，オルト位およびパラ位で反応した生成物が得られるが，*p*-ブロモフェノールが主生成物となる．

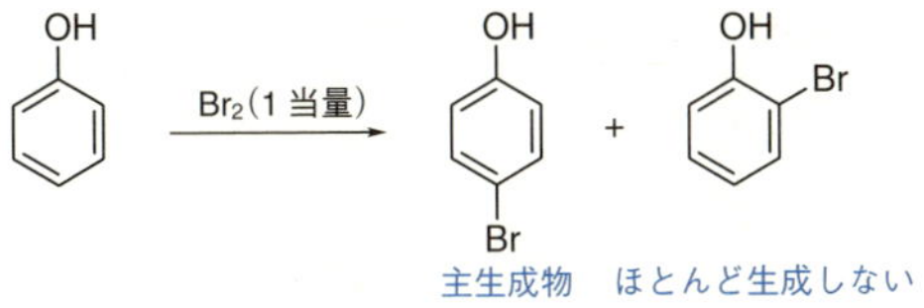

[フェノール + Br₂(1当量) → 4-ブロモフェノール（主生成物） + 2-ブロモフェノール（ほとんど生成しない）]

(b) フェノールのベンゼン環は求電子置換反応に対して強く活性化されているので，3当量の臭素を作用させると，可能な反応位置すべてが臭素化された2,4,6-トリブロモフェノールが得られる．

[フェノール + Br₂(3当量) → 2,4,6-トリブロモフェノール]

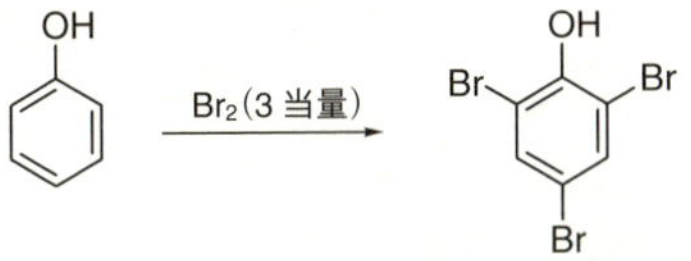

(c) フェノールにNaOHを作用させるとナトリウムフェノキシドが生成し，ヨウ化メチルとの反応でメトキシベンゼン（アニソール）が生成する．

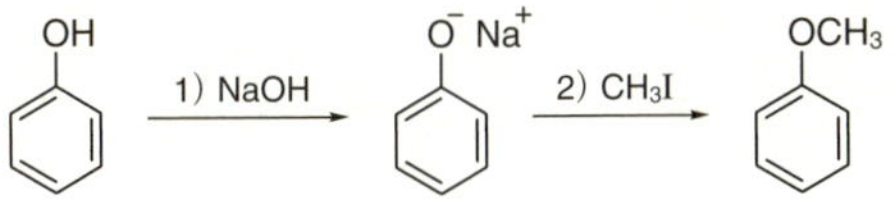

[フェノール → 1) NaOH → フェノキシドナトリウム塩 → 2) CH₃I → アニソール]

(d) (b)と同じ理由で，希硝酸とも容易に反応してo-ニトロフェノールおよびp-ニトロフェノールが得られる．この場合，両者の生成比は約1:1である．

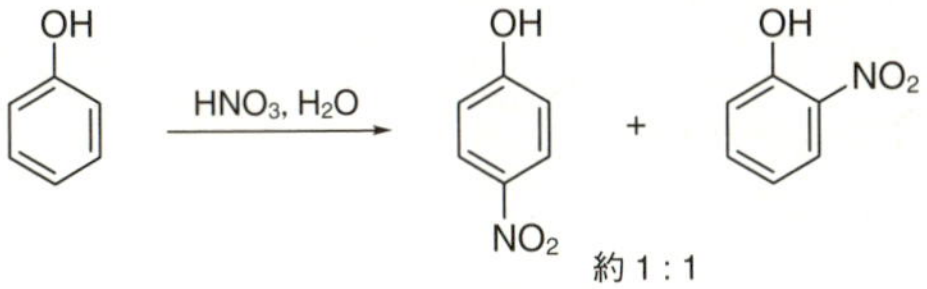

[フェノール + HNO₃, H₂O → 4-ニトロフェノール + 2-ニトロフェノール，約1:1]

7・7 (a) 第一級ハロゲン化物なので，S_N2反応が起こりエーテルが生成する．

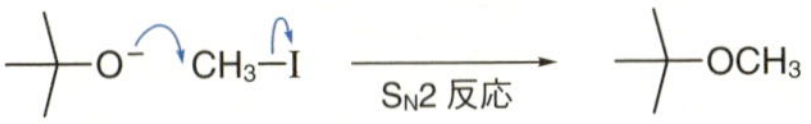

[(CH₃)₃C–O⁻ + CH₃–I → S_N2反応 → (CH₃)₃C–OCH₃]

(b) 第三級ハロゲン化物なのでS_N2反応は起こりえず，E2反応が起こる．

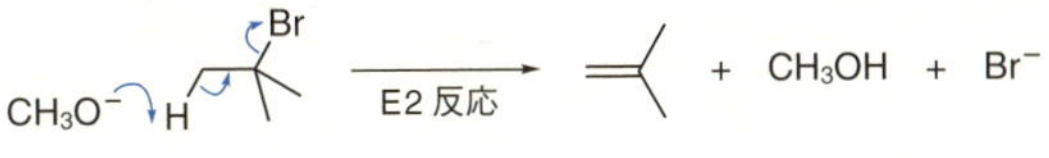

[CH₃O⁻ + (CH₃)₂C(Br)CH₃ → E2反応 → (CH₃)₂C=CH₂ + CH₃OH + Br⁻]

(c) プロトン化して生成するオキソニウムイオンから水が脱離して第二級カルボカチオンができるが，ヒドリドシフトによってより安定な第三級カルボカチオンへ転位する．これにエタノールが付加したのち脱プロトンを起こして，1-エトキシ-1-メチルシクロペンタンが得られる．

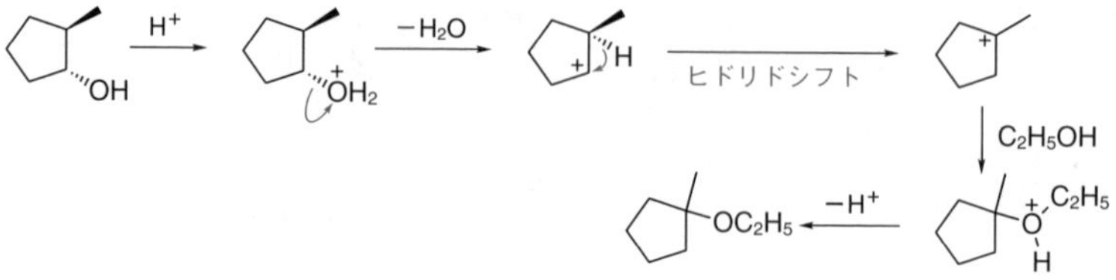

(d) プロトン化により生成したオキソニウムイオンに対して臭化物イオンがより立体障害の少ない第一級炭素上で置換反応を起こす．

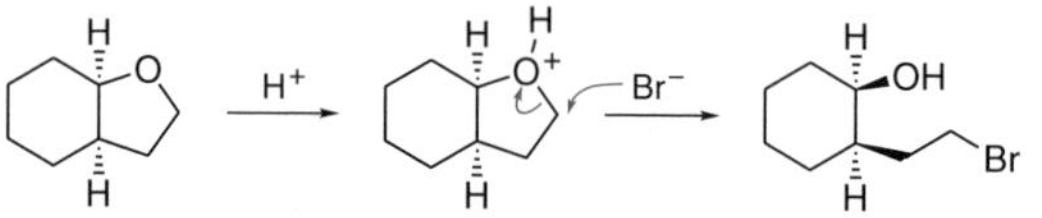

(e) 4員環はひずみをもつので，オキソニウムイオンはより安定な第三級カルボカチオンができるように C–O 結合の開裂を起こし開環する．

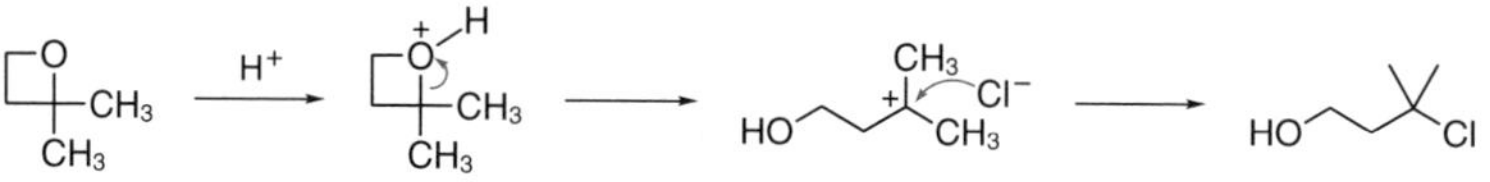

(f) D$^-$ による S$_N$2 反応と考えればよいので，重水素は置換基の少ない3員環炭素の酸素とトランスの位置に導入される．

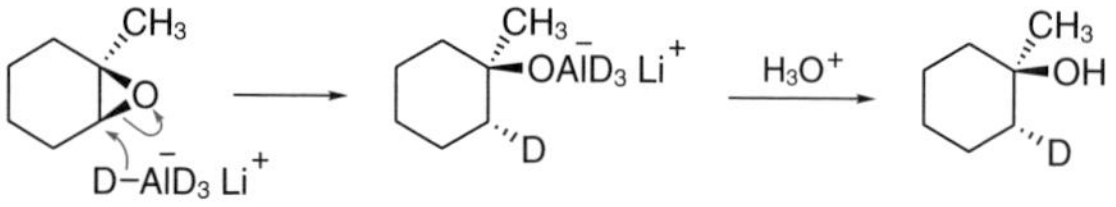

7・8

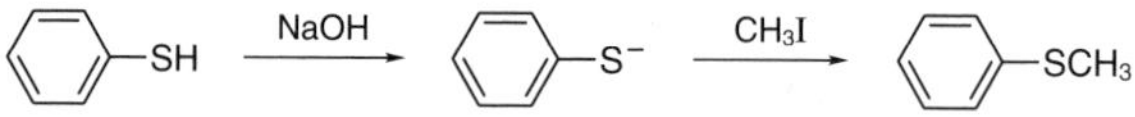

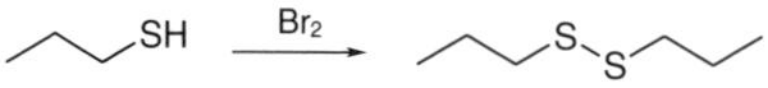

(a)は酸化剤として Fremy 塩(フレミー)（KOSO$_2$)$_2$NO が用いられることもある．(d)は臭素が酸化剤として働いている．ヨウ素 I$_2$ でもよい．

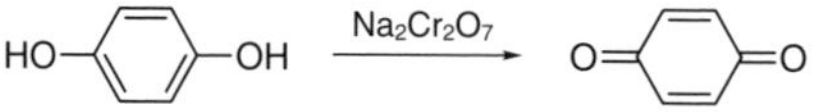

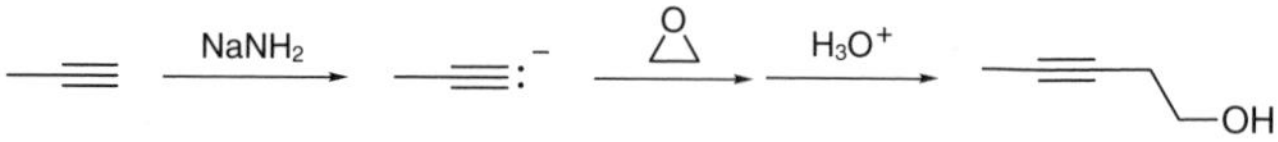

7・9 (a) 下段の反応では生成物の立体配置が反転しているのに対して，上段の反応で

は保持されており，これは反転が2回起こるためと考えられる．上下段とも2段階目は同じ試薬が使われており，生成物がヨウ化物であるから，試薬(**2**)はヨウ化物イオンを与える試薬（KI，NaI など）であり，この段階は S_N2 反応で反転が起こる．また基質がアルコールであるから，まず OH を優れた脱離基に変換しなければならない．つまり中間体(**4**)，(**5**)は優れた脱離基をもつ化合物であり，(**4**)では立体配置が反転しており，(**5**)では保持されていると考えることができる．これらの条件をみたす試薬として，(**1**)は反転した塩化物を与える塩化チオニル-ピリジン SOCl₂/Py，(**3**)はキラル中心を反応に関与させずに強力な脱離基に変換する塩化 p-トルエンスルホニル-ピリジン TsCl/Py が考えられる．したがって(**4**)は立体反転した塩化物，(**5**)は立体保持のトシラートである．

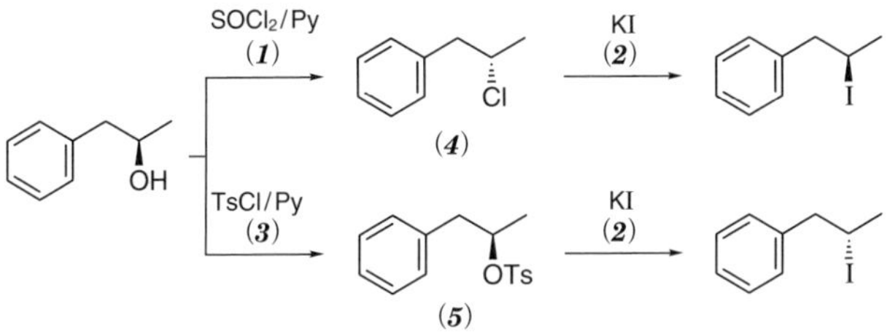

(b) 非対称アルケンへの付加では，少置換炭素には求電子的に，多置換炭素には求核的に置換基が導入される．これを踏まえると，上段の反応では Br を求電子的に，OH を求核的に導入すればよく，そのためには水中で臭素を反応させればよい．まずブロモニウムイオン中間体が生成し，これの多置換炭素に H_2O が付加したのち脱プロトンによって目的とする生成物が得られる．下段の反応では，位置選択性が逆になっており，まず酸素を導入した後に，Br を求核的に（すなわち Br⁻ の反応で）導入すればよい．つまりエポキシドの生成とその酸性条件下での開環反応によって置換位置の異なるブロモヒドリンが得られる．したがって(**7**)は m-クロロ過安息香酸(mCPBA)，(**8**)は HBr であり，中間生成物(**9**)はエポキシドである．

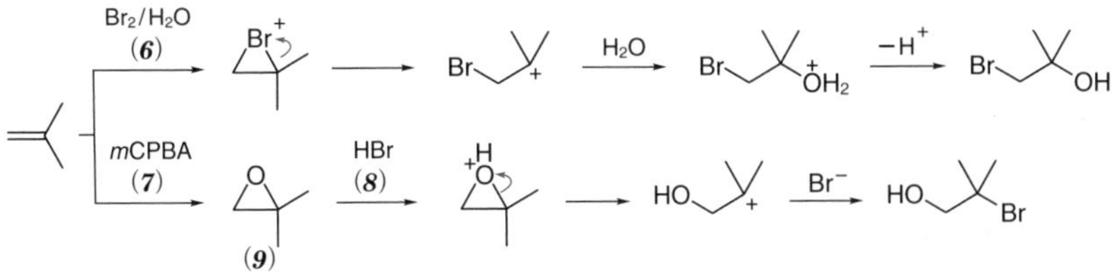

7・10 いずれもブロモヒドリンからの塩基によるエポキシド生成である．(1)式では出発物質は図のような配座をとり，OH，Br ともにエクアトリアル位にある．アルコキシドイオンが脱離する Br の背後から攻撃しメチル基に対してシスのエポキシド(**10**)を

生成するが，反応は遅い．(2)式では OH, Br ともにアキシアル位にあり，アルコキシドと Br とがアンチペリプラナーの配座で反応を起こすことができる．したがって反応は速く起こり，メチル基とエポキシドがトランスになった生成物(**11**)を与える．

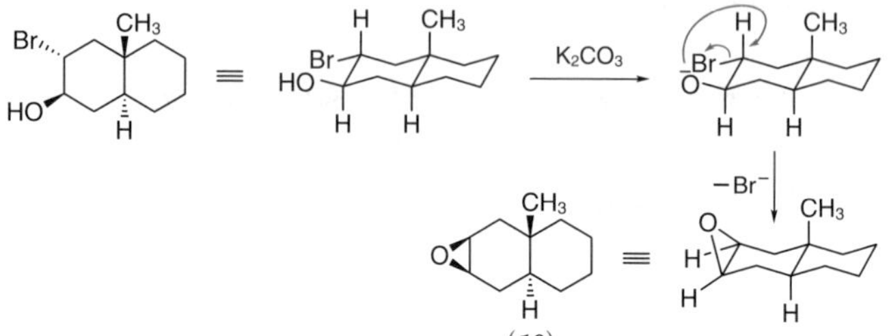

7・11 塩基性条件ではメトキシドイオンの S_N2 反応が起こる．すなわちより立体障害の少ない第一級炭素への求核攻撃が優先し，(**14**)を多く与える．一方，酸性条件では，まずエポキシド酸素のプロトン化が起こる．生成したオキソニウムイオンはより安定なカルボカチオン（この場合はベンジルカチオン）ができる方向に C–O 結合の開裂を起こす．生成したカルボカチオンに CH_3OH が付加した後，脱プロトンが起こり(**13**)を優先的に与える．

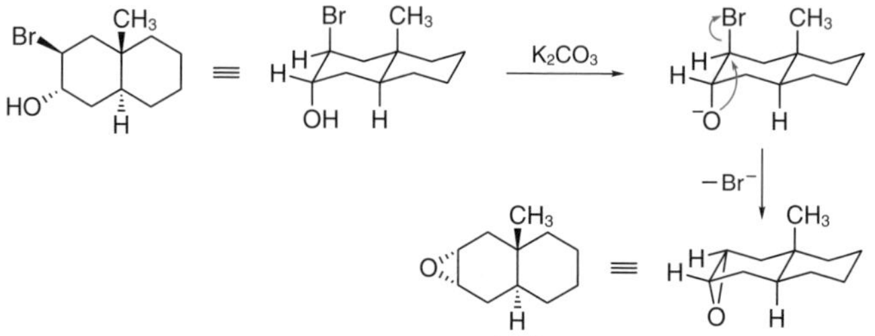

8 章　アルデヒドとケトン

8・1 (a) 5-hydroxyheptanal（5-ヒドロキシヘプタナール）

(b) 4-methyl-1-cyclohexenecarbaldehyde（4-メチル-1-シクロヘキセンカルバルデヒド）

(c) 2-nitrobenzaldehyde（2-ニトロベンズアルデヒド）

(d) 4-methyl-2,3,5-hexanetrione（4-メチル-2,3,5-ヘキサントリオン）

(e) 3-bromocyclopentanone（3-ブロモシクロペンタノン）

(f) 4-cyclohexene-1,3-dione（4-シクロヘキセン-1,3-ジオン）
(g) 3-aminoacetophenone（3-アミノアセトフェノン）
(h) 7-methyl-6-octen-4-one（7-メチル-6-オクテン-4-オン）

8・2

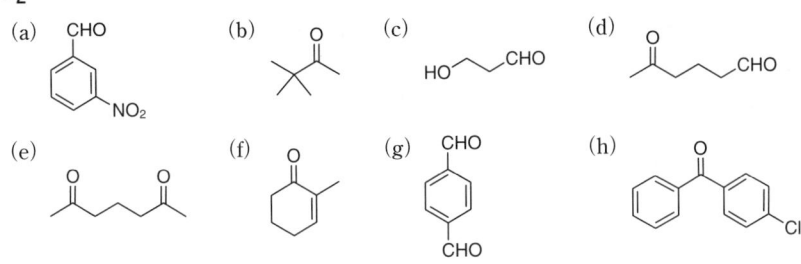

(a), (b), (c), (d), (e), (f), (g), (h)

8・3 (a) アルキンの水和．末端アルキンはメチルケトンを生成．

(b) 四酸化オスミウムによる1,2-ジオールへの酸化と，それにつづく過ヨウ素酸による1,2-ジオールの酸化的開裂．

(c) 電子供与基をもつ芳香族化合物のホルミル化（Vilsmeier ビルスマイヤー 反応）．N,N-ジメチルホルムアミド（DMF）とオキシ塩化リンから生成したイミニウムイオンが芳香環を求電子攻撃する．

(d) 有機リチウム試薬とDMFとの反応によるホルミル化．Grignard 試薬も同様に反応する．

(e) 酸塩化物からアルデヒドの合成．この変換は Pd/BaSO$_4$ 触媒を用いる水素化 (Rosenmund 還元) による方法もある．

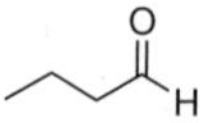

[構造式: プロパナール CH$_3$CH$_2$CH$_2$CHO]

(f) クロロホルムとアルカリを用いた芳香族化合物のホルミル化（Reimer-Tiemann 反応）．塩基との反応によって CHCl$_3$ からジクロロカルベン :CCl$_2$ が生成し，これがフェノキシドイオンと反応する．オルト位での反応が優先して起こる．

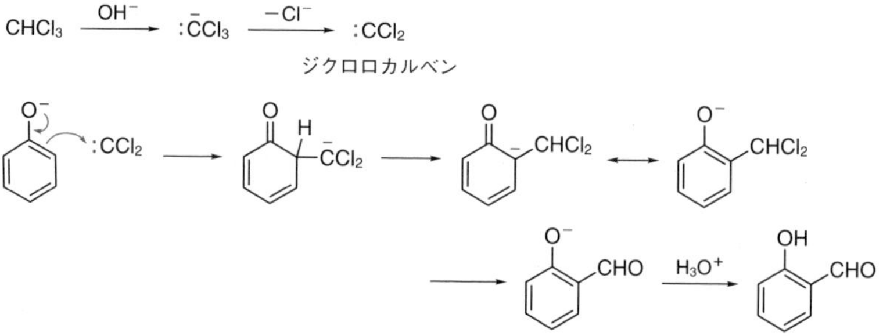

$$CHCl_3 \xrightarrow{OH^-} :\bar{C}Cl_3 \xrightarrow{-Cl^-} :CCl_2 \text{ (ジクロロカルベン)}$$

[反応機構図: フェノキシドイオン + :CCl$_2$ → シクロヘキサジエノン中間体 → 共鳴構造 → サリチルアルデヒドアニオン → H$_3$O$^+$ → サリチルアルデヒド]

8・4

(a) [CH$_3$CH$_2$CHO + CH$_3$CH$_2$CH$_2$MgBr または CH$_3$CH$_2$CH$_2$CHO + CH$_3$CH$_2$MgBr]

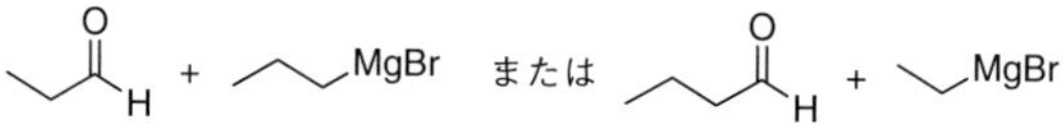

(b) [HCHO + (CH$_3$)$_2$CHCH$_2$MgBr]

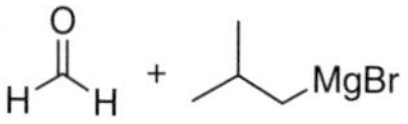

(c) [PhCHO + PhMgBr]

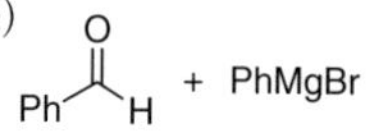

(d) [PhCOCH$_3$ + CH$_3$MgBr または CH$_3$COCH$_3$ + PhMgBr]

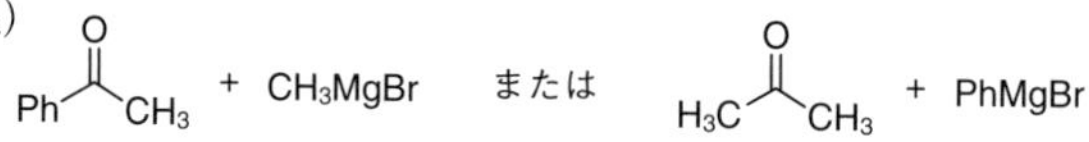

(e) [PhCOCH$_3$ + CH$_3$MgBr または PhCOCH$_2$CH$_3$ + CH$_3$CH$_2$MgBr または CH$_3$CH$_2$COCH$_3$ + PhMgBr]

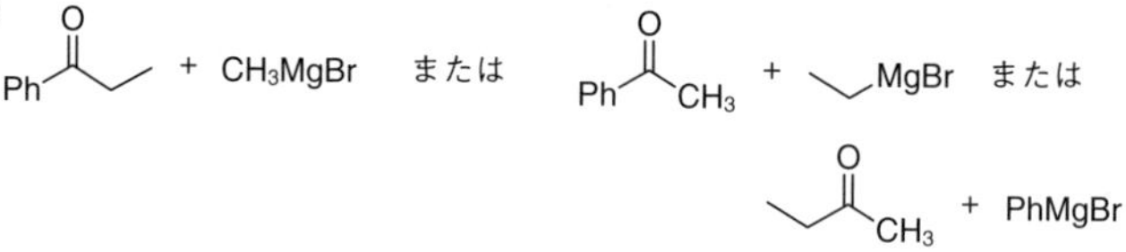

8・5

(a) ケトンを過酸により酸化してエステルを生成する反応（Baeyer-Villiger 反応）．過酸がケトンのカルボニル基に求核的に付加した中間体が生成し，これからカルボキシラートイオンが脱離すると同時にアルキル基が酸素原子へ転位する．さらに脱プロトンが起こりエステルを与える．置換基の転位のしやすさは，第三級アルキル＞第二級アルキル＞フェニル＞第一級アルキル＞メチルである．

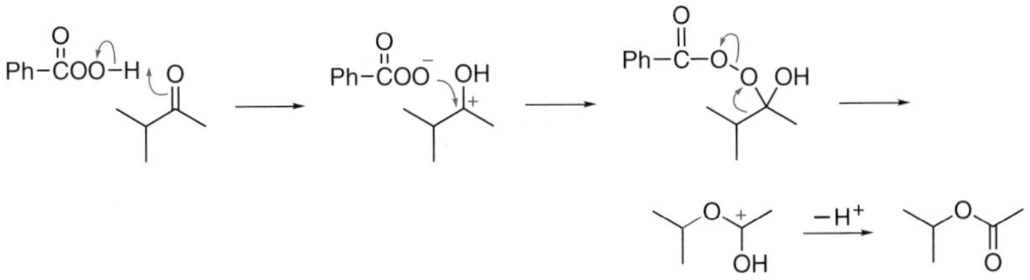

(b) ヒドロキシ基の酸素原子が，分子内のホルミル基のカルボニル炭素を求核攻撃して環状のヘミアセタールを与える．一般にヘミアセタールは不安定であるが，5員環，6員環を形成する分子内ヘミアセタールは比較的安定である．

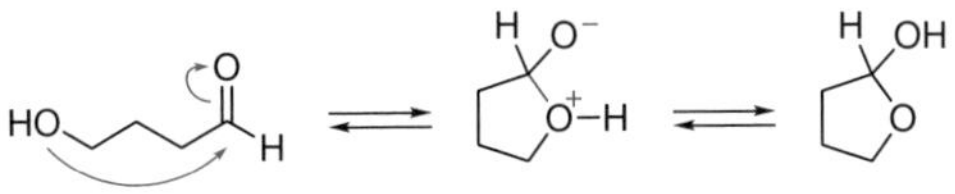

(c) 異なる2種類のアルデヒドを用いたCannizzaro反応（交差Cannizzaro反応）は，ふつう可能な生成物の混合物を与える．この反応ではホルムアルデヒドが選択的に還元剤として作用する．ホルムアルデヒドに水酸化物イオンが付加し，この中間体から4-メトキシベンズアルデヒドに水素化物イオンが移動し，ギ酸とアルコキシドを与える．最終的には，ギ酸イオンとベンジルアルコール誘導体になる．

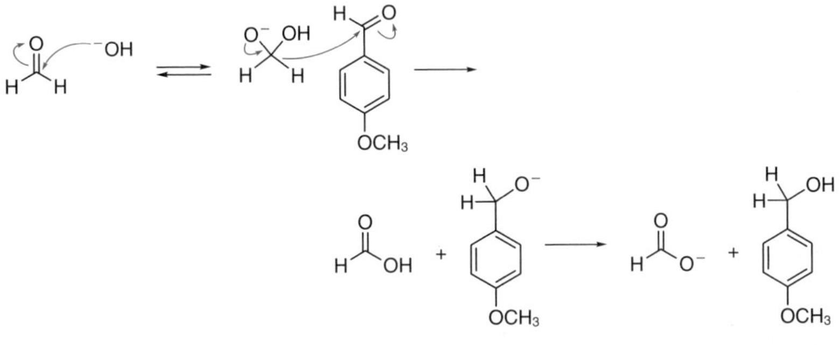

8・6 (a) 2,4-ジニトロフェニルヒドラジンの第一級アミノ基の窒素がカルボニル基に求核付加し，つづいて水が脱離して，2,4-ジニトロフェニルヒドラゾンを生じる反応．アルデヒドやケトンを結晶性の誘導体に変換する方法として用いられる．

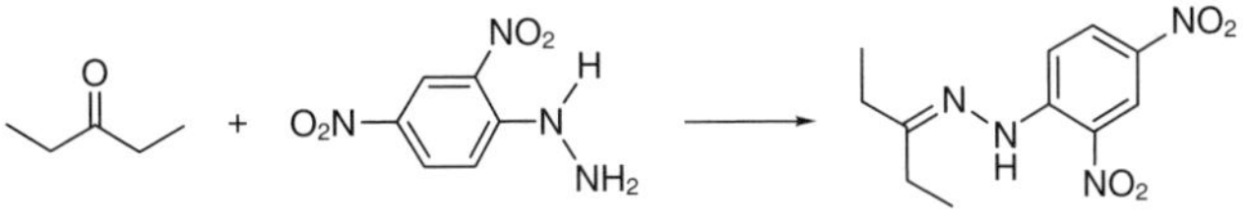

(b) トリイソプロポキシアルミニウムと2-プロパノールを用いて，ケトンをアルコー

ルに還元する反応(Meerwein-Ponndorf-Verley 反応).アセトフェノンが還元されて,1-フェニルエタノールになる.

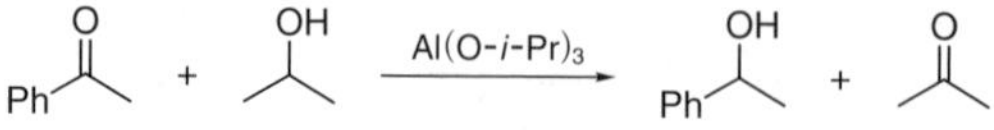

$$\text{Ph-CO-CH}_3 + \text{(CH}_3)_2\text{CHOH} \xrightarrow{\text{Al(O-}i\text{-Pr)}_3} \text{Ph-CH(OH)-CH}_3 + \text{(CH}_3)_2\text{C=O}$$

この反応は可逆であり,2-プロパノールの代わりにアセトンを用いると,アルコールが酸化されるとともにアセトンが2-プロパノールに還元される(Oppenauer 酸化).

(c) TiCl$_3$ と LiAlH$_4$ から調製した Ti(0) 試薬を用いて,アルデヒドやケトンを還元的にカップリングし,アルケンを合成する反応(McMurry 反応).2,7-オクタンジオンの場合,分子内でカップリングしてシクロヘキセン誘導体を与える.

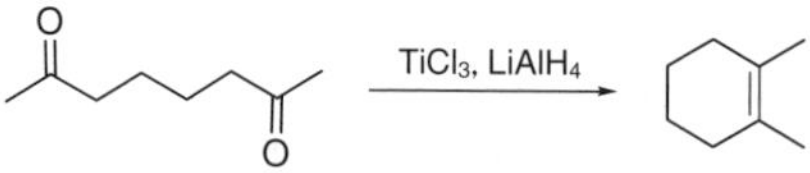

$$\text{CH}_3\text{CO(CH}_2)_4\text{COCH}_3 \xrightarrow{\text{TiCl}_3, \text{LiAlH}_4} \text{1,2-dimethylcyclohexene}$$

8・7 いずれも酸触媒による環化反応である.
(a) 環化が2回起こり,スピロ化合物を与える.

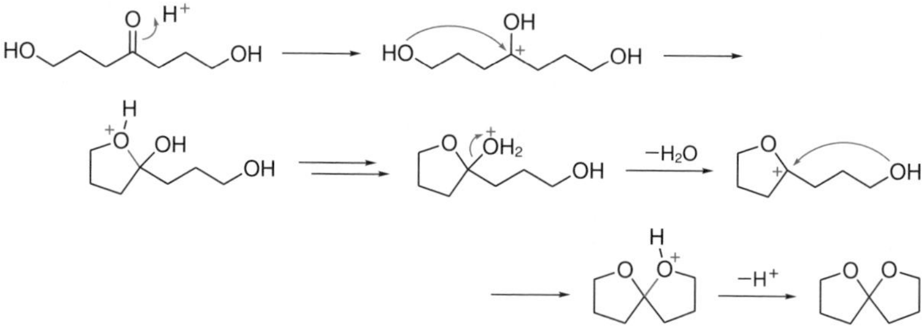

[反応機構の図]

(b) (a)の2回目の環化の代わりに分子間反応が起こる.

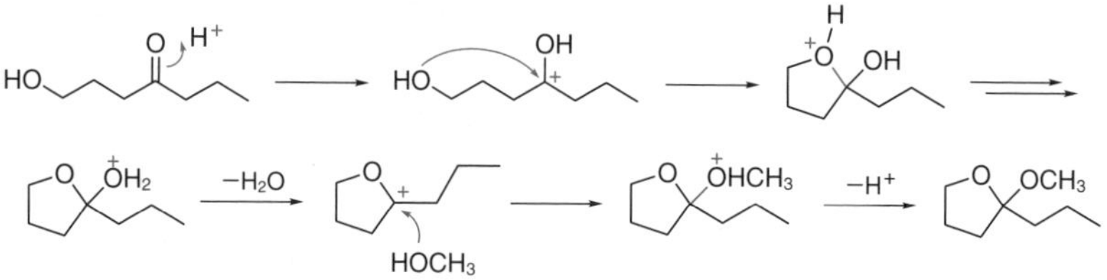

[反応機構の図]

(c) 環化後脱水が起こり,イミンを生成する.

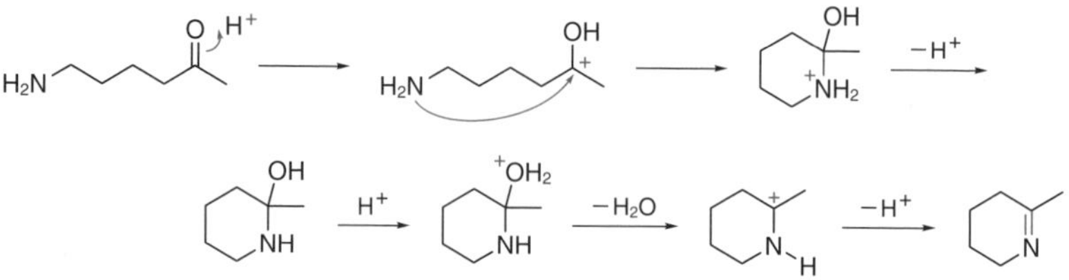

[反応機構の図]

(d) 環化後脱水が起こるが，窒素上に水素がないので，炭素からプロトンが脱離し，エナミンを生成する．

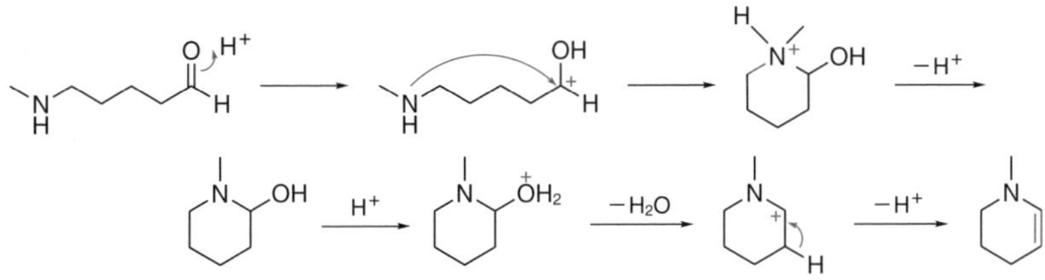

8・8 (a) ブロモエタンとトリフェニルホスフィンを作用させると，ホスホニウム塩が生成する（この反応は PPh_3 が求核試薬として働く S_N2 反応である）．これに対して強塩基（ブチルリチウムが代表的であるが $NaNH_2$, C_2H_5ONa なども使用可）を反応させると，酸性度の高いリン原子の α 水素が脱プロトンを起こし，**イリド**が生成する．このイリドは不安定なため，反応系中で調製してそのまま次の反応に使用する．

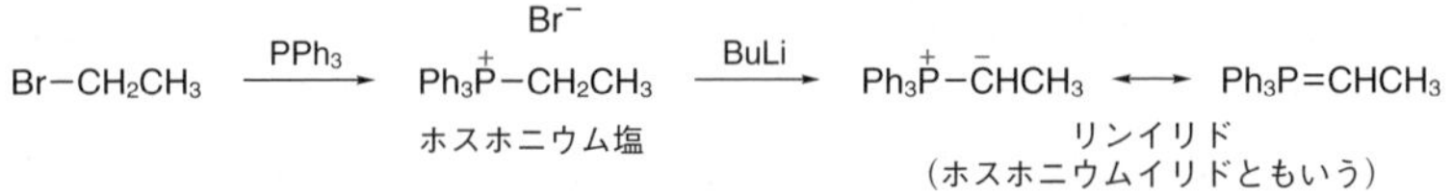

$Br-CH_2CH_3 \xrightarrow{PPh_3} Ph_3\overset{+}{P}-CH_2CH_3\ Br^- \xrightarrow{BuLi} Ph_3\overset{+}{P}-\overset{-}{C}HCH_3 \longleftrightarrow Ph_3P=CHCH_3$

ホスホニウム塩　　リンイリド（ホスホニウムイリドともいう）

[注] イリドとはカルボアニオンとP，Sなどのオニウムイオンとが隣接して存在する化合物をいう．

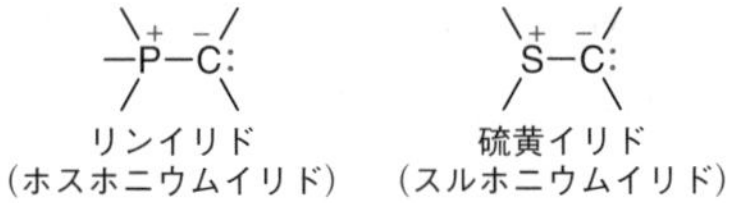

リンイリド（ホスホニウムイリド）　　硫黄イリド（スルホニウムイリド）

(b) イリドの炭素原子がカルボニル炭素を求核攻撃し，ベタイン中間体(**A**)を与える．さらに，オキサホスフェタン中間体(**B**)を経由して，最終的にアルケンとトリフェニルホスフィンオキシドを与える．

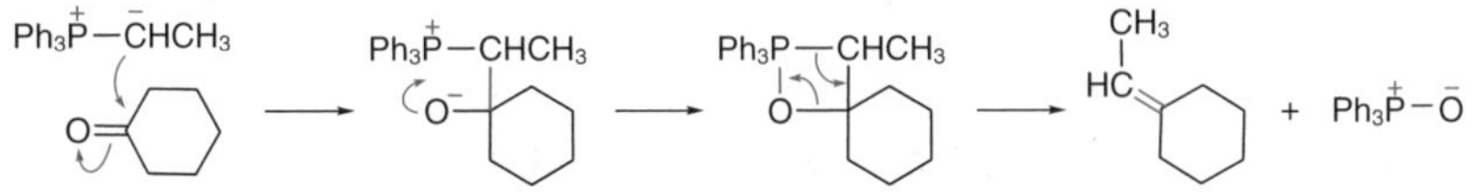

(c) (*E*)- および (*Z*)-2-ヘプテンの混合物が得られる．

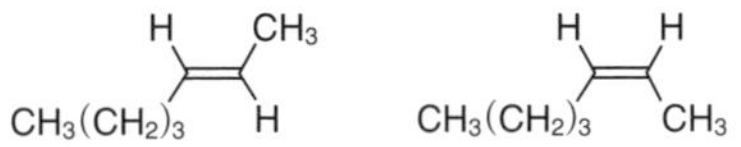

この反応では，熱力学的に不安定な *Z* 体がより多く生成する．その理由についてはい

くつかの考え方があり，確定していない．電子求引基により安定化されたイリド Ph_3P^+-
C^-HR（R＝COR′, COOR′, CN など）では，イリドの付加の段階が可逆的であるので，
熱力学的に安定なオキサホスフェタン中間体を経由して，E 体が主生成物となる．

8・9 (R)-2-フェニルプロパナールのカルボニル基への Grignard 試薬の求核付加によっ
て，互いにジアステレオマーである 2 種類のアルコール(C), (D)が生成する．どちら
がより多く生成するかを予測するには，求核試薬がホルミル基平面のどちらの面に接近
しやすいかを考えればよい．

$$\underset{\substack{CH_3\ R\ O\\ H\ \ \ \ H\\ Ph}}{} \xrightarrow[\ 2)\ H_3O^+\ ]{1)\ CH_3MgBr} \underset{\substack{CH_3\ CH_3\\ R\ R\ OH\\ H\ \ H\\ Ph\\ (C)\\ 2R,3R}}{} + \underset{\substack{CH_3\ H\\ R\ S\ OH\\ H\ \ CH_3\\ Ph\\ (D)\\ 2S,3R}}{}$$

最初にこの実験をした D. J. Cram（クラム）は，最安定配座(E, カルボニル酸素が α 位にある
最も小さな基 H と 2 番目に小さな基 CH_3 の間にある）で反応が起こると仮定し，求核
試薬は立体障害のより少ない図の下側からカルボニル炭素に接近するとした（Cram の
モデル）．すると(C)がより多く生成すると予測される．これは(C)が約 80% 生成すると
いう実験結果と一致している．しかしその後このモデルでは説明できない結果がでてき
て，別のモデル(F)が提案された（Felkin-Anh（フェルキン アン）のモデル）．このモデルでは求核試薬は α
位にある最も小さな基 H と 2 番目に小さな基 CH_3 の間の H に近い方向から炭素に接近
し〔すなわち(F)の矢印の方向〕，カルボニル酸素は求核試薬からなるべく遠ざかる配座
〔つまり(F)に示す配座〕をとるとされた．この問題の反応では，このモデルでも(C)が
主生成物となることが予測される．

不利 Nu^-
有利 Nu^-
(E) → (C) + (D)   (F) Nu^-

8・10 (a) スルホニウムイリドの炭素原子が，シクロヘキサノンのカルボニル炭素に
求核付加する．これにより生じた O^- が，分子内の炭素原子に S_N2 機構で求核攻撃し，
$S(CH_3)_2$ が脱離するとともに O−C 結合を形成する．

(反応機構図) + $S(CH_3)_2$

(b) ジアゾメタンには次の共鳴構造式が寄与しており，イリドと同様に炭素原子が求

核性を示す.

$$H_2\overset{-}{C}-\overset{+}{N}\equiv N \longleftrightarrow H_2C=\overset{+}{N}=\overset{-}{N}$$

ジアゾメタンの炭素原子が，シクロヘキサノンのカルボニル炭素に求核付加した後，カルボニル基が再生するとともに，環の α 炭素がメチレン炭素に転位して窒素分子が脱離し，環拡大したシクロヘプタノンが生成する.

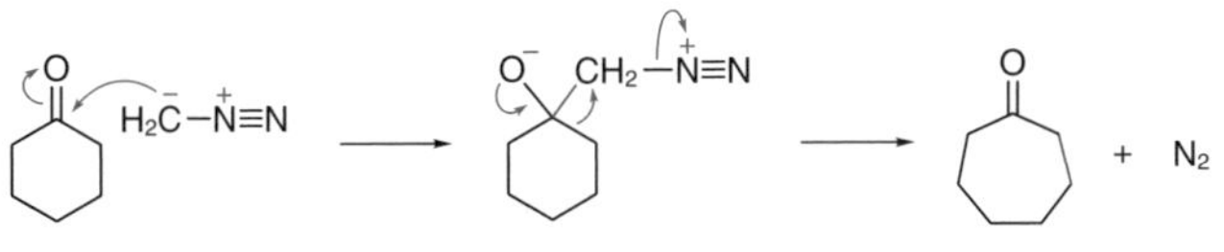

8・11 ヒドロキシルアミンの窒素原子がアセトンのカルボニル炭素を求核攻撃し，付加生成物（アミノアルコール中間体，***G***）を与える．つづいてプロトン化と H_2O の脱離が起こり，最終的にオキシムを与える．

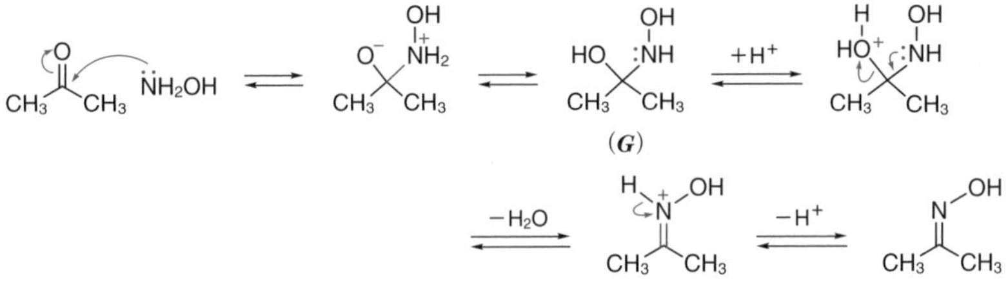

酸性度が低いと中間体に対するプロトン化が遅くなり，脱離反応が進行しにくくなる．酸性度が高いと，ヒドロキシルアミンがプロトン化され，窒素原子の求核性が減少する．そのため，pH の値が大きすぎても小さすぎても反応が遅くなる．

$$NH_2OH + H^+ \rightleftharpoons \overset{+}{N}H_3OH$$

8・12 (a) 塩基触媒がアルケンに求核付加して双性イオンを生成する．

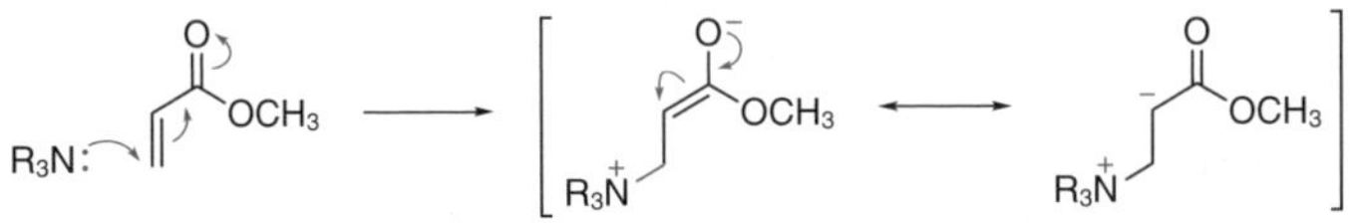

(b) 生成した双性イオン中間体がベンズアルデヒドのカルボニル基に求核付加する．その後，第三級アミンおよびプロトンの脱離を経て最終生成物が得られる．

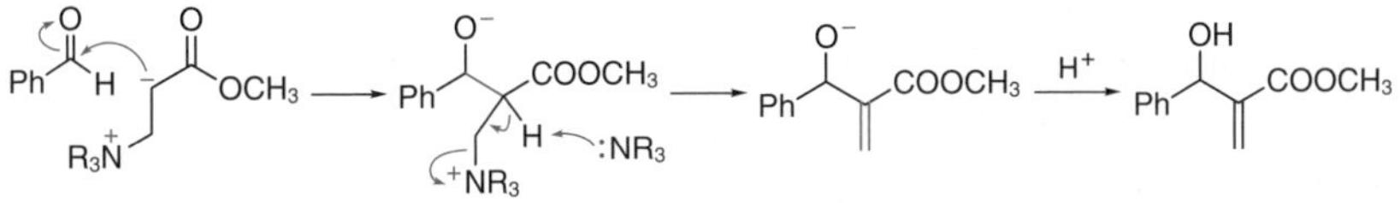

この一連の反応は,森田-Baylis-Hillman(ベイリス ヒルマン)反応として知られている.

8・13 いずれもアルデヒドの合成法. (a)〜(c)は有機合成でよく用いられる第一級アルコールの酸化反応である.

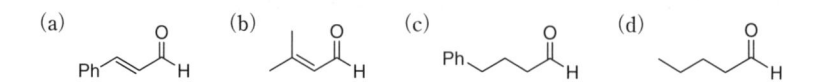

(a) Ph-CH=CH-CHO (b) (CH$_3$)$_2$C=CH-CHO (c) Ph-CH$_2$CH$_2$CH$_2$-CHO (d) CH$_3$CH$_2$CH$_2$CH$_2$-CHO

(a) Swern(スワーン)酸化. (b) 二酸化マンガンを用いたアリル位の酸化. (c) Dess-Martin(デス マーティン)酸化剤(ペルヨージナン)を用いる酸化. (d) Rh触媒を用いたヒドロホルミル化.

9 章 カルボン酸とその誘導体

9・1
(a) 2,3-dihydroxybutanoic acid(2,3-ジヒドロキシブタン酸)
(b) methyl 6-oxo-5-propyloctanoate(6-オキソ-5-プロピルオクタン酸メチル)
(c) butanedioic anhydride(ブタン二酸無水物). 慣用名では succinic anhydride(無水コハク酸)
(d) 2-(cyanomethyl)butanoic acid〔2-(シアノメチル)ブタン酸〕
(e) N-ethyl-4,4-dimethylpentanamide(N-エチル-4,4-ジメチルペンタンアミド)
(f) N-ethyl-N-methylbenzamide(N-エチル-N-メチルベンズアミド)
(g) 4-methylpentanenitrile(4-メチルペンタンニトリル)
(h) 4-chlorobenzoyl chloride(塩化4-クロロベンゾイル). 4-の代わりに p- でも可.

9・2
(a) CH$_3$COONa + H$_2$O
(b) CH$_3$COONa + CO$_2$ + H$_2$O
(c) CH$_3$COOH + Cl$_3$CCOONa
(d) 反応しない
(e) CH$_3$COONa + HCN
(f) CH$_3$COONa + PhOH

	Cl$_3$CCOOH	CH$_3$COOH	H$_2$CO$_3$	HCN	PhOH
各化合物の pK_a	0.7	4.7	6.4	9.3	10.0

弱酸塩と強酸が反応すると,弱酸と強酸塩が生成する方向に平衡が移動する.

9・3 (a) ニトリルの炭素に Grignard 試薬が求核付加して,イミンのマグネシウム塩が生成する.これを加水分解すると,イミンを経てケトンになる.

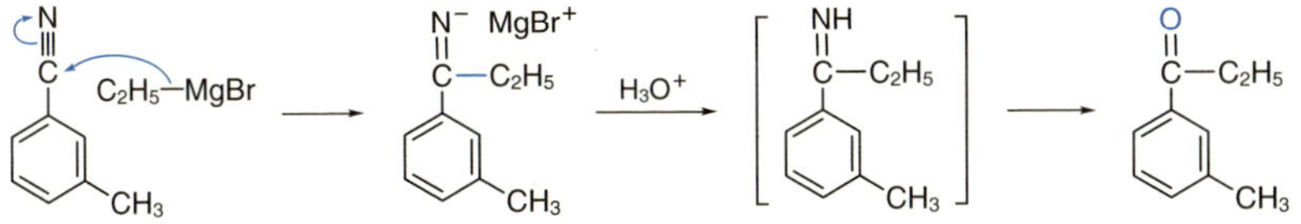

(b) カルボン酸銀塩と臭素の反応で次臭素酸アシル中間体 (**A**) が生成する．O−Br 結合は弱いので容易に均一結合開裂してカルボキシルラジカルと臭素原子になる．カルボキシルラジカルは脱炭酸してシクロブチルラジカルを与える．これが次臭素酸アシルと反応してブロモシクロブタンを生成する（Hunsdiecker 反応）．

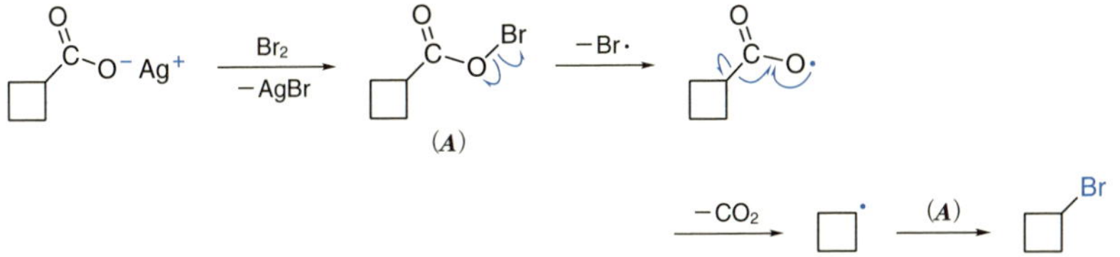

(c) ジアゾメタンはカルボキシ水素をプロトンとして引抜き，メタンジアゾニウムイオンとなる．これは非常に良好な脱離基 (N_2) をもつため，カルボキシラートイオンと S_N2 機構で速やかに反応して，窒素分子を放出して対応するメチルエステルを与える．

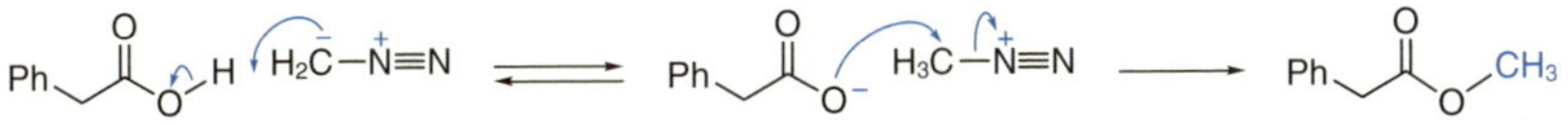

(d) ブロモ酢酸エチルと亜鉛が反応して，有機亜鉛試薬を与える．亜鉛に結合した炭素が，アセトフェノンのカルボニル基に求核的に付加して亜鉛アルコキシドを生成し，これを酸で処理すると 3-ヒドロキシ-3-フェニルブタン酸エチルが得られる（Reformatsky 反応）．有機亜鉛試薬は Grignard 試薬より反応性が低いので，エステル基との反応は非常に遅い．

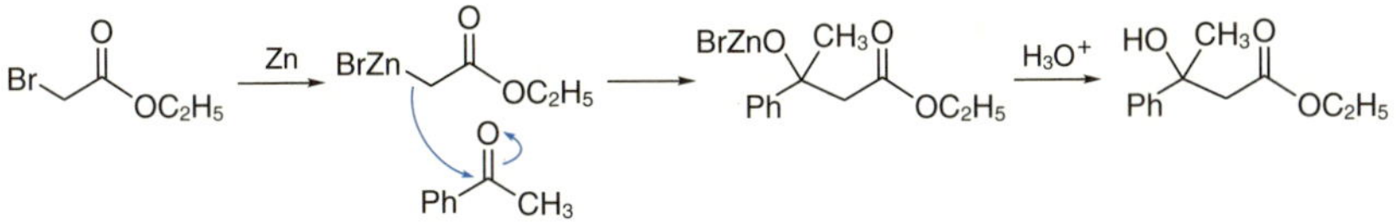

9・4 (a) 方法1，方法2ともに可能．

方法1

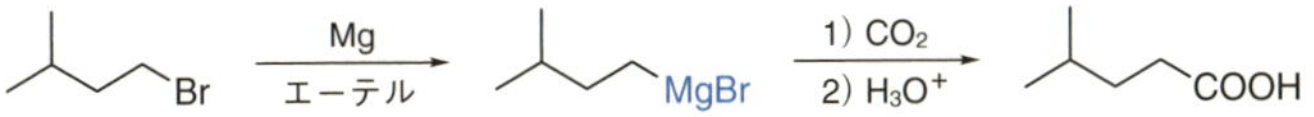

方法2

$\text{(CH}_3\text{)}_2\text{CHCH}_2\text{CH}_2\text{Br} \xrightarrow{\text{CN}^-} \text{(CH}_3\text{)}_2\text{CHCH}_2\text{CH}_2\text{CN} \xrightarrow{\text{H}_3\text{O}^+} \text{(CH}_3\text{)}_2\text{CHCH}_2\text{CH}_2\text{COOH}$

(b) 方法1は可能．臭化第三級アルキルはS_N2反応を起こさないので，方法2を用いることはできない．

方法1

$\text{(CH}_3\text{)}_3\text{CBr} \xrightarrow[\text{エーテル}]{\text{Mg}} \text{(CH}_3\text{)}_3\text{CMgBr} \xrightarrow[\text{2) H}_3\text{O}^+]{\text{1) CO}_2} \text{(CH}_3\text{)}_3\text{CCOOH}$

(c) ヒドロキシ基はGrignard試薬と反応するので，方法1を用いることはできない．方法2は可能．

方法2

$\text{HO-(CH}_2\text{)}_4\text{-Br} \xrightarrow{\text{CN}^-} \text{HO-(CH}_2\text{)}_4\text{-CN} \xrightarrow{\text{H}_3\text{O}^+} \text{HO-(CH}_2\text{)}_4\text{-COOH}$

ただし，保護基を用いることにより以下の方法で変換が可能である．

$\text{HO-(CH}_2\text{)}_4\text{-Br} \xrightarrow[\text{H}^+]{\text{DHP}} \text{THPO-(CH}_2\text{)}_4\text{-Br} \xrightarrow[\text{エーテル}]{\text{Mg}} \xrightarrow[\text{2) H}_3\text{O}^+]{\text{1) CO}_2} \text{HO-(CH}_2\text{)}_4\text{-COOH}$

(d) 方法1は可能．臭化アリールはS_N2反応を起こさないので，方法2を用いることはできない．

方法1

$\text{CH}_3\text{O-C}_6\text{H}_4\text{-Br} \xrightarrow[\text{エーテル}]{\text{Mg}} \text{CH}_3\text{O-C}_6\text{H}_4\text{-MgBr} \xrightarrow[\text{2) H}_3\text{O}^+]{\text{1) CO}_2} \text{CH}_3\text{O-C}_6\text{H}_4\text{-COOH}$

(e) カルボニル基はGrignard試薬と反応するので，方法1を用いることはできない．臭化アリールはS_N2反応を起こさないので，方法2を用いることはできない．ただし，保護基を用いることにより以下の方法で変換が可能である．最後の酸との処理で，カルボン酸塩の分解と脱保護を行っている．

$\text{H}_3\text{C-CO-C}_6\text{H}_4\text{-Br} \xrightarrow[\text{H}^+]{\text{HOCH}_2\text{CH}_2\text{OH}} \text{(ジオキソラン)-C}_6\text{H}_4\text{-Br} \xrightarrow[\text{エーテル}]{\text{Mg}} \xrightarrow[\text{2) H}_3\text{O}^+]{\text{1) CO}_2} \text{H}_3\text{C-CO-C}_6\text{H}_4\text{-COOH}$

9・5 酢酸がDCCのC=Nに付加して，*O*-アセチル誘導体(**B**)が生成する．これに対してアルコールが求核アシル置換すると，最終的にエステルを与える．DCCは反応後 *N*,*N*′-ジシクロヘキシル尿素になり，カルボン酸とアルコールを縮合する際の脱水剤の役割を果たす．アルコールの代わりにアミンを使うと，同様な経路でアミドが生成する．

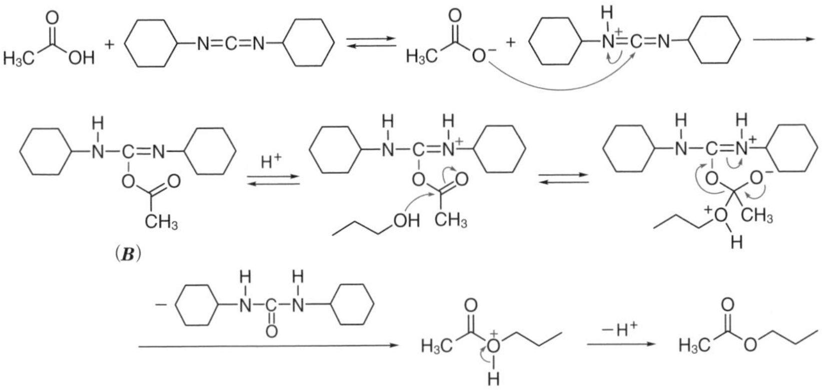

9・6 (a) Fries転位

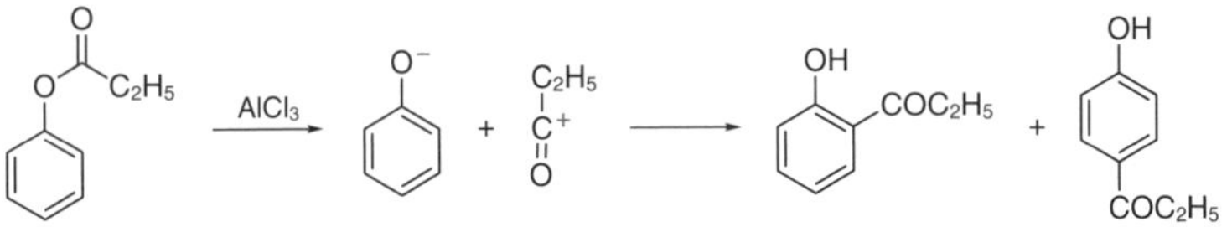

反応機構は完全に明らかにされていないが，AlCl₃とフェニルエステルの作用によってアシルカチオンとフェノキシドアニオンが生じ，アシルカチオンがフェノキシドのベンゼン環に対して求電子置換反応すると考えられている．

(b) Hofmann転位

窒素原子の臭素化，脱プロトンが起こった後，臭化物イオンの脱離と同時にフェニル

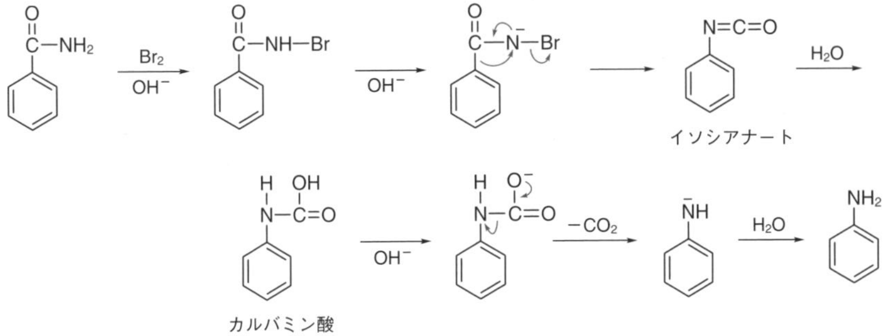

基の転位が起こり，イソシアナートを与える．これに水が付加してカルバミン酸となり，脱炭酸を経て，炭素の一つ少ないアミンが生成する．

(c) Arndt-Eistert 反応

Ph-CO-Cl →(CH₂N₂)→ Ph-CO-CHN₂ →(−N₂)→ Ph-CO-CH: → HC=C=O (Ph) →(CH₃OH)→ Ph-CH₂-COOCH₃

酸塩化物とジアゾメタンが反応してジアゾケトンが生じ，脱窒素と転位を経てケテンが生成する．これがメタノールと反応すると，エステルが生じる．銀イオンによって反応が促進される．

9・7

(a) 還元 HO–(CH₂)₃–OH を伴う構造　HOCH₂CH₂CH₂CH₂OH

(b) 部分還元 HOCH₂CH₂CH₂CHO

(c) 加水分解 HOCH₂CH₂CH₂COOH

(d) Grignard 反応 HOCH₂CH₂CH₂C(CH₃)₂OH

(e) 置換反応による開環 NC–CH₂CH₂CH₂–COOH

(f) 置換反応による開環とエステル化 Br–CH₂CH₂CH₂–COOC₂H₅

(g) α-アルキル化 3-メチル-γ-ブチロラクトン（CH₃ 置換の γ-ラクトン）

(h) 連続 Friedel-Crafts 反応による環化 α-テトラロン

(a)〜(d),(h) ではカルボニル炭素への求核試薬の付加がまず起こる．(e),(f) では求核試薬の攻撃はエーテル酸素の結合している炭素に起こる．(g) ではカルボニル基の α 位の水素が塩基によって引抜かれ，つづいてメチル化される（10 章，p.135 参照）．

9・8 最初の 4 段階の平衡反応により，カルボン酸と塩化チオニルから安息香酸とクロロスルフィン酸の無水物(C)が生じる．ここで，塩化物イオンがカルボニル炭素に付加し，−OSOCl 基が SO₂ と Cl⁻ として離れると，酸塩化物が生成する．塩化ベンゾイルのほかに生成するのは SO₂ と HCl である．

PhCOOH + Cl–S(=O)–Cl ⇌ Ph–C(OH)(O⁺H)–O–S(=O)–Cl ⇌ Ph–C(=O)–O–S(OH)Cl ⇌ Ph–C(=O)–O–S(=O⁺H)Cl + Cl⁻

⇌(−HCl) Ph–C(O⁻)(Cl)–O–S(=O)–Cl (C) ⇌ Ph–C(O⁻)(Cl)–O–S(=O)–Cl → PhCOCl + SO₂ + Cl⁻

[参考] 二塩化オキサリル (COCl)$_2$ を用いて塩素化することもできる.

$$\text{PhC(O)OH} + \text{ClC(O)C(O)Cl} \longrightarrow \text{PhC(O)Cl} + CO_2 + CO + HCl$$

塩化チオニル，二塩化オキサリルとの反応では，酸塩化物以外の生成物は揮発性の物質であり，PCl$_3$ を用いる塩素化よりも実験的に操作が簡便である.

9・9 (a) ニトリルの酸性加水分解は，プロトンの窒素原子への求電子付加から始まるが，最後の段階でプロトンが再生する．すなわちこの反応は触媒反応であり，用いる酸はニトリルに対して等モル以下でよい.

$$R-C\equiv N \xrightleftharpoons{H^+} R-\overset{+}{C}=NH \xrightleftharpoons{} R-\underset{OH_2}{\overset{NH}{C}}{}^+ \xrightleftharpoons{-H^+} R-\underset{OH}{\overset{NH}{C}} \xrightleftharpoons{H^+} R-\underset{OH}{\overset{+NH_2}{C}} \xrightleftharpoons{-H^+} R-\underset{O}{\overset{NH_2}{C}}$$

塩基性加水分解は，水酸化物イオンのニトリル炭素への求核付加で始まるが，最後の段階で水酸化物イオンは再生される．すなわちこの反応も触媒反応である.

$$R-C\equiv N \xrightleftharpoons{OH^-} R-\underset{OH}{\overset{N^-}{C}} \xrightleftharpoons{H-OH} R-\underset{O-H}{\overset{NH}{C}} \cdots OH^- \xrightleftharpoons{} R-\underset{O^-}{\overset{NH}{C}} \xrightleftharpoons{H-OH} R-\underset{O}{\overset{NH_2}{C}} + OH^-$$

(b) アミドの酸性加水分解は，プロトンの窒素原子への求電子的付加から始まるが，最後の段階でアンモニウムイオンが生成しプロトンとして再生しない．したがってこの反応は触媒反応ではなく，アミドに対して等モルの酸を必要とする.

$$R-\underset{O}{\overset{NH_2}{C}} \xrightleftharpoons{H^+} R-\underset{H_2O}{\overset{+NH_2}{C}}{}_{OH} \xrightleftharpoons{} R-\underset{OH_2}{\overset{NH_2}{C}}{-}OH \xrightleftharpoons{-H^+} R-\underset{OH}{\overset{NH_2}{C}}{-}OH \xrightleftharpoons{H^+} R-\underset{OH}{\overset{NH_2}{C}}{-}OH$$

$$\xrightleftharpoons{} R-\underset{OH}{\overset{+NH_3}{C}}{-}OH \xrightleftharpoons{} R-\underset{O-H}{\overset{OH}{C}} \cdots NH_3 \xrightleftharpoons{} R-\underset{O}{\overset{OH}{C}} + \overset{+}{N}H_4$$

塩基性加水分解は，水酸化物イオンのカルボニル炭素への求核付加で始まるが，全体の反応を通して水酸化物イオンが再生されることはない．したがってこの反応は触媒反応ではなく，アミドと等モルの塩基を必要とする．最後の段階で生成するのはカルボキシラートイオンであり，カルボン酸を取出すには酸で中和する必要がある.

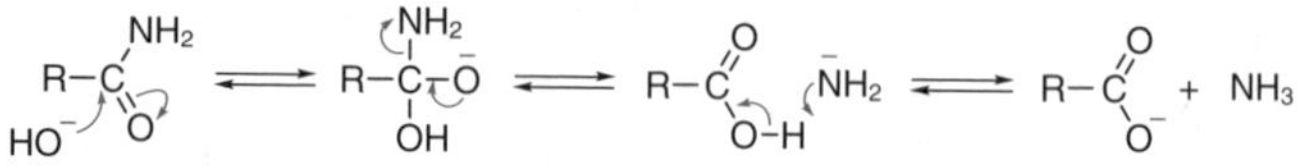

9・10

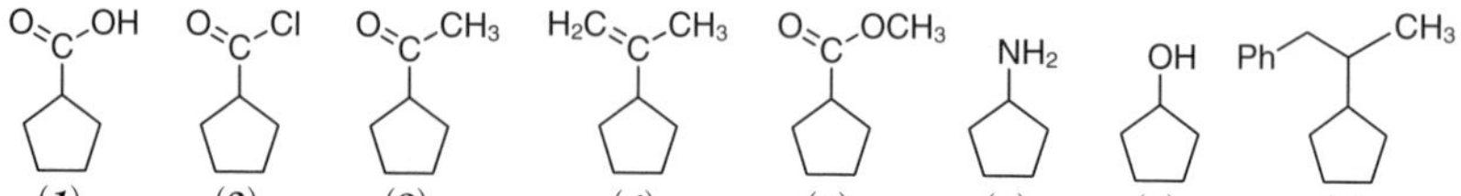

ブロモシクロペンタンから(**1**)の反応は Grignard 反応によるカルボキシ化. (**1**)から(**2**)の反応は酸塩化物への変換. (**1**)から(**5**)の反応はジアゾメタンによるメチルエステルの生成. (**2**)から(**3**)の反応は酸塩化物と有機銅試薬の反応によるケトンの生成. (**2**)から(**6**)の反応はアミドを経由した Hofmann 転位. (**3**)から(**4**)の反応は Wittig 反応. (**3**)から(**7**)の反応では,Baeyer-Villiger 反応により第二級アルキル基が転位して(**7**′)のエステルが生成.つづいて加水分解.(**4**)から(**8**)の反応では,Pd(0)触媒を用いたアリール化により(**8**′)が生成(Heck 反応).つづいて接触還元による水素化.

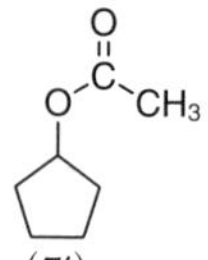

シス,トランス混合物

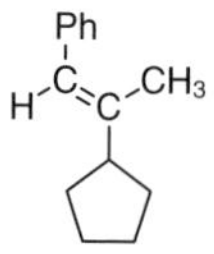

10 章 カルボニル化合物の α 置換と縮合

10・1 いずれもエノラートイオンまたはその関連のアニオンである.(a)では非共有電子対(ローンペア)を明示した.非共有電子対が明示されていなくても,常にその存在を意識して構造式を書かなければならない.

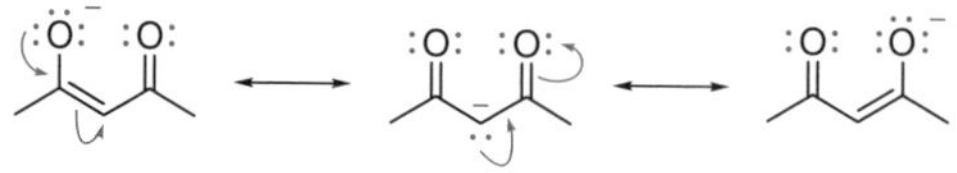

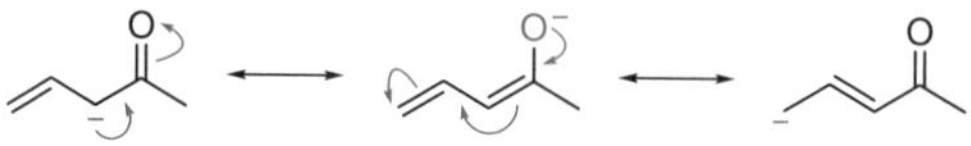

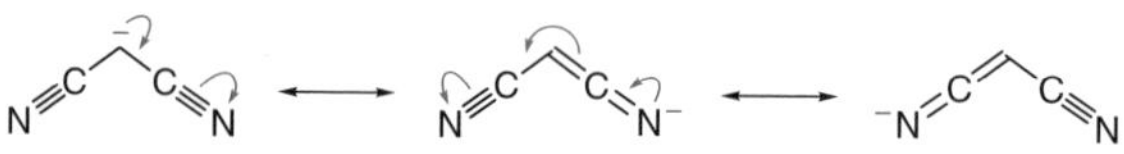

(d) [共鳴構造式]

10・2 α,β-不飽和ケトンまたはアルデヒドはアルドール反応を用いて，β-ケトエステルは Claisen 反応を用いて合成する．(c), (h)は分子内反応，(d), (f), (g)は交差反応を利用する．

(a) $2 \text{ PhCOCH}_3 \xrightarrow{\text{CH}_3\text{ONa}}$ Ph-C(OH)(CH_3)-CH_2-CO-Ph $\xrightarrow{-\text{H}_2\text{O}}$ PhC(CH_3)=CH-CO-Ph

(b) 2 プロパナール $\xrightarrow{\text{CH}_3\text{ONa}}$ アルドール $\xrightarrow{-\text{H}_2\text{O}}$ 2-メチル-2-ペンテナール

(c) 2,6-ヘプタンジオン $\xrightarrow{\text{CH}_3\text{ONa}}$ 1-ヒドロキシ-1-メチル-2-アセチルシクロペンタン $\xrightarrow{-\text{H}_2\text{O}}$ 1-メチル-2-アセチルシクロペンテン

(d) シクロヘキサノン + PhCHO $\xrightarrow{\text{CH}_3\text{ONa}}$ 2-(ヒドロキシ(フェニル)メチル)シクロヘキサノン $\xrightarrow{-\text{H}_2\text{O}}$ 2-ベンジリデンシクロヘキサノン

(e) $2 \text{ CH}_3\text{CH}_2\text{COOCH}_3 \xrightarrow{\text{CH}_3\text{ONa}}$ CH_3CH_2-CO-CH(CH_3)-COOCH_3

(f) PhCOOCH_3 + CH_3COOCH_3 $\xrightarrow{\text{CH}_3\text{ONa}}$ PhCO-CH_2-COOCH_3

(g) HCOOCH_3 + PhCH_2COOCH_3 $\xrightarrow{\text{CH}_3\text{ONa}}$ OHC-CH(Ph)-COOCH_3

(h) CH_3OOC-(CH_2)_5-COOCH_3 $\xrightarrow{\text{CH}_3\text{ONa}}$ 2-(メトキシカルボニル)シクロヘキサノン

10・3 (a) (**1**)から(**2**)の反応はメチルエステル化，(**2**)から(**3**)の反応は Claisen 反応とそれにつづくアルキル化である．

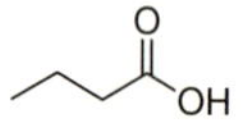

(b) 使うことはできない．エトキシドイオンが(**2**)のエステル部分で求核アシル置換反応を起こしてエチルエステルが生じる（エステル交換という）ため、生成物が複雑になってしまう．

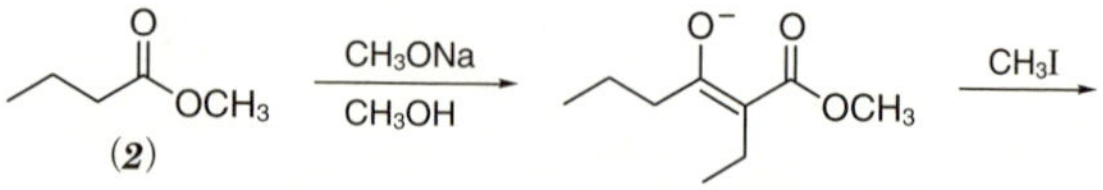

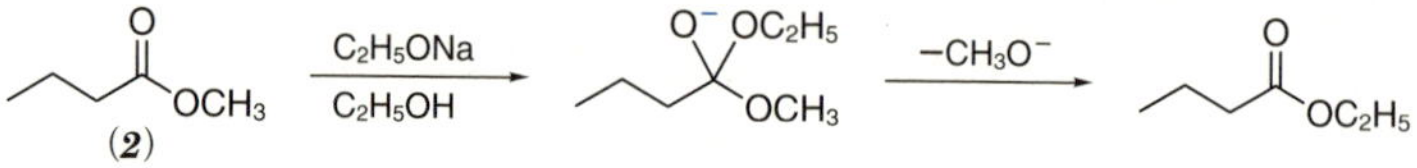

(c) β-ケトエステルの加水分解と脱炭酸が起こる．

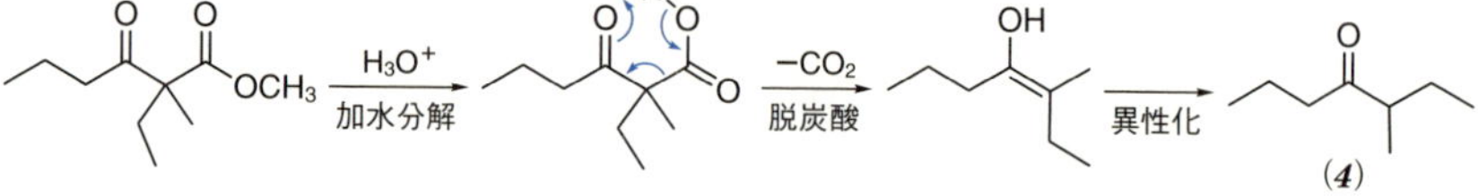

(d) 構造(**5**)

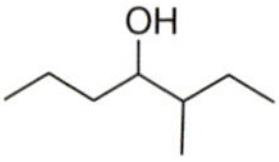

10・4 いずれも α,β-不飽和ケトンである．C=C がアルドール反応により新しくできる結合である．（　）内にエノラートイオンの構造と求核付加の様式を示す．

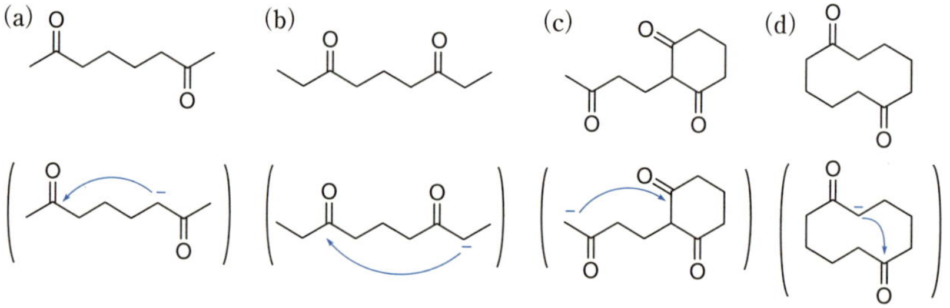

(a)　(b)　(c)　(d)

10・5 (a) シクロヘキサノンのエノラートがホルムアルデヒドのカルボニル基に付加したのち脱水し，最終化合物 2-メチレンシクロヘキサノンが生成する．

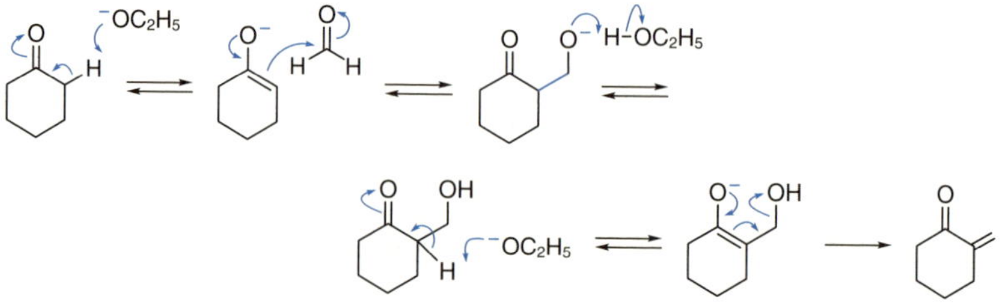

(b) カルボン酸と三臭化リンから酸臭化物が生じ，さらにエノール化する．エノールのアルケン部分に対して臭素 Br_2 が求電子的に反応して α 位が臭素化される．脱プロトンが起こり，生じた酸臭化物が加水分解されて，α 臭素化されたカルボン酸が生成する（Hell-Volhard-Zelinski（ヘル フォルハルト ゼリンスキー）反応）．

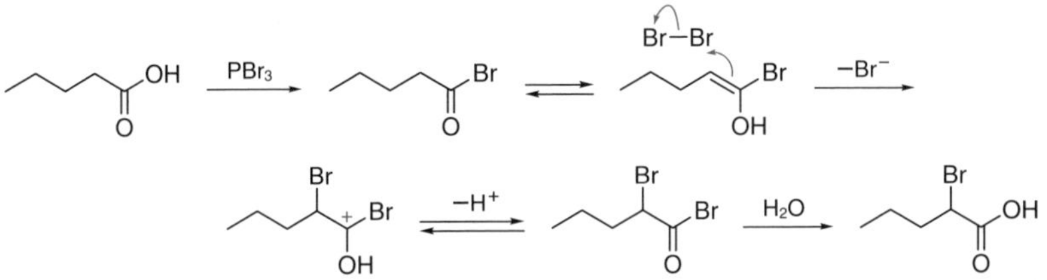

(c) 2-クロロシクロヘキサノンの 6 位の水素がプロトンとして引抜かれ，分子内置換反応によりシクロプロパノン中間体を生じる．つづいてカルボニル基に OH^- が付加し，3 員環が開環してカルボキシラートになる．これを酸で処理すると環縮小したカルボン酸が得られる（Favorskii（ファボルスキー）反応）．

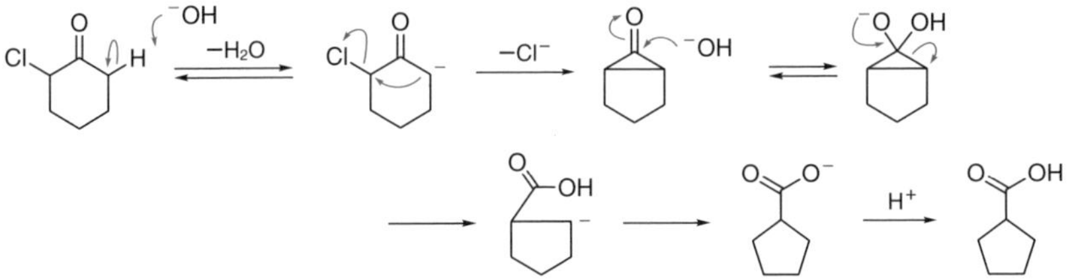

10・6 (a) 酸性条件ではエノールを経由して，塩基性条件ではエノラートを経由して α 臭素化が起こる．塩基性条件でのハロゲン化は，ふつう一置換で止めることが困難である．

酸性条件

エノール

塩基性条件

エノラート

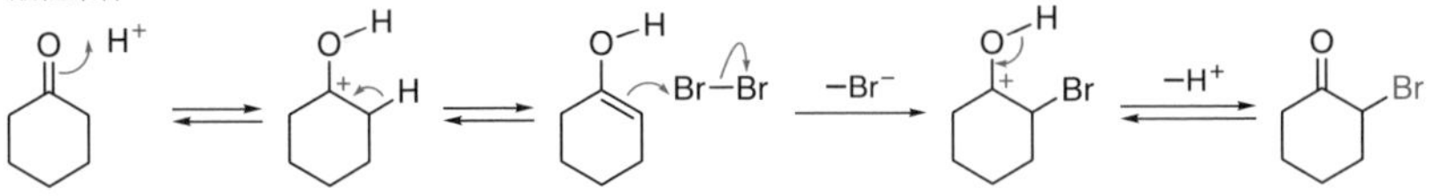

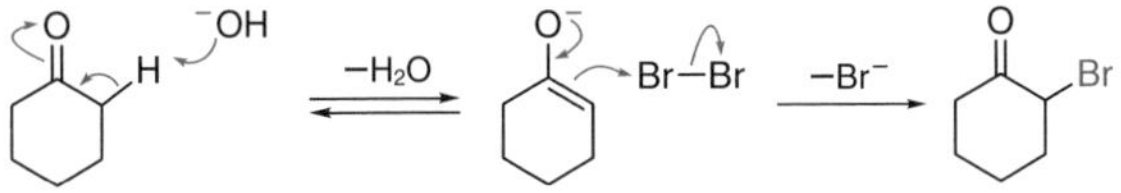

(b) カルボニル基の α 水素が塩基により脱プロトンを起こし，生じたエノラートを経由して容易にラセミ化する．

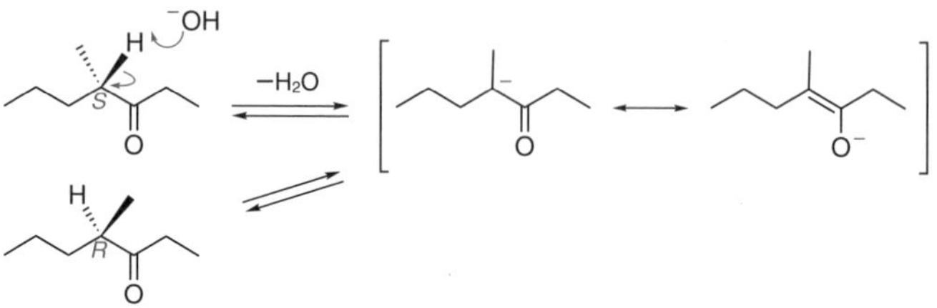

10・7 (a) β-ケトエステルが**逆 Claisen 反応**（Claisen 反応の逆反応）により開環し，つづいて別の位置で Claisen 反応が起こり閉環する．

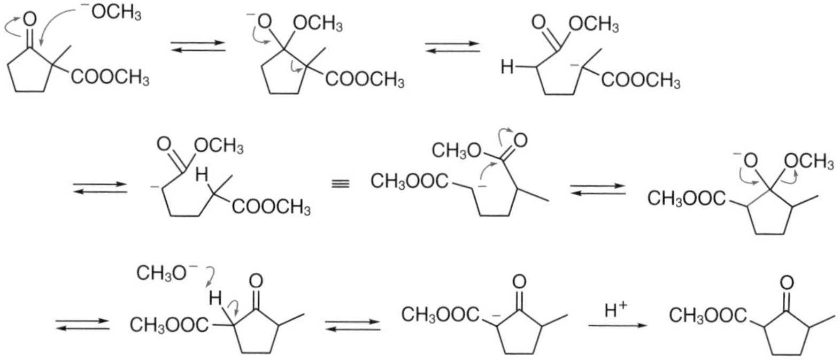

(b) アルドール反応により環化が起こった後，ビシクロ環の架橋結合が解離してシクロノナノン誘導体が生じる．

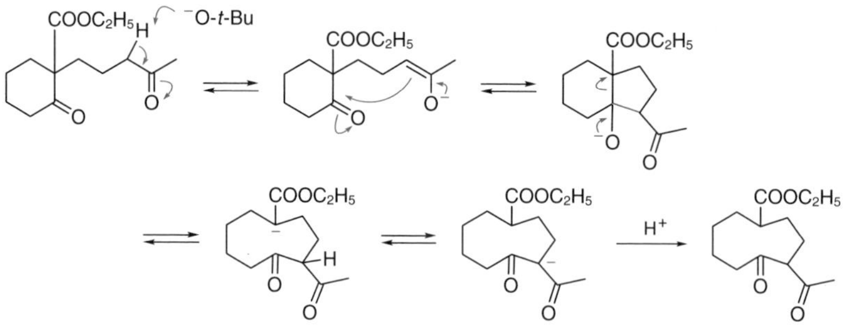

(c) 逆アルドール反応によりビシクロ環の架橋 C–C 結合が切れてエノラート(**A**)が生じる．より安定なエノラート(**B**)へ変化し（二つのカルボニル基に挟まれたメチレン水

素のほうが酸性度が高いため),環の反対側のカルボニル基を攻撃してC–C結合を形成して脱水する(アルドール縮合)と最終化合物になる.

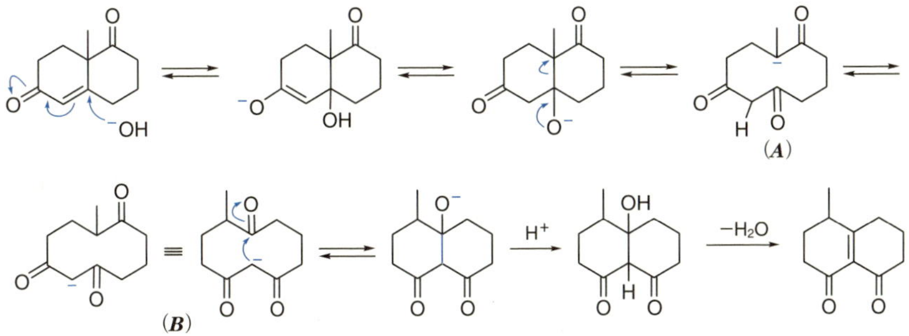

10・8

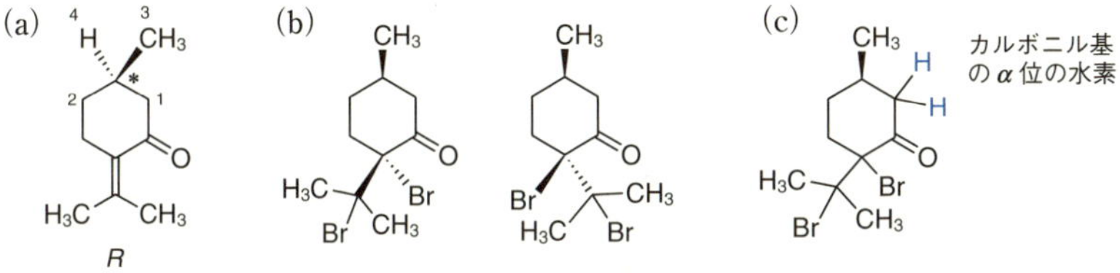

(d) Favorskii 反応の類似反応.塩基によりケトン(**7**)のエノラートが生じ,分子内置換反応により二環性ケトン中間体を生成する.つづいてメトキシドイオンがカルボニル炭素を求核攻撃し,3員環の開環とともに臭化物イオンが脱離すると,イソプロピリデン基をもつシクロペンタン誘導体(**8**)が生じる.実際の反応では,シクロペンタン環のメチル基とメトキシカルボニル基がトランスにある生成物が優先的に生じる.

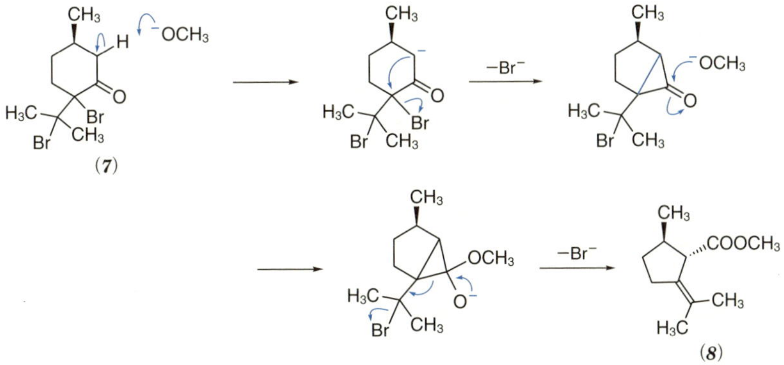

10・9 (a) ジイソプロピルアミンにブチルリチウムを作用させる.

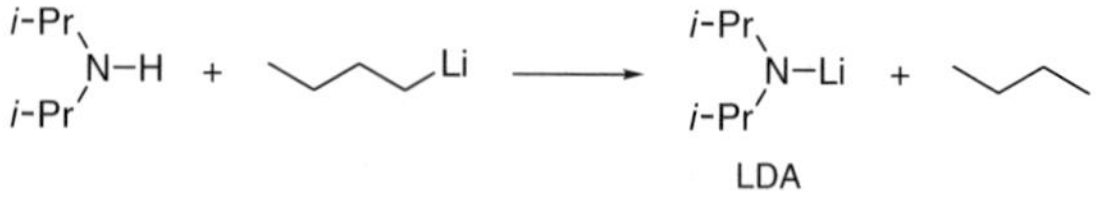

(b) 低温では, 反応しやすい立体障害の小さい側の α 水素が脱プロトンを起こし, エノラートを生成する. これが塩化トリメチルシリルと反応して(***9***)を与える. これは速度支配の生成物である. 高温では, より安定な多置換型のエノラートを経由して(***10***)を生じる. これは熱力学支配の生成物である. ケイ素は酸素と強い結合をつくるため, エノラートの酸素原子を攻撃してシリルエノールエーテルになる.

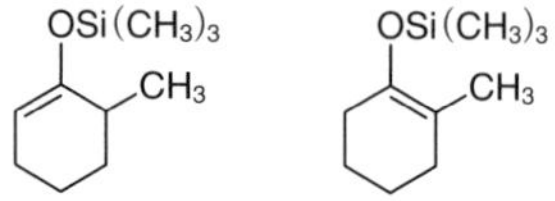

(***9***) (***10***)

(c)

(***9***)

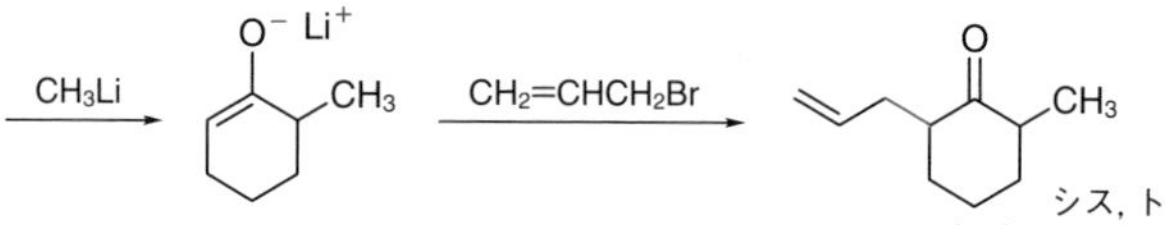

(***11***) シス, トランス混合物

(***10***)

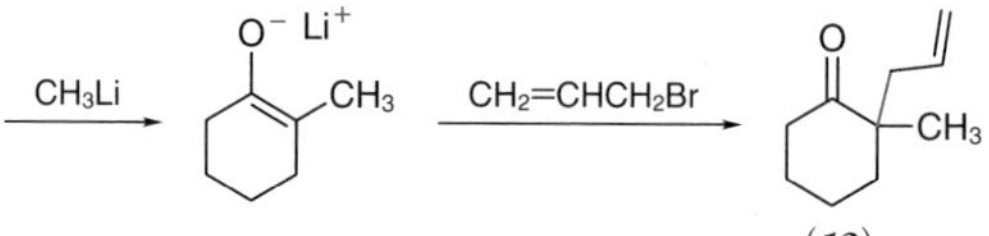

(***12***)

10・10

(a)

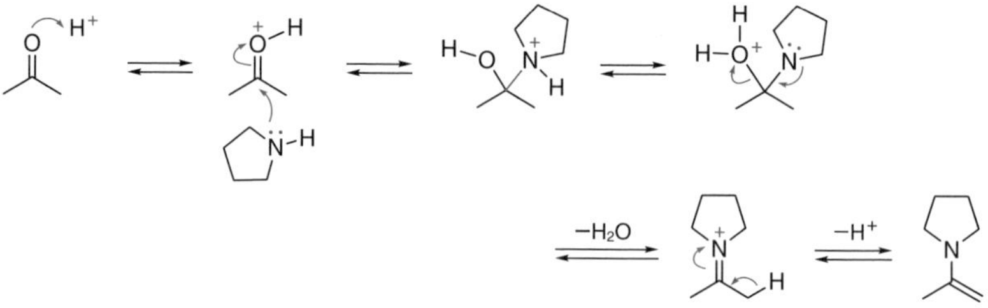

(b) 3 種類の構造が可能である. 一般に, C=C 二重結合に置換基の少ないエナミンが生成しやすい.

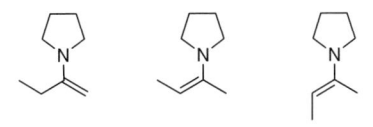

(c) エナミンの生成は平衡反応であるので，生成する水を取除きながら反応を行う．

(d) （ア）　（イ）　（ウ）

たとえば（ア）の場合，以下のように反応する．

11章　アミン

11・1　(a) 窒素原子は3個のアルキル基との結合に必要な3組の共有電子対に加えて，非共有電子対（ローンペア）をもつので，これらを収容する計4個の混成軌道を必要とする．したがって sp^3 混成をとる．非共有電子対軌道を含めた4個の sp^3 混成軌道は正四面体の中心から各頂点に向かう方向に配置する（正四面体構造）．非共有電子対を意識しなければ窒素原子は三角錐構造をとると考えることができる．

3個のアルキル基が異なっていれば，この三角錐構造はキラルであり，互いに鏡像異性体である2種類の構造を描くことができる．

(b) 窒素原子の立体配置は sp^2 混成の平面形遷移状態を経て非常に速く**反転**している．そのため二つの鏡像異性体は非常に速く相互変換しており，化合物としてはアキラルとなる．

(c) 第四級アンモニウム塩では窒素原子の反転が不可能であるので，鏡像異性体を単

離することが可能である．

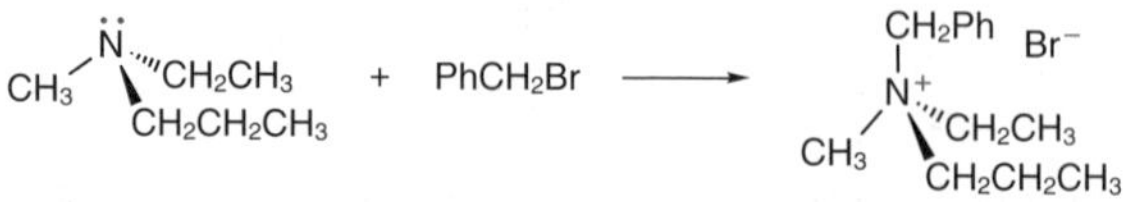

CH₃-N(CH₂CH₃)(CH₂CH₂CH₃) + PhCH₂Br ⟶ [CH₂Ph-N⁺(CH₃)(CH₂CH₃)(CH₂CH₂CH₃)] Br⁻

11·2 種々の出発物質からのブチルアミンの合成法．アミノ化の方法と炭素数の増減が重要である．

(a) 炭素数が同じアミドからの合成．アミドを LiAlH₄ で還元する．

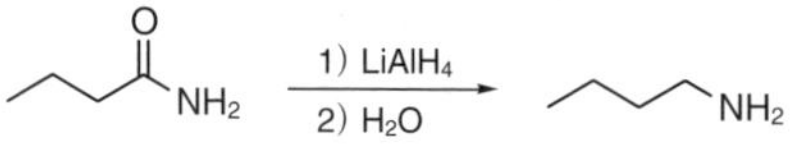

CH₃CH₂CH₂C(=O)NH₂ → 1) LiAlH₄ 2) H₂O → CH₃CH₂CH₂CH₂NH₂

(b) 炭素が一つ多いアミドからの合成．Hofmann 転位を用いる（例題 11·3(j)，p. 155 参照）．

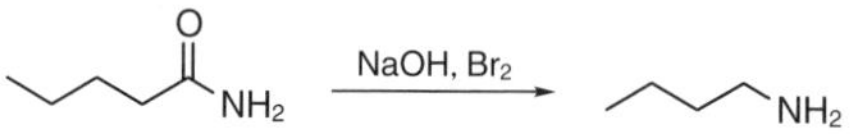

CH₃CH₂CH₂CH₂C(=O)NH₂ → NaOH, Br₂ → CH₃CH₂CH₂CH₂NH₂

(c) 炭素が一つ少ないハロゲン化アルキルからの合成．シアン化により増炭し，得られたニトリルを還元する．

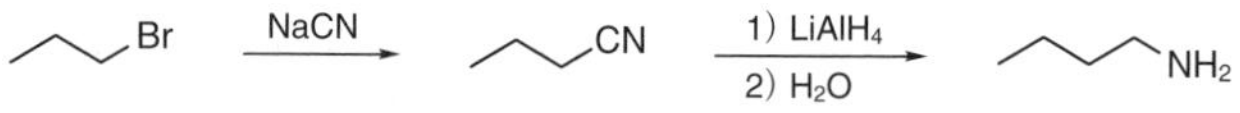

CH₃CH₂CH₂Br → NaCN → CH₃CH₂CH₂CN → 1) LiAlH₄ 2) H₂O → CH₃CH₂CH₂CH₂NH₂

(d) 炭素数が同じハロゲン化アルキルからの合成．アンモニアとの置換反応または Gabriel 法によりアミノ化する．

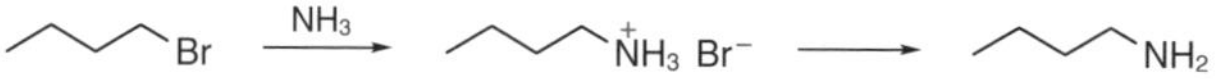

CH₃CH₂CH₂CH₂Br → NH₃ → CH₃CH₂CH₂CH₂N⁺H₃ Br⁻ ⟶ CH₃CH₂CH₂CH₂NH₂

または

CH₃CH₂CH₂CH₂Br + フタルイミドアニオン → N-ブチルフタルイミド → OH⁻, H₂O → CH₃CH₂CH₂CH₂NH₂

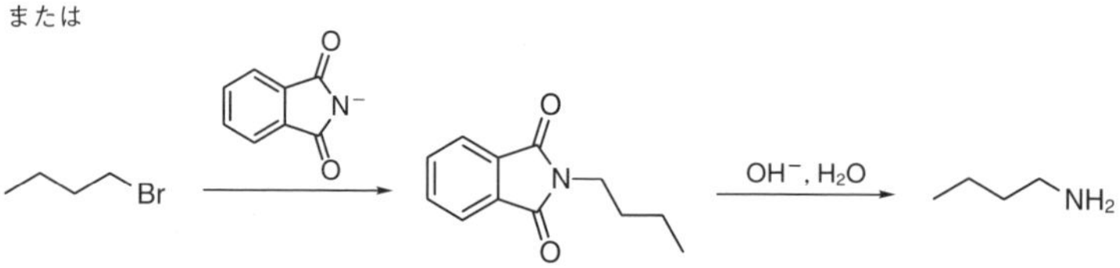

(e) 炭素数が同じカルボン酸からの合成．酸塩化物を経由してカルボン酸をアミドに変換する．あとは (a) と同じ反応を用いる．

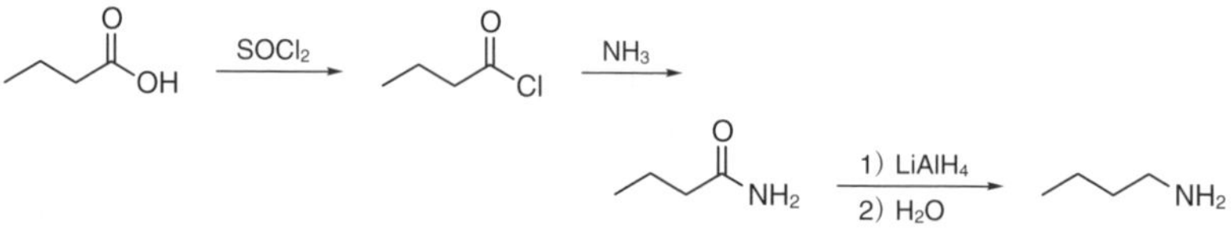

CH₃CH₂CH₂COOH → SOCl₂ → CH₃CH₂CH₂COCl → NH₃ → CH₃CH₂CH₂C(=O)NH₂ → 1) LiAlH₄ 2) H₂O → CH₃CH₂CH₂CH₂NH₂

(f) 炭素が一つ多いカルボン酸からの合成．カルボン酸の Schmidt 転位，アミドを経由した Hofmann 転位の解答例を示す．カルボン酸の Curtius 転位を用いてもよい．

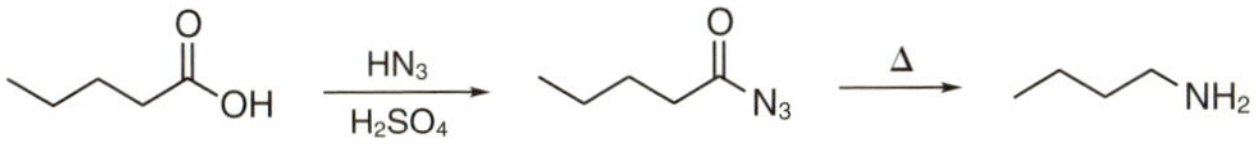

または

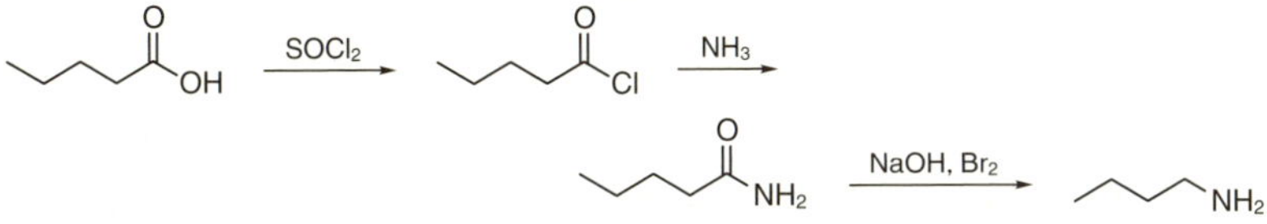

(g) 炭素数が同じアルコールからの合成．カルボン酸に酸化して，その後 (e) と同じ反応で合成する．または，アルデヒドに酸化して還元的アミノ化を行う．

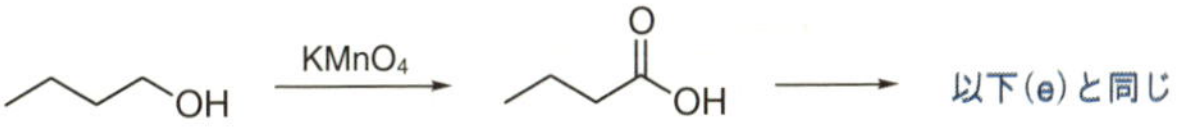

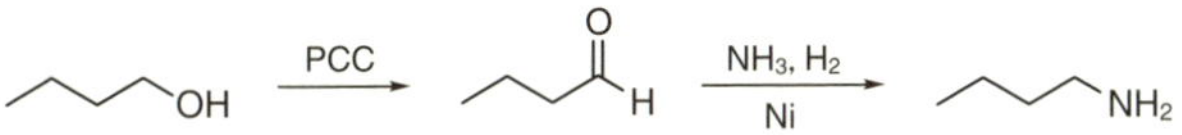

PCC：クロロクロム酸ピリジニウム

(h) 炭素が一つ多いアルケンからの合成．オゾン分解で炭素の一つ少ないアルデヒドにし，還元的アミノ化を行う．

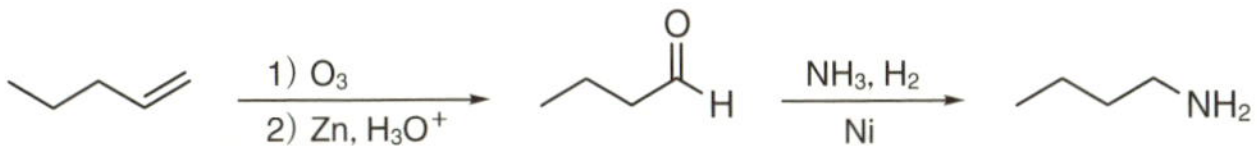

11・3 多置換ベンゼン誘導体の合成．ジアゾニウム塩の置換反応を用いてアミノ基を種々の置換基に変換する．求電子置換反応では，置換基の配向性と芳香環の反応性を考慮する．

(a)

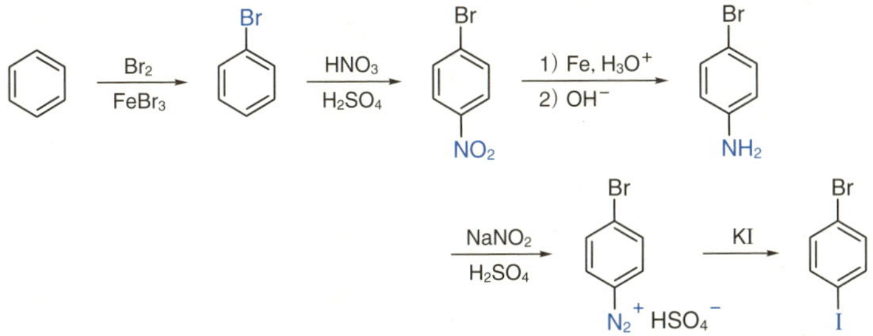

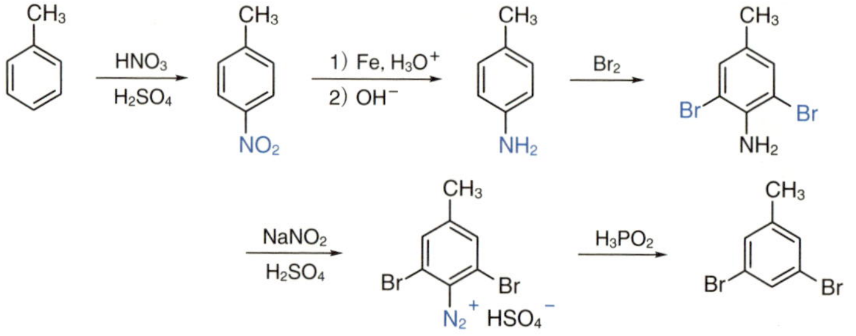

アミノ基はベンゼン環の反応性を高くするので，アニリン誘導体では触媒なしで多臭素化が容易に進行する．(e), (f) でも同様．最後の段階で，ホスフィン酸 (H_3PO_2) は還元剤として働く．

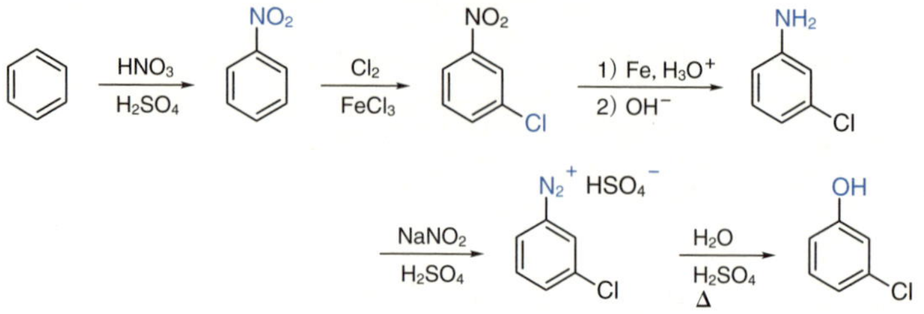

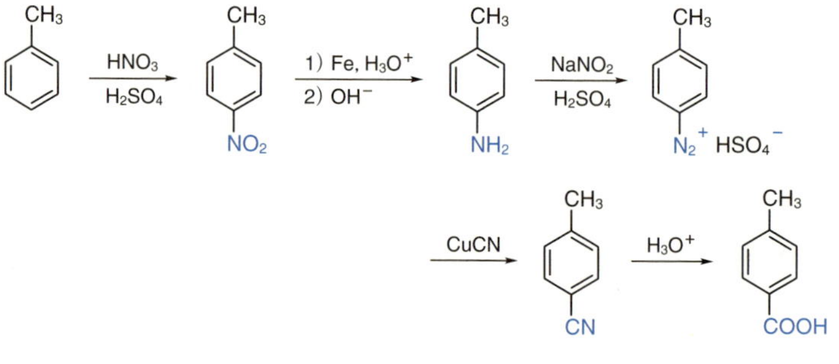

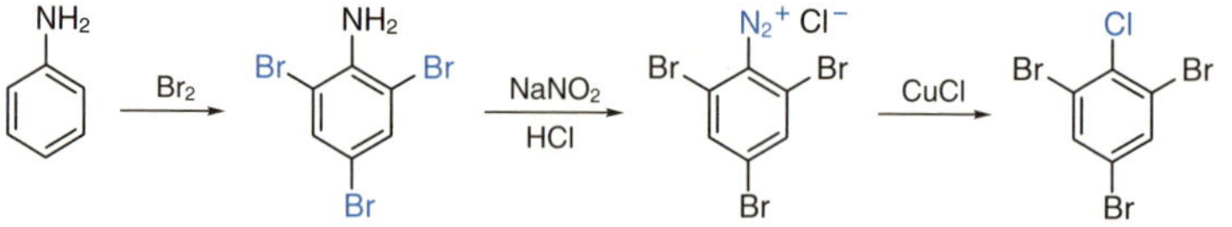

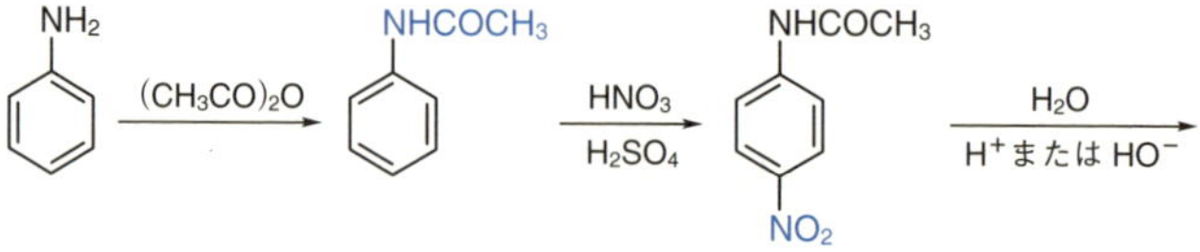

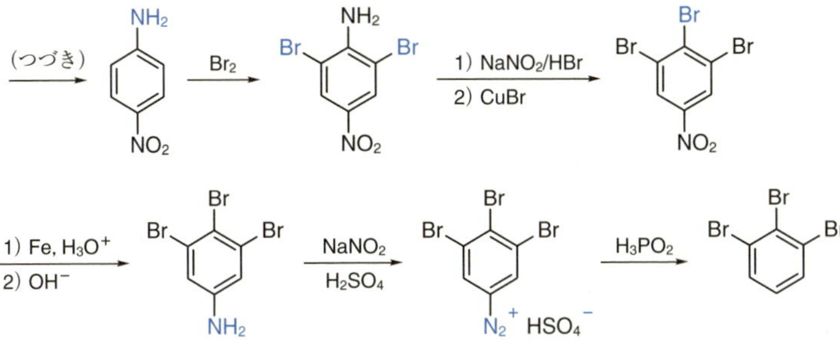

11・4 (a) 亜硝酸ナトリウムが酸と反応して亜硝酸となり，プロトン化と脱水を経てニトロソニウムイオンが生成する．

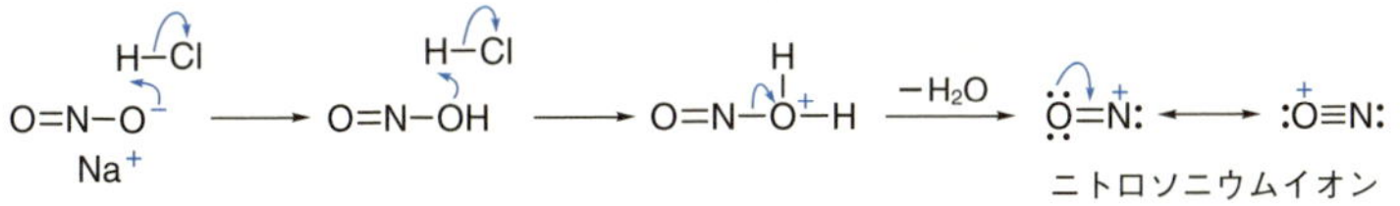

つづいてアミノ基がニトロソ化され，ニトロソアミンになる．互変異性化した後ヒドロキシ基がプロトン化され脱水すると，ジアゾニウムイオンが生成する．

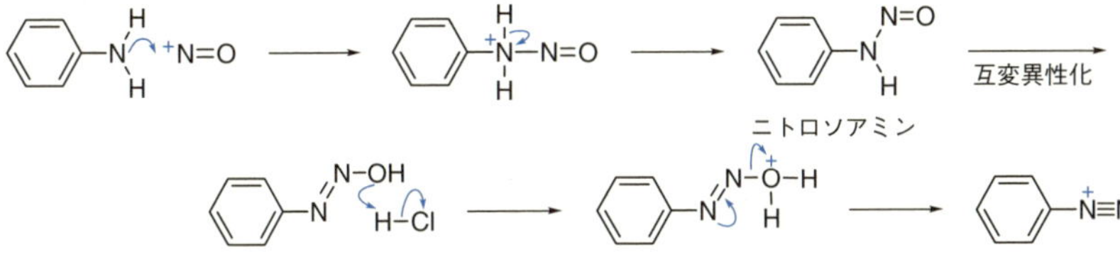

(b) 芳香族ジアゾニウムイオンは，電子供与基により活性化されたベンゼン環に対してカップリングしやすい．したがって，p-クロロアニリンから調製したジアゾニウム塩と N,N-ジメチルアニリンの組合わせが好ましい．

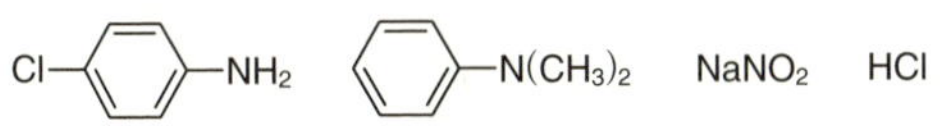

11・5 脂肪族アミンのジアゾ化によって生成するジアゾニウムイオンは，窒素分子がきわめて優れた脱離基として働くので，容易に求核置換反応を起こす．この問題のような場合は分子内置換反応が優先的に起こり，脱離する窒素に対してアンチペリプラナーの位置にある置換基が窒素分子と置換する（分子内 S_N2 反応）．基質において t-ブチル基が常にエクアトリアル位をとるので，OH と NH_2 の配向は一義的に下図に示すように

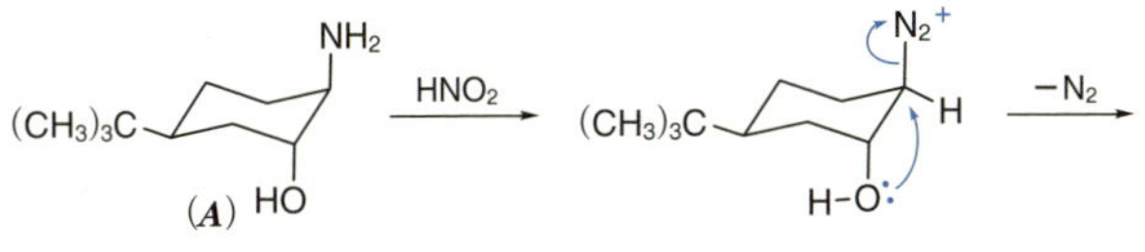

（次ページへつづく）

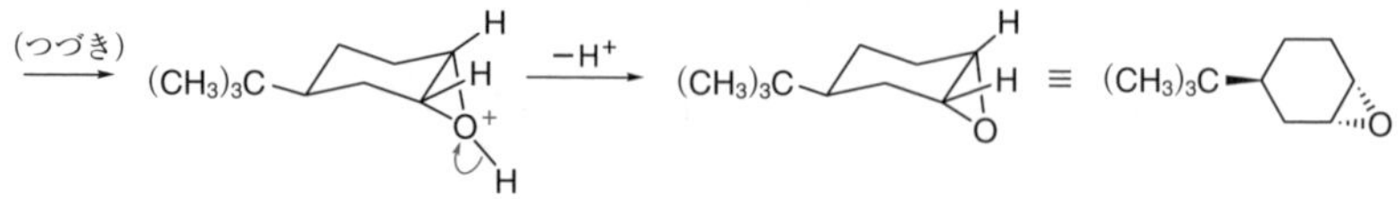

なる．したがって，異性体 (**A**) ではヒドロキシ基の酸素原子が置換反応を起こし，エポキシドを生成する．異性体 (**B**) では，シクロヘキサン環の炭素原子が転位し，最終的にアルデヒドを生成する．

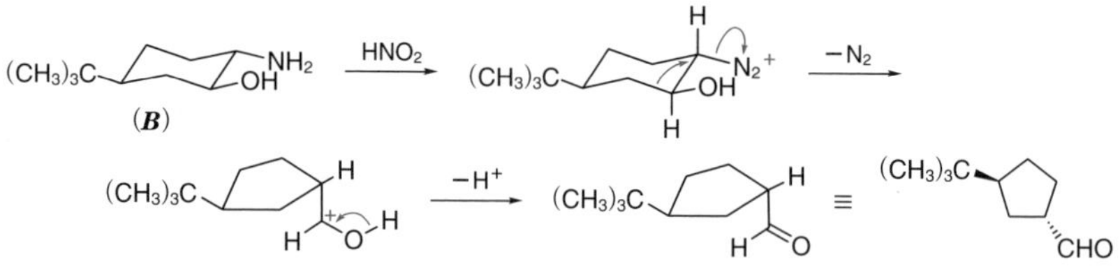

11・6 (a) Hofmann 脱離では，置換基のより少ないアルケンがおもに生成する．

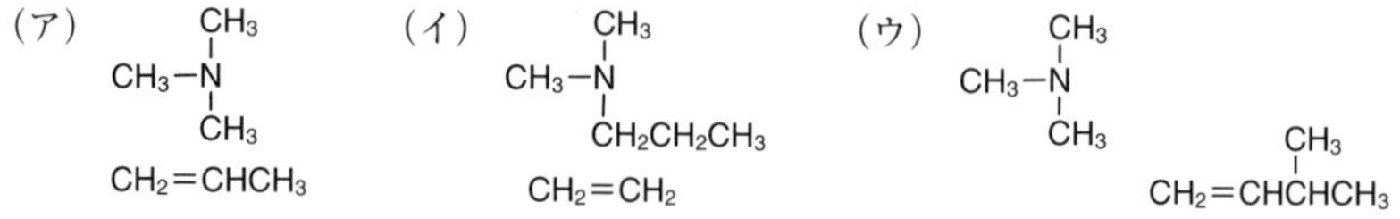

(b) 最初の段階の脱離では，末端アルケンの生成物が 2 種類考えられるが，メチル基の水素のほうが反応しやすいため (**1**) が主生成物になる．

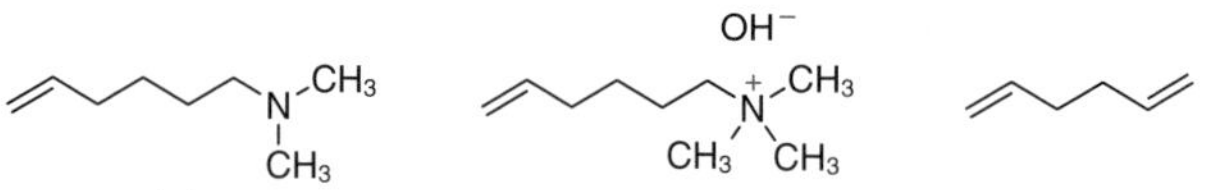

(c) スルホニウム塩の脱離反応も，Hofmann 脱離と同様な位置選択性を示す．

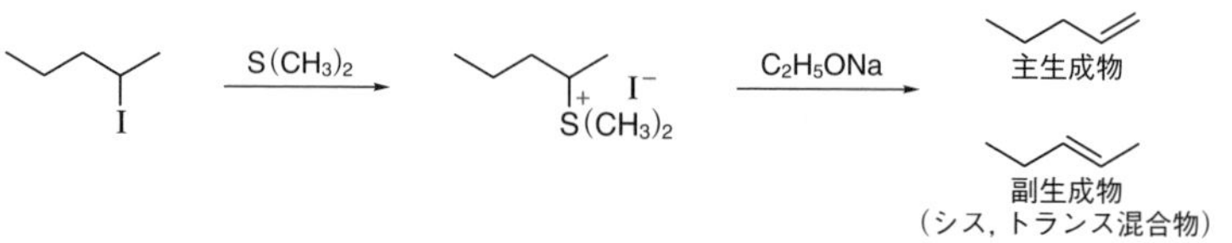

11・7 (a) 亜硝酸ナトリウムと塩酸から生じたニトロソニウムイオンが，N,N-ジメチルアニリンのパラ位を求電子攻撃する．生じたカルボカチオン中間体は下記の共鳴に

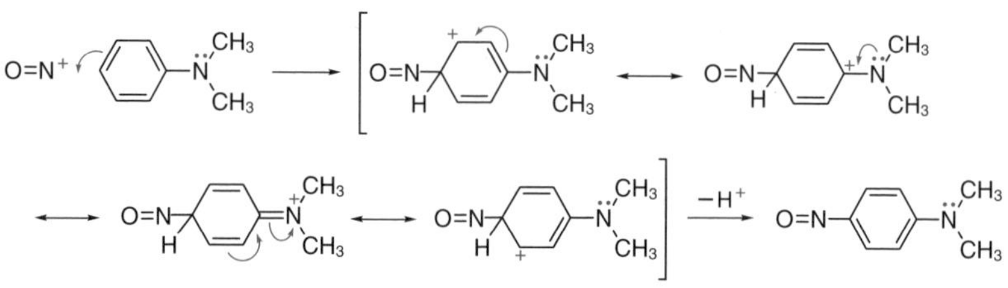

よって安定化されている. 脱プロトンが起こりニトロソ化された最終生成物が得られる. ニトロソニウムイオンの求電子性はそれほど高くないので, ニトロソ化が起こるのはジメチルアミノ基などによって活性化されている場合だけである.

(b) 1,2-ジフェニルヒドラジンが強酸によりプロトン化され, N–N 結合が解離するとともにベンゼンのパラ位で C–C 結合ができる ([5,5]シグマトロピーの一種). 転位生成物が脱プロトンを起こすとビフェニル誘導体になる. ベンジジン転位とよばれる.

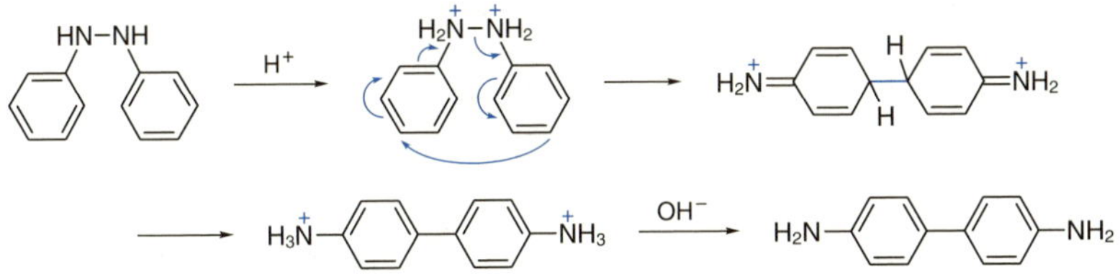

(c) ジアゾニウム塩とテトラフルオロホウ酸から調製される BF_4^- 塩は比較的安定であり, これを固体として取出したのち加熱すると, 穏やかに分解してフッ素化生成物 (この場合 *p*-フルオロトルエン) が得られる. 芳香族フッ素化合物の合成に有用であり, Schiemann (シーマン) 反応とよばれる.

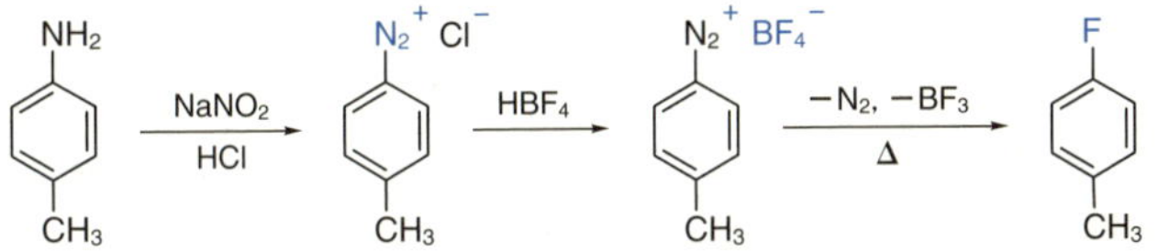

(d) アミドイオンがピリジンの 2 位炭素に求核攻撃し, 共鳴により安定化されたカルボアニオン中間体になる. アミドイオンが中間体から水素化物イオンを引抜くと, 2-アミノピリジンが生成する. 求核置換反応によるアミノ化であり, Chichibabin (チチバビン) 反応とよばれる.

11・8 (a) カルボン酸の α 臭素化と (Hell-Volhard-Zelinsky (ヘル フォルハルト ゼリンスキー) 反応, p. 249 参照), それにつづくアミノ化による α-アミノ酸の合成.

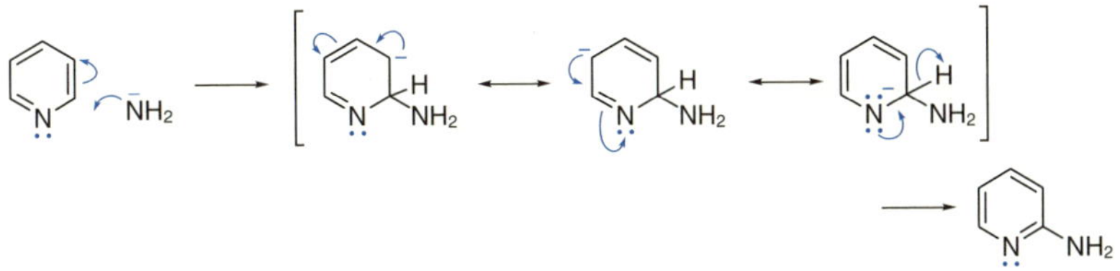

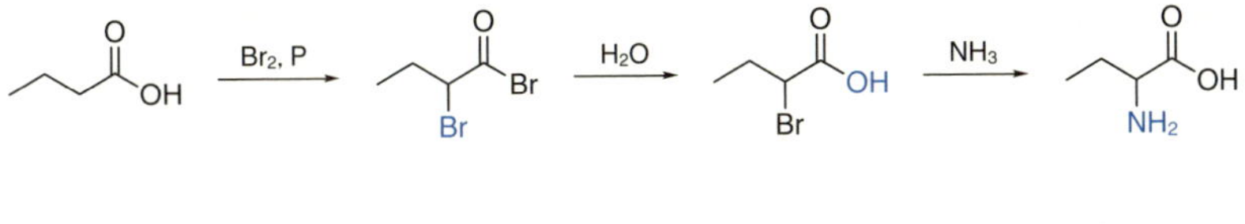

(b) アルデヒドに対してアンモニアが反応して，イミンが生成したのち HCN が付加すると，α-アミノニトリルが生じる．これを酸で加水分解すると，α-アミノ酸が得られる（Strecker 反応）．

PhCH₂CHO →(NH₃) PhCH₂CH=NH →(HCN) PhCH₂CH(NH₂)CN →(H₃O⁺) PhCH₂CH(NH₂)COOH

11·9 (a) (**4**) フェニルアラニン (**5**) ロイシン

(b)

t-BuO–C(=O)–NH–CH(CH₂Ph)–COOH (**6**)

H₂N–CH(CH₂CH(CH₃)₂)–COO–CH₂Ph (**7**)

t-BuO–C(=O)–NH–CH(CH₂Ph)–CONH–CH(CH₂CH(CH₃)₂)–COO–CH₂Ph (**8**)

H₂N–CH(CH₂Ph)–CONH–CH(CH₂CH(CH₃)₂)–COO–CH₂Ph (**9**)

H₂N–CH(CH₂Ph)–CONH–CH(CH₂CH(CH₃)₂)–COOH (**10**)

典型的なジペプチドの合成法である．(**4**) から (**6**) は t-ブトキシカルボニル化によるアミノ基の保護，(**5**) から (**7**) はベンジルエステル化によるカルボキシ基の保護である．DCC により (**6**) と (**7**) を縮合してアミド結合をつくり，トリフルオロ酢酸により t-ブトキシカルボニル基を除去し，水素化によりベンジル基を除去する．

(c) 4 種類．それぞれのアミノ酸が R 体と S 体の混合物であるので，ジペプチドには (R,R), (R,S), (S,R), (S,S)〔(**4**), (**5**) の立体配置の順とする〕の 4 種類の立体異性体が可能である．(R,R) と (S,S) および (R,S) と (S,R) の組合わせはそれぞれ鏡像異性体であり，それ以外の組合わせはジアステレオマーである．

12 章　ペリ環状反応

12·1 (a)

(**1**) シス縮環 テトラヒドロフタル酸無水物　(**2**) シス-1,2-ビス(ヒドロキシメチル)シクロヘキサン　(**3**) シス-1,2-シクロヘキサンジカルバルデヒド　(**4**) シス-1,2-ジビニルシクロヘキサン

(b) (ア) Diels-Alder 反応　(イ) Wittig 反応　(ウ) Cope 転位

12·2 (a) 加熱によりシクロブテン誘導体が開環する．このとき，開環は同旋で起こるので，生じるジエンは E,Z 体である．これに対して，(Z)-1,2-ジシアノエテンがジエ

ノフィルとして反応すると，Diels-Alder 付加体ができる．ここで，二つのメチル基が環に対してトランスであるのはジエンの立体化学によるもので，二つのシアノ基がシスであるのはジエノフィルの立体化学によるものである．

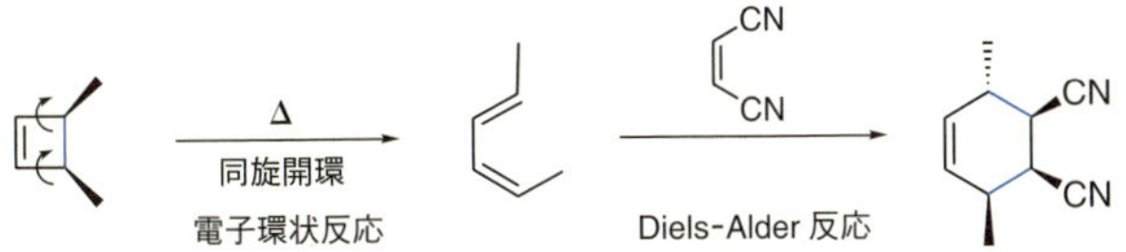

(b) アリルフェニルエーテル誘導体の[3,3]シグマトロピー転位．最初の Claisen 転位で，アリル基が酸素置換基のオルト位に移動する．つづいて Cope 転位が起こり，アリル基がパラ位に移動する．異性化により芳香族性が回復し，アリルフェノール誘導体になる．

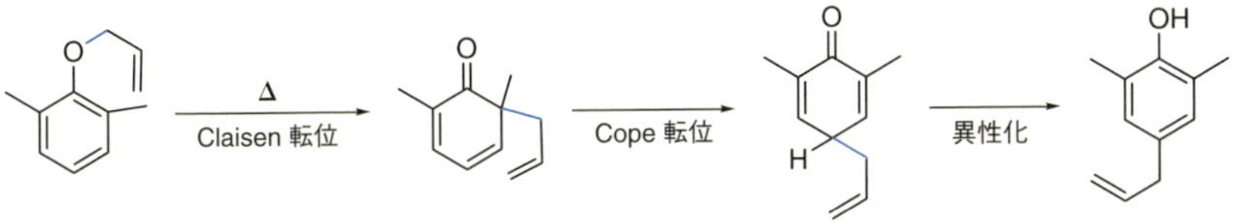

もし，2,6位のメチル基がない化合物で同じ反応を行うと，オルト位に転位した段階で芳香族化できるので，生成物は 2-アリルフェノールになる．

(c) 電子環状反応による開環と閉環．熱によるシクロブテン環の開環が同旋で起こり，一つだけ E の立体化学をもつシクロデカペンタエンが生成する．つづいて，熱によりトリエン部分の閉環が逆旋で起こり，トランス体のビシクロ[4.4.0]デカン誘導体になる．

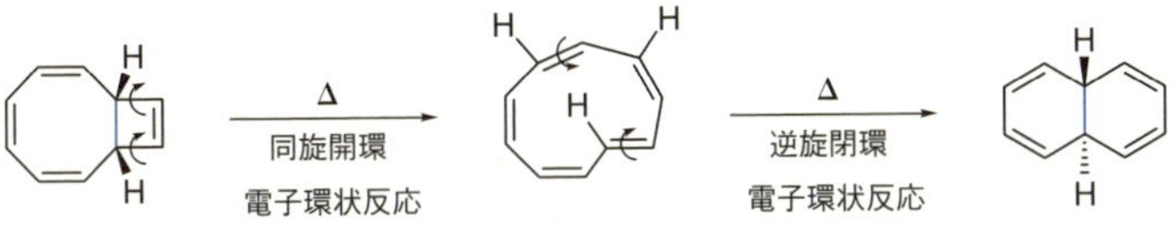

(d) 光による[1,5]シグマトロピー転位．メチル基の水素の一つが，ペンタジエニルの π 系の末端に移動する反応．光による反応ではアンタラ形で進行する．

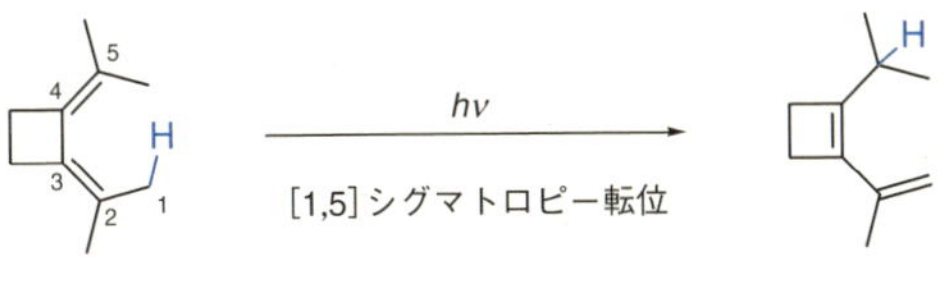

12・3 (a) シクロペンタジエンとアクリル酸メチルの Diels-Alder 反応．付加生成物では，メトキシカルボニル基がビシクロ環に対してエンドとエキソにある立体異性体が可能である．遷移状態におけるジエンの HOMO とジエノフィルの LUMO の相互作用を考

える．ここで，後者ではカルボニル基の部分にも軌道が広がっている．エンド体の場合だけ，ジエノフィルのカルボニル炭素の軌道とジエン炭素の軌道間に二次的な結合性相互作用（図中破線で表示）があり，これが遷移状態を安定化させる．したがって，エンド体が主生成物である（**エンド則**）．

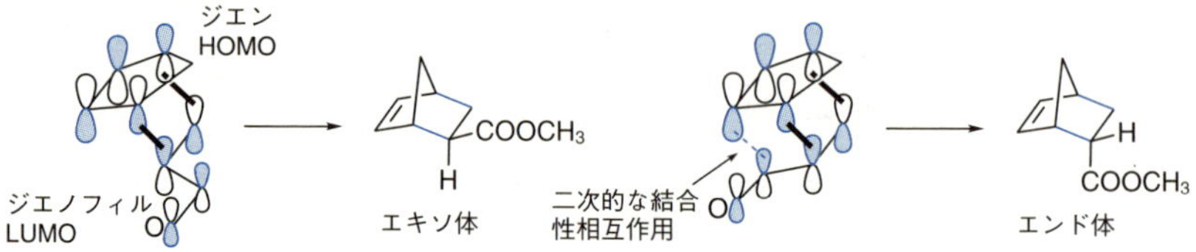

（b）置換ジエンと置換エチレンの Diels-Alder 反応．ジエンの HOMO とジエノフィルの LUMO の係数の大きさは置換基によって影響を受ける．ジエンの 1 位にメチル基（電子供与基）が置換すると，HOMO の係数の絶対値は 1 位より 4 位で大きくなる．エチレンにメトキシカルボニル基（電子求引基）が置換すると，LUMO の係数の絶対値は置換基から遠い炭素で大きくなる．付加環化するときに，HOMO と LUMO の係数の絶対値の大きいものどうしが重なるほうがエネルギー的に有利であり，3,4-置換シクロヘキセン誘導体が主生成物になる．

π系両端炭素の係数の絶対値を円の大きさで示す

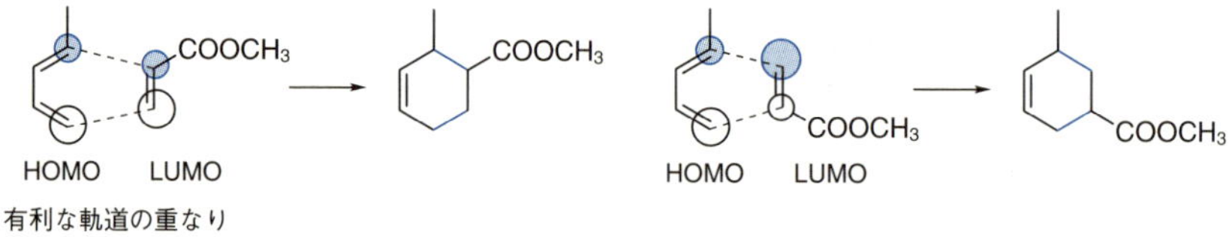

（c）Cope 転位の立体選択性．［3,3］シグマトロピー転位では，二つの π 系の重なり方には以下の 2 種類の様式がある．いす形遷移状態からは *E,Z* 体，舟形遷移状態からは

いす形遷移状態

舟形遷移状態

E,E 体のジエンが生成するはずである．このうち，いす形遷移状態のほうが安定であるので，主生成物は（*E,Z*)-2,6-オクタジエンである（別の舟形遷移状態から *Z,Z* 体が生成する可能性があるが，非常に不安定なので除外する）．

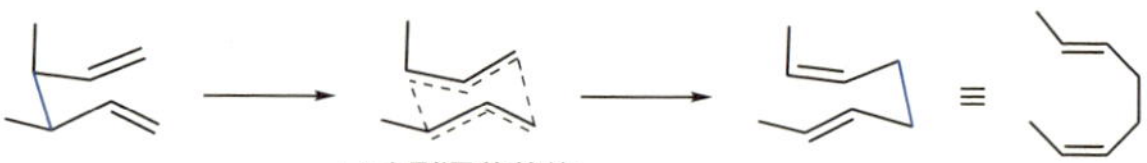

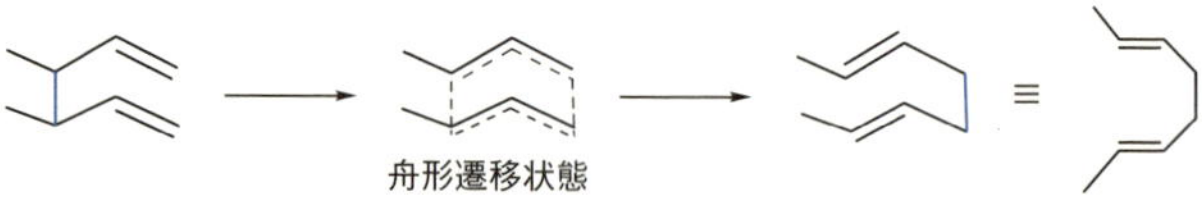

12・4 構造中には太線で示した1,5-ヘキサジエンの骨格があり，この部分が[3,3]シグマトロピー転位（Cope転位）を起こすと同じ構造の分子が生じる（**縮重転位**）．低温ではこの転位が遅く，^{13}C NMRスペクトルでa～eの炭素は別々のシグナルとして観測される．高温ではこの平衡が速くなり，aとeおよびbとdのシグナルはそれぞれ平均化され，cのシグナルと合わせてシグナルは3種類になる．

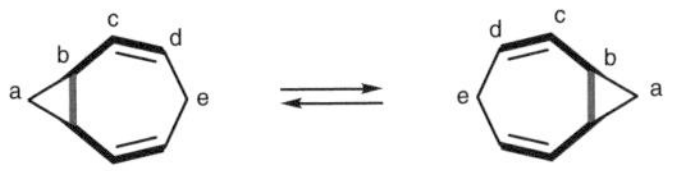

12・5 (a) Cope転位ではいす形遷移状態が有利である．メチル基とフェニル基が両方ともエクアトリアルにあるいす形遷移状態を経由して反応が進行すると，立体特異的に1*E*,3*S*,5*E* のジエンが生じる．

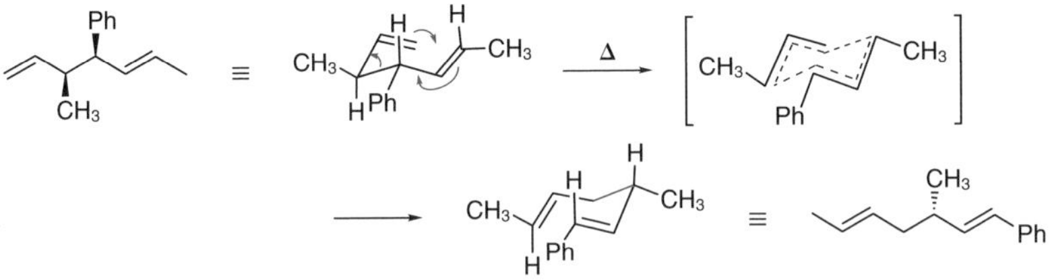

(b) 反応物はアリルビニルエーテル誘導体であり，加熱するとClaisen転位が進行する．転位生成物はβ位にカルボニル基をもつカルボン酸であり，容易に脱炭酸して4-ペンテナール誘導体を与える．

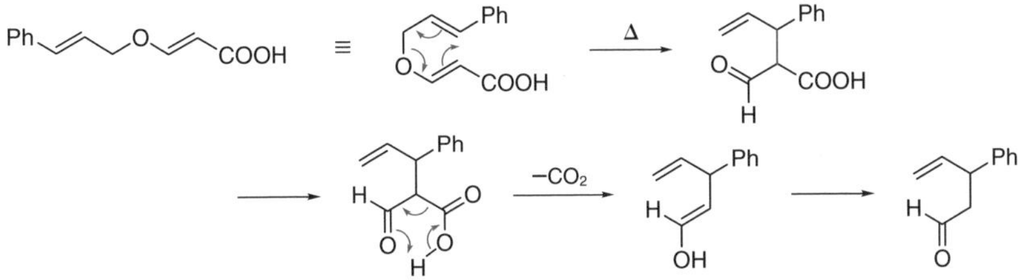

(c) 1,3,5,7-シクロオクタテトラエンを加熱すると，ヘキサトリエン部分が逆旋により閉環してビシクロ骨格をもつ化合物を与える．この生成物のジエン部分に対して，良好なジエノフィルであるテトラシアノエテンが立体障害の小さい側から反応すると，最終生成物が得られる．

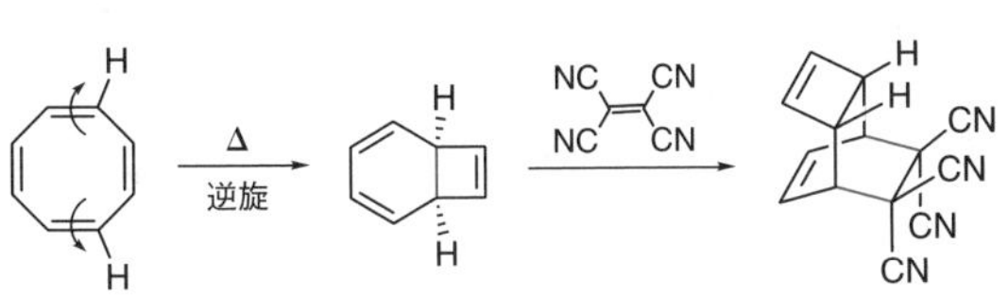

12・6 (a) オキシCope転位

(b) ニトロンのアルケンへの付加．ニトロンは右下の共鳴により 1,3-双極子として反応する．アルケンへの付加は [4+2] 付加環化の一種である．この反応で優先的に生成するのは，ニトロンの酸素がスチレンのフェニル基に近いアルケン炭素と結合した付加環化生成物である．オゾンも 1,3-双極子の一つである．

(c) 光 [2+2] 付加環化

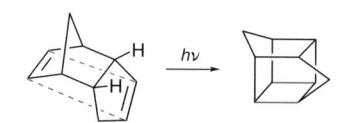

(d) 光 [4+4] 付加環化

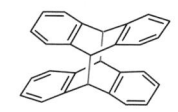

13章　スペクトルによる構造解析

13・1

おもな推定根拠は次のとおり．

(a) は IR の 3335 cm^{-1} からアルコール．^{1}H NMR の水素数から飽和，メチル基が 1 個であることから直鎖．

(b) は IR の 1720 cm^{-1} からケトンまたはアルデヒド．^{1}H NMR で 1 H のシグナルがないことからケトン，シグナルの多重度からエチル基．

(c) は IR からアルコールでもカルボニル化合物でもないのでエーテル．^{1}H NMR のシグナルの多重度からエチル基．

(d) は IR の 1740 cm^{-1} からケトンまたはアルデヒド．^{1}H NMR で δ 9.63 (1 H, s) からア

ルデヒド，シグナルの多重度からイソプロピル基．

(e)は IR からアルコールでもカルボニル化合物でもないのでエーテル．^{13}C NMR で 2 種類の飽和炭素．^{1}H NMR で同数の水素からなる 2 種類のシグナル．

(f)は IR の 3360 cm^{-1} からアルコール．^{1}H NMR，^{13}C NMR から t-ブチル基．

13・2

(a) (b) (c) (d)
(e) (f) (g) (h)
(i) (j)

おもな推定根拠（特に官能基）は次のとおり．

(a)は IR の～3200, 1700 cm^{-1} と ^{1}H NMR の δ 12.0 からカルボン酸．

(b)は IR の 1685 cm^{-1} から共役ケトンあるいはアルデヒド．^{1}H NMR の δ 9.88 からアルデヒド．

(c)はすべて sp^2 混成炭素．分子の対称性．

(d)は IR の 3185, 1650 cm^{-1} から独立した OH と C=O（共役ケトン）．

(e)は IR の 1705 cm^{-1} から飽和ケトン．

(f)は IR から 2 種類のカルボニル基．^{13}C NMR から一方はケトン（δ 207），他方はエステル（δ 173）．

(g)は ^{13}C NMR の δ 170 からエステル．IR の 1760 cm^{-1} からフェノールのエステル．

(h)は IR の 2270 cm^{-1} から三重結合(C≡N)，1745 cm^{-1} からエステル．

(i)は IR の 1730 cm^{-1} からエステル．対称性からメタ置換．

(j)は IR の 1710 cm^{-1} から飽和ケトン．

13・3

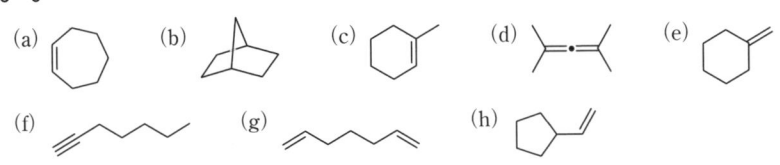

(a) (b) (c) (d) (e)
(f) (g) (h)

不飽和度 2 から，二重結合 2 個，三重結合 1 個，環 2 個，二重結合と環 1 個ずつの 4 通りが考えられる．同じシグナルを与える炭素の数から，分子の対称性を考え，化学シフトと級数から可能な構造を推定する．

(d)のアレンはやや特殊で，中央の sp 混成炭素はアルキンの sp 炭素がほぼ δ 65～90 に現れるのとは対照的に δ 200 付近の低磁場に現れ，両端の sp^2 混成炭素は通常のアルケン炭素（δ 110～150）より高磁場の δ 80～100 に現れる．

13・4

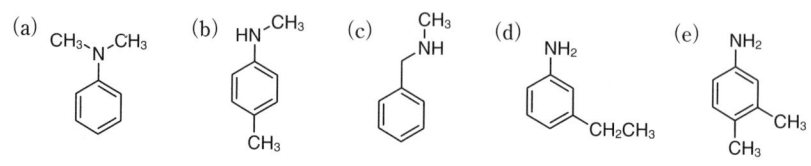

(a) CH₃–N(CH₃)–C₆H₅ (b) HN(CH₃)–C₆H₄–CH₃ (para) (c) C₆H₅–CH₂–NH–CH₃ (d) m-NH₂–C₆H₄–CH₂CH₃ (e) NH₂–C₆H₃(CH₃)₂

ベンゼンのほかに炭素 2 個と窒素 1 個からなる置換基をもつことから，アニリンまたはフェニルアルキルアミン誘導体である．^{1}H NMR の幅広い NH ピークの強度と IR の NH 伸縮振動の本数から，窒素の置換基の数がわかる．

	^{1}H NMR（NH シグナル）	IR（NH 伸縮）
第一級アミン	2 H	2 本（対称伸縮と逆対称伸縮）
第二級アミン	1 H	1 本
第三級アミン	なし	なし

また，芳香族プロトンおよび炭素のシグナル数と多重度から，ベンゼン環の置換基数と位置がわかる．

(a)は一置換ベンゼンの第三級アミンである．(b)はパラ二置換ベンゼンの第二級アミンである．(c)は一置換ベンゼンの第一級アミンであり，2 H 一重線の存在からベンジルアミン誘導体である．(d)はエチル基をもつメタ二置換ベンゼンの第一級アミンである．(e)は三置換ベンゼンの第一級アミンである．アミノ基のオルトプロトンが比較的高磁場に 2 H 現れていることから，メチル基はメタまたはパラ位に置換している．

13・5

(**1**)，(**2**)ともに，^{1}H NMR からは一置換ベンゼンであることとメチル基をもつことが，IR からはカルボニル基（おそらくアミド）があることが推定される．これでアセトアニリドと N-メチルベンズアミドに絞られる．メチル基の化学シフトから(**1**)がアセトアニリドと考えられ，加水分解生成物の分子量（アニリン：93.1，安息香酸：122.1）から裏付けられる．

(**1**) C₆H₅–NH–C(=O)–CH₃   (**2**) C₆H₅–C(=O)–NH–CH₃

13・6

(a) CH₃–CH(Cl)–C(=O)– (クロロアセトン系)   (b) CH₃–CH₂–CH₂–C(=O)–Cl   (c) Cl–CH₂–CH₂–O–CH=CH₂

IRから(a)はケトンまたはアルデヒド，(b)は酸塩化物，(c)はカルボニル基をもたないと推定され，^{13}C NMR もそれを支持する．^{1}H NMR から(a)はメチル基を二つ，(b)はプロピル基，(c)はビニル基と $-CH_2CH_2-$ 部分をもつことがわかり，構造が決まる．

13・7

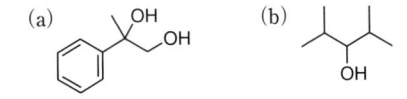

(a) 2-フェニル-1,2-プロパンジオール（OH, OH をもつベンジル構造）
(b) 2,4-ジメチル-3-ペンタノール

(a)は IR で 3410 cm^{-1} に OH 伸縮振動と考えられる吸収があり，NMR でこれに対応するシグナルとしては δ 2.95 の 2H の幅広いシグナルしか考えられないので，OH が 2 個あると推定される．δ 1.47 はメチル基であり，化学シフトと一重線であることから水素をもたない炭素原子に結合している（$CH_3C\leftarrow$）と考えられる．芳香族領域に 5H のシグナルがあることから，一置換ベンゼンと判断される．分子式から残りは CH_2 であり，これらを組合わせて考えられる妥当な構造は 2-フェニル-1,2-プロパンジオールだけである．この分子はキラルであり，キラル中心に隣接するメチレン水素はジアステレオトピックであり，磁気的に非等価となる（例題 13・2(d) 参照）．したがって δ 3.54 および 3.70 に互いにスピン結合($J=11$ Hz) した 2 個のシグナルとして観測される．

(b)は IR から OH があることがわかる．δ 0.91 のシグナルから隣接炭素に水素 1 個をもつメチル基が 4 個あると判断され，J 値をたどると，その隣接水素は δ 1.75 にあり，メチル基水素によって七重線に分裂しているということがわかる．すなわちイソプロピル基が 2 個あると結論される．分子式から残りの炭素原子は 1 個だけであるから，構造は 2,4-ジメチル-3-ペンタノールとなる．δ 1.42 のシグナルは OH に帰属され，3 位水素は δ 3.01 にあり，2 位，4 位の水素および OH と $J=5.7$ Hz でスピン結合している．イソプロピル基の二つのメチル基はジアステレオトピックであり，磁気的に非等価になるはずであるが，^{1}H NMR では等価に現れている．しかし ^{13}C NMR では δ 16.9 と 19.8 に非等価に観測されている．

13・8 (a) アミドの C–N 結合は，以下の共鳴により部分的に二重結合の性質をもつ．その結果，結合の回転が室温では遅く，窒素に置換した二つのメチル基は ^{1}H NMR で別々に観測される．温度を上げていくと，これらのシグナルは幅広くなり，最終的に 1 本のシグナルに変化する．

（アミドの共鳴構造: $O=C(H)-N(CH_3)_2 \leftrightarrow {}^-O-C(H)=N^+(CH_3)_2$）

(b) cis-1,4-ジメチルシクロヘキサンのいす形配座では，一方のメチル基はアキシアル，他方はエクアトリアルにある．いす形配座間の反転が遅いと，a～f の 6 本のシグナルが観測される．反転すると a と f，b と e，c と d の化学シフトが互いに入れ替わるので，室温で反転が速いと平均化された 3 本のシグナルが観測される．

13・9 ケト-エノール互変異性による平衡が成立している．異性化は NMR 時間尺度で遅いので，両異性体が NMR で別個に観測される．(**3**)は強度比 3:2 の 2 種類のシグナルがあることからケト形に，(**4**)は強度比 3:1:1 からエノール形に帰属される．後者は 2 種類のエノール構造の速い平衡にあり，この二つは NMR では区別できない．エノール形の OH は非常に強い分子内水素結合のため，きわめて低磁場に現れる（例題 13・6 参照）．IR で 1700 cm^{-1} 付近に通常のケトンの C=O 伸縮振動に基づくピークがみられないことから，液体状態で平衡は圧倒的にエノール形に偏っていると判断される（エノール形の C=O 伸縮振動は強い分子内水素結合のために 1600 cm^{-1} まで低波数シフトしている）．CDCl$_3$ 中でもエノール形(**4**)が主成分である．

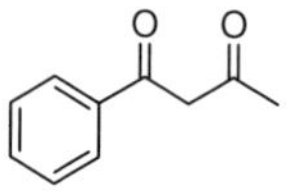

13・10 この分子の 5 個の二重結合は完全に同一平面上にはないものの，その p 軌道は互いに重なり合うことができ，周辺 10 π 環状共役系を形成する．したがって Hückel 則に基づいて芳香族性を示す（5 章参照）．すなわち π 系に沿って反磁性環電流が誘起され，環周辺にあるアルケン水素は非遮蔽化されて，通常のアルケン水素よりも低磁場に現れる（ベンゼンと同様である）．一方，環の上方に位置するメチレン水素は遮蔽されて，通常のアルカン水素よりも高磁場に現れる．

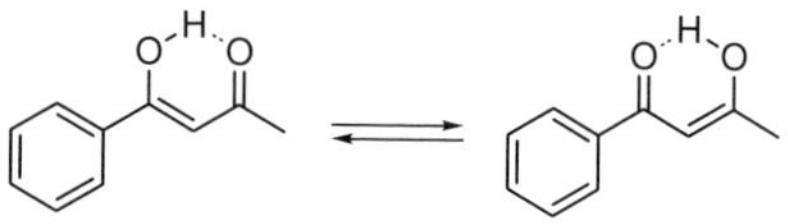

14 章 総合問題

14・1 有機化合物の合成において炭素鎖をのばす手段として，炭素−炭素結合生成反応は非常に重要である．それは基本的に炭素求核試薬と炭素求電子試薬との反応である．炭素求核試薬として，エノラートイオン，シアン化物イオン，アセチリドイオン，有機金属化合物などがあり，炭素求電子試薬としてハロゲン化アルキル，カルボニル化合物，エポキシドなどがある．

(a) ハロゲン化アルキルから炭素が 1 個多いカルボン酸の合成．次の二つが典型的なものである．後者は第三級のハロゲン化アルキルには使えない．

$$C_2H_5Br \xrightarrow{Mg} \xrightarrow[2) H_3O^+]{1) CO_2} C_2H_5COOH$$

演習問題解答: 14章

$$C_2H_5Br \xrightarrow[M=Na, K]{MCN} C_2H_5CN \xrightarrow[H^+ \text{または} OH^-]{H_2O} C_2H_5COOH$$

(b) ハロゲン化アルキルから炭素が2個多いカルボン酸の合成．マロン酸エステル合成が典型的であるが，第一級ハロゲン化アルキルに限定される．

$$H_2C(COOC_2H_5)_2 \xrightarrow[C_2H_5OH]{NaOC_2H_5} \xrightarrow{C_2H_5Br} C_2H_5CH(COOC_2H_5)_2 \xrightarrow[H^+ \text{または} OH^-]{H_2O} \xrightarrow[H_3O^+]{\Delta} \text{CH}_3\text{CH}_2\text{CH}_2\text{COOH}$$

Grignard 試薬によるエポキシドの開環反応によって，炭素が2個多いアルコールとしたのち酸化するのも一つの方法である．

$$C_2H_5Br \xrightarrow{Mg} \xrightarrow[2) H_3O^+]{1) \text{エポキシド}} \text{C}_4\text{H}_9\text{OH} \xrightarrow[H_2SO_4]{CrO_3} \text{C}_3\text{H}_7\text{COOH}$$

一度に炭素を2個増やす方法を思い出せなければ，1個ずつ増やす方法を考える．たとえば以下の方法がある．

$$C_2H_5Br \xrightarrow{Mg} \xrightarrow[2) H_3O^+]{1) CH_2=O} \text{C}_3\text{H}_7\text{OH} \xrightarrow{SOCl_2} \text{C}_3\text{H}_7\text{Cl} \xrightarrow{Mg} \xrightarrow[2) H_3O^+]{1) CO_2} \text{C}_3\text{H}_7\text{COOH}$$

(c) ハロゲン化アルキルから炭素が3個多いメチルケトンの合成．アセト酢酸エステル合成が典型的な方法である．

$$H_2C(COCH_3)(COOC_2H_5) \xrightarrow[C_2H_5OH]{NaOC_2H_5} \xrightarrow{C_2H_5Br} C_2H_5CH(COCH_3)(COOC_2H_5) \xrightarrow[H^+ \text{または} OH^-]{H_2O} \xrightarrow[H_3O^+]{\Delta} \text{CH}_3\text{COCH}_2\text{CH}_2\text{CH}_3$$

Grignard 試薬とプロピレンオキシドの反応も一つの方法．この反応は S_N2 反応であり，立体障害の少ない炭素を攻撃する．生成したアルコールを酸化してケトンとする．

$$C_2H_5Br \xrightarrow{Mg} \xrightarrow[2) H_3O^+]{1) \text{プロピレンオキシド}} \text{CH}_3\text{CH(OH)CH}_2\text{CH}_2\text{CH}_3 \xrightarrow[H_2SO_4]{CrO_3} \text{CH}_3\text{COCH}_2\text{CH}_2\text{CH}_3$$

一度に炭素を3個増やす方法を思い出せなければ，数段階に分けて増やす方法を考える．たとえば以下の方法がある．

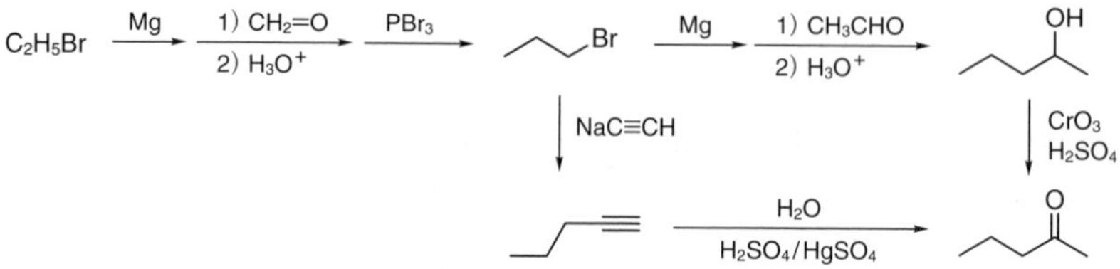

(d) ベンゼン環への炭素置換基の導入の典型例となる．

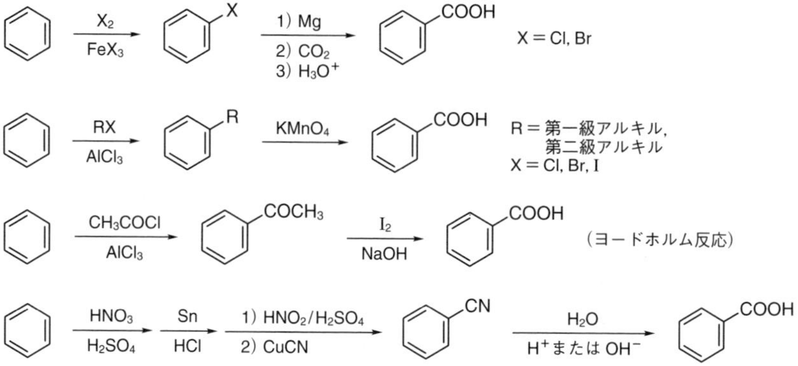

14・2 (a) プロピル基を Friedel-Crafts アルキル化で直接導入することはできないので（例題4・8参照），プロパノイル基を Friedel-Crafts アシル化で導入した後，Wolff-Kishner 還元あるいは Clemmensen 還元でプロピル基とする．Br を3位に入れるにはニトロ化合物の段階で臭素化する必要がある．

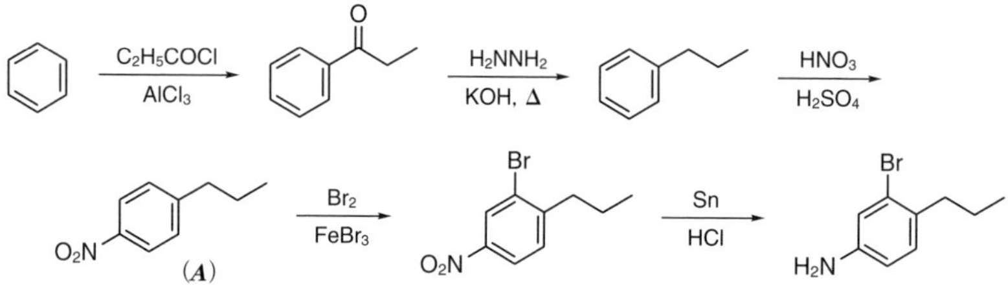

(b) Br を2位に入れるにはプロピル基より活性化能の大きな基が1位になければならない．しかしアミノ基のままでは活性化能が大きすぎて Br_2 との反応で2,6位に二つ Br が入ってしまうので，アミノ基をアセチル化して活性化能を低下させておく必要がある．ベンゼンから (**A**) までの合成は(a)と同じ．

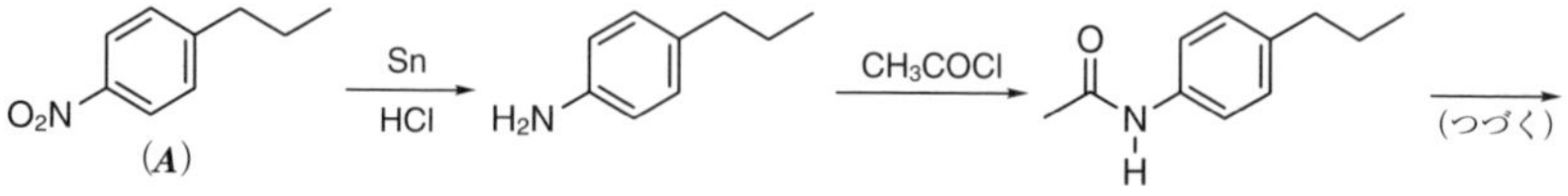

(つづく)

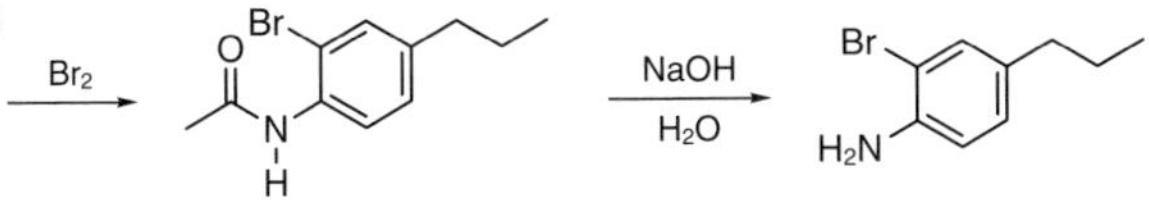

(c) ニトロベンゼンに対して Friedel-Crafts アルキル化を行うことはできないので，イソプロピル基を先に導入しておかなければならない．

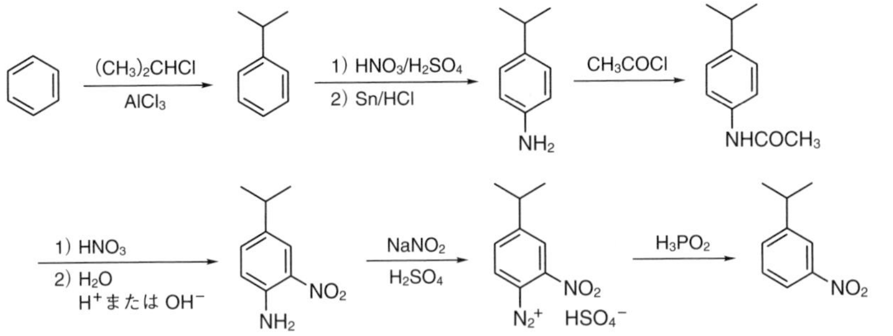

(d) イソプロピルベンゼンの直接ニトロ化ではオルト体の生成は少ない．

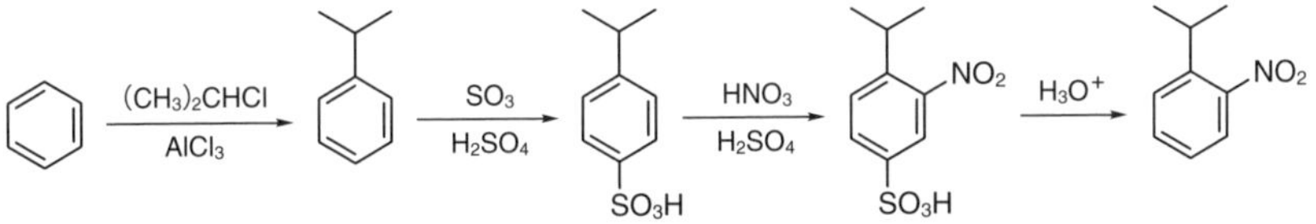

14・3 (a) 求核試薬は，電子が不足している原子に電子対を与えて結合をつくる性質をもつ試薬で，非共有電子対やπ電子対のような反応しやすい電子対をもつ場合が多い．OH^-，CN^-，I^-，H_2O などがある．求電子試薬は電子不足の原子をもち，電子対を受取ることによって結合をつくる性質をもつ試薬で，H^+，NO_2^+，Br^+ などがある．したがって求核試薬は Lewis 塩基であり，求電子試薬は Lewis 酸である．

(b) 反応で複数の立体異性体が生成する可能性があるとき，そのうちの一つが選択的に生成する性質を立体選択性とよぶ．たとえば，シクロペンテンに対する臭素の付加は，立体選択的に trans-1,2-ジブロモシクロペンタンを与える．立体異性体の関係にある2種類の基質から生成する生成物が互いに立体異性体であるとき，その反応は立体特異的であるという．たとえば (E)- および (Z)-2-ブテンを臭素と反応させると，それぞれ

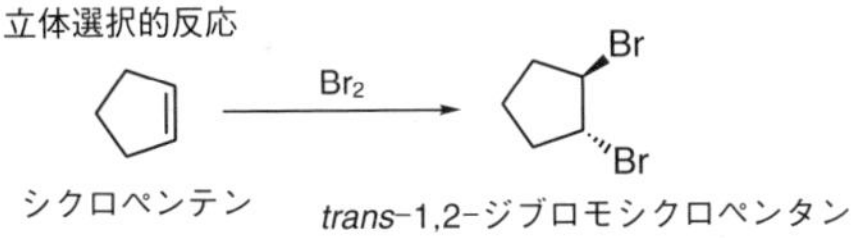

(2R,3S)-2,3-ジブロモブタン(メソ体) および (2R*,3R*)-2,3-ジブロモブタンを立体特異的に生成する．立体特異的な反応は必ず立体選択的である．

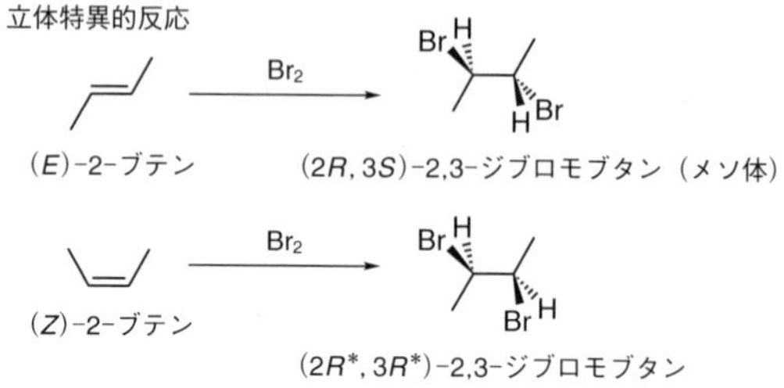

立体特異的反応

(E)-2-ブテン → Br₂ → (2R,3S)-2,3-ジブロモブタン（メソ体）

(Z)-2-ブテン → Br₂ → (2R*,3R*)-2,3-ジブロモブタン

(c) 2種類以上の生成物が可能な反応において，速い反応で生じる生成物が多量に生成する場合，その反応は速度支配であるといい，エネルギー的に安定な生成物が多く得られる場合，その反応は熱力学支配であるという．ナフタレンをスルホン化すると，80 ℃では1-ナフタレンスルホン酸が，160 ℃では2-ナフタレンスルホン酸が主生成物になる．前者が速度支配，後者が熱力学支配の生成物である．

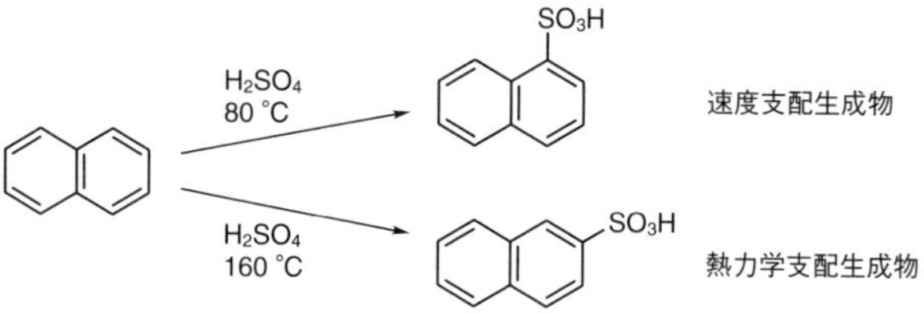

ナフタレン + H_2SO_4 80 ℃ → 1-ナフタレンスルホン酸　速度支配生成物

ナフタレン + H_2SO_4 160 ℃ → 2-ナフタレンスルホン酸　熱力学支配生成物

(d) 2種類以上の反応が同時に進行する反応を競争反応という．たとえば，2-クロロ-2-メチルプロパンを水溶液中で加熱すると，S_N1反応とE1反応が競争的に起こり，2-メチル-2-プロパノールと2-メチルプロペンが生じる．それに対し，複数の結合の切断と形成が同時に起こる反応を協奏反応という．たとえば，Diels-Alder反応では二つのC—C結合が同時に形成する．

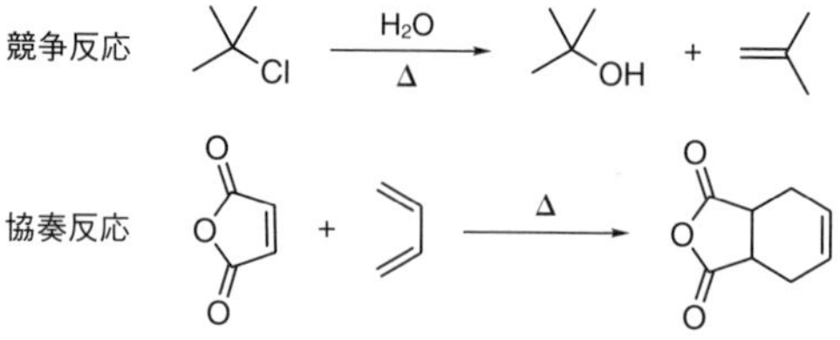

競争反応：(CH₃)₃C–Cl + H_2O →Δ→ (CH₃)₃C–OH + CH₂=C(CH₃)₂

協奏反応：無水マレイン酸 + ブタジエン →Δ→ 環状付加生成物

(e) プロトン性溶媒はプロトンとして解離しやすい水素をもち，分子間で水素結合をつくりやすく，特にアニオンや分子内の部分負電荷を安定化させる性質をもつ．H_2O,

CH₃OH, CH₃COOH などがその例である. プロトン性溶媒以外の溶媒を非プロトン性溶媒と総称するが, 極性の低いベンゼンやヘキサンなど, 極性の高い CH_3CN, $(C_2H_5)_2O$, $(CH_3)_2SO$ などがある. 極性な非プロトン性溶媒は, 特にカチオンや部分正電荷を安定化させる性質をもつ. このような溶媒和の性質の違いは, 置換反応の速度などに大きな影響を与える.

14・4

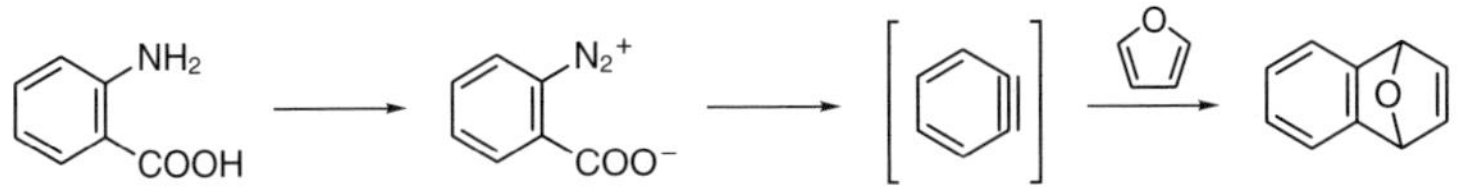

(**1**)を亜硝酸イソペンチルで処理すると, アミノ基のジアゾ化が起こり, 分子内塩であるベンゼンジアゾニウム-2-カルボキシラート(**B**)を生成する. (**B**)は容易に窒素と二酸化炭素を脱離して, ベンザイン(1,2-デヒドロベンゼン, **C**) を生成する. (**C**)はきわめて反応性の高いジエノフィルであり, ただちに共存するフランと Diels-Alder 反応を起こして1,4-エポキシナフタレン(**2**)を与える. (**2**)を酸処理すると, 酸素にプロトン化してオキソニウムイオン(**D**)となり, 環開裂を起こして共鳴安定化したカルボカチオン(**E**)となる. (**E**)からプロトンが脱離して(**3**)を与える.

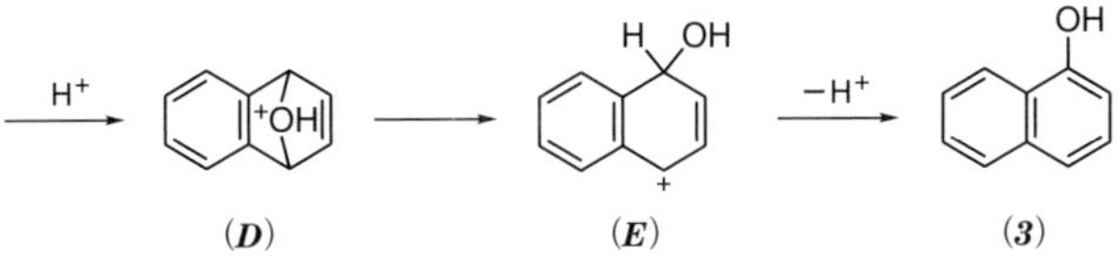

14・5 (a) octanedioic acid (オクタン二酸)
(b)

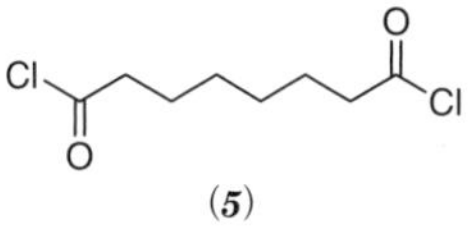

(c) 生じた塩化水素を塩基によって捕捉するため.
(d) 金属ナトリウムからの電子移動によってラジカルアニオン(**F**)が生成する.

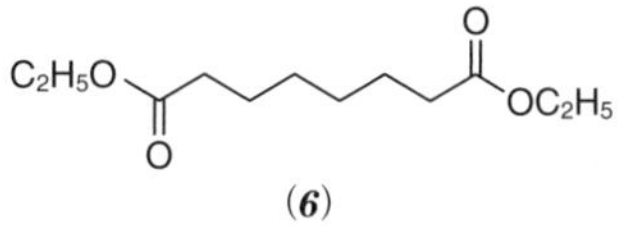

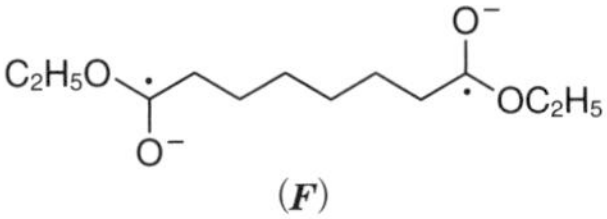

(e) (**6**)から(**7**)の反応は分子内アシロイン縮合である. Na からの電子移動で生成した(**F**)が分子内環化し, 2分子のエトキシドイオンが脱離してジケトン(**G**)を生成する. (**G**)はただちに Na からの電子移動を受けてジアニオン(**H**)となる. 酸水溶液で後処理す

ることにより，エンジオール(**I**)を経てアシロイン(**7**)を生成する．

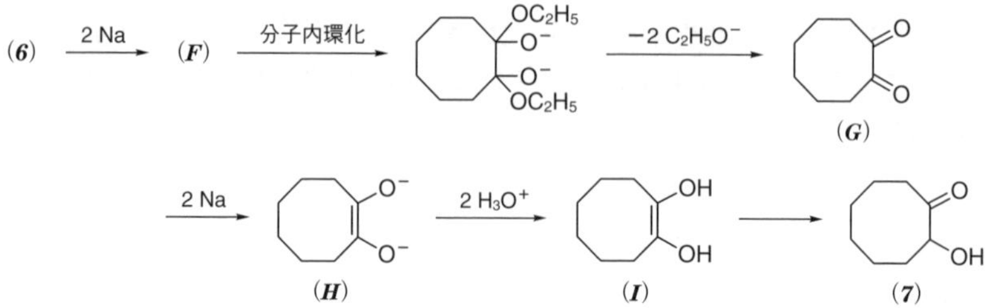

(f) (**6**)から(**8**)の反応は分子内 Claisen 縮合（Dieckmann 縮合ともいう）である．強塩基によってエステル基の α 位の水素が引抜かれてエノラートイオンを生成し，これが環化して7員環アルコキシドを与え，さらにエトキシドイオンが脱離して β-ケトエステル(**8**)を生成する．(**8**)を系内に存在する塩基によって直ちにエノラートイオンに変わる．最後に酸処理によって(**8**)が再生される．

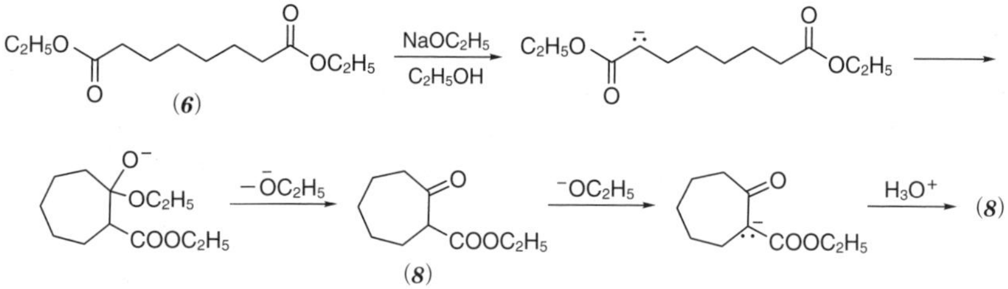

14・6 (a) 4種類の立体異性体が存在する．2種類のジアステレオマーがあり，それぞれに鏡像異性体が存在する．Ts は p-トルエンスルホニル基 p-$CH_3C_6H_4SO_2$- を表す．

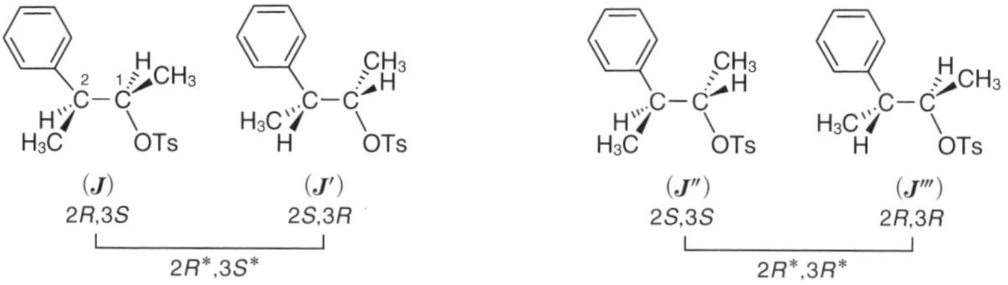

(b) $2R,3S$ 体(**J**)の反応が単純な S_N1 反応であれば，生成物のアセタートは，2種類のジアステレオマー(**K**)と(**L**)の混合物となるはずである．また S_N2 反応であれば(**L**)が唯一の生成物となる．しかし，いずれも実験事実に反する．Ac はアセチル基 CH_3CO- を表す．

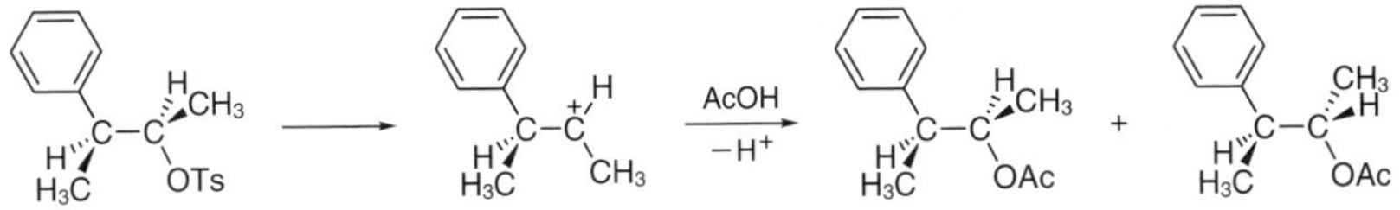

(***J***) 2*R*,3*S*　　(***K***) 2*R*,3*S*　　(***L***) 2*S*,3*S*

隣接するフェニル基が分子内 $\mathrm{S_N}2$ 反応を起こすと(**隣接基関与**), スピロ構造をもつ(***M***)が生成する（**フェノニウムイオン**という）. (***M***)の二つのシクロプロパン炭素に同等に酢酸イオンが求核的に付加する（分子間 $\mathrm{S_N}2$ 反応である）ので, (***K***)と(***N***)が等量ずつ生成する. すなわちラセミ体となる. フェノニウムイオンは芳香族求電子置換反応の中間体であるカルボカチカンと本質的に同質である.

(***J***) 2*R*,3*S*　　(***M***)　　(***K***) 2*R*,3*S*　　(***N***) 2*S*,3*R*

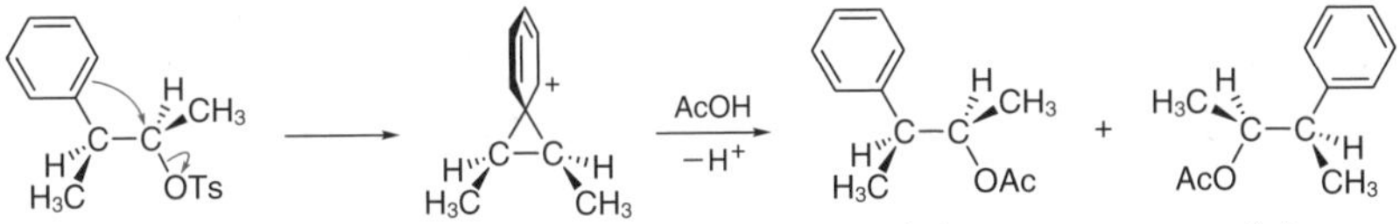

(c) 2*S*,3*S* 体(***J″***)からはフェノニウムイオン中間体(***O***)が生成するが, 酢酸イオンがどちらの炭素に付加しても同一の生成物(***L***)を与える. したがって出発物質のトシラートと同じ立体配置をもつエナンチオピュアなアセタートが生成すると推論される. 実験事実はそのとおりである.

(***J″***) 2*S*,3*S*　　(***O***)　　(***L***) 2*S*,3*S*　　(***L***) 2*S*,3*S*

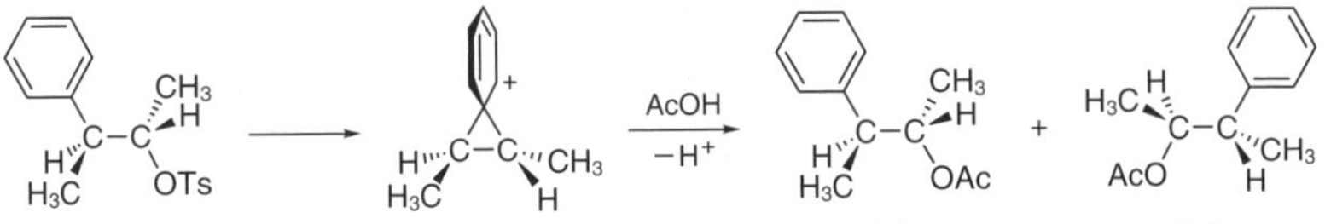

14・7　二重結合の π 電子対が隣接基としてトシラートのイオン化を促進し, 電荷が非局在化した 3 中心 2 電子構造の中間体カチオン(***P***)を生成する. π 電子対が脱離してい

(***9***)　　(***P***)　　(***10***)

く OTs 基の背面に位置していることが重要なポイントである（分子内 $\mathrm{S_N}2$ 反応）. カチオン(***P***)が安定化するために, (***9***)のイオン化は著しく加速される. (***P***)に対して酢酸イ

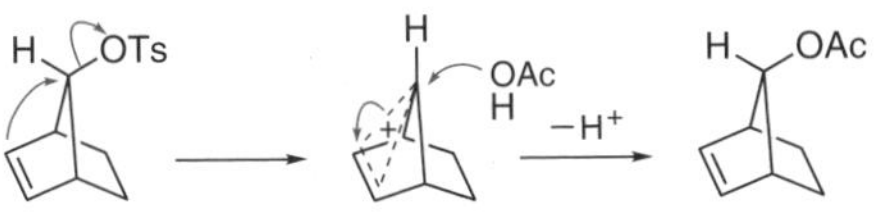

オンが S_N2 型に背面から付加するので，アンチ形アセタート (**10**) が立体選択的に生成する．

14・8 (a) 鎖状構造におけるキラル炭素は4個である．

```
       CHO
   H ─┬─ OH    R*
  HO ─┼─ H     S*
   H ─┼─ OH    R*
   H ─┼─ OH    R*
      CH₂OH
```

(b) 鎖状構造におけるホルミル基が分子内のヒドロキシ基とヘミアセタールをつくることによって環状構造となる．熱力学的に安定な5員環（フラノース構造）あるいは6員環（ピラノース構造）が生成する．グルコースではピラノース構造が優先する．環化することによって，あらたに生成したキラル中心（アノマー位，下図で黒点で示す）の OH が Fischer 投影式でヘミアセタールのエーテル酸素と同じ側にあるものを α-アノマー，反対側にあるものを β-アノマーという．安定ないす形配座は下図右のようになる．

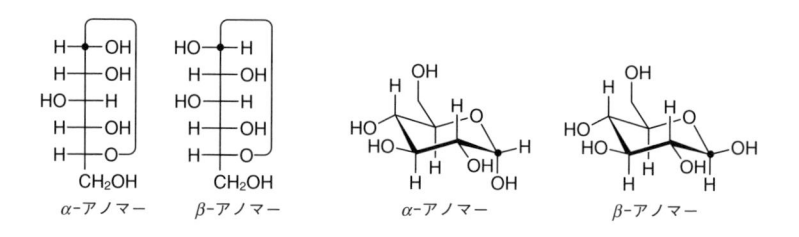

α-アノマー　　β-アノマー　　α-アノマー　　β-アノマー

(c) α-アノマーの平衡存在比を x とすると $112x + 19(1-x) = 53$ が成り立つから，これを解くと $x = 0.366$ が得られる．すなわち α-アノマーと β-アノマーの比率は約 37:63 である．

水溶液中で α-アノマーと β-アノマーは，鎖状構造（平衡存在比はたかだか 0.05% である）を経由して平衡にある．このように立体異性体の存在比の変化によって比旋光度が変化する現象を**変旋光**とよぶ．

(d) シクロヘキサノールではヒドロキシ基がアキシアルにある配座の存在比は約 19% であるのに対して，D-グルコースの α-アノマーの存在比は約 37% であり，何らかの安定化要因が働いていると考えられる（**アノマー効果**）．その要因の一つは静電効果であり，エーテル酸素の双極子とアノマー位 C−O 結合の双極子との静電相互作用による不安定化が β-アノマーでより大きく，したがって α-アノマーが相対的に安定となる．もう一つの要因は立体電子効果である．すなわち，エーテル酸素の非共有電子対軌道 n とアノマー位の C−O 反結合性軌道 σ^* との間の立体電子的な相互作用（n_O−σ^*_{C-O}）による安定化は，この二つの軌道が互いにアンチペリプラナーにある α-アノマーにおいて有効

に働く（下図の共鳴構造で表すことができる）ので，α-アノマーがより安定化される．実際には，これら二つの効果が相補的に働いていると考えればよい．

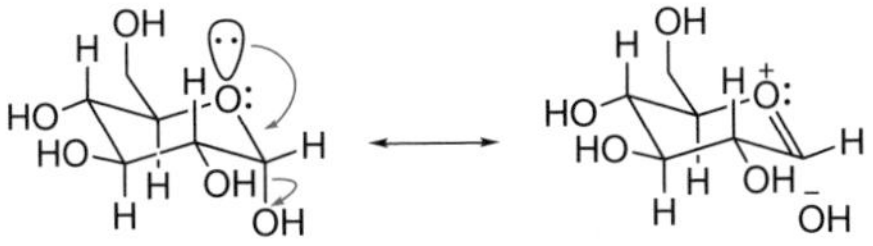

一般に飽和複素6員環でヘテロ原子のα位に電気陰性置換基をもつ化合物では，その置換基がアキシアルにあるいす形配座が優位となることが知られており，アノマー効果で説明される．

(e) 平衡状態でごくわずかに存在する鎖状構造のホルミル基によってAg^+が還元され，金属銀が生成する．**Tollens 試験**または**銀鏡反応**として知られている．

14・9 (a) (10E,12Z)-10,12-hexadecadien-1-ol 〔(10E,12Z)-10,12-ヘキサデカジエン-1-オール〕

(b)

(**13**)

末端アルキンの水素は弱い酸性を示すため，1-ペンチンは臭化エチルマグネシウムにより脱プロトンを起こし，エタンの発生とともに Grignard 試薬が生成する．

(c)

(**14**)    (**15**)    (**16**)

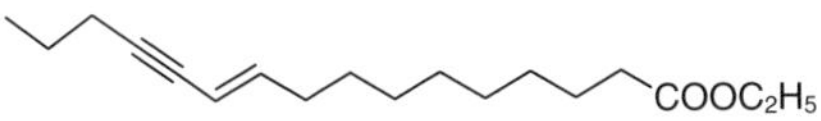

(**17**)

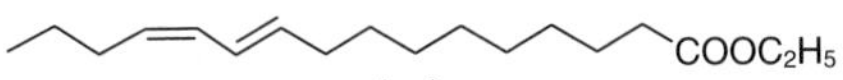

(**18**)

(d) アルキンの水素化で Lindlar 触媒を用いると，cis-アルケンの段階で反応を止めることができる．もし Pd/C を用いると生成したジエン(**18**)がさらに水素化されて，飽和エステルに変換されてしまう．

14・10 (a) $PhCH_2O^-$

(b) β-ケトエステルの二つのカルボニル基に挟まれたメチレン水素やメチン水素は酸性度が高く，水素化ナトリウムにより容易に脱プロトンが起こってエノラートイオンを生成し，それが求電子試薬と反応する．

(c) (エ) (分子内)Diels-Alder 反応　　(オ) Wittig 反応

(d)

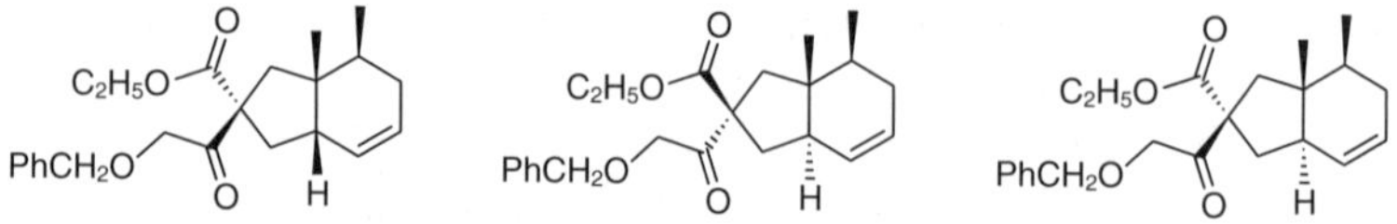

(e) ジエノフィル部分の二つのメチル基はシスの関係にある．Diels-Alder 反応では協奏的に環化が進行するので，新しくできる 6 員環に対して二つのメチル基はシスに保たれる．

(f) アルケンの水素化とベンジルエステルの加水素分解が起こる．

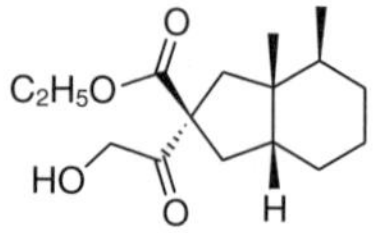

(**20**)

14・11 (a) 強塩基の作用でクロロホルムが脱プロトンを起こし，生じたトリクロロメチルアニオンから塩化物イオンが脱離するとカルベンが生成する．

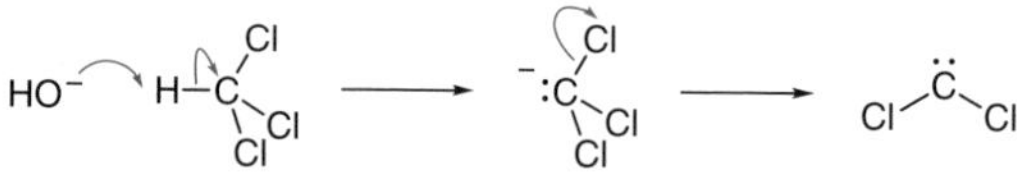

(b) 立体特異的にシクロプロパン化が進行し，*cis*-2-ブテンからはシス体が，*trans*-2-ブテンからはトランス体が選択的に生成する．

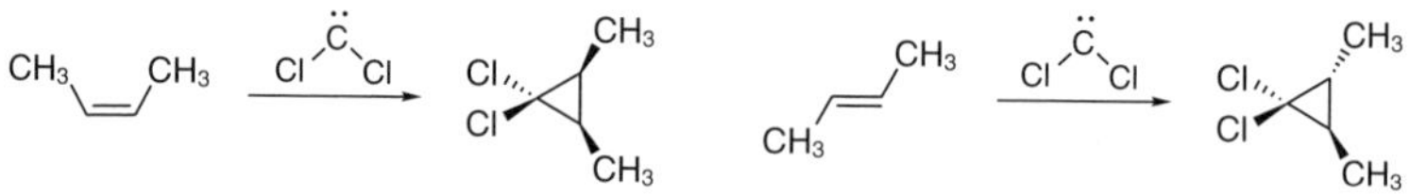

(c) ジヨードメタンと亜鉛から ICH_2ZnI の構造をもつと考えられる有機亜鉛化合物が生成する（銅は触媒として働く）．ICH_2ZnI はカルベンと同様に，アルケンに対してシン付加を起こす．この反応は Simmons-Smith 反応とよばれる．

(ア)　(イ)　(ウ)

主生成物

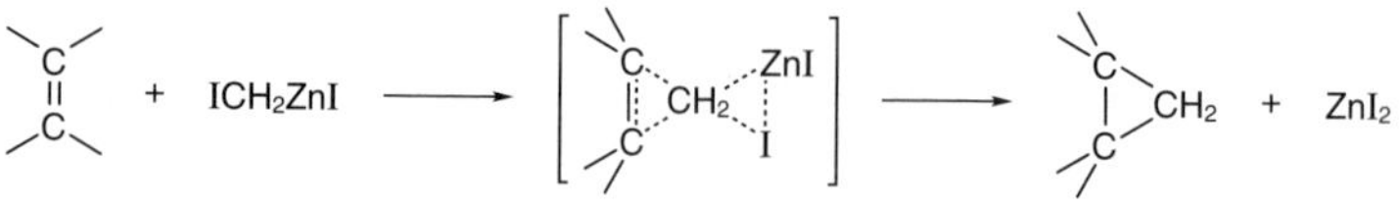

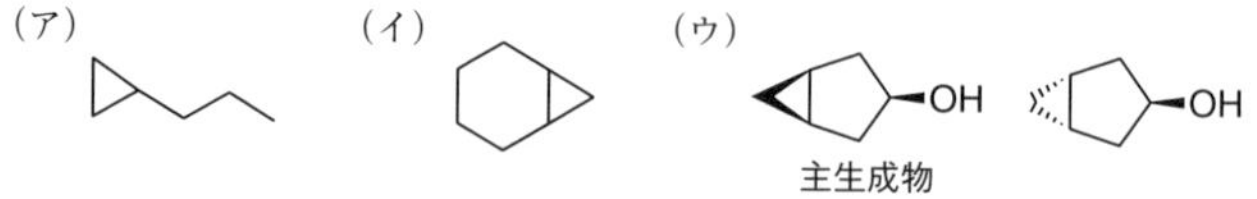

(ウ) では，隣接基関与のためヒドロキシ基のシスでシクロプロパン化が起こりやすい．

14・12 (a) シクロプロピルメタノールの酸素がプロトン化を受け，水が脱離すると同

時により安定なシクロブチルカチオンに転位する．これが水と反応して脱プロトンを起こすとシクロブタノールになる．

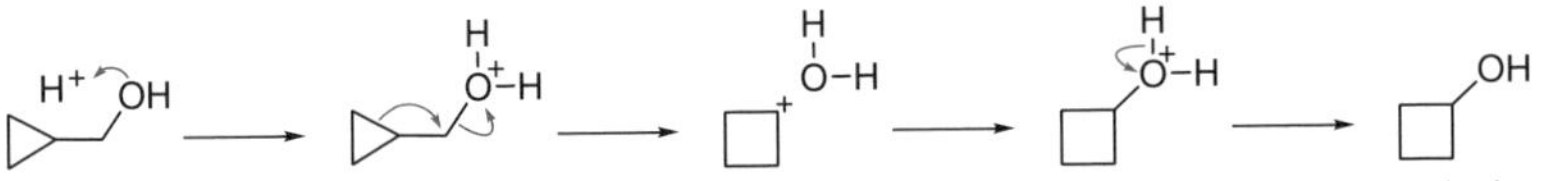

(b) アルコールと塩化 p-トルエンスルホニルの反応によりスルホン酸エステルが生じる．脱離反応は E2 機構で進行し，p-トルエンスルホニルオキシ基 (TsO 基) の β 位のプロトンが強塩基の t-BuOK により引抜かれると同時に，安定な TsO⁻ が脱離して二重結合ができる．脱プロトンを起こしやすいのは，TsO 基に対してトランス位の水素である．

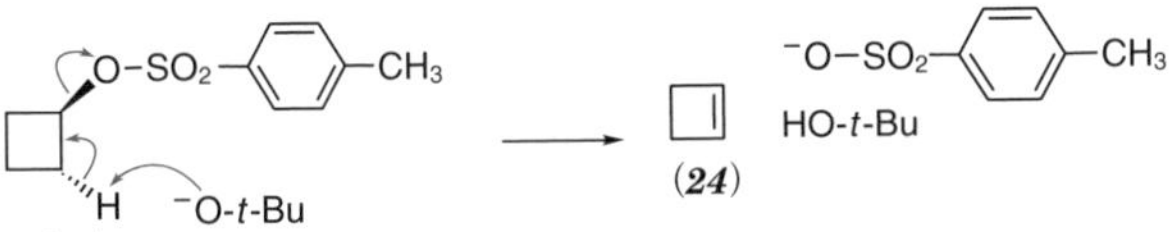

(c) 1,3-ジチアンの2位の水素はブチルリチウムにより容易に引抜かれ，有機リチウム化合物(**Q**)を生成する．(**Q**)は 1-ブロモ-3-クロロプロパンの Br (より優れた脱離基) が結合した炭素原子で置換反応を起こして(**R**)が生成する．(**R**)は再びリチオ化されて(**S**)となり，これが分子内で置換反応を起こして環化し(**26**)が生成する．

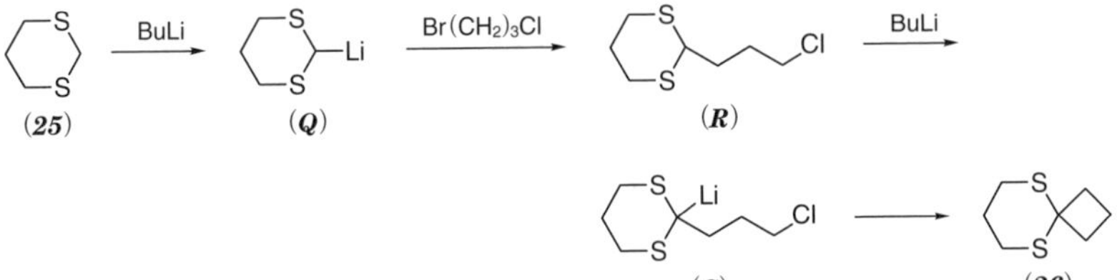

(d)

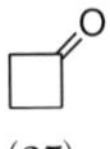

(e) C=O 結合の伸縮振動．一般に脂肪族ケトンの C=O 伸縮振動は 1700〜1720 cm⁻¹ に観測されるが，シクロブタノンでは環のひずみのため吸収が高波数にシフトする．

14・13 (a) 2,4-ペンタンジオンはケト-エノール互変異性平衡にあり，エノール体は分子内水素結合により安定化されるため，平衡はエノール体に偏っている (約 80%)．したがって，アルコールと同じ反応を起こしやすい．

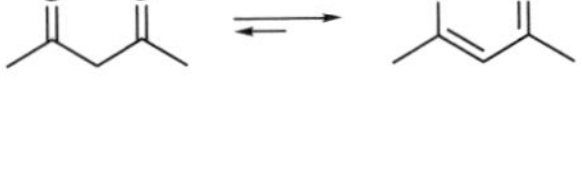

(b) 塩基を用いた β 脱離により生成する可能性があるのは，アレンかアルキン誘導体である．スペクトルデータおよびシクロペンタジエンとの反応からアレンであることがわかる．

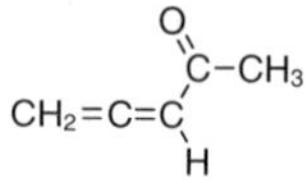

$$CH_2=C=C\begin{matrix}H\\\\C(=O)-CH_3\end{matrix}$$

(**30**)

(c)

$$CH_2=C=C\begin{matrix}H\\\\C(=O)-CH_3\end{matrix}\quad\begin{matrix}5.25\\\\5.77\end{matrix}\quad 2.26$$

$$CH_2=C=C\begin{matrix}H\\\\C(=O)-CH_3\end{matrix}\quad\begin{matrix}97.9\\\\79.9\ 217.7\end{matrix}\quad\begin{matrix}198.6\\\\27.0\end{matrix}$$

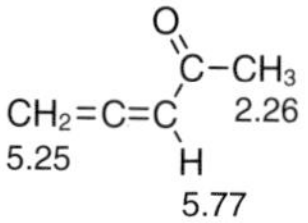

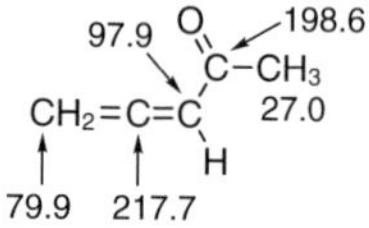

アレンの両端の sp^2 混成炭素平面は互いに直交しているため（例題 1・3 参照），3 位の CH はアレン結合を通して 5 位の二つのプロトンと同等にスピン結合して三重線で観測される．

(d) 1940 cm^{-1} の吸収はアレンの累積二重結合 C=C=C の伸縮振動．1660 cm^{-1} の吸収は C=O 二重結合の伸縮振動．

(e) アセチル基の立体配置によってエンド，エキソの 2 種類の立体異性体が可能であるが，Diels-Alder 反応では，ジエノフィル上の置換基（ここではカルボニル基）とジエンとの二次的な軌道相互作用によってエンド体を与える遷移状態が安定化されるため，エンド体（下図）が主生成物となる（p. 262 参照）．

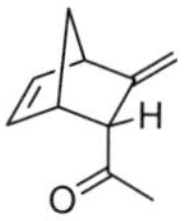

14・14 (a)

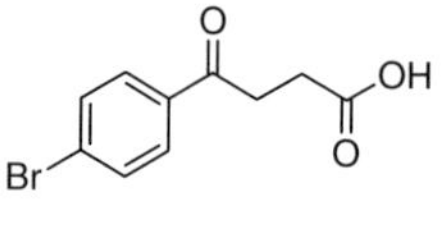

(b) ^{1}H NMR で 4 個の芳香族プロトンが 2 種類の二重線として観測されている．

(c) カルボキシ基は ^{1}H NMR で δ 12.19 にカルボキシ基の水素が幅広い 1 H 分のシグナルとして現れる．^{13}C NMR で δ 174.1 にカルボキシ炭素のシグナルがある．IR では 3400〜2600 cm^{-1} にカルボキシ基に特徴的な幅広い O–H 伸縮が，1730 cm^{-1} に C=O 伸縮の吸収がある．

ケトンのカルボニル基は ^{13}C NMR で δ 198.2 にカルボニル炭素のシグナルが観測され

ている．IRで，1670 cm^{-1}にC=O伸縮の吸収がある（ベンゼン環との共役のため低波数にシフトしている）．
  (d) 臭素は質量数79と81の同位体がほぼ1：1の比率で存在するため．
  (e) ブロモベンゼンと無水コハク酸のFriedel-Crafts反応により合成する．

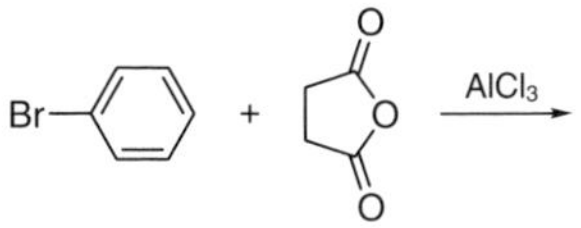

$$\text{Br-C}_6\text{H}_5 + \text{(無水コハク酸)} \xrightarrow{\text{AlCl}_3}$$

  (f) これはClemmensen還元の条件であり，ケトンのカルボニル基のみがメチレン基に還元される．

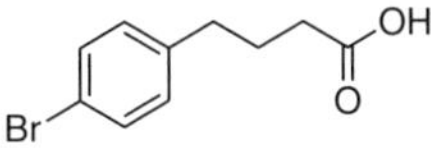

$$\text{Br-C}_6\text{H}_4\text{-CH}_2\text{CH}_2\text{CH}_2\text{COOH}$$

14・15 IRで1822 cm^{-1}に，カルボニルの伸縮振動としてはかなり高波数であるが，カルボニル以外には考えられない吸収がある．^{13}C NMRからカルボニル炭素があり，それ以外はすべて飽和炭素であることがわかり，シグナルの数からかなり対称性の高い分子であると考えられる．不飽和度は3で，カルボニルがあり不飽和炭素がないことから，ビシクロ環をもつと結論される（独立の2個の環の可能性は除外できる）．^{13}C NMRから，カルボニル炭素1個，メチン炭素1個，メチレン炭素5個（そのうち2個ずつ2組は等価）があり，メチル炭素はないことから炭素はすべて環内にあることになる．分子式C$_7$H$_{11}$NOから残りは窒素原子1個だけとなる．^{1}H NMRでδ 2.51の七重線から(−CH$_2$)$_3$CHの部分構造が示唆され，1-アザビシクロ[2.2.2]オクタン-2-オン（キヌクリジン）の骨格(**T**)が導かれる．(**33**)はBF$_4$塩であり，(**T**)にさらにプロトンが付加していることになる．IRでν$_{C=O}$があることから，プロトン化はカルボニル酸素ではなく，窒素原子に起こっていることになる．したがって(**33**)の構造は下図に示すものであることが結論される．すべてのスペクトルデータはこの構造と矛盾しない．

(**T**)　　(**33**)

(**33**)の生成について，次のような反応機構を考えることができる．

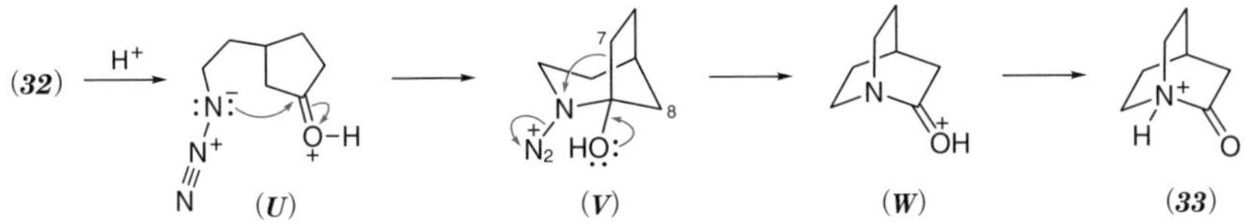

(**32**) $\xrightarrow{\text{H}^+}$ (**U**) ⟶ (**V**) ⟶ (**W**) ⟶ (**33**)

(**32**)のカルボニル酸素にプロトン化が起こって(**U**)となり，(**U**)の活性化されたカルボニル炭素にアジド基の求核性窒素が付加して2-アザビシクロ[3.2.1]オクタン骨格をもつ(**V**)が生じる．窒素分子の脱離とともに隣接メチレン炭素 C^7 が窒素に転位し，1-アザビシクロ[2.2.2]オクタン骨格をもつ(**W**)となり，さらにプロトンが移動して(**33**)が生じる．

なおこの反応では，副生成物として1-アザビシクロ[3.2.1]オクタン骨格をもつ(**X**)が得られている〔(**33**):(**X**) ≃ 3:1〕．(**X**)は中間体(**V**)において C^8 が窒素に転位して生成すると考えられる．

(**X**)

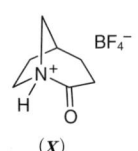

索引

あ

IR 174
IUPAC 命名法 12
アキシアル配座 15
アキラル 56
アジド 151
アセタール 103
アセチリド 31
アセト酢酸エステル合成 137
アセトリシス 194
アゾカップリング 152
アトロプ異性 215
アニオン 4
アノマー効果 276
アミド 121
——の合成 121
アミノリシス 121
アミン 150, 151
——の合成 150
——の反応 151
——の命名法 150
アリル位 28
——のラジカルハロゲン化 28
アリル型カチオン 29
アリルカチオン 71
RS 表示法 58
アルカリ融解 90
アルカン 12, 14
——の反応 14
——の命名法 12
アルキル化 150
アルキル基 13
アルキン 23
——の反応 30
——の命名法 23
アルケン 23, 87

——の酸化 88, 103
——の水和 87
——の反応 25
——のヒドロホウ素化-酸化 88
——の命名法 23
アルコキシド 89
アルコキシドイオン 87
アルコール 86
——の合成 87
——の酸化 103
——の性質 87
——の反応 89
——の命名法 86
アルデヒド 102, 103
——の合成 103
——の反応 103
——の命名法 102
アルドール縮合 136
アルドール反応 135
α 水素
——の酸性度 134
α 置換
カルボニル化合物の—— 134
α,β-不飽和カルボニル化合物 136
Arndt-Eistert 反応 128, 244
アレン 6
アンタラ形 164
アンチ配座 15
アンチ付加 26
アンチペリプラナー 72
アンモノリシス 121

い, う

ee 57
E1 反応 72

硫黄イリド 116, 237
イオン結合 1
イオン積 3
いす形配座 15
異性体 2
EZ 表示法 24
位置選択的 25
一置換ベンゼン 40
一分子求核置換反応 71
E2 反応 72
イリド 237

Wittig 反応 104, 109, 116
Williamson エーテル合成 90
Wolff-Kishner 還元 104, 109
右旋性 56
Woodward-Hoffmann 則 163

え

エクアトリアル配座 15
S_N1 反応 71
S_N2 反応 70
s 性
軌道の—— 8
エステル 89, 120
——の合成 120
エステル交換 130, 248
sp 混成 2
sp^2 混成 2
sp^3 混成 2
^1H NMR 175
HOMO 163
エーテル
——の合成と反応 90
——の命名法 86
エナミン 104, 138, 149
エナンチオピュア 57
エナンチオマー 56

索引

エナンチオマー過剰率　57
NMR　174
NBS　29
エノラートイオン　134
エノール　30
エノール形　134
エノン　136
エポキシ化　28
エポキシド　87, 90
　——の合成と反応　90
MS　175
mCPBA　28
エリトロ体　221
LUMO　163
塩基　3
塩基性度定数　3
塩素化試薬　119
塩素化反応　18
エンド則　262

お

オキサホスフェタン　237
オキシCope転位　264
オキシ水銀化　27
オキシム　117
オキシラン　28, 87
オクテット則　2
オゾニド　28
オゾン酸化　28
オゾン分解　28
Oppenauer酸化　236
オルト　40
オルトカップリング　181
オルト-パラ配向性　42

か

化学シフト　175, 176
核磁気共鳴分光法　174
加酢酸分解　194
重なり形配座　14
カチオン　4
活性化エネルギー　46
活性化基　42
Cannizzaro反応　108
Gabriel反応　151, 156

カルボカチオン　71
カルボカチオン中間体　25, 42
カルボニル化合物
　——のα置換　134
　——の縮合反応　134
カルボン酸
　——の合成　119
　——の反応　121
　——の命名法　118
カルボン酸誘導体
　——の反応　121
Cahn-Ingold-Prelogの順位則
　　24, 58

き

基官能命名法　68, 86
擬似不斉中心　220
軌道対称性保存則　163
逆アルドール反応　250
逆Claisen反応　250
逆合成解析　50
逆旋　164
逆Markovnikov型　27, 88
求核アシル置換　121
求核試薬　4
求核性　70
求核置換反応　43, 69
　——の機構　70
求核付加反応　103
求電子試薬　4
求電子置換反応　42
求電子付加反応　25, 30
吸熱反応　4
鏡像異性体　56
競争反応　272
協奏反応　272
共鳴　2
共鳴安定化　2
共鳴効果　5
共鳴構造式　2
共役酸　3
共役ジエン　29
共役付加　138
共有結合　1, 4
　——の開裂と生成　4
極限構造式　2
極性共有結合　1
極性反応　4

許容過程　163
キラリティー　56
キラル　56
キラル中心　56
均一結合開裂　4
均一結合生成　4
銀鏡反応　110, 277
禁制過程　163

く

Knoevenagel反応　144
Claisen転位　171
Claisen反応　136
Cramのモデル　238
Grignard試薬　70, 104, 119, 122
Grignard反応　88
Curtius転位　157
Clemmensen還元　104
m-クロロ過安息香酸　28
クロロクロム酸ピリジニウム　89
クロロニウムイオン　26

け

形式電荷　2, 6
Kekulé構造式　2
結合解離エネルギー　5
ケテン　128
ケト-エノール互変異性　30, 134
ケト形　134
ケトン
　——の合成　103
　——の反応　103
　——の命名法　102
原子軌道　1

こ

光学異性体　56
光学活性　56
光学純度　57
交差アルドール反応　136

索　引

交差 Cannizzaro 反応　235
交差 Claisen 反応　137, 142, 143
構成原理　1, 6
構造異性体　2
ゴーシュ配座　15
Cope 転位　171
Kolbe 反応　130
混成　2
コンホメーション　14

さ

最高被占分子軌道　163
Zaitsev 則　72
最低空軌道　163
酢酸エチル
　——の加水分解　130
左旋性　56
酸　3
酸塩化物　119
　——の合成　119
酸化　89
　アルコールの——　89
酸性度　87
　α水素の——　134
酸性度定数　3
Sandmeyer 反応　152, 69
酸無水物　120
　——の合成　120

し

CIP 則　24
1,3-ジアキシアル相互作用　15
1,4-ジアザビシクロ[2.2.2]オクタン　117
ジアステレオ異性体　57
ジアステレオマー　57
ジアゾカップリング　152
ジアゾケトン　128
ジアゾニオ置換反応　152
シアノヒドリン　108
J 値　176
ジエノフィル　29, 165
ジェミナル　30
1,2-ジオール　27

紫外可視分光法　174
軸性キラリティー　58
σ 結合　2
シグマトロピー転位　164
シクロアルカン　14
シクロヘキサン　15
ジシクロヘキシルカルボジイミド　132
^{13}C NMR　175
シス異性体　24
シス-トランス異性
　アルケンの——　24
　シクロアルカンにおける——　16
シス付加　26
Schiff 塩基　104, 114
質量分析法　175
Schiemann 反応　259
ジメチルスルホキシド　117
四面体構造　2
Simmons-Smith 反応　278
字　訳　12
　——の規則　12
縮合反応
　カルボニル化合物の——　134, 135
縮重転位　263
Schmidt 転位　157
Jones 試薬　89, 103
シン付加　26

す～そ

水素化　26, 30
水素化アルミニウムリチウム　88
水素化ジイソブチルアルミニウム　103
水素化ホウ素ナトリウム　27, 88
水素結合　87
水素不足指数　180
水　和
　アルキンの——　30
　アルケンの——　26, 87
ステレオジェン中心　57
ステレオ中心　57
Strecker 反応　260
スピン結合定数　175, 176

スプラ形　164
スルフィド　87, 91
　——の合成　91
スルホニウムイリド　237
スルホンアミド　151
Swern 酸化　240

静電効果　205
赤外分光法　174
旋光性　56

双極子モーメント　1
双性イオン　117
速度支配　272

た, ち

対掌体　56
多環芳香族化合物　43
多重度　176
脱水反応　89
脱炭酸　121
脱ハロゲン化水素　69
脱離基　70
脱離反応　4, 71
脱離-付加機構　213
Darzens 反応　143
^{13}C NMR　175

チオール　86, 91
　——の合成　91
置換反応　4
置換命名法　68, 86
Chichibabin 反応　259
中心性キラリティー　56
超共役　210
直鎖アルカン　12
直線構造　2

て, と

DIBAH　103
DIBAL　103
DMSO　117
Dieckmann 反応　142
DCC　132
Diels-Alder 反応　29, 165

索引

Dess-Martin 酸化剤　240
テトラヒドリドアルミン酸リチウム　88
テトラヒドロホウ酸ナトリウム　27, 88
δ スケール　175
δ 値　176
転位反応　4
電気陰性度　1
電子環状反応　163
電子配置　1
点電子構造式　2

同　旋　164
等電子構造　199
トランス異性体　24
トランス付加　26
o-トリル　42
トレオ体　221
Tollens 試験　277
Tollens 試薬　110

な　行

二置換ベンゼン　40
ニトリル　121
　——の合成　121
ニトロイルイオン　45
ニトロ化　47
ニトロニウムイオン　45
ニトロベンゼン　48
　——の臭素化　48
二分子求核置換反応　71
Newman 投影式　14

ねじれ形配座　14
熱反応　163
熱力学支配　272

ノンラセミック　57

は

π 結合　2
配　座　14
配座異性体　14
倍数接頭辞　13

配置異性体　16
背面攻撃　70
Baeyer-Villiger 反応　105, 107, 113, 234
Pauli の原理　1
Perkin 反応　143
Birch 還元　43, 52
発熱反応　5
パ　ラ　40
ハロゲン
　——の付加　26, 30
ハロゲン化アルキル　68, 89
　——の合成　69
　——の性質　68
　——の反応　69
　——の命名法　68
ハロゲン化水素
　——の付加　25, 30
ハロニウムイオン　26
ハロヒドリン　90
ハロホルム反応　135
Hunsdiecker 反応　121, 241
反　転　253

ひ

光塩素化　18
光反応　163
pK_a　3
PCC　89
ビシナル　28
比旋光度　56
BDE　5
1,2-ヒドリドシフト　52
ヒドロホウ素化　27
ヒドロホウ素化-酸化　26, 88
ピナコールカップリング　109
ピナコール転位　109
Hückel 則　44
Vilsmeier 反応　233
Hinsberg 試験　160

ふ

Favorskii 反応　249
van der Waals 力　18
Fischer エステル合成　120

Fischer 投影式　58
フェノキシドイオン　87
フェノニウムイオン　275
フェノール　47, 86, 87, 90
　——の合成と反応　90
　——の性質　87
　——のニトロ化　47
　——の命名法　86
Felkin-Anh のモデル　238
付加環化反応　164
付加-脱離機構　213
不活性化基　43
付加反応　4
不均一結合開裂　4
不均一結合生成　4
複素環化合物　44
不斉合成　57
不斉中心　56
ブタン・ゴーシュ相互作用　14
不対電子　18
沸　点
　アルカンの——　18
部分電荷　1
不飽和度　180
Fries 転位　243
Friedel-Crafts アシル化　42
Friedel-Crafts アルキル化　42
Fremy 塩　230
Brønsted 塩基　3
Brønsted 酸　3
^{1}H NMR　175
プロパジエン　6
N-ブロモスクシンイミド　29
ブロモニウムイオン　26
フロンティア軌道　163
分　割　57
分枝アルカン　13
分子内 Claisen 反応　142
Hund の規則　1

へ

平面三方構造　2, 7
ベタイン　237
Heck 反応　246
Beckmann 転位　110
ヘテロ原子　44
ヘミアセタール　103, 113
ペリ環状反応　4, 30, 163

索　引

287

Hell-Volhard-Zelinski 反応
　　　　　　　　249, 259
ペルヨージアン　240
ベンザイン　171, 213
ベンジジン転位　259
ベンジリデン　42
ベンジル　42
ベンジルカチオン　71
ベンジル酸転位　114
ベンゼニウムイオン　42
ベンゼノニウムイオン　42
ベンゼン　42
　――の構造と反応　42
ベンゾイル　42

ほ

芳香族化合物　40
　――の命名法　40
芳香族ジアゾニウム塩　152
芳香族性　42
芳香族複素環化合物　44
ホスホニウムイリド　237
Hofmann 脱離　152, 158
Hofmann 転位　157, 243
HOMO　163
ボラン　26

ま 行

Michael 反応　104, 138, 146
Meisenheimer 錯体　43
巻矢印　4

McMurry 反応　236
MS　175
Markovnikov 則　25
マロン酸エステル合成　137

水
　――の付加　26, 30

メソ化合物　57
メソメリー効果　5
メタ　40
メタ配向性　43
Meerwein-Ponndorf-Verley 反
　　　　　　応　236
メルクリニウムイオン　27

森田-Baylis-Hillman 反応　240

や 行

有機亜鉛試薬　241
有機金属試薬　122
誘起効果　5
有機銅試薬　110, 123
遊離基　18
UV-Vis　174

溶解度
　水に対する――　92
ヨードホルム反応　144

ら～わ

Reimer-Tiemann 反応　234

ラクタム　110
ラジカル　4
ラジカル反応　4
ラジカル連鎖反応　14, 18
ラセミ体　57

リチウムジアルキルクプラート
　　　　　　　　　　　123
律速遷移状態　46
律速段階　46
立体異性体　2
立体選択的　26
立体選択的の反応　271
立体中心　57
立体電子効果　276
立体特異的反応　272
立体配座　14
立体配置　57
リンイリド　104, 237
隣接基関与　275
Lindlar 触媒　31

Lewis 塩基　3, 5
Lewis 構造式　2
Lewis 酸　3, 5
累積二重結合　63
LUMO　163

Reformatsky 反応　241
レプリカ原子　25, 33
連鎖開始段階　18
連鎖成長段階　18
連鎖停止段階　19

Rosenmund 還元　103

Wagner-Meerwein 転位　52

山　本　　　学
　1941 年　東京に生まれる
　1964 年　東京大学理学部　卒
　1969 年　東京大学大学院理学系研究科
　　　　　　　　　　　　博士課程　修了
　北里大学名誉教授
　専攻　物理有機化学
　理　学　博　士

伊 与 田 正 彦（1946～2023）
　1969 年　名古屋大学理学部　卒
　1974 年　大阪大学大学院理学研究科
　　　　　　　　　　　　博士課程　修了
　元　東京都立大学　教授
　専攻　有機合成化学，構造・物性有機化学
　理　学　博　士

豊　田　真　司
　1964 年　香川県に生まれる
　1986 年　東京大学理学部　卒
　1988 年　東京大学大学院理学系研究科
　　　　　　　　　　　　修士課程　修了
　現　東京工業大学理学院　教授
　専攻　物理有機化学
　博士（理学）

第 1 版　第 1 刷　2008 年 3 月 28 日　発行
　　　　　第10刷　2024 年 6 月 14 日　発行

有 機 化 学 演 習
── 基本から大学院入試まで ──

© 2 0 0 8

	山　本　　　学
著　者	伊 与 田 正 彦
	豊　田　真　司

発行者　　石　田　勝　彦

発　行　株式会社 東京化学同人
東京都文京区千石 3 丁目 36-7（〒112-0011）
電話 (03) 3946-5311・FAX (03) 3946-5317
URL: https://www.tkd-pbl.com/

印　刷　中央印刷株式会社
製　本　株式会社松岳社

ISBN978-4-8079-0657-4
Printed in Japan
無断転載および複製物（コピー，電子データなど）の無断配布，配信を禁じます。